计算机科学与技术专业核心教材体系建设——建议使用时间

机器学习
物联网导论
大数据分析技术
数字图像技术

计算机图形学

人工智能导论
数据库原理与技术
嵌入式系统

计算机体系结构

计算机网络

计算机系统综合实践

操作系统

计算机原理

软件工程综合实践

软件工程
编译原理

算法设计与分析

数据结构

面向对象程序设计
程序设计实践

计算机程序设计

数字逻辑设计
数字逻辑设计实验

电子技术基础

离散数学（下）

离散数学（上）
信息安全导论

大学计算机基础

课程系列	基础系列	电类系列	程序系列	系统系列	应用系列	选修系列

一年级上
一年级下
二年级上
二年级下
三年级上
三年级下
四年级上
四年级下

面向新工科专业建设计算机系列教材

数字图像处理系列教程
基础知识篇

高 飞 刘 盛 卢书芳◎编著

清華大学出版社
北 京

内 容 简 介

本书主要介绍数字图像的历史、数字图像处理框架、数字图像的应用前景、图像程序开发环境的配置及入门；数字图像处理基础；数字图像的运算；直方图与匹配；空间域滤波器；频率域滤波器；形态学处理；图像分割；特征检测与匹配；图像复原与重建；图像压缩；表示与描述等内容，知识点全面，重点突出，图文并茂，既有原理，又有实例。

本书既可作为高等院校计算机科学与技术、软件工程等相关专业的本科生和研究生的教材，也可作为软件开发人员知识培训与继续教育的参考用书。

图书在版编目（CIP）数据

数字图像处理系列教程：基础知识篇/高飞，刘盛，卢书芳编著. —北京：清华大学出版社，2022.8
面向新工科专业建设计算机系列教材
ISBN 978-7-302-61365-7

Ⅰ. ①数…　Ⅱ. ①高…　②刘…　③卢…　Ⅲ. ①数字图像处理－高等学校－教材　Ⅳ. ①TN911.73

中国版本图书馆 CIP 数据核字（2022）第 124510 号

责任编辑：白立军　常建丽
封面设计：刘　乾
责任校对：韩天竹
责任印制：刘海龙

出版发行：清华大学出版社
　　　　　网　　址：http://www.tup.com.cn，http://www.wqbook.com
　　　　　地　　址：北京清华大学学研大厦 A 座　　　　邮　　编：100084
　　　　　社 总 机：010-83470000　　　　邮　　购：010-62786544
　　　　　投稿与读者服务：010-62776969，c-service@tup.tsinghua.edu.cn
　　　　　质量反馈：010-62772015，zhiliang@tup.tsinghua.edu.cn
　　　　　课件下载：http://www.tup.com.cn，010-83470236
印 装 者：三河市铭诚印务有限公司
经　　销：全国新华书店
开　　本：185mm×260mm　　　印　张：29.25　　插　页：1　　字　数：677 千字
版　　次：2022 年 8 月第 1 版　　　　　　　　　　　印　次：2022 年 8 月第 1 次印刷
定　　价：89.00 元

产品编号：091093-01

出版说明

一、系列教材背景

人类已经进入智能时代，云计算、大数据、物联网、人工智能、机器人、量子计算等是这个时代最重要的技术热点。为了适应和满足时代发展对人才培养的需要，2017 年 2 月以来，教育部积极推进新工科建设，先后形成了"复旦共识""天大行动""北京指南"，并发布了《教育部高等教育司关于开展新工科研究与实践的通知》《教育部办公厅关于推荐新工科研究与实践项目的通知》，全力探索形成领跑全球工程教育的中国模式、中国经验，助力高等教育强国建设。新工科有两个内涵：一是新的工科专业；二是传统工科专业的新需求。新工科建设将促进一批新专业的发展，这批新专业有的是依托于现有计算机类专业派生、扩展而成的，有的是多个专业有机整合而成的。由计算机类专业派生、扩展形成的新工科专业有计算机科学与技术、软件工程、网络工程、物联网工程、信息管理与信息系统、数据科学与大数据技术等。由计算机类学科交叉融合形成的新工科专业有网络空间安全、人工智能、机器人工程、数字媒体技术、智能科学与技术等。

在新工科建设的"九个一批"中，明确提出"建设一批体现产业和技术最新发展的新课程""建设一批产业急需的新兴工科专业"。新课程和新专业的持续建设，都需要以适应新工科教育的教材作为支撑。由于各个专业之间的课程相互交叉，但是又不能相互包含，所以在选题方向上，既考虑由计算机类专业派生、扩展形成的新工科专业的选题，又考虑由计算机类专业交叉融合形成的新工科专业的选题，特别是网络空间安全专业、智能科学与技术专业的选题。基于此，清华大学出版社计划出版"面向新工科专业建设计算机系列教材"。

二、教材定位

教材使用对象为"211 工程"高校或同等水平及以上高校计算机类专业及相关专业学生。

三、教材编写原则

(1) 借鉴 *Computer Science Curricula 2013*（以下简称 CS2013）。CS2013 的核心知识领域包括算法与复杂度、体系结构与组织、计算科学、离散结构、图形学与可视化、人机交互、信息保障与安全、信息管理、智能系统、网络与通信、操作系统、基于平台的开发、并行与分布式计算、程序设计语言、软件开发基础、软件工程、系统基础、社会问题与专业实践等内容。

(2) 处理好理论与技能培养的关系，注重理论与实践相结合，加强对学生思维方式的训练和计算思维的培养。计算机专业学生能力的培养特别强调理论学习、计算思维培养和实践训练。本系列教材以"重视理论，加强计算思维培养，突出案例和实践应用"为主要目标。

(3) 为便于教学，在纸质教材的基础上，融合多种形式的教学辅助材料。每本教材可以有主教材、教师用书、习题解答、实验指导等。特别是在数字资源建设方面，可以结合当前出版融合的趋势，做好立体化教材建设，可考虑加上微课、微视频、二维码、MOOC 等扩展资源。

四、教材特点

1. 满足新工科专业建设的需要

系列教材涵盖计算机科学与技术、软件工程、物联网工程、数据科学与大数据技术、网络空间安全、人工智能等专业的课程。

2. 案例体现传统工科专业的新需求

编写时，以案例驱动，任务引导，特别是有一些新应用场景的案例。

3. 循序渐进，内容全面

讲解基础知识和实用案例时，由简单到复杂，循序渐进，系统讲解。

4. 资源丰富，立体化建设

除了教学课件外，还可以提供教学大纲、教学计划、微视频等扩展资源，以方便教学。

五、优先出版

1. 精品课程配套教材

主要包括国家级或省级的精品课程和精品资源共享课的配套教材。

2. 传统优秀改版教材

对于已经出版、得到市场认可的优秀教材，由于新技术的发展，计划给图书配上新的教学形式、教学资源的改版教材。

3. 前沿技术与热点教材

反映计算机前沿和当前热点的相关教材,例如云计算、大数据、人工智能、物联网、网络空间安全等方面的教材。

六、联系方式

联系人:白立军

联系电话:010-83470179

联系和投稿邮箱:bailj@tup.tsinghua.edu.cn

面向新工科专业建设计算机系列教材编委会

2019 年 6 月

面向新工科专业建设计算机系列教材编委会

主　任：

张尧学　清华大学计算机科学与技术系教授　中国工程院院士/教育部高等
　　　　学校软件工程专业教学指导委员会主任委员

副主任：

陈　刚　浙江大学计算机科学与技术学院　　　　　　　院长/教授
卢先和　清华大学出版社　　　　　　　　　　　　　　常务副总编辑、
　　　　　　　　　　　　　　　　　　　　　　　　　副社长/编审

委　员：

毕　胜	大连海事大学信息科学技术学院	院长/教授
蔡伯根	北京交通大学计算机与信息技术学院	院长/教授
陈　兵	南京航空航天大学计算机科学与技术学院	院长/教授
成秀珍	山东大学计算机科学与技术学院	院长/教授
丁志军	同济大学计算机科学与技术系	系主任/教授
董军宇	中国海洋大学信息科学与工程学院	副院长/教授
冯　丹	华中科技大学计算机学院	院长/教授
冯立功	战略支援部队信息工程大学网络空间安全学院	院长/教授
高　英	华南理工大学计算机科学与工程学院	副院长/教授
桂小林	西安交通大学计算机科学与技术学院	教授
郭卫斌	华东理工大学信息科学与工程学院	副院长/教授
郭文忠	福州大学数学与计算机科学学院	院长/教授
郭毅可	上海大学计算机工程与科学学院	院长/教授
过敏意	上海交通大学计算机科学与工程系	教授
胡瑞敏	西安电子科技大学网络与信息安全学院	院长/教授
黄河燕	北京理工大学计算机学院	院长/教授
雷蕴奇	厦门大学计算机科学系	教授
李凡长	苏州大学计算机科学与技术学院	院长/教授
李克秋	天津大学计算机科学与技术学院	院长/教授
李肯立	湖南大学	校长助理/教授
李向阳	中国科学技术大学计算机科学与技术学院	执行院长/教授
梁荣华	浙江工业大学计算机科学与技术学院	执行院长/教授
刘延飞	火箭军工程大学基础部	副主任/教授
陆建峰	南京理工大学计算机科学与工程学院	副院长/教授
罗军舟	东南大学计算机科学与工程学院	教授
吕建成	四川大学计算机学院(软件学院)	院长/教授
吕卫锋	北京航空航天大学	副校长/教授

前言

    视频图像分析与理解作为人工智能最为活跃的研究分支之一,在学术界与产业界受到越来越多的关注,掌握好数字图像处理基础知识对于开展后续深入的研究至关重要。作者所在的浙江工业大学每年有几百名学生会学习数字图像处理课程,同时,视频图像分析与理解也是作者所在学校的重要研究方向,每年有大量研究生以此为选题展开科学研究。视频图像技术的发展以及知识点的更新迭代给教学工作提出了新的挑战,这是本书编写的初衷。在编写本书的过程中,作者团队结合多年从事数字图像处理教学以及科研项目研究与开发的经验,尽量使本书的内容重点突出,文字浅显易懂,力求提供尽可能丰富翔实的实例以及较全面的注释,注重知识点的更新,既有原理,也有代码的实现,力争做到让读者知其然且知其所以然。

    本书分为12章。第1章为引言,主要介绍数字图像的历史、数字图像处理框架、数字图像的应用前景、图像程序开发环境的配置及入门等;第2章为数字图像处理基础,主要介绍图像感知与获取、图像采样与量化、像素间关系的描述、数字图像中的数学以及数字图像的存储等;第3章为数字图像的运算,主要介绍点运算、代数运算、逻辑运算以及8种几何运算;第4章为直方图与匹配,主要介绍图像直方图概述、直方图的计算与绘制、直方图对比反向投影、以及模板匹配等;第5章为空间域滤波器,主要介绍滤波器的概念、平滑空间滤波器以及锐化空间滤波器;第6章为频率域滤波器,主要介绍傅里叶变换、频率域图像滤波的基本概念、频率域平滑(低通)滤波器以及频率域锐化(高通)滤波器;第7章为形态学处理,主要介绍形态学的基本概念和运算、二值图像以及灰度图像的形态学处理;第8章为图像分割,主要介绍阈值处理、霍夫变换、区域分割以及基于运动的分割;第9章为特征检测与匹配,主要介绍角点检测、Haar特征检测、LBP特征检测、HOG特征检测、SIFT特征点检测与匹配、SURF特征点检测与匹配以及ORB特征提取与匹配;第10章为图像复原与重建,主要介绍图像退化与复原、应对一般噪声的空域滤波复原、应对周期噪声的频域滤波复原、图像退化的模拟、逆滤波以及维纳滤波;第11章为图像压缩,主要介绍编码冗余、空间冗余、JPEG压缩以及视频压缩编码;第12章为表示与描述,主要介绍相关背景、表示的方法、边界描述子和区域描述子。

　　本书既可作为高等院校计算机科学与技术、软件工程等相关专业的本科生和研究生的教材,也可作为软件开发人员知识培训与继续教育的参考用书。

　　本书由高飞策划、组织、整理和统稿,参与编写的还有刘盛和卢书芳两位老师,周明明、沈鑫、王金超、邱琪、李帅、李云阳、陈冠州、姚璐、徐婧婷、邹思宇、寿旭峰、朱翔、葛一粟等多位硕士生或博士生也参与了部分章节内容的编写与实例代码的实现。由于时间仓促,各位教师在各章节的例程命名上不统一,还望读者谅解,在后续版本中将统一调整。书中内容虽为作者多年从事教学和科研工作的总结和体会,但由于数字图像处理技术仍在不断发展之中,新知识日新月异,作者的理论与实践水平有限,难免存在错误和不足之处,敬请读者批评指正。

高　飞

2022 年 7 月

CONTENTS

目录

引　言

◇ 1.1　人的感知源

　　自然界中的一切生命形式与环境的相互作用,通过人类对外界世界的感知展开。如图 1-1 所示,人的感知源包括视觉、听觉、嗅觉、触觉、味觉等,其中,视觉是最基本和最主要的感知源。人的感知通常有 3 个特点:①人类信息的 83％来自视觉(50％大脑皮质);②功能与结构存在对应关系;③为生物视觉系统提供了依据。

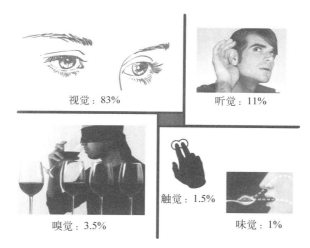

视觉:83%　　　　听觉:11%

嗅觉:3.5%　　触觉:1.5%　　味觉:1%

图 1-1　人的感知源

　　人类视觉感知过程如图 1-2 所示。人的眼睛首先接收图像并进行分析,然后在脑部形成知觉,分析出物体的 4 类主要资料,即物体的空间、色彩、形状及动态。在这些感知的基础上,可以辨认物体并对物体做出及时和适当的反应。视觉是指视觉器官眼睛通过接收光线获得物体的影像信息,然后将信息传输到脑部分析,从而做出相应的反应及动作。

　　人类感知环境变化主要通过眼球与大脑的配合获得。通过眼球可获取环境信息。眼球的光学结构如图 1-3 所示。

　　眼球的外部由一层巩膜包裹。眼球可分为前、后两部分:前半部分是光线

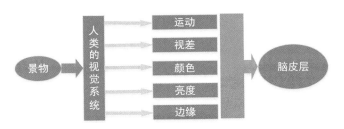

图 1-2　人类视觉感知过程

聚集的部分,由眼角膜、瞳孔、晶状体组成,可以调节以及聚合外部射入的光线;后半部分为视网膜和巩膜,其中视网膜由两种感光细胞组成,主要负责将光线变成电信号传输到脑部。眼睛的视觉范围称为视域,即在头部没有转动的情况下眼睛可以看到的角度范围。图 1-4 给出的示例中,眼球的感知视域为 $120°{\sim}140°$。

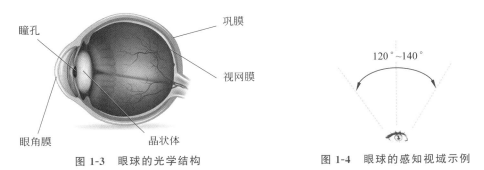

图 1-3　眼球的光学结构　　　　　　　图 1-4　眼球的感知视域示例

◆ 1.2　数字图像的历史

1825 年,法国人尼瑟佛尔·尼埃普斯(Joseph Nicéphore Nièpce)拍摄了世界上最早的照片,如图 1-5 所示。

图 1-5　世界上最早的照片

1826 年,尼瑟佛尔·尼埃普斯拍摄了第一张实景照片,如图 1-6 所示。尼埃普斯使用的方法是:将涂有"犹地亚沥青"的合金板放在一个绘画中的暗箱中,将镜头对准工作室的窗外,用 8 小时的曝光时间,然后将合金板浸入薰衣草油中冲洗,未受光的部分很容易被薰衣草油溶解,而受光部分则变硬,最终获得一张能够永久保存的照片。

图 1-6　第一张实景照片

1838 年,法国人路易·达盖尔(Louis Daguerre)首创达盖尔摄影法,抓拍到第一张银板人物照片,如图 1-7 所示。达盖尔摄影法在摄影史上是最早具有实用价值的摄影法。

图 1-7　第一张银板人物照片

1840 年,威廉·亨利·福克斯·塔尔博特(William Henry Fox Talbot)发明了负片/正片摄影法,拍下了第一张历史人物照片(以人物为主题的照片),如图 1-8 所示。

1861 年,詹姆斯·克拉克·麦克斯韦(James Clerk Maxwell)拍摄了第一张彩色照片(格子呢绒缎带),他对着缎带拍了 3 次,每一次都在镜头上使用不同的滤色器,如图 1-9 所示。

1877 年,迪克奥隆(Ducos Hauron)发明了减色拍照法,在法国南部城市安古连城(Angouleme),他拍摄了这张被称为《安古连城镇风景》的彩色风景照(第一张彩色风景照),如图 1-10 所示。

图 1-8　第一张历史人物照片

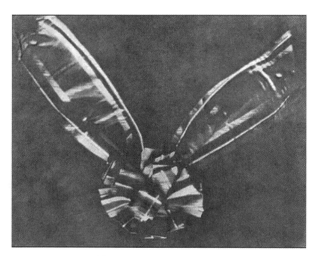

图 1-9　第一张彩色照片（格子呢绒缎带）

图 1-10　第一张彩色风景照（安古连城镇风景）

1878 年,爱德华得·麦布里奇(Eadweard Muybridge)使用多相机拍摄方法,创造了第一张高速动感系列照片,如图 1-11 所示。

图 1-11　第一张高速动感系列照片

1888 年,法国人路易斯·李·普林斯(Louis Le Prince)录制了史上第一部电影,虽然这部电影仅放映了 2s,但是足以让人看清电影中人物行走的样子,这部电影仅有 12f/s,如图 1-12 所示。

图 1-12　第一部电影

1934 年,柯达(Kodak)在摄影出现多年之后发明的宽为 35mm 的胶片,成为当时最为流行的摄影材料,被称为第一张现代胶卷,如图 1-13 所示。

1957 年,美国电脑工程师罗素·基尔希(Russell A. Kirsch)开发了使用数据线将计算机和摄像机相连的技术,拍摄了史上第一张数码照片,照片中的小孩为其 3 个月大的儿子,如图 1-14 所示。

图 1-13   第一张现代胶卷

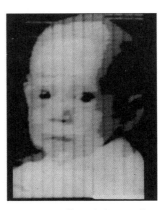

图 1-14   第一张数码照片

1979 年,第一张医学 CT(Computed Tomography)图像出现,如图 1-15 所示。CT 将人体内的器官以立体的、高分辨率的形式显示出来,能更真实地显示有关病变的详细情况和部位,特别是为肿瘤的早期诊断提供了重要依据。CT 检查无痛苦、对患者损伤小,因此,它一问世在临床上就迅速得到普及和推广,开创了医学诊断的新纪元。

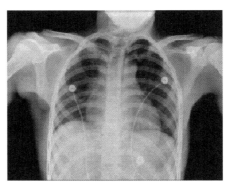

图 1-15   第一张医学 CT 图像

之后,图像发展进入高速发展时期,产生了各种高质量的图像,各种运动图像、生物学图像、卡通图像、游戏图像等应运而生,包括现在热门的虚拟现实(Virtual Reality,VR)、增强现实(Augmented Reality,AR)、混合现实(Mixed Reality,MR)等。

◆ 1.3 数字图像处理框架

如图 1-16 所示,数字图像处理框架通常包括图像处理、图像分析和图像理解 3 部分。图像处理是比较底层的操作,是一个从图像到图像的过程,它主要在图像的像素级上进行处理,处理的数据量非常大。图像分析则进入中层,是一个从图像到数据的过程,这里的数据可以是对目标特征测量的结果,或是基于测量的符号表示,它们描述图像中的目标的特点和性质,即分割和特征提取把原来以像素描述的图像转变成比较简洁的非图形式的描述。图像理解主要是高层操作,基本上是对从描述抽象出来的符号进行运算,其处理过程和方法与人类的思维推理存在许多类似之处,其重点是在图像分析的基础上进一步研究图像中各目标的性质和它们之间的相互联系,并给出图像内容含义的理解以及对原理客观场景的解释,从而指导和规划行动。

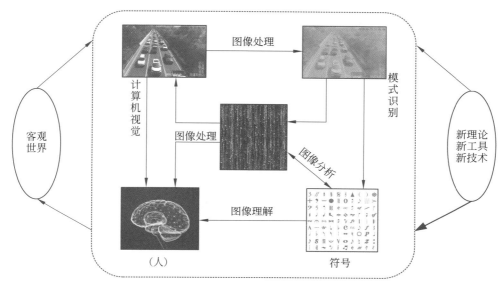

图 1-16 数字图像处理框架

◆ 1.4 数字图像的应用前景

图像是人类获取和交换信息的主要来源,因此,图像处理的应用领域必然涉及人类生活和工作的方方面面。随着人类活动范围的不断扩大,图像处理的应用领域也将随之不断扩大。其主要应用包括如下 10 方面。

1. 航天和航空

数字图像处理技术在航天和航空方面的应用,不仅体现在对通过航天器采集的月球、火星等照片处理上,还应用在飞机遥感和卫星遥感中。如今,许多国家使用遥感侦察卫星拍摄地表图像,然后使用数字图像处理技术重现其中令人感兴趣的区域,使用配备有高级计算机的图像处理系统,不仅节省了大量人力,提高了效率,还可以从图像中提取人工不能发现的大量有用的信息。现在世界上各个国家都在利用卫星获取的图像进行工作,如资源调查、灾害检测、资源勘察、农业规划、城市规划等,中国也在这些方面有了一些实际应用,并取得了良好的效果。数字图像处理技术在天气预报和对太空研究方面,也起到了相当大的作用。图 1-17 所示为地质遥感图像示例。

图 1-17　地质遥感图像示例

2. 生物医学工程

在生物医学工程方面,数字图像处理的应用也十分广泛,并且已经取得显著的成果。医学 CT 技术、X 光肺部图像增晰、超声波图像处理、心电图分析、立体定向放射治疗等医学诊断都应用了图像处理技术,还有一类应用是对医用显微图像的处理与分析。医学应用图像示例如图 1-18 所示。

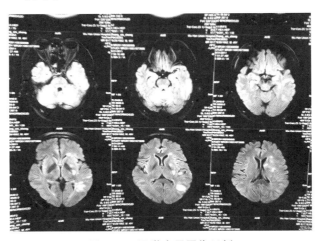

图 1-18　医学应用图像示例

3. 通信工程

当前,通信的主要发展方向是声音、文字、图像和数据结合的多媒体通信,具体地,是将电话、电视和计算机以三网合一的方式在数字通信网上传输。其中,图像通信最复杂,因图像的数据量十分巨大,如传送彩色电视信号的速率要达 100Mb/s 以上,要将这样高速率的数据实时传送出去,必须采用编码技术压缩信息的比特量。从某种意义上讲,编码压缩是这些技术成败的关键。除了已应用较广泛的熵编码、DPCM 编码、变换编码外,国内外正在大力开发研究新的编码方法,如 H.264、H.265 等。图 1-19 所示为通信工程的图像应用示例。

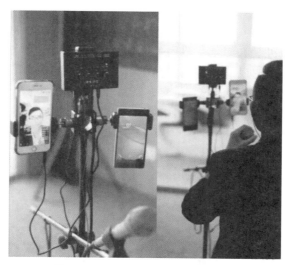

图 1-19　通信工程的图像应用示例

4. 工业和工程

在工业和工程领域中,图像处理技术有广泛的应用,如自动装配线中零件质量的检测、零件自动分类、印制电路板瑕疵检查、钢瓶气密性检测、山火监控烟雾预警检测、垃圾自动分类等。其中,值得一提的是车辆自动驾驶方向的研究,此项技术的面世具有划时代的意义。数字图像处理在工业上的应用示例如图 1-20 所示。

图 1-20　数字图像处理在工业上的应用示例(钢瓶气密性检测)

5. 军事公安

在军事方面,图像处理和识别主要用于导弹的精确制导,各种侦察照片的判读,图像传输、存储和显示的军事自动化指挥系统,以及飞机、坦克和军舰模拟训练系统等;公安方面的业务主要包括图像修复、人脸检索、交通监控等。目前,交通道路情况监控、停车场自动收费系统等都是图像处理技术在现实中成功应用的例子,如图 1-21 所示。

图 1-21   军事应用图像

6. 文化艺术

现今,数字图像已逐渐形成新的艺术——计算机美术,包括动画制作、电子游戏图像制作、纺织工艺设计、服装设计与制作等。电影动画制作示例如图 1-22 所示。

图 1-22   电影动画制作示例

7. 机器视觉

机器视觉作为智能机器人的重要感觉器官,主要进行三维景物理解和识别,是目前的研究热点之一。机器视觉不仅应用在机器人的视觉感知上,还应用于自动驾驶方面的路面环境感知。机器视觉应用图像如图 1-23 所示。

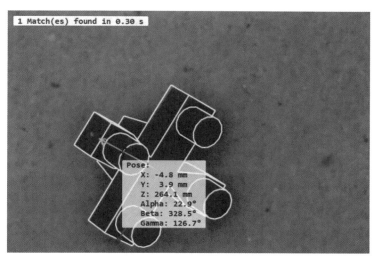

图 1-23　机器视觉应用图像

8. 视频和多媒体系统

目前,电视制作系统广泛使用图像处理、变换、合成,以及多媒体系统中静止图像和动态图像的采集、压缩、处理、存储和传输等数字图像技术,如图 1-24 所示。

图 1-24　视频和多媒体应用图像

9. 科学可视化

科学可视化跨越了多个学科领域,主要关注三维现象的可视化,如房屋建筑的三维立体图可视化等,其重点在于对物体渲染的逼真,示例如图 1-25 所示。

10. 电子商务

电子商务是指以信息网络技术为手段,以商品交换为中心的商务活动,使传统商业活

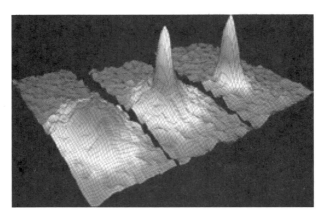

图 1-25　科学可视化应用图像

动的环节电子化、网络化。以互联网为媒介的各种商业活动均可以称为电子商务。在电子商务中,数字图像处理也存在一席之地,如身份认证、水印技术等,示例如图 1-26 所示。

图 1-26　电子商务应用图像

总之,图像处理技术的应用领域相当广泛,已在国家安全、经济发展、日常生活中扮演越来越重要的角色,对国计民生的作用不可低估。

❖ 1.5　我的第一个图像程序

在了解数字图像的发展历史之后,下面来实现自己的第一个图像程序。

1.5.1　基于 OpenCV 的 C++ 图像程序

1. 下载 OpenCV

本书配置 OpenCV 时,将以最为典型的 OpenCV 3.0 作为参考,只要弄懂该配置过程,就可以轻松完成当前发行的任意一个 OpenCV 版本的配置任务。

　　在官网 http://www.opencv.org.cn/找到 OpenCV 对应版本并下载,如图 1-27 和图 1-28 所示。

图 1-27　OpenCV 中文网站主页

图 1-28　下载选择页面

下载 OpenCV 之后解压文件,得到如图 1-29 所示的目录。

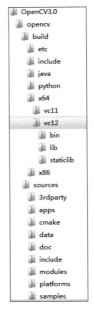

图 1-29　解压后的 OpenCV3.0 文件目录

2. 配置 OpenCV 环境变量

以 Windows 7 系统为例,配置方法如下:右击"计算机"图标,在弹出的快捷菜单中选择"属性"命令,弹出如图 1-30 所示的窗口;单击左侧窗格中的"高级系统设置"按钮,弹出"系统属性"对话框,如图 1-31 所示。选择"高级"选项卡,然后单击"环境变量"按钮,打开"环境变量"对话框,如图 1-32 所示。

图 1-30　计算机属性

图 1-31 "系统属性"对话框

图 1-32 "环境变量"对话框

在图 1-32 中找到并双击 Path 变量,打开"编辑系统变量"对话框,添加相应路径,如图 1-33 所示。具体地,假设安装目录为 E:\OpenCV3,添加 opencv 安装目录的 bin 目录。

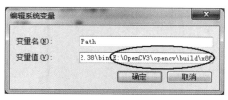

图 1-33 "编辑系统变量"对话框

对于 32 位操作系统,添加 E:\OpenCV3\opencv\build\x86\vc12\bin,并用英文的分号(;)与原有的变量值分隔开;对于 64 位操作系统,除了添加刚才的目录外,再添加 E:\OpenCV3\opencv\build\x64\vc12\bin,注意,也要用英文的分号与原有的变量值分隔开,这样可以在编译器 x86(32 位)和 x64(64 位)中来回切换。

3. 工程包含目录与库目录的配置

(1)打开 Visual Studio 2013,新建一个 MFC 应用程序。如图 1-34 所示,可以单击起始页中的"新建项目"按钮。

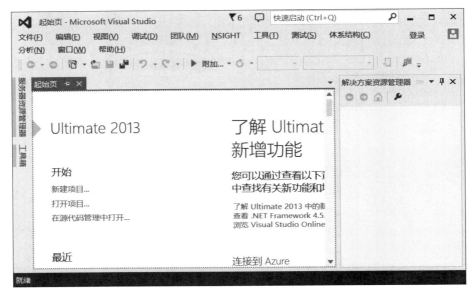

图 1-34　起始页

如图 1-35 所示,选择 Visual C++ 新建 MFC 应用程序,之后进行命名,如 GIPCoarse,再选择路径,最后单击"确定"按钮。

(2)打开"MFC 应用程序向导"对话框,如图 1-36 所示,选中"基于对话框"单选按钮,之后单击"下一步"按钮。

(3)默认所有选项,之后单击"完成"按钮,如图 1-37 所示。

(4)在"解决方案资源管理器"中右击 GIPCoarse(项目名称),在弹出的快捷菜单中选择"属性"命令,打开"opencv3.0_release 属性页"对话框,如图 1-38 所示。单击"通用属性"→"VC++ 目录"→"包含目录"选项,添加以下 3 个目录,如图 1-39 所示。

E:\OpenCV3.0\opencv\build\include

E:\OpenCV3.0\opencv\build\include\opencv

E:\OpenCV3.0\opencv\build\include\opencv2

(5)在"库目录"中添加路径 E:\OpenCV3.0\opencv\build\x64\vc12\lib,如图 1-40 所示。

图 1-35　"新建项目"对话框

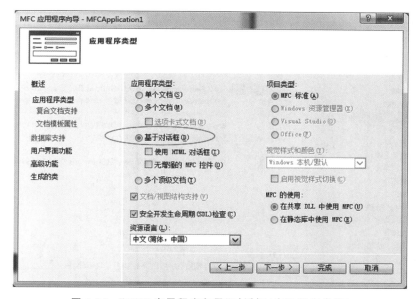

图 1-36　"MFC 应用程序向导"对话框(应用程序类型)

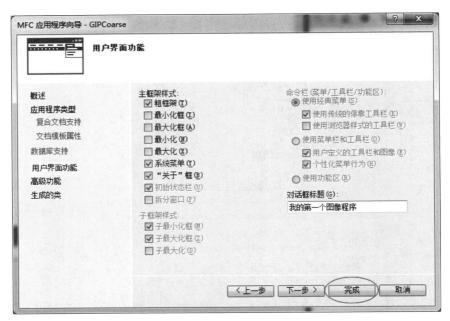

图 1-37 "MFC 应用程序向导"对话框(用户界面功能)

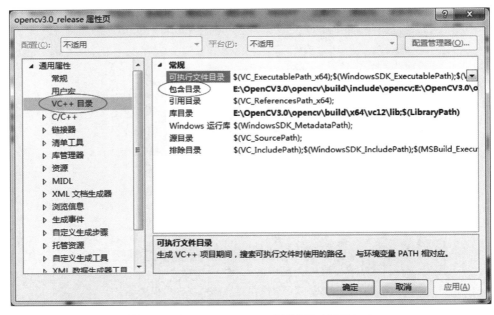

图 1-38 "opencv3.0_release 属性页"对话框(一)

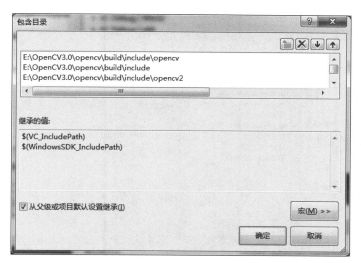

图 1-39 "包含目录"对话框

图 1-40 "opencv3.0_release 属性页"对话框(二)

4. 链接库的配置

同样,在"解决方案资源管理器"中右击 GIPCoarse(项目名称),在弹出的快捷菜单中选择"属性"命令,打开"opencv3.0_release 属性页"对话框,如图 1-41 所示。单击"通用属性"→"链接器"→"输入"→"附加依赖项"选项,添加以下两个文件,如图 1-41 所示。

opencv_ts300.lib

opencv_world300.lib

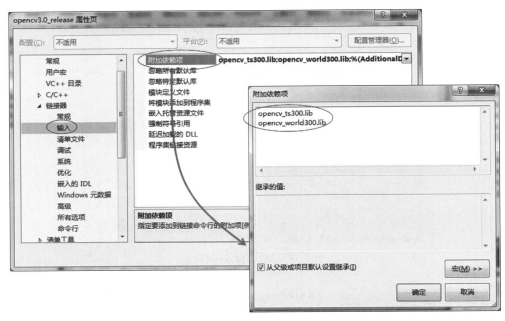

图 1-41 "opencv3.0_release 属性页"对话框(设置链接库)

5．第一个程序：图像显示

(1) 选择菜单命令"配置管理器"，弹出"配置管理器"对话框，将项目配置成 Release、x64，如图 1-42 所示。

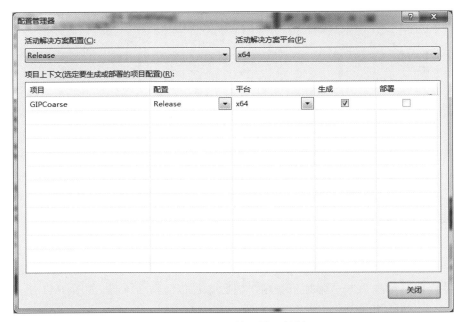

图 1-42 "配置管理器"对话框

（2）单击"工具箱"→"Picture Control"，将其拖入对话框，如图 1-43 所示。

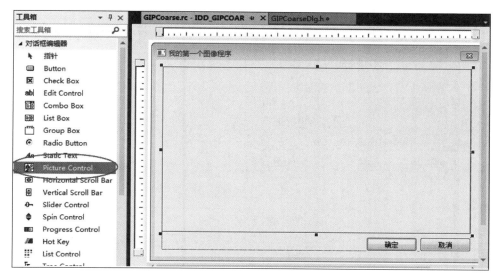

图 1-43　"工具箱"界面

（3）右击图 1-43 所示对话框的空白处，在弹出的快捷菜单中选择"添加变量(B)"命令，如图 1-44 所示，弹出"添加成员变量向导"对话框，添加变量 m_picture，如图 1-45 所示。

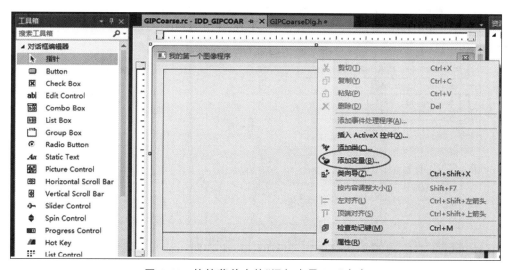

图 1-44　快捷菜单中的"添加变量(B)"命令

（4）双击 GIPCoarseDlg.h 文件，在打开的编辑器中添加头文件、变量 m_image 及命名空间 cv 和 std，如图 1-46 所示。

（5）双击 GIPCoarseDlg.cpp，在此文件中的 OnInitDialog()中添加如下代码，如图 1-47 所示。

图 1-45 "添加成员变量向导"对话框

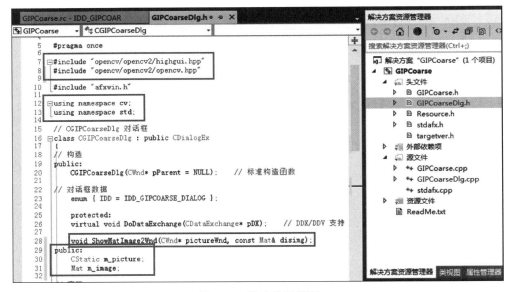

图 1-46 修改代码界面

```
//TODO:在此添加额外的初始化代码
Mat tempImage= imread("1.jpg", IMREAD_COLOR);

//调整 PictureControl 的大小,使其宽度为 4 的整数倍
RECT r;
m_picture.GetClientRect(&r);
Size size = Size(r.right, r.bottom);
size.width -= size.width % 4;
SetWindowPos(GetDlgItem(IDC_STATIC_IMAGE),0, 0,
            size.width, size.height,SWP_NOMOVE);

//将图像缩放至 PictureControl 的大小
resize(tempImage, m_image, size, 0, 0, cv::INTER_AREA);
```

图 1-47　设置相应事件

（6）在 GIPCoarseDlg.cpp 文件中实现如下代码，如图 1-48 与图 1-49 所示。

```
void CGIPCoarseDlg::ShowMatImage2Wnd(CWnd * pictureWnd, const Mat& disimg)
{
    if (disimg.empty()) return;
    static BITMAPINFO * bitMapinfo = NULL;
    static bool First = TRUE;
    if (First)
    {
        BYTE * bitBuffer = new BYTE[40 + 4 * 256];   //开辟一个内存区域
        if (bitBuffer == NULL)
        {
            return;
        }
```

```
            First = FALSE;
            memset(bitBuffer, 0, 40 + 4 * 256);
            bitMapinfo = (BITMAPINFO *)bitBuffer;
            bitMapinfo->bmiHeader.biSize = sizeof(BITMAPINFOHEADER);
            bitMapinfo->bmiHeader.biPlanes = 1;
            for (int i = 0; i<256; i++)
            { //颜色取值的范围为 0~255
                bitMapinfo->bmiColors[i].rgbBlue =(BYTE)i;
                bitMapinfo->bmiColors[i].rgbGreen=(BYTE)i;
                bitMapinfo->bmiColors[i].rgbRed = (BYTE)i;
            }
        }


    CRect drect;
    pictureWnd->GetClientRect(drect);    //pictureWnd指向 CWnd 类的一个指针

    bitMapinfo->bmiHeader.biHeight = -disimg.rows;
    bitMapinfo->bmiHeader.biWidth = disimg.cols;
    bitMapinfo->bmiHeader.biBitCount = disimg.channels() * 8;

    CClientDC dc(pictureWnd);
    HDC hDC = dc.GetSafeHdc();
    //HDC 是 Windows 的一种数据类型,是设备描述句柄

    SetStretchBltMode(hDC, COLORONCOLOR);
    StretchDIBits(hDC,
        0,
        0,
        drect.right,                    //显示窗口宽度
        drect.bottom,                   //显示窗口高度
        0,
        0,
        disimg.cols,                    //图像宽度
        disimg.rows,                    //图像高度
        disimg.data,
        bitMapinfo,
        DIB_RGB_COLORS,
        SRCCOPY);
    }
```

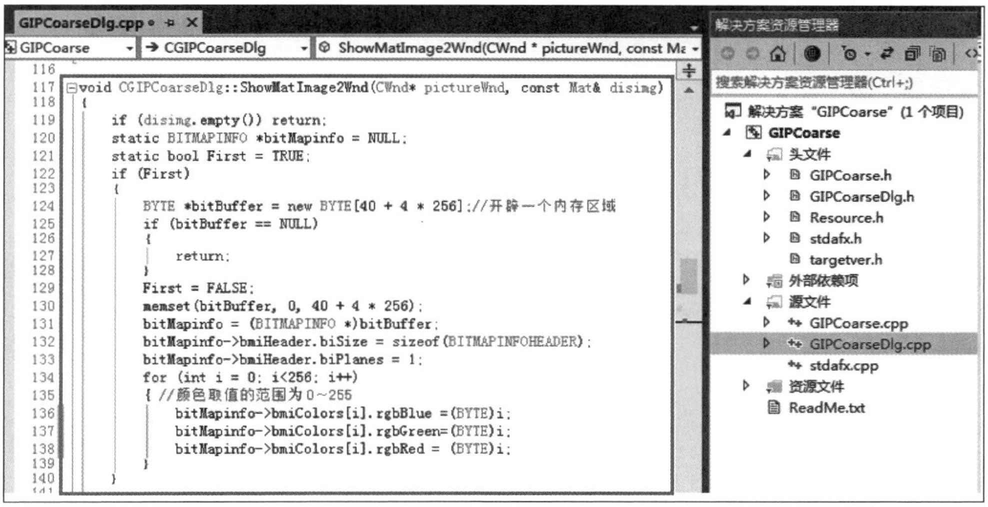

图 1-48　修改代码界面(一)

图 1-49　修改代码界面(二)

(7) 在 GIPCoarseDlg.cpp 文件的 OnPaint()中添加以下代码,如图 1-50 所示。

```
void CGIPCoarseDlg::OnPaint()
{
    if (IsIconic())
    {
        CPaintDC dc(this);          //用于绘制的设备上下文
```

```
            SendMessage(WM_ICONERASEBKGND,
                    reinterpret_cast<WPARAM>(dc.GetSafeHdc()), 0);

            //使图标在工作区矩形中居中
            int cxIcon = GetSystemMetrics(SM_CXICON);
            int cyIcon = GetSystemMetrics(SM_CYICON);
            CRect rect;
            GetClientRect(&rect);
            int x = (rect.Width() - cxIcon + 1) / 2;
            int y = (rect.Height() - cyIcon + 1) / 2;

            //绘制图标
            dc.DrawIcon(x, y, m_hIcon);
        }
        else
        {
            //ShowMatImage2Wnd(GetDlgItem(IDC_STATIC_IMAGE), m_image);
            m_bmp.Draw(GetDlgItem(IDC_STATIC_IMAGE));

            CDialogEx::OnPaint();
        }
    }
```

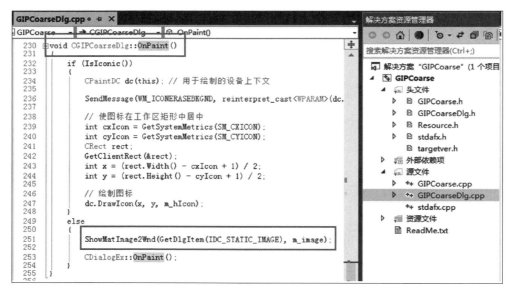

图 1-50　修改代码界面（三）

（8）选择菜单命令"生成"→"生成解决方案"，编译生成的文件，结果如图 1-51 所示。
运行结果界面如图 1-52 所示。

图 1-51 运行结果文件

图 1-52 运行结果界面

1.5.2 基于 EmguCV 的 C♯ 图像程序

EmguCV 是 OpenCV 图像处理库面向 Microsoft .NET 平台中的封装,即 OpenCV 的.NET 版本,它运行在.NET 兼容的编程语言下调用 OpenCV 的函数,如 C♯、VB、VC++ 等。同时,这个封装库可以在 Mono 下编译,并在 Windows/Linux/Mac OS X 上运行。EmguCV 的优势在于,.NET 非常完美的界面给用户操作带来直观的感受。EmguCV 每个版本都会修改一部分函数,在兼容旧版本方面做得不太好。本书主要采用 Visual Studio 2013+EmguCV 3.0 版本,希望读者也采用相同的版本进行学习,从而避免一些版本兼容上的问题。

1. 下载 EmguCV

本书配置 EmguCV 时,将以最典型的 EmguCV 3.0 作为参考。

在官网 http://www.emgu.com/wiki/index.php/Main_Page 上找到 EmguCV 对应

版本并下载,如图 1-53 所示。

图 1-53　下载 EmguCV

下载 EmguCV 后将其解压到一个文件夹(记住文件夹的位置,最好路径中没有中文,如 E:\EmguCV3.0)。

2. 配置 EmguCV

配置方法如下:在操作系统桌面,右击"计算机",在弹出的快捷菜单中选择"属性"命令,然后在弹出的对话框中依次单击"高级系统设置"→"高级"→"环境变量",双击系统变量中的 Path,在变量值里添加相应的路径。

将 EmguCV 解压目录的 bin 目录添加进去,假设安装目录为 E:\EmguCV3.0,对于 32 位操作系统,添加 E:\Emgu3.0\bin\x86,和之前存在的环境变量用英文的分号";"分隔。对于 64 位操作系统,可以将两个目录都添加上,即添加 E:\Emgu3.0\bin\x86 和 E:\Emgu3.0\bin\x64,这样可以在编译器 x86(32 位)和 x64(64 位)中来回切换。

3. 第一个 EmguCV 程序

(1) 打开 Visual Studio 2013 新建一个 C♯ 窗体应用程序,选择 Visual C♯ 新建 Windows 窗体应用程序,将其命名为 CH1CSharp,然后选择路径,最后单击"确定"按钮,如图 1-54 所示。

(2) 在"解决方案"中右击"引用",从弹出的快捷菜单中选择"添加引用"命令,添加以下 4 个引用;单击"工具箱"→"Picture Box",将其拖入对话框,如图 1-55 所示。

- Emgu.CV
- Emgu.CV.ML

图 1-54 "添加新项目"对话框

- Emgu.CV.UI
- Emgu.Util

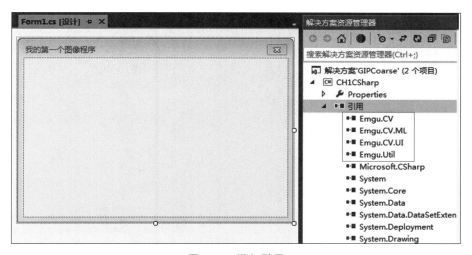

图 1-55 添加引用

（3）双击 FrmMain.cs 文件，添加 using 引用，并写入加载图片代码，如图 1-56 所示。

```csharp
private void FrmMain_Load(object sender, EventArgs e)
{
    Image<Bgr, byte> image = new Image<Bgr, byte>("1.jpg");
    pictureBox1.Image = image.Bitmap;
}
```

图 1-56　修改代码界面（四）

（4）选择菜单命令"生成"→"生成解决方案"，编译生成的文件，如图 1-57 所示。

双击 CH1CSharp.exe 文件，若出现如图 1-58 所示的运行错误，则可能是缺少了 EmguCV 目录下的 cvextern.dll 文件。为此，可按如下方式解决：双击"解决方案"中的 Properties，取消勾选"首选 32 位"，勾选"允许不安全代码"，操作如图 1-59 所示。

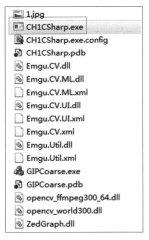

图 1-57　编译生成的文件

图 1-58　运行错误

再次编译、运行，结果如图 1-60 所示。

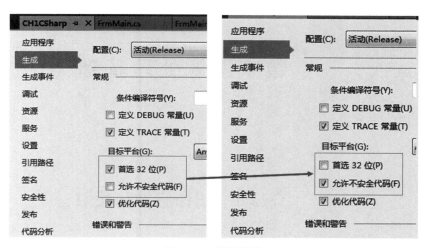

图 1-59　修改设置

图 1-60　"我的第一个图像程序"运行结果

◇ 1.6　练　习　题

1. 什么是数字图像？
2. 数字图像有哪些特点？
3. 数字图像处理的目的是什么？
4. 简述数字图像的历史。
5. 数字图像有哪些主要应用？
6. 列举生活中数字图像的获得途径。
7. 结合自己的生活实例，举出一个数字图像的应用实例。
8. 数字图像今后的发展方向是什么？
9. 使用 OpenCV 显示一张图片。
10. 使用 EmguCV 显示一张图片。

第2章

数字图像处理基础

◆ 2.1 图像感知与获取

2.1.1 图像传感器的分类

图像传感器是利用光电转换装置,将感光面上的光像转换为相应比例的电子信号,并与光像形成对应关系。相对于光敏二极管、光敏三极管等点源的感光元件,图像传感器是一种功能器件,它将受光面上的光像分成许多小单元,将其转换为可用的电信号。成像传感器分为光电导像管和固体成像传感器。与光电导像管相比,固态成像传感器具有体积小、质量轻、集成度高、分辨率高、功耗低、寿命长、价格低廉等优点,因而被广泛应用于各个行业。

图像传感器可分为电荷耦合元件(Charge Coupled Device,CCD)和金属氧化物半导体元件(Complementary Metal-Oxide Semiconductor,CMOS)两类。

利用高感光的半导体材料,CCD图像传感器可以将光线转换成电荷,然后通过数模转换器芯片将其转换成电荷,之后再将其转换成数字信号,数字信号被压缩后由相机内的闪速存储器或内置硬盘卡保存,这样,数据就可以轻松地传送到计算机上,并借助计算机的处理方法,根据需要对图像进行修改。CCD图像传感器又可分为线阵(Linear)和面阵(Area)两种类型,线阵用于图像扫描器和传真机,面阵用于多种图像输入产品,如数码相机(DSC)、摄录机、监视器等。由于其独特的技术,CCD图像传感器具有较高的低照度、信噪比、透气性和色彩还原性,广泛应用于交通、医疗等高端领域。

CMOS图像传感器采用一般半导体电路中最常用的CMOS工艺,其特点是集成度高、功耗小、速度快、成本低。该传感器的工作原理主要是利用硅、锗两种元素制成的半导体,通过带正电和负电的晶体管在CMOS上实现基本功能。通过处理芯片可以将这两种互补效应产生的电流进行记录和解码。CMOS图像传感器适用于空间小、体积小、功耗低且对图像噪声和质量要求不高的场合,例如,有辅助照明的工业检测、安全防护以及大多数消费商用数码相机等。

2.1.2　图像系统选型参数计算

1. 相机选型

1）根据精度要求和拍摄视野选择相机的分辨率

分辨率即相机每次采集图像的像素点数。根据待测物体的尺寸估算视野的大小,再结合检测精度,利用式(2-1)可以大致确定检测系统的相机的分辨率。

$$分辨率 = \frac{视野的长或宽}{检测精度} \qquad (2-1)$$

其中,视野有时又表示目标物,它的长和宽通常对应图像的宽和高。

例如,视野的长和宽分别为 13m 和 10m,检测精度为 0.5cm,则分辨率的宽＝13m/0.5cm＝2600,分辨率的高＝10m/0.5cm＝2000,即分辨率为 2600×2000,单位为像素。

2）根据被测物是否运动选择相机的快门方式

全局快门:每个像素在同一时刻同时曝光,适合运动物体。

卷帘快门:传感器逐行扫描逐行进行曝光,直至所有像素点都被曝光,适合静止物体。

3）根据被拍物的运动速度确定相机的帧率

帧率表示每秒输出多少幅图像,通常用 FPS(Frame Per Second)表示。相机的最低帧率可根据式(2-2)估算。

$$最低帧率 = \frac{运动速度}{视野} \qquad (2-2)$$

例如,假设车辆的运动速度为 100km/h,视野为 10m,则最低帧率＝100km/h/10m＝2.78FPS,即车辆以该速度通过 10m 的区域,若相机每秒拍 2.78 张图像,则总会有一张图像包含完整的车身。

4）根据检测内容选择相机的图像色彩

建议除了色彩识别、色彩缺陷检测等处理与颜色有关的检测选择彩色相机,其余的可选择黑白相机,因为同样分辨率的图像,黑白图像的检测精度优于彩色相机。黑白相机的对比度和锐度优于彩色相机,部分黑白相机可以直接输出灰度图用于运算处理。

5）根据镜头和工作场景选择相机的传感器靶面

靶面的大小将会对拍摄视野的大小产生直接的影响。在一些工作距离有限制的场合,需要结合焦距和工作距离选择相机传感器靶面。在相同的焦距和工作距离下,两者呈正相关,即传感器靶面越大视野越大。传感器靶面尺寸通常用英寸(1 英寸＝2.54 厘米)表示,图 2-1 给出了常用传感器靶面尺寸(2/3″、1/2″、1/3″和 1/4″)与英寸的对应关系,如 1/2″的靶面对应 6.4mm×4.8mm、对角长为 8mm 的矩形。

6）根据帧、传输距离、经济性选择相机接口

目前,市面上常见的相机接口有 USB2.0、USB3.0、千兆网接口。USB2.0 的理论带宽为 450Mb/s,传输距离为 5m;USB3.0 的理论带宽为 5Gb/s,传输距离为 5m;千兆网接口的理论带宽为 1Gb/s,传输距离为 100m。

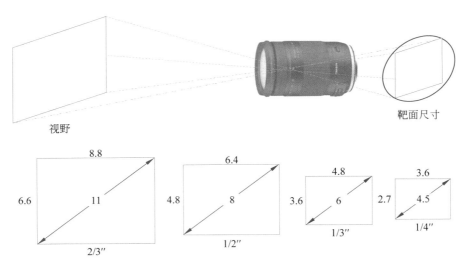

靶面尺寸

视野

图 2-1　常用传感器靶面尺寸与英寸的对应关系

2. 镜头选型

（1）镜头的分辨率最好大于或等于相机的分辨率。

（2）镜头的靶面要大于或等于相机的传感器靶面大小，否则图像会有暗角。

（3）根据相机靶面边长 h、拍摄的视野范围边长 H 和工作距离 WD 计算镜头的焦距 f，其中 WD 和 f 的含义如图 2-2 所示。

$$f = (h \cdot WD)/H \qquad (2\text{-}3)$$

镜头生产商并不是每一个焦段的镜头都生产，所以需就近选择焦段。相同工作距离情况下，焦距越短，视野越大。

（4）相机接口与镜头的接口有 C 口和 CS 口两类，相机与镜头的接口类型要一致，否则会导致对焦失败。

（5）除了已经确定的镜头分辨率、焦距、接口，还需要注意：①镜头的光圈越大，图像越清晰；②尽可能选畸变小的镜头；③实际工作距离不能低于镜头的最短工作距离，否则会导致对焦不成功。

成像面

视野
(FOV)

图 2-2　WD 和 f 的含义

2.1.3　色度学原理与颜色空间

色度学是把主观颜色感知和客观的物理量联系起来，以此建立科学精确的定量测量方法。在现实生活中，人们往往把颜色归结为某一事物本身的属性，认为颜色是事物本身所具有的属于其自身的基本属性。例如，人们常说，那是一块红布，那是一张白纸，等等。但事实上，除了物体自身的光谱反射特性外，人们眼中所见的颜色，主要与光照条件引起的现象有关。当物体对不同频率的可见光波有相同的反射特性时,称该物体为白色。该物体是白色,是在所有可见光同时照射下得出的结论。如果仅仅用单色光在同一物体上进行照射,那么该物体的颜色将不再是白色。

上述现象表明,人们眼中所反映的颜色,不仅取决于物体本身的性质,而且与光源的光谱组成也有直接的关系。因此,人们所说的颜色,就是物体自身的自然属性和光照条件的综合效应。人们用色度学评价的结论就是这种综合效果。

其实,任何颜色的显示,实际上都是色光刺激了人的视觉神经而产生的感觉,称这种感觉为色觉。色别、明度和饱和度是色彩的三大特性,也是色觉的三大属性,通常将色别、色彩明度和颜色饱和度称为"色彩三要素"。

色彩具有的最显著的特征是色别,也称为色相。这是指不同颜色间的差异。就表面现象而言,例如一束平行白光透过三棱镜时,这束白光因折射而分散成一条彩色的光带,形成这条光带时所呈现的红色、橙色、黄色、绿色、青色、蓝色和紫色,即为不同色别。就物理光学而言,各种色别都是由射入人眼的光的光谱成分决定的,而色别的形成(即色相的形成)取决于光谱成分的频率。

可见光是电磁频谱中的一小部分,其波长范围在 380～780nm,在此范围内,各种波长的光都呈现出不同的色彩。大自然中呈现的各种色彩,大多由不同波长和强度的光波混合而成,有些则是某种单一波长固有的特性色彩。总而言之,色别是指可见光谱中不同波长的电磁波在视觉上所表现出的不同性质的差异。

明度是指色彩的明暗程度。每种颜色在不同强弱的光照下会有明暗差异,我们知道,物体的各种颜色必须在光线的照射下才能显现出来。因为物体所呈现的颜色,取决于物体表面对光线中不同色光的吸收和反射能力。红色布料之所以呈现为红色,是因为它只反射红光,并且吸收了红光以外的其他色光。白纸呈现白色的原因是白光能将光线照射在纸表面的所有色光完全反射回来。若物体表面等效地吸收或完全吸收光线,则物体呈现出灰、黑两色。同一物体由于光照射在其表面的能量不同,反射的能量也不一样,所以产生同一种颜色的物体在不同能量的光线照射下会有明暗差异。

白色颜料是一种高反射率物质,无论何种颜色与白色混合,都能提高其自身的明度。黑色颜料是一种反射率极低的物质,所以在各种颜色(除黑色外)中掺黑色越多明度越低。

照相时,正确处理色彩的明度非常重要,如果只有色别而没有明度的变化,就不会有纵深感和节奏感,即通常所说的没有层次。

饱和度是组成颜色的纯度,它表示颜色中所含彩色成分的比例。色彩比例越大,该色彩的饱和度越高,反之饱和度越低。实际上,饱和度是指颜色与明度相同时,消色的程度不同,所含的消色成分越多,颜色越不饱和。色彩饱和度与物体的表面结构以及光线照射有直接的关系。对于同色物体,表面光滑的物体比粗糙物体的饱和度高。在强光下,同一颜色的物体饱和度要高于在黑暗中。

各种色别在视觉上也有不同的饱和度,纯色的饱和度最高,灰色的饱和度最低,其他颜色的饱和度都是中等的。高饱和色在照片中能使人产生强烈、艳丽的亲切感,而低饱和色则容易使人觉得淡雅中包含着丰富的配色。

大自然中各种物体所显示的不同颜色,是由红、绿、蓝 3 种光线按照适当的比例混合而成的,也就是作用不同的吸收或反射从而呈现给人不同的色彩。因此,红、绿、蓝是构成各种颜色的基本元素,通常称这 3 种颜色的元素为三原色,它们对应的标准波长分别定义为 700nm、546.1nm 和 435.8nm。然而,肉眼可感知的红、绿和蓝光的波长通常是一个范围,分别为 600～800nm、500～600nm 和 400～500nm,它们在可见光光谱中各占三分之一。三原色中的一个与另外两个原色或其中一个原色等量相加,就可得到其他的色彩,其规律可用下式表示:

$$红光＋绿光＝黄光$$
$$红光＋蓝光＝亮紫光$$
$$绿光＋蓝光＝青光$$
$$红光＋绿光＋蓝光＝白光$$

如果两种光相加后得到的是白色光,那么称这两种色光互为补色。与红光互为补色的是黄光,绿光与紫光互为补色,而蓝光则是和青光互为补色。

颜色空间也称彩色模型(又称彩色空间或彩色系统),其用途是在某种标准下以大众可以接受的方式描述彩色。颜色空间有许多种,常用的有 RGB、CMY、HSV、HSI 等。

RGB 颜色空间:如图 2-3 所示,RGB 颜色空间以红(Red,R)、绿(Green,G)、蓝(Blue,B)3 种基本颜色为基础,通过不同程度的叠加可以呈现出丰富而广泛的颜色,因此被称为三基色模式。自然界中存在无数种不同的颜色,而人类的眼睛只能分辨出有限的种类。RGB 模型可以代表超过 1600 万种不同的颜色,在人眼看来,它与自然界的颜色非常接近,因此又被称为自然色彩模型。在可见光谱图上,红色、绿色和蓝色代表 3 种基本色,也就是三原色,每种颜色根据其亮度分为 256 个等级。在三原色重叠的情况下,不同的混色比例可以产生不同的中间色,如三原色相加就可以产生白色。RGB 模式就是颜色的加法。屏幕可以将 RGB 模式作为显示的基本模式,但彩色印刷品

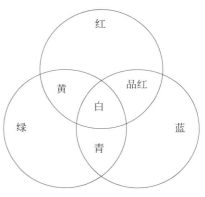

图 2-3　RGB 颜色空间

却不能用 RGB 模式生产出各种颜色,因此,RGB 模式常用于视频、多媒体和网页设计。

CMY 颜色空间:是青(Cyan,C)、洋红(或品红)(Magenta,M)和黄(Yellow,Y)3 种颜色的简写,加上黑色(blacK,K),即为 CMYK 相减混色模式,用这种方法产生的颜色之所以称为相减色,是因为它减少了为视觉系统识别颜色所需要的反射光。

RGB 颜色空间到 CMY 颜色空间的转换可根据式(2-4)进行。注意,这里的 R、G、B 的取值范围都为[0,1]。

$$\begin{bmatrix} C \\ M \\ Y \end{bmatrix} = \begin{bmatrix} 1 \\ 1 \\ 1 \end{bmatrix} - \begin{bmatrix} R \\ G \\ B \end{bmatrix} \qquad (2\text{-}4)$$

HSV 颜色空间:如图 2-4 所示,HSV 颜色空间表示根据颜色的直观特性创建的一种颜色空间,也称六角锥体模型(Hexcone Model)。这个模型中颜色的参数分别是色调

（Hue，H）、饱和度（Saturation，S）和明度（Value，V）。

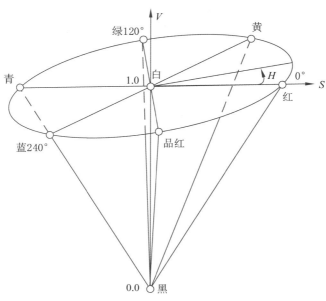

图 2-4   HSV 颜色空间

色调 H 用角度度量，取值范围为 $0°\sim360°$，从红色开始按逆时针方向计算，红色为 $0°$，绿色为 $120°$，蓝色为 $240°$，它们的补色是：黄色为 $60°$，青色为 $180°$，紫色为 $300°$。

饱和度 S 表示颜色接近光谱色的程度。一种颜色可以看作某种光谱颜色与白色混合的结果。在这些颜色中，光谱色占有的比例越大，颜色接近光谱色的程度越高，颜色的饱和度越高。饱和度高，表现的颜色会较深但色彩艳丽。光谱色中的白光成分为 0，且饱和度最高。饱和度 S 的取值范围一般是 $0\%\sim100\%$，取值越大，颜色越饱和。

明度 V 表示颜色明亮的程度，对于光源色，明度值与发光体的光亮度有关。对于物体色，明度值和物体的透射比或反射比有关，取值范围一般是 0%（黑色）至 100%（白色）。

HSV 模型是由 RGB 立方体向三维模型发展而来的。想象从 RGB 沿立方体对角线上的白色顶点到黑色顶点，可以观察到立方体的六边形形状。六边形边界代表色彩，水平轴代表纯度，而从垂直轴上则可以测量明度。

RGB 颜色空间到 HSV 颜色空间的转换如下。

$$H = \begin{cases} \arccos\left\{\dfrac{(R-G)+(R+B)}{2\sqrt{(R-G)^2+(R-B)(G-B)}}\right\}, & B \leqslant G \\ 2\pi - \arccos\left\{\dfrac{(R-G)+(R+B)}{2\sqrt{(R-G)^2+(R-B)(G-B)}}\right\}, & \text{其他} \end{cases} \tag{2-5}$$

$$S = \frac{\max(R,G,B)-\min(R,G,B)}{\max(R,G,B)} \tag{2-6}$$

$$V = \frac{\max(R,G,B)}{255} \tag{2-7}$$

HSI 颜色空间：以人类的视觉系统为基础，用色调（Hue，H）、颜色饱和度（Saturation

或 Chroma,S)和亮度(Intensity 或 Brightness,I)形容色彩,如图 2-5 所示。色调 H 与光波的频率有关,它代表人们对不同颜色的感觉,如红色、绿色、蓝色等,它还可以代表一定范围的颜色,如暖色、冷色等。饱和度 S 代表颜色的纯度,而纯光谱色则是完全饱和的,通过白光的加入可以稀释其饱和度。颜色的饱和度越大,颜色越鲜艳,反之亦然。与成像亮度和图像灰度对应,亮度 I 是颜色的明亮程度。

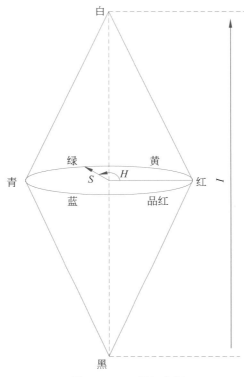

图 2-5　HSI 颜色空间

HSI 颜色模型的双六棱锥表示,I 是强度轴,色调 H 的角度范围为 $[0,2\pi]$,其中,纯红色的角度为 0,纯绿色的角度为 $2\pi/3$,纯蓝色的角度为 $4\pi/3$。饱和度 S 是颜色空间任一点与 I 轴的距离。

RGB 颜色空间到 HSI 颜色空间的转换如下。

$$H = \begin{cases} \arccos\left\{\dfrac{(R-G)+(R+B)}{2\sqrt{(R-G)^2+(R-B)(G-B)}}\right\}, & B \leqslant G \\ 2\pi - \arccos\left\{\dfrac{(R-G)+(R+B)}{2\sqrt{(R-G)^2+(R-B)(G-B)}}\right\}, & \text{其他} \end{cases} \tag{2-8}$$

$$S = 1 - \frac{3}{(R+G+B)}\min(R,G,B) \tag{2-9}$$

$$I = \frac{(R+G+B)}{3} \tag{2-10}$$

◈ 2.2　图像采样与量化

2.2.1　图像采样

如图 2-6 所示,图像采样的本质是描述一幅图像需要用多少个点,采样结果的质量等级是以图像的分辨率衡量的。简而言之,将二维空间中连续的图像在水平和竖直方向上等间距分割成矩形网格,这样形成的微小网格称为像素点。将一幅图像采样到有限个像素点组成的集合中。例如,一幅分辨率为 640×480 像素的图像,表明该图像由 $640\times480=307200$ 像素组成。

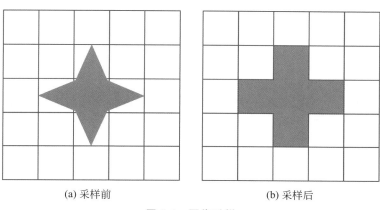

(a) 采样前　　　　　　　　　　　(b) 采样后

图 2-6　图像采样

在数字信号处理领域中,采样定理是连续时间信号和离散时间信号之间的基本桥梁,其中,连续时间信号通常也称为"模拟信号",离散时间信号通常也称为"数字信号"。在进行模拟/数字信号的转换过程中,只有当采样频率大于信号中最高频率的 2 倍时,采样之后的数字信号才完整地保留原始信号中的信息,因此,在实际应用中一般保证采样频率为信号最高频率的 2.56～4 倍,而采样定理又称奈奎斯特定理。

对于图像处理领域来说,下面用示例说明图像采样的过程:对于一块 100cm(长)×80cm(宽)的彩色布料,要将这块布料拍成照片,假设在长和宽方向每 1mm 取一个点,并将该点的颜色记录下来,这样,长度方向上有 1000 个颜色点,宽度方向上有 800 个颜色点,将这些颜色点拼成一个矩阵,就构成 1000(宽)×800(高)的图像;如果每 0.5mm 取一个点并记录该点的颜色,则构成 2000(宽)×1600(高)的图像,这一过程就是图像采样。很显然,取的点越多,色彩还原度越大,分辨率越高。

2.2.2　图像量化

如图 2-7 所示,图像量化是指要使用多大范围的数值表示图像采样之后的每一个点。函数取值的数字化被称为图像的量化,例如,每个像素值量化到 256 个灰度级。量化后,图像就被表示成一个整数矩阵 $M\times N$,它是计算机处理的对象。

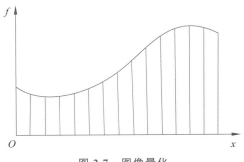

图 2-7　图像量化

2.2.3　数字图像的表示

通过采样和量化,可以将数字图像表示为二维矩阵,该矩阵有 M 行和 N 列,每一个位置(x,y)表示一个像素,像素值就是幅值 $f(x,y)$,如图 2-8 和式(2-11)所示。

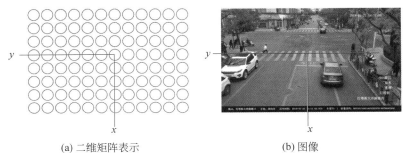

(a) 二维矩阵表示　　　　　　　　　　(b) 图像

图 2-8　数字图像的二维矩阵表示

$$f(x,y)=\begin{bmatrix} f(0,0) & f(0,1) & \cdots & f(0,N-1) \\ f(1,0) & f(1,1) & \cdots & f(1,N-1) \\ \vdots & \vdots & & \vdots \\ f(M-1,0) & f(M-1,1) & \cdots & f(M-1,N-1) \end{bmatrix} \quad (2\text{-}11)$$

如图 2-9 所示,二值图像(Binary Image)是指图像中每个像素的亮度值(Intensity)仅可以取 0 或 255(若经过归一化,则 255 变为 1)。二值图像一般用来描述字符,其优点是占用空间小,缺点是在描述人物、风景时,二值图像只能显示其边缘信息,而图像内部的纹理特征表现不明显。

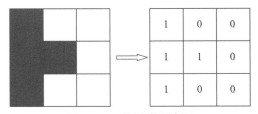

图 2-9　二值图像示意图

灰度图像(Gray Scale Image),也称为灰阶图像:图像中每个像素可以由 0(黑)到 255(白)的亮度值表示。0~255 表示不同的灰度级。图 2-10 为灰度图像示意图。

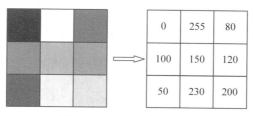

图 2-10　灰度图像示意图

彩色图像(Color Image):每幅彩色图像由 3 幅不同颜色的灰度图像组合而成,一个为红色,一个为绿色,另一个为蓝色,如图 2-11 所示。

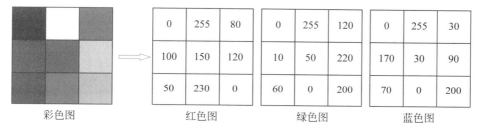

图 2-11　彩色图像示意图

2.2.4　与图像质量相关的因素

1. 图像采样与图像质量

图像采样与图像质量呈正相关。一般而言,采样间隔越大,图像像素块越大,显示图像越粗糙,严重时会出现马赛克效应,但数据量较小;而采样间隔越小,显示图像越精细,数据量越大。图像采样与图像质量示意图如图 2-12 所示。

2. 图像量化与图像质量

同样,图像量化与图像质量也呈正相关。量化等级越高,灰度级数(浓淡层次)表现越丰富,图像质量越好,但数据量较大;量化等级越低,图像质量越差,甚至可能出现假轮廓现象,但数据量较小。图像量化与图像质量示意图如图 2-13 所示。

3. 图像层次与图像质量

灰度级是表示像素明暗程度的一个整数值。例如,像素的取值范围是 0~255,那么它就是包含 0,1,…,255 共 256 个灰度级别的图像。层次表示图像实际具有的灰度等级。例如,一幅有 32 个不同取值的图像,可以说该图像有 32 个级别。实际层次越多的图像数据,其视觉效果也越好。图像层次与图像质量示意图如图 2-14 所示。

(a) 3840×2300

(b) 960×575

(c) 240×143

(d) 60×35

图 2-12　图像采样与图像质量示意图

(a) 256灰度级

(b) 16灰度级

(c) 8灰度级

(d) 4灰度级

图 2-13　图像量化与图像质量示意图

图 2-14　图像层次与图像质量示意图

4. 图像的清晰度与图像质量

影响清晰度的因素主要有亮度、对比度、尺寸大小、细微层次和颜色饱和度。

亮度是指图像色彩的明暗程度,是人眼对物体本身明暗强度的感觉,取值为 0%～100%。图像亮度与图像质量示意图如图 2-15 所示。

(a) 原图　　　　　　　　　　　　　　　　(b) 降低亮度

图 2-15　图像亮度与图像质量示意图

对比度是指一幅图像中灰度反差的大小,对比度＝最大亮度/最小亮度。对比度越大,两种颜色之间的差异越大,相反,相似度则越高。例如,当增加灰度图像的对比度后,黑白会变得更加鲜明;当对比度达到极限时,就会变成黑白图像。相反,当对比度减小到一定程度后,灰度图像也就看不出图像的效果了,而只是一幅灰色的底图。图像对比度与图像质量示意图如图 2-16 所示。

图像尺寸的宽度与高度通常以像素为单位,分别对应实际视野的长度和宽度。图像的尺寸越大,图越清晰,图像文件也越大。图像尺寸与图像质量示意图如图 2-17 所示。

图像细微层次与图像质量示意图如图 2-18 所示。细微层次是指图像中细部层次

(a) 原图　　　　　　　　　　　　　　　(b) 降低对比度

图 2-16　图像对比度与图像质量示意图

(a) 原图　　　　　　　　　　　　　　　(b) 缩小尺寸

图 2-17　图像尺寸与图像质量示意图

的表现能力,图像细部越容易分辨,图像的清晰度就越高。彩色图像复制的细微层次是否清晰是决定图像复制质量的主要因素之一。图像的细微层次可以由以下 3 方面表现。

(a) 原图　　　　　　　　　　　　　　　(b) 减少细微层次

图 2-18　图像细微层次与图像质量示意图

　　(1) 图像层次对于景物纹理的分辨率,或者说对于细节层次纹理的精细程度,其分辨率越高,景物质点显示得越细致,也就越清晰。

　　(2) 以锐度表示线条边缘轮廓是否清晰,其实质是指层次边缘渐变密度的变化宽度。

若变化宽度小,则边界清晰;相反,若变化宽度大,则边界发虚。

(3) 图像相邻层次之间明暗对比的差别,即细部密度差异的大小。

分辨率、清晰度和明暗层次的对比都可以用来表示图像的细微层次处理。

饱和度是指图像颜色的深度,它表明了色彩的纯度,决定于物体反射或投射的特性。饱和度以灰度数表示,与色调成一定比例,取值范围通常是 $0\%\sim100\%$,表示从最低饱和度到最高饱和度。调整图像的饱和度也就是调整图像的色度,当图像的饱和度降为 0%时,图像就变成了灰色,在提高图像色度的同时增加了饱和度。例如,调节彩电的饱和度,用户可以选择看黑白或彩色的电视节目。对于白色、黑色和灰色的图像,它们都不具有饱和度。图像饱和度与图像质量示意图如图 2-19 所示。

(a) 原图　　　　　　　　　　　　　(b) 降低颜色饱和度

图 2-19　图像饱和度与图像质量示意图

◆ 2.3　像素间关系的描述

我们已经知道,一幅图像可以用 $f(x,y)$表示,接下来在讲述像素间关系时,用小写字母(如 p 或者 q)表示特定像素。

2.3.1　邻域关系

4 邻域:位于位置 (x,y)的像素 p,距离它一个单位的上、下、左、右 4 个相邻的像素构成的集合称为 4 邻域,用 $N_4(p)$表示,如图 2-20 所示。

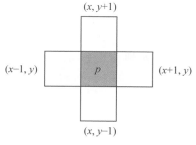

图 2-20　4 邻域

46

D 邻域：p 的 4 个对角像素构成的集合称为 D 邻域，用 $N_D(p)$ 表示，如图 2-21 所示。

8 邻域：4 邻域和 D 邻域的并集称为 8 邻域，用 $N_8(p)$ 表示，如图 2-22 所示。

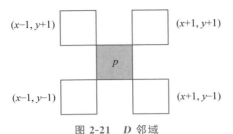
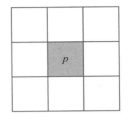

图 2-21 D 邻域　　　　图 2-22 8 邻域

2.3.2 连通关系

若两个像素具有连通关系，则它们必须满足以下两个条件。

(1) 两个像素的位置是相邻的。

(2) 两个像素的灰度值满足特定的相似性准则（比如，灰度值相等，或者灰度值都在某个集合内，等等）。

4 连通：对于具有值 V 的像素 p 和 q，如果 q 在集合 $N_4(p)$ 中，则称这两个像素是 4 连通的，如图 2-23 所示。

8 连通：对于具有值 V 的像素 p 和 q，如果 q 在集合 $N_8(p)$ 中，则称这两个像素是 8 连通的，如图 2-24 所示。

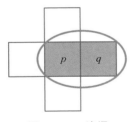
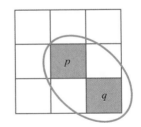

图 2-23 4 连通　　　　图 2-24 8 连通

m 连通：对于具有值 V 的像素 p 和 q，如果 q 在集合 $N_4(p)$ 中，或 q 在集合 $N_D(p)$ 中，并且 $N_4(p)$ 与 $N_4(q)$ 的交集为空（没有值 V 的像素），则称这两个像素是 m 连通的，即 4 连通和 D 连通的混合连通，如图 2-25 所示。

一条从具有坐标 (x,y) 的像素 p 到具有坐标 (s,t) 的像素 q 的通路，是具有坐标 $(x_0, y_0),(x_1,y_1),\cdots,(x_i,y_i),\cdots,(x_n,y_n)$ 的不同像素的序列。其中，$(x_0,y_0)=(x,y)$，$(x_n,y_n)=(s,t)$，(x_i,y_i) 和 (x_{i-1},y_{i-1}) 是邻接的，$1\leqslant i\leqslant n$，n 是路径的长度。如果 $(x_0,y_0)=(x_n,y_n)$，则该通路是闭合通路。

2.3.3 距离关系

像素 p、q 和 z，分别具有坐标 (x,y)、(s,t) 和 (u,v)，若：

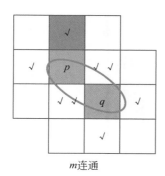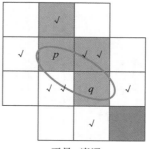

m连通　　　　　　　　　不是m连通

图 2-25　m 连通

（1）$D(p,q) \geqslant 0[D(p,q)=0,$当且仅当 $p=q]$

（2）$D(p,q)=D(q,p)$

（3）$D(p,z) \leqslant D(p,q)+D(q,z)$

则称 D 是距离函数或度量。

1. 欧几里得距离

像素 $p(x,y)$ 和 $q(s,t)$ 间的欧几里得距离定义如下。

$$D_e(p,q)=\sqrt{(x-s)^2+(y-t)^2} \tag{2-12}$$

对于这个距离计算法，具有与(x,y)距离小于或等于某个值 r 的所有像素构成了以(x,y)为圆心，以 r 为半径的圆平面。

2. D_4 距离（城市距离）

像素 $p(x,y)$ 和 $q(s,t)$ 之间的 D_4 距离定义为

$$D_4(p,q)=|x-s|+|y-t| \tag{2-13}$$

在这种情况下，具有与(x,y)距离小于或等于某个值 r 的那些像素形成一个菱形，如图 2-26 所示。例如，与点(x,y)（中心点）D_4 距离小于或等于 2 的像素，形成固定距离的轮廓。具有 $D_4=1$ 的像素是(x,y)的 4 邻域。

3. D_8 距离（棋盘距离）

像素 $p(x,y)$ 和 $q(s,t)$ 之间的 D_8 距离定义为

$$D_8(p,q)=\max(|x-s|,|y-t|) \tag{2-14}$$

在这种情况下，具有与(x,y)距离小于或等于某个值 r 的那些像素形成一个正方形，如图 2-27 所示。例如，与点(x,y)（中心点）D_8 距离小于或等于 2 的像素，形成固定距离的轮廓。具有 $D_8=1$ 的像素是(x,y)的 8 邻域。

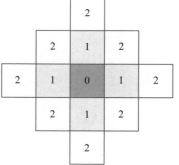

图 2-26　D_4 距离

2	2	2	2	2
2	1	1	1	2
2	1	0	1	2
2	1	1	1	2
2	2	2	2	2

图 2-27　D_8 距离

◈ 2.4　数字图像中的数学

2.4.1　范数

默认以下范数用到的向量 $\boldsymbol{X}$ 和 $\boldsymbol{Y}$ 定义如下：$\boldsymbol{X} = \{x_i \mid i = 1, 2, \cdots, n\}$，$\boldsymbol{Y} = \{y_i \mid i = 1, 2, \cdots, m\}$。

1. L^1 范数与 L^2 范数

范数，包括 L^p 范数，是将向量映射到非负值的函数，用于衡量一个向量的大小。向量 $\boldsymbol{X}$ 的范数衡量从原点到点 $\boldsymbol{X}$ 的距离。范数是满足以下性质的任意函数。

(1) $f(\boldsymbol{X}) = 0 \rightarrow \boldsymbol{X} = 0$

(2) $f(\boldsymbol{X} + \boldsymbol{Y}) \leqslant f(\boldsymbol{X}) + f(\boldsymbol{Y})$

(3) $\forall \alpha \in \mathbf{R} \rightarrow f(\alpha \cdot \boldsymbol{X}) = |\alpha| \cdot f(\boldsymbol{X})$

形式上，L^p 范数的定义如下。

$$L^p = \left(\sum_i |x_i|^p \right)^{\frac{1}{p}} \tag{2-15}$$

其中，$p \in \mathbf{R}, p \geqslant 1$。

当 $p = 1$ 时，L^1 范数简化为

$$L^1 = \|\boldsymbol{X}\|_1 = \sum_i |x_i| \tag{2-16}$$

当 $p = 2$ 时，L^2 称为欧几里得范数（Euclidean norm），它表示从原点出发到向量 $\boldsymbol{X}$ 的欧几里得距离。通常将 L^2 范数简化表示为 $\|\boldsymbol{X}\|_2$。L^2 范数的平方经常用来衡量向量的大小，可以简单地用点积 $\boldsymbol{X}^{\mathrm{T}} \boldsymbol{X}$ 计算。

在数学计算中，L^2 范数的平方比 L^2 范数方便。L^2 范数的平方对 x 中每个元素的导数仅依赖于相应的元素，而 L^2 范数对每个元素的导数和整个向量有关。但 L^2 范数的平方在原点附近的增长非常缓慢，因此，在某些应用中，对于区分极小的非零值元素和零值元素来说，L^2 范数的性能优于 L^2 范数的平方。

2. L^0 范数

使用非零元素在统计向量中的数目衡量向量的大小时,有些人将其称为 L^0 范数。但是,从数学角度来说,这不正确。非零元素的数目不满足之前范数定义中的 3 条性质中的第 3 条。因此,L^1 范数常常用来代替非零元素数目。

3. L^∞ 范数

机器学习中出现的 L^∞ 范数也称为最大范数,这个范数表示向量中具有最大幅值的元素的绝对值。

$$L^\infty = \parallel \boldsymbol{X} \parallel_\infty = \max_i\{\mid x_i \mid\} \tag{2-17}$$

4. Frobenius 范数

有时希望可以衡量矩阵 $\boldsymbol{A} = [a_{ij}]_{n\times m}$ 的大小。在深度学习中,最常见的做法是使用 Frobenius 范数,简称 F 范数,类似于向量的 L^2 范数,它是矩阵 $\boldsymbol{A}$ 各项元素平方的总和开根,即

$$\parallel \boldsymbol{A} \parallel_F = \sqrt{\sum_i \sum_j a_{ij}^2} \tag{2-18}$$

2.4.2　傅里叶变换

设 $f(t)$ 为定义在 $(-\infty, +\infty)$ 上的实值(或复值)函数,其傅里叶积分收敛。由积分

$$F(\omega) = \int_{-\infty}^{+\infty} f(t)\mathrm{e}^{-\mathrm{i}\omega t}\,\mathrm{d}t \tag{2-19}$$

建立的从 $f(t)$ 到 $F(\omega)$ 的对应称作傅里叶变换(简称傅氏变换),用字母 F 表示,即

$$F(\omega) = F[f(t)] \tag{2-20}$$

由积分

$$f(t) = \frac{1}{2\pi}\int_{-\infty}^{+\infty} F(\omega)\mathrm{e}^{\mathrm{i}\omega t}\,\mathrm{d}\omega \tag{2-21}$$

建立的从 $F(\omega)$ 到 $f(t)$ 的对应称作傅里叶逆变换(简称傅氏逆变换),用字母 F^{-1} 表示,即

$$f(t) = F^{-1}[F(\omega)] \tag{2-22}$$

式(2-20)的含义是对函数 $f(t)$ 施加 F 变换便可得到函数 $F(\omega)$。这种变换也可理解为一种映射,故 $f(t)$ 称作 F 变换的像原函数,$F(\omega)$ 称作 F 变换的像函数。像原函数与像函数构成一组傅里叶变换对。

例:求高斯分布函数

$$f(t) = \frac{1}{2\pi}\mathrm{e}^{-\frac{t^2}{2\sigma^2}}$$

的傅里叶变换,其中 $\sigma > 0$,如图 2-28 所示。

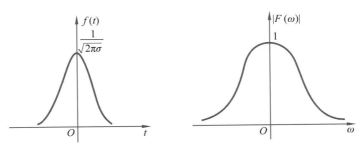

图 2-28 高斯分布函数及其傅里叶变换

$$\text{解：} F(\omega) = F[f(t)]$$

$$= \int_{-\infty}^{+\infty} f(t) e^{-i\omega t} \, dt$$

$$= \int_{-\infty}^{+\infty} \frac{1}{2\pi} e^{-\frac{t^2}{2\sigma^2}} e^{-i\omega t} \, dt$$

$$= \int_{-\infty}^{+\infty} \frac{1}{2\pi} e^{-\frac{1}{2}\left(\frac{t}{\sigma} + \sigma\omega i\right)^2} e^{-\frac{\sigma^2\omega^2}{2}} \, d\left(\frac{t}{\sigma} + \sigma\omega i\right)$$

$$= e^{-\frac{\sigma^2\omega^2}{2}} \frac{1}{2\pi} \int_{-\infty+\sigma\omega i}^{+\infty+\sigma\omega i} e^{-\frac{1}{2}u^2} \, du \qquad \left(u = \frac{t}{\sigma} + \sigma\omega i\right)$$

$$= e^{-\frac{\sigma^2\omega^2}{2}}$$

2.4.3 方差与标准差

设图像共有 N 个像素点（图像块为 $w \times h$ 个像素点），第 i 个点的灰度值为 X_i，其均值为 X，则这些特征的含义如下。

1. 方差

$$V = \frac{1}{N} \sum_{i=1}^{N} (X_i - X)^2 \qquad (2\text{-}23)$$

方差是一种衡量样本分布均匀性的尺度标准。图像的方差是每个像素的灰度值减去图像平均灰度值的差的平方和除以总的像素个数，实际上是将数学中常见的实际抽样问题变成了一张图像关于灰度值的方差问题。图像的方差反映了图像的高频部分的灰度值大小，这与图像的对比度有关。所以，如果图像的对比度较小，方差就较小；如果图像的对比度较大，方差就较大。在图像中，对比度大使得人的视觉效果较好，更容易区分照片中的不同物体，但不是说对比度越大越好，这里要参考实际效果。对比度要区别于数学问题中的方差。对于数学问题，通常方差应该越小越好，这表明数据源的离散性和数据的波动性都比较小，比较稳定。

2. 标准差

$$\sigma = \sqrt{\frac{1}{N} \sum_{i=1}^{N} (X_i - X)^2} \qquad (2\text{-}24)$$

标准差反映了图像像素值与均值的离散程度。标准差越大,说明图像的质量越好。

◆ 2.5　数字图像的存储

2.5.1　图像文件格式

如表 2-1 所示,图像文件格式是在磁盘(通常为硬盘)记录和存储影像信息的格式。数字图像的存储、处理、传播必须采用一定的图像格式,也就是把图像的像素按照一定的方式进行组织和存储来得到图像文件。图像文件格式决定了该在文件中保存哪种信息、保存这些信息时怎么组织、文件与各种应用软件的兼容性,以及文件与其他文件交换数据的方式。图像文件格式由文件头标识的 n 字节进行识别,如表 2-2 所示。

表 2-1　图像文件格式

文件格式	文件扩展名	分辨率	颜色深度/bit	说　　明
BITMAP	bmp、dib、rle	任意	32	Windows 以及 OS/2 用点阵位图格式
GIF	gif	96dpi	8	256 索引颜色格式
JPEG	jpg、jpe	任意	32	JPGE 压缩文件格式
JFIF	jif、jfi	任意	24	JFIF 压缩文件格式
KDC	kdc	任意	32	Kodak 彩色 KDC 文件格式
PCD	pcd	任意	32	Kodak 照片 PCD 文件格式
PCX	pcx、dcx	任意	8	ZSoft 公司 Paintbrush 制作的文件格式
PIC	pic	任意	8	SoftImage's 制作的文件格式
PIX	png	任意	8	Alias Wavefront 文件格式
PNG	png	任意	48	Portable 网络传输用的图层文件格式
PSD	psd	任意	24	Adobe Photoshop 带有图层的文件格式
TAPGA	tga	96dpi	32	视频单帧图像文件格式
TIFF	tif	任意	24	通用图像文件格式
WMF	wmf	96dpi	24	Windows 使用的剪贴画文件格式

表 2-2　文件头标识

文 件 格 式	文件头标识(前 n 字节的值,十六进制表示)
JPG	FF D8
BMP	42 4D
TGA	00 00 02 00 00

续表

文 件 格 式	文件头标识(前 n 字节的值,十六进制表示)
PNG	89 50 4E 47 0D 0A 1A 0A
GIF	47 49 46 38 39(37) 61
PCX	0A
TIFF	4D 4D 或 49 49
ICO	00 00 01 00 01 00 20 20
CUR	00 00 02 00 01 00 20 20
IFF	46 4F 52 4D

2.5.2　Windows 中的图像

BMP(Bitmap File)图形文件是 Windows 所使用的图形文件格式,Windows 系统中的所有图像绘制操作都是基于 BMP 的。Windows 3.0 以前的 BMP 图像文件格式与显示设备有关,所以将此类 BMP 图像文件格式称为设备相关位图(Device-Dependent Bitmap,DDB)文件格式。在 Windows 3.0 之后,BMP 图像文件与显示设备无关,所以将此 BMP 图像文件格式称为设备无关位图(Device-Independent Bitmap,DIB)格式。值得注意的是,在 Windows 3.0 之后,DDB 位图仍然存在于系统中,类似 BitBlt()这样的 Windows API 函数都是基于 DDB 位图的。不过,如果用户想将图像以 BMP 格式保存到磁盘中,微软强烈建议用户使用 DIB 格式保存,这样 Windows 才能在任何类型的显示设备上显示所存储的图像。默认情况下,BMP 位图文件的文件扩展名为 BMP 或 bmp(有时也使用 DIB 或 RLE)。

在 Windows 中,BMP 图像占用内存大小(仅图像数据)(注意,这里是指将图像从磁盘载入内存中),具体按下式计算,单位为 B。

$$图像内存占用量=像素宽×像素高×每个像素所需位/8$$

例:一幅 RGB 整型图像,像素为 3392×2008,每个像素为 24 位真彩色,则内存占用至少为 3392×2008×24/8(B)=20433408(B)=19.5(MB)

在 Windows 中的图像占用硬盘大小(字节)需要区分图片格式(如 BMP、JPG、PNG 等)。下面以 BMP 图片为例介绍。

某 BMP 图片的开头字节(十六进制)类似于:

424D 4690 0000 0000 0000 4600 0000 2800 0000 8000 0000 9000 0000 0100

1000 0300 0000 0090 0000 A00F 0000 A00F 0000 0000 0000 0000 0000

00F8 0000 E007 0000 1F00 0000 0000 0000

02F1 84F1 04F1 84F1 84F1 06F2 84F1 06F2 04F2 86F2 06F2 86F2 86F2…

BMP 文件存储格式如表 2-3 所示,其中,开始地址或结束地址中末位的 h 表示这些地址是用十六进制表达的,以下类似,不再赘述。

表 2-3　BMP 文件存储格式

数据段名称	占用字节数	开始地址	结束地址
位图文件头	14	0000h	000Dh
位图信息头	40	000Eh	0035h
调色板	由 biBitCount 定	0036h	未知
位图数据	由图片大小和颜色定	未知	未知

1. BMP 文件头结构，占 14B

位图文件头提供文件的格式、大小等信息，它占 14B，各字段含义如表 2-4 所示。

```
typedef struct tagBITMAPFILEHEADER {
    WORD        bfType;        //2B, 必须是 0x4D42, 即"BM"
    DWORD       bfSize;        //4B, 整个文件的字节大小
    WORD        bfReserved1;   //2B, 保留字段, 为 0
    WORD        bfReserved2;   //2B, 保留字段, 为 0
    DWORD       bfOffBits;     //4B, 位图数据的起始位置, 以相对于位图文件头的
                               //偏移量表示, 以字节为单位
} BITMAPFILEHEADER;
```

表 2-4　BMP 文件头结构各字段含义

变量名	偏移	字节	作　用　说　明
bfType	0000h	2	文件标识符，必须为"BM"，即文件头 2B 为 0x424D 才是 Windows BMP 文件 "BM"：Windows 3.1x，95，NT； "BA"：OS/2 Bitmap Array； "CI"：OS/2 Color Icon； "CP"：OS/2 Color Pointer； "IC"：OS/2 Icon； "PT"：OS/2 Pointer。因为 OS/2 系统并没有被普及，所以在编程时只判断第一个标识"BM"即可。
bfSize	0002h	4	整个 BMP 文件的大小（以字节为单位）
bfReserved1	0006h	2	保留，必须设置为 0
bfReserved2	0008h	2	保留，必须设置为 0
bfOffBits	000Ah	4	说明从文件头 0000h 开始到图像像素数据的字节偏移量（以字节为单位），位图的调色板长度根据位图格式不同而变化，可以用这个偏移量快速从文件中读取图像数据

在 BMP 文件中，如果一个数据需要用几字节表示，则数据的存放字节顺序是："低地址存放低位数据，高地址存放高位数据"。例如，bfSize 类型为 DWORD，它是一个占 4B 的数，其值假设为 0x01944C38，则在内存中的字节存放顺序为 38 4C 94 01，这就是人们

所说的 little endian 方式。BMP 文件头的信息如表 2-5 所示，其中，"值"的信息对应图 2-29。

表 2-5　BMP 文件头的信息

变 量 名	偏 移	字 节	值
bfType	0000h	2	"BM"
bfSize	0002h	4	0x01944C38＝26496056
bfReserved1	0006h	2	0
bfReserved2	0008h	2	0
bfOffBits	000Ah	4	0x00000036＝54

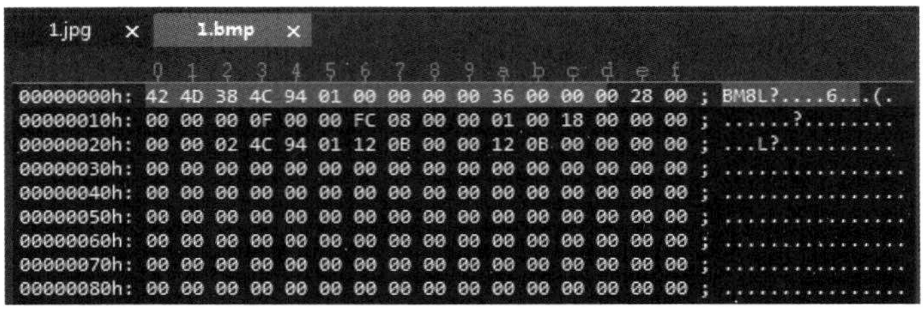

图 2-29　BMP 文件头结构信息在内存中的字节排列示例

2. BMP 位图信息头，占 40B

位图信息头提供图像数据的尺寸、位平面数、压缩方式、颜色索引等信息，占 40B。表 2-6 给出了 BMP 位图信息头结构各变量的作用说明。表 2-7 给出了 BMP 位图信息头示例信息，其中，"值"对应图 2-30。

```
typedef struct tagBITMAPINFOHEADER{
    DWORD       biSize;          //4B, 本结构所占用字节数
    LONG        biWidth;         //4B, 位图的宽度, 以像素为单位
    LONG        biHeight;        //4B, 位图的高度, 以像素为单位
    WORD        biPlanes;        //2B, 目标设备的级别, 必须为 1
    WORD        biBitCount;      //2B, 每个像素所需的位数, 必须是 1(双色)、
                                 //4(16色)、8(256色)或 24(真彩色)之一
    DWORD       biCompression;   //4B, 位图压缩类型, 必须是 0
    DWORD       biSizeImage;     //4B, 位图的大小, 以字节为单位
    LONG        biXPelsPerMeter; //4B, 位图的水平分辨率, 用"像素数/米"表示
    LONG        biYPelsPerMeter; //4B, 位图的垂直分辨率, 用"像素数/米"表示
    DWORD       biClrUsed;       //4B, 位图实际使用的颜色表中的颜色数
    DWORD       biClrImportant;  //4B, 位图显示过程中重要的颜色数
} BITMAPINFOHEADER;
```

表 2-6　BMP 位图信息头结构

变量名	地址偏移	字节数	作 用 说 明
biSize	000Eh	4	BMP 信息头即 BITMAPINFOHEADER 结构体所需字节数
biWidth	0012h	4	说明图像的宽度（以像素为单位）
biHeight	0016h	4	说明图像的高度（以像素为单位）。这个值还有一个用处，即指明图像是正向的位图还是倒向的位图，若该值是正数，则说明图像是倒向的，即图像存储是从左到右、从下到上；若该值是负数，则说明图像是正向的，即图像存储是从左到右、从上到下。大多数 BMP 位图是倒向的位图，所以此值是正数
biPlanes	001Ah	2	为目标设备说明位面数，其值总设置为 1
biBitCount	001Ch	2	说明一个像素占几位（以"比特位/像素"为单位），其值可为 1,4,8,16,24 或 32
biCompression	001Eh	4	说明图像数据的压缩类型，取值为 0　BI_RGB 不压缩（最常用） 1　BI_RLE8 8 比特游程编码（BLE），只用于 8 位位图 2　BI_RLE4 4 比特游程编码（BLE），只用于 4 位位图 3　BI_BITFIELDS 比特域（BLE），只用于 16/32 位位图
biSizeImage	0022h	4	说明图像的大小，以字节为单位。当用 BI_RGB 格式时，该变量值总设置为 0
biXPelsPerMeter	0026h	4	说明水平分辨率，用"像素/米"表示，有符号整数
biYPelsPerMeter	002Ah	4	说明垂直分辨率，用"像素/米"表示，有符号整数
biClrUsed	002Eh	4	说明位图实际使用的调色板索引数，若该值为 0，则表示使用所有的调色板索引
biClrImportant	0032h	4	说明对图像显示有重要影响的颜色索引的数目，若该值为 0，则表示都重要

表 2-7　BMP 位图信息头示例信息

变 量 名	地址偏移	字节	值（对应图 2-30）
biSize	000Eh	4	0x28＝40
biWidth	0012h	4	0x0F00＝3840
biHeight	0016h	4	0x08FC＝2300
biPlanes	001Ah	2	0x01＝1
biBitCount	001Ch	2	0x18＝24
biCompression	001Eh	4	0
biSizeImage	0022h	4	0x01944C02＝26496002
biXPelsPerMeter	0026h	4	0x0B12＝2834
biYPelsPerMeter	002Ah	4	0x0B12＝2834
biClrUsed	002Eh	4	0
biClrImportant	0032h	4	0

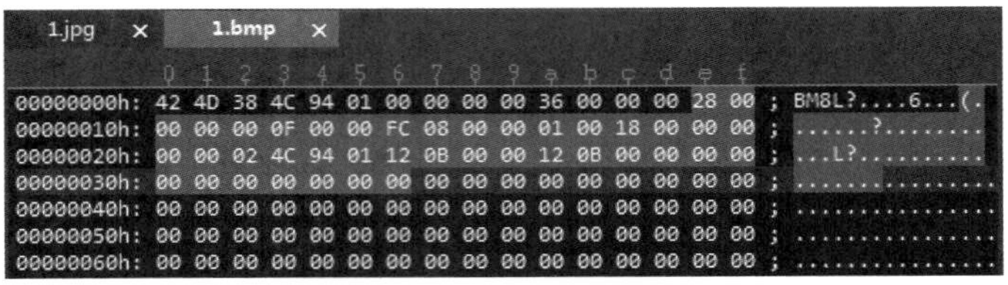

图 2-30   BMP 位图信息头在内存中的字节排列

3. BMP 调色板

调色板可选,如使用索引表示图像,调色板就是索引与其对应颜色的映射表。

```
typedef struct tagRGBQUAD {
        BYTE     rgbBlue;           //蓝色灰度值
        BYTE     rgbGreen;          //绿色灰度值
        BYTE     rgbRed;            //红色灰度值
        BYTE     rgbReserved;       //保留,设置为 0
} RGBQUAD;
```

只有当 biBitCount=1,2,4 或 8 时,才会有调色板。

颜色表的大小取决于所使用的颜色模式:2 色图像为 8B;16 色图像为 64B;256 色图像为 1024B。每 4B 表示一种颜色,也就是说,每种颜色都需要一个 RGBQUAD,而第一个 RGBQUAD(4B)表示颜色号 1 的颜色,第二个 RGBQUAD(4B)表示颜色号 2 的颜色,以此类推。

4. 位图数据

剩余部分即图像的数据部分,字节数为 BITMAPINFOHEADER 的 biSizeImage 值。图 2-31 为 BMP 位图数据在内存中的字节排列示例。

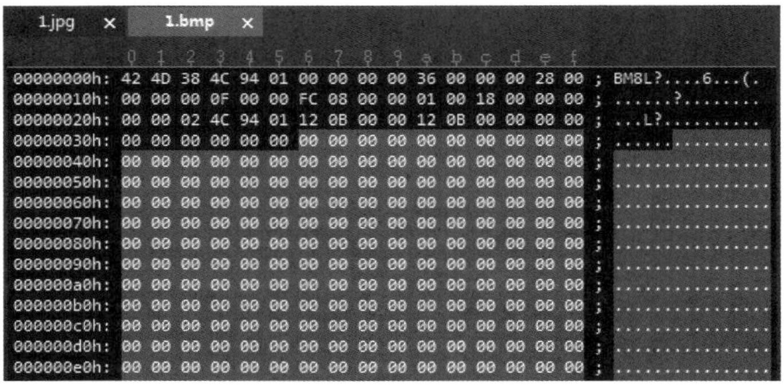

图 2-31   BMP 位图数据在内存中的字节排列示例

2.5.3 访问图像中的像素

通过指定行号、列号,可以获取对应位置的像素值。需要注意的是,在不同的环境下,图像坐标系可能有所不同。

C++ 图像坐标系如图 2-32 所示。

图 2-32　C++ 图像坐标系

OpenCV、Photoshop 和 EmguCV 的图像坐标系如图 2-33 所示。

图 2-33　OpenCV、Photoshop 和 EmguCV 的图像坐标系

1. 纯 C++ 读取图像的代码

```cpp
int CFgImage::Load(const char * fileName){
    FILE * fp = fopen(fileName, "rb");
                        //以二进制读取方式打开指定的图像文件 fileName
    if (fp == 0)
        return 1;
    Release();

    //读取文件的前两字节,区分是 JPG 还是 BMP
    int twoBytes = 0;
    fread(&twoBytes, 2, 1, fp);
    if (twoBytes == 0x4D42){//bmp 图
        //返回文件开头
        fseek(fp, 0, SEEK_SET);

        //(1)读取文件头
```

```
        fread(&m_fileHeader, sizeof(BITMAPFILEHEADER), 1, fp);

        //(2)读取信息头,获取图像的宽、高,以及像素所占位数等信息
        fread(&m_infoHeader, sizeof(BITMAPINFOHEADER), 1, fp);

        m_width = m_infoHeader.biWidth;
        m_height = m_infoHeader.biHeight;
        //定义变量,计算图像每行像素所占的字节数(必须是 4 的倍数)
        m_biBitCount = m_infoHeader.biBitCount;

        //计算每行占用的字节数(图像字节宽)
        //m_widthStep = (m_width * m_biBitCount / 8 + 3) / 4 * 4;
        m_widthStep = WIDTHSTEP(m_width * m_biBitCount);

        //(3)如果有调色板,则读取调色板
        if (m_biBitCount == 8){
            //申请颜色表所需要的空间,读颜色表进内存
            m_pColorTable = new RGBQUAD[256];
            fread(m_pColorTable, sizeof(RGBQUAD), 256, fp);
        }

        //(4)读取图像数据
        m_pBmpBuf = new unsigned char[m_widthStep * m_height];
        fread(m_pBmpBuf, 1, m_widthStep * m_height, fp);

        //关闭文件
        fclose(fp);
    }
    if (twoBytes == 0xD8FF){//jpg 文件,采用 OpenCV 打开
        Mat tempImage = imread(fileName, IMREAD_COLOR);

        m_width = tempImage.cols;
        m_height = tempImage.rows;
        //灰度图像有颜色表,且颜色表表项为 256
        m_widthStep = (m_width * tempImage.channels() + 3) / 4 * 4;

        m_fileHeader.bfType = 0x4D42;
        m_fileHeader.bfSize =sizeof(BITMAPFILEHEADER) +
                        sizeof(BITMAPINFOHEADER) + m_height * m_widthStep;
        m_fileHeader.bfReserved1 = m_fileHeader.bfReserved2 = 0;
        m_fileHeader.bfOffBits = sizeof(BITMAPFILEHEADER) +
                                sizeof(BITMAPINFOHEADER);
```

```
    m_infoHeader.biSize = sizeof(BITMAPINFOHEADER);
    m_infoHeader.biWidth = m_width;
    m_infoHeader.biHeight = m_height;
    m_infoHeader.biPlanes = 1;

    m_biBitCount = tempImage.channels() * 8;
    m_infoHeader.biBitCount = m_biBitCount;
    m_infoHeader.biCompression = 0;
    m_infoHeader.biSizeImage = 0;
    m_infoHeader.biXPelsPerMeter = 0;
    m_infoHeader.biYPelsPerMeter = 0;
    m_infoHeader.biClrUsed = 0;
    m_infoHeader.biClrImportant = 0;

    //(5)如果有调色板，则读取调色板
    if (m_biBitCount == 8){
        //申请颜色表所需要的空间，读颜色表进内存
        m_pColorTable = new RGBQUAD[256];
        fread(m_pColorTable, sizeof(RGBQUAD), 256, fp);
    }
    m_pBmpBuf = new unsigned char[m_widthStep * m_height];
    memcpy(m_pBmpBuf, tempImage.data, m_widthStep * m_height);
}

//(6)生成绘图需要的 BITMAPINFO
BYTE * bitBuffer = new BYTE[40 + 4 * 256];   //存放信息头和调色板
if (bitBuffer == NULL)
    return -1;
memset(bitBuffer, 0, 40 + 4 * 256);
m_pBitMapinfo = (BITMAPINFO *)bitBuffer;
m_pBitMapinfo->bmiHeader.biSize = sizeof(BITMAPINFOHEADER);
m_pBitMapinfo->bmiHeader.biPlanes = 1;
for (int i = 0; i<256; i++){
    //颜色的取值范围为 0~255
    m_pBitMapinfo->bmiColors[i].rgbBlue = (BYTE)i;
    m_pBitMapinfo->bmiColors[i].rgbGreen = (BYTE)i;
    m_pBitMapinfo->bmiColors[i].rgbRed = (BYTE)i;
}

m_pBitMapinfo->bmiHeader.biHeight = m_height;
m_pBitMapinfo->bmiHeader.biWidth = m_width;
m_pBitMapinfo->bmiHeader.biBitCount = m_biBitCount;
```

```
        return 0;
    }

BGR CFgImage::GetPixel(int row, int col){
    BGR bgr;
    bgr.Blue = 0;
    bgr.Green = 0;
    bgr.Red = 0;

    if (row < 0 ‖ row >= m_height ‖ col < 0 ‖ col >= m_width)
        return bgr;

    BYTE * p = m_pBmpBuf + (m_height-row-1) * m_widthStep + col * 3;
    bgr.Blue = * p;
    bgr.Green = * (p +1);
    bgr.Red = * (p + 2);

    return bgr;
}
```

2. C++ 结合 OpenCV 读取图像的代码

1）用指针访问像素

```
int CFgImage::Opencv_Load(const char * fileName){
    m_img_opencv = imread(fileName, IMREAD_COLOR);
    if (m_img_opencv.data == NULL) return -1;
    else return 0;
}
BGR CFgImage::Opencv_GetPixel_1(int row, int col){
    BGR bgr;
    bgr.Blue = 0;
    bgr.Green = 0;
    bgr.Red = 0;

    if (row < 0 ‖ row >=m_img_opencv.rows ‖ col < 0 ‖ col >= m_img_opencv.
cols)
        return bgr;
    uchar * pValue = m_img_opencv.ptr<uchar>(row);
    bgr.Blue = pValue[3 * col + 0];
    bgr.Green = pValue[3 * col + 1];
    bgr.Red = pValue[3 * col + 2];
```

```
    return bgr;
}
```

2）使用迭代器

```
int CFgImage::Opencv_Load(const char * fileName){
    m_img_opencv = imread(fileName, IMREAD_COLOR);
    if (m_img_opencv.data == NULL) return -1;
    else return 0;
}
BGR CFgImage::Opencv_GetPixel_2(int row, int col){
    BGR bgr;
    bgr.Blue = 0;
    bgr.Green = 0;
    bgr.Red = 0;

    if (row < 0 || row >= m_img_opencv.rows || col < 0 || col >= m_img_opencv.cols)
        return bgr;
    MatIterator_<Vec3b> it= m_img_opencv.begin<Vec3b>();
    it += row * m_img_opencv.cols + col;

    bgr.Blue = (* it)[0];
    bgr.Green = (* it)[1];
    bgr.Red = (* it)[2];

    return bgr;
}
```

3）使用 at()函数

```
int CFgImage::Opencv_Load(const char * fileName){
    m_img_opencv = imread(fileName, IMREAD_COLOR);
    if (m_img_opencv.data == NULL) return -1;
    else return 0;
}
BGR CFgImage::Opencv_GetPixel_3(int row, int col){
    BGR bgr;
    bgr.Blue = 0;
    bgr.Green = 0;
    bgr.Red = 0;

    if (row < 0 || row >= m_img_opencv.rows || col < 0 || col >= m_img_opencv.cols)
```

```
        return bgr;
    bgr.Blue = m_img_opencv.at<Vec3b>(row, col)[0];
    bgr.Green = m_img_opencv.at<Vec3b>(row, col)[1];
    bgr.Red = m_img_opencv.at<Vec3b>(row, col)[2];


    return bgr;
}
```

3. C♯结合 EmguCV 读取图像的代码

```
private void FrmMain_Load(object sender, EventArgs e){
    _image=new Image<Bgr, byte>("1.jpg");
    pictureBox1.Image = _image.Bitmap;      //将图片显示在 PictureBox 控件中
    txtWidth.Text = _image.Cols.ToString();
    txtHeight.Text = _image.Rows.ToString();
}
private void button1_Click(object sender, EventArgs e){
    int row=int.Parse(txtRow.Text),col=int.Parse(txtCol.Text);

    txtB.Text=_image[row, col].Blue.ToString();
    txtG.Text=_image[row, col].Green.ToString();
    txtR.Text=_image[row, col].Red.ToString();
}
```

◈ 2.6 练 习 题

1. 什么是三基色？相加混色与相减混色的基色是否相同？

2. 在图像处理中有哪几种常用的颜色模型？它们的应用对象是什么？

3. 图像数字化过程中的失真有哪些原因？

4. 一幅模拟彩色图像经数字化后，其分辨率为 1024×768 像素，若每像素用红、绿、蓝三基色表示，三基色的灰度等级为 8，在无压缩的情况下，计算该图像占用的存储空间。

5. 编写程序，实现 RGB 颜色空间模型与 HSV 颜色空间模型的转换。

6. 对于彩色图像，通常用于区分颜色的特性有哪些？

7. 考虑两个图像子集 S_1 和 S_2，如图 2-34 所示，对于 $V=\{1\}$，这两个子集是什么邻接？

8. 提出将像素宽度的 8 通路转换为 4 通路的一种算法。

9. 考虑图 2-35 的图像分割：

（a）令 $V=\{0,1,2\}$，计算 p 和 q 间的 4、8、m 通路的最短长度。如果在这两点间不存在一个特殊通路，试解释原因。

（b）令 $V=\{2,3,4\}$，重复问题（a）。

0	0	0	0	0	0	0	1	1	0
1	0	0	1	0	0	1	0	0	1
1	0	0	1	0	1	1	0	0	0
0	0	1	1	1	0	0	0	0	0
0	0	1	1	1	0	0	1	1	1

S_1　　S_2

图 2-34　7 题图

3	4	1	2	0
0	1	0	4	2(q)
2	2	3	1	4
(p)3	0	4	2	1
1	2	0	3	1

图 2-35　9 题图

10. 对于点 p 和 q 间的 D_4 距离等于这两点间最短 4 通路的情况,给出需要的条件。这个通路唯一吗?

第3章

数字图像的运算

◈ 3.1 点 运 算

点运算(Point Operation)是指对一幅图像中部分像素点的灰度值进行计算。它将输入图像映射为输出图像,输出图像中每个像素点的灰度值仅由对应的输入像素点的灰度值决定,运算结果不会改变图像内像素点之间的空间关系。设输入图像在坐标(x,y)处的灰度值为$f(x,y)$,输出图像在坐标(x,y)处的灰度值为$g(x,y)$,则点运算为

$$g(x,y) = T[f(x,y)] \tag{3-1}$$

其中,T是对$f(x,y)$的一种数学运算,即点运算是一种像素的逐点运算,是灰度到灰度的映射过程,通常称T为灰度变换函数。

点运算又称为"对比度增强""对比度拉伸""灰度变换"等。按灰度变换函数T的性质,可将点运算分为以下两类。

(1) 灰度变换增强,又包括线性灰度变换(线性点运算)、分段线性灰度变换(分段线性点运算)、非线性灰度变换(非线性点运算)。

(2) 直方图增强。

灰度变换是图像增强的重要手段之一,用于改善图像显示效果,属于空间域处理方法,它可以使图像的动态范围加大,图像的对比度扩展,图像更加清晰,特征更加明显。灰度变换的实质是按一定的规则修改图像每个像素的灰度,从而改变图像的灰度范围。

下面给出了灰度值增加的C++代码,点运算示例如图3-1所示,其中,显示的示例图为每个像素增加给定的灰度值的效果。

C++示例代码3-1:灰度值增加

```
/*
将图像中的每个像素的蓝、绿、红3个分量的灰度值分别加上blue、green、red,以增
强图像的亮度。注意:若灰度值增加后超过255,则直接取255。
*/
void CFgImage::Add(int blue,int green,int red){
    for (int row = 0; row < m_height; row++){
        for (int col = 0; col < m_width; col++){
```

```
BYTE * p = m_pBmpBuf + (m_height-row-1) * m_widthStep + col * 3;

BGR bgr;
bgr.Blue = * p;
bgr.Green = * (p + 1);
bgr.Red = * (p + 2);

if (bgr.Blue + blue>=255)
    * p = 255;
else
    * p = (bgr.Blue + blue);
if (bgr.Green + green >= 255)
    * (p + 1) = 255;
else
    * (p + 1) = (bgr.Green + green);

if (bgr.Red + red >= 255)
    * (p + 2) = 255;
else
    * (p + 2) = (bgr.Red + red);
        }
    }
}
```

(a) 原图

(b) 应用程序之后的效果

图 3-1　点运算示例

3.1.1　线性灰度变换

线性灰度变换又称为线性点运算,主要有对比度增强等。假定原图像 $f(x,y)$ 的灰度范围为 $[a,b]$,若希望变换后的图像 $g(x,y)$ 的灰度范围扩展为 $[c,d]$,则其函数表现形式如式(3-2)所示。线性灰度变换如图 3-2 所示。

$$g(x,y)=\frac{d-c}{b-a}[f(x,y)-a]+c \qquad (3-2)$$

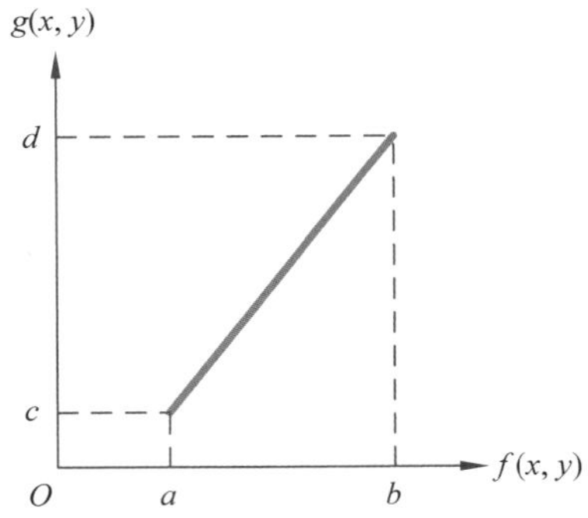

图 3-2　线性灰度变换

下面给出了线性灰度变换的 C++ 代码实现,图 3-3 为线性灰度变换示例。

C++ 示例代码 3-2:线性灰度变换

```cpp
void CFgImage::GrayTrans1(double a, double b, double c, double d) {
    struct TranFunc{
        double a, b, c, d;
        TranFunc(double a, double b, double c, double d) :a(a), b(b), c(c), d(d){

        }
        BYTE func(int gray){
            double val = (d - c) * (gray - a) / (b - a) + c;
            return saturate_cast(val);
        }
        BGR operator()(BYTE Blue, BYTE Green, BYTE Red){
            BGR bgr;
            bgr.Blue = func(Blue);
            bgr.Green = func(Green);
            bgr.Red = func(Red);
            return bgr;
        }
    };

    GrayTrans(TranFunc(a, b, c, d));
}

template <typename Func> void CFgImage::GrayTrans(Func& func) {
    for (int row = 0; row < m_height; row++){
        for (int col = 0; col < m_width; col++){
            BYTE * p = m_pBmpBuf + row * m_widthStep + col * 3;
```

```
        BGR bgr = func( * p, * (p + 1), * (p + 2));
        * p = bgr.Blue;
        * (p + 1) = bgr.Green;
        * (p + 2) = bgr.Red;
    }
  }
}
```

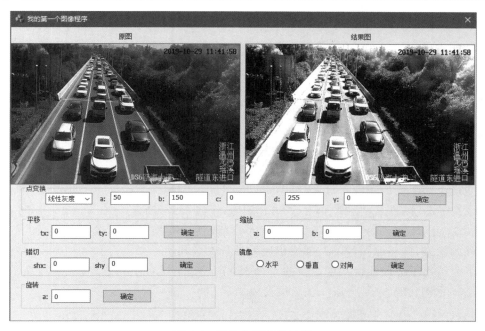

图 3-3　线性灰度变换示例

3.1.2　分段线性灰度变换

为了突出图像中用户感兴趣的目标或者灰度区间,相对抑制那些用户不感兴趣的灰度区域而不牺牲其他灰度级上的细节,可以采用分段线性灰度变换,它可将需要的图像细节灰度拉伸,增强对比度,而将不需要的细节灰度级压缩。

分段线性灰度变换是将输入图像 $f(x,y)$ 的灰度级区间分成两段乃至多段,然后分别对每一段做线性灰度变换,以获得增强图像 $g(x,y)$。典型的 3 段线性灰度变换如图 3-4 所示,其函数表达形式如下。

$$g(x,y)=\begin{cases}\dfrac{c}{a}f(x,y) & 0<f(x,y)<a\\[3mm]\dfrac{d-c}{b-a}[f(x,y)-a]+c & a\leqslant f(x,y)\leqslant b\\[3mm]\dfrac{G_{\max}-d}{F_{\max}-b}[f(x,y)-b]+d & b<f(x,y)\leqslant F_{\max}\end{cases} \qquad (3\text{-}3)$$

其中，参数 a、b、c、d 表示用于确定 3 条线段斜率的常数，取值可根据具体变换设定。

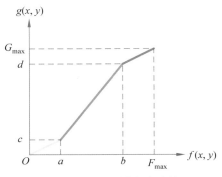

图 3-4　三段线性灰度变换

此外，也存在一些情况，即用户可能仅对某个范围内的灰度感兴趣，这时只需对其进行线性拉伸，以便清晰化。例如：

(1) 在式(3-3)中，当 $0 < f(x,y) < a$ 和 $b < f(x,y) < F_{max}$ 时，$g(x,y) = f(x,y)$，这表示对区间 $(0,a)$ 和 (b, F_{max}) 范围内的像素不做变换，而将处于 $[a,b]$ 的原图像的灰度线性地变换成新图像的灰度。

(2) 在式(3-3)中，当 $0 < f(x,y) < a$ 时，$g(x,y) = c$；当 $b < f(x,y) < F_{max}$ 时，$g(x,y) = d$，这表示只将处于 $[a,b]$ 的原图像的灰度线性地变换成新图像的灰度，而对于 $[a,b]$ 以外的像素，则将原图像的灰度强行压缩为灰度 c 和 d。

下面给出了分段线性灰度变换的 C++ 代码示例，图 3-5 为分段线性灰度变换示例。

C++ 示例代码 3-3：分段线性灰度变换

```
void CFgImage::GrayTrans2(double a, double b, double c, double d, int G_max,
int F_max) {
    struct TranFunc{
        double a, b, c, d;
        int G_max, F_max;
        TranFunc(double a, double b, double c, double d, int G_max, int F_max) :
                    a(a), b(b), c(c), d(d), G_max(G_max), F_max(F_max){

        }
        BYTE func(int gray){
            double val = 0;
            if (gray < a) val = c * gray / a;
            else if (gray <= b) val = (d - c) * (gray - a) / (b - a) + c;
            else val = (G_max - d) * (gray - b) / (F_max - b) + d;
            return saturate_cast(val);
        }
        BGR operator()(BYTE Blue, BYTE Green, BYTE Red){
            BGR bgr;
```

```
        bgr.Blue = func(Blue);
        bgr.Green = func(Green);
        bgr.Red = func(Red);
        return bgr;
    }
};
GrayTrans(TranFunc(a, b, c, d, G_max, F_max));
}
```

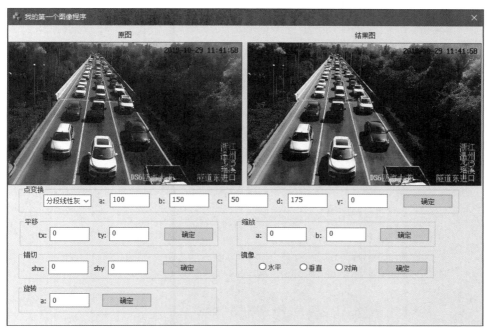

图 3-5 分段线性灰度变换示例

3.1.3 非线性灰度变换

当用某些非线性变化函数作为灰度变换的变换函数时,可实现图像灰度的非线性变换。对数变换、指数变换和幂次变换是常见的非线性变换。

1. 对数变换

对数变换如图 3-6 所示,其函数形式如下所示。

$$g(x,y) = c \cdot \log[f(x,y) + 1] \tag{3-4}$$

其中,c 是尺度比例常数,其取值可以结合输入图像的范围来定。$f(x,y)$ 的取值为 $[f(x,y)+1]$ 是为了避免对 0 求对数,确保 $\log[f(x,y)+1] \geqslant 0$。

当希望对图像的低灰度区做较大拉伸,对高灰度区做压缩时,可采用这种变换,它能使图像的灰度分布与人的视觉特性相匹配。对数变换一般用于处理过暗图像。

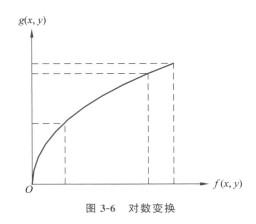

图 3-6   对数变换

下面给出了对数变换的 C++ 代码实现,图 3-7 为对数变换示例。

C++ 示例代码 3-4:对数变换

```cpp
void CFgImage::GrayTrans3(double c) {
    struct TranFunc{
        double c;
        TranFunc(double c) :c(c){

        }
        BYTE func(int gray){
            double val = c * std::log(gray + 1);
            return saturate_cast(val);
        }
        BGR operator()(BYTE Blue, BYTE Green, BYTE Red){
            BGR bgr;
            bgr.Blue = func(Blue);
            bgr.Green = func(Green);
            bgr.Red = func(Red);
            return bgr;
        }
    };
    GrayTrans(TranFunc(c));
}
```

2. 指数变换

指数变换如图 3-8 所示,函数形式如下所示。

$$g(x,y) = b^{c[f(x,y)-a]} - 1 \qquad (3-5)$$

其中,a 用于决定指数变换函数曲线的初始位置;当 $f(x,y)=a$ 时,$g(x,y)=0$,曲线与 x 轴相交;b 是底数;c 用于决定指数变换曲线的陡度。

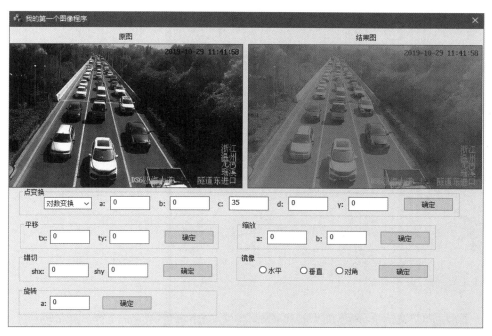

图 3-7 对数变换示例

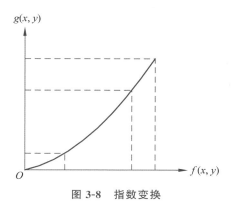

图 3-8 指数变换

当希望对图像的低灰度区做压缩,对高灰度区做较大拉伸时,可采用这种变换。指数变换一般适用于处理过亮图像。对数变换常用来扩展低值灰度,压缩高值灰度,这样可使低值灰度的图像细节更清晰。

下面给出了指数变换的 C++ 代码实现,图 3-9 为指数变换示例。

C++ 示例代码 3-5:指数变换

```cpp
void CFgImage::GrayTrans4(double a, double b, double c) {
    struct TranFunc{
        double a,b,c;
        TranFunc(double a, double b, double c) :a(a), b(b), c(c){
```

```
        }
        BYTE func(int gray){
            double val = std::pow(b, c * (gray - a)) - 1;
            return saturate_cast(val);
        }
        BGR operator()(BYTE Blue, BYTE Green, BYTE Red){
            BGR bgr;
            bgr.Blue = func(Blue);
            bgr.Green = func(Green);
            bgr.Red = func(Red);
            return bgr;
        }
    };
    GrayTrans(TranFunc(a, b, c));
}
```

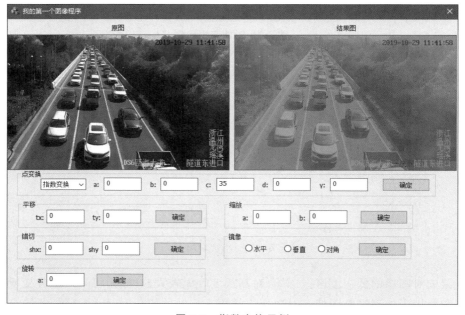

图 3-9　指数变换示例

3. 幂次变换

幂次变换的函数形式如下所示。

$$g(x,y)=c[f(x,y)]^{\gamma} \tag{3-6}$$

其中，c 和 γ 为正的常数，当 c 取 1、γ 取不同值时，可得到一簇变换曲线，如图 3-10 所示。

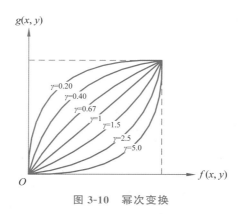

图 3-10　幂次变换

与对数变换的情况类似,幂次变换可以将部分灰度区域映射到更宽的区域中,从而增强图像的对比度。当 $\gamma=1$ 时,幂次变换变成线性正比变换;当 $0<\gamma<1$ 时,幂次变换可以扩展原始图像的中、低灰度级,压缩高灰度级,从而使得图像变亮,增强原始图像中暗区的细节;当 $\gamma>1$ 时,幂次变换可以扩展原始图像的中、高灰度级,压缩低灰度级,从而使得图像变暗,增强原始图像中亮区的细节。

幂次变换常用于图像获取、打印和显示的各种转换设备的伽马校正中,这些设备的光电转换特性都是非线性的,是根据幂次规律产生响应。幂次变换的指数即伽马值,因此幂次变换也称为伽马变换。

下面给出了幂次变换的 C++ 代码实现,图 3-11 为幂次变换示例。

C++ 示例代码 3-6:幂次变换

```cpp
void CFgImage::GrayTrans5(double c, double gamma) {
    struct TranFunc{
        double c, gamma;
        TranFunc(double c, double gamma) :c(c), gamma(gamma){

        }
        BYTE func(int gray){
            double val = c * std::pow(gray, gamma);
            return saturate_cast(val);
        }
        BGR operator()(BYTE Blue, BYTE Green, BYTE Red){
            BGR bgr;
            bgr.Blue = func(Blue);
            bgr.Green = func(Green);
            bgr.Red = func(Red);
            return bgr;
        }
    };
```

```
        GrayTrans(TranFunc(c, gamma));
}
```

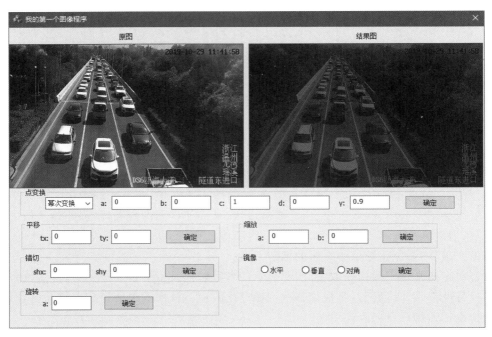

图 3-11　幂次变换示例

◇ 3.2　代 数 运 算

代数运算(Algebra Operation)或逻辑运算(Logical Operation)是指将两幅或多幅图像通过对应像素之间的加、减、乘、除运算或逻辑与、或、非、异或等操作得到新的输出图像的方法。有时候,将简单的代数运算进行组合可以得到更复杂的代数运算结果。

3.2.1　加

两幅图像相加的算法如式(3-7)所示。

$$h(x,y) = f(x,y) + g(x,y) \tag{3-7}$$

其中,f、g 是同等大小的两幅图像。当图像与标量进行相加时,只将图像中的每个像素灰度值与标量值相加即可得到结果图像。

假设图像 f 和 g 的大小都为 3×3 像素,图像 f 与图像 g 相加的函数形式如式(3-8)所示,图像 f 与标量 a 相加的函数形式如式(3-9)所示。

$$h(x,y) = f(x,y) + g(x,y) = \begin{pmatrix} f_{00} + g_{00} & f_{01} + g_{01} & f_{02} + g_{02} \\ f_{10} + g_{10} & f_{11} + g_{11} & f_{12} + g_{12} \\ f_{20} + g_{20} & f_{21} + g_{21} & f_{22} + g_{22} \end{pmatrix} \tag{3-8}$$

$$h(x,y)=f(x,y)+a=\begin{pmatrix} f_{00}+a & f_{01}+a & f_{02}+a \\ f_{10}+a & f_{11}+a & f_{12}+a \\ f_{20}+a & f_{21}+a & f_{22}+a \end{pmatrix} \tag{3-9}$$

其中，f_{ij} 表示 f 图像中第 i 行第 j 列的像素值，g_{ij} 表示 g 图像中第 i 行第 j 列的像素值。

1. 和值处理

进行相加运算，对应像素值的和可能会超出灰度值的范围，对于这种情况，可以采用下列方法进行处理。

(1) 截断处理，若 $h(x,y)$ 大于 255，则取 255；但新图像 $h(x,y)$ 的像素值会偏大，图像整体较亮，后续需要调整灰度级。

(2) 加权求和，如式(3-10)所示，其中，$\alpha \in [0,1]$，这种方法需要选择合适的权重值 α。

$$h(x,y)=\alpha f(x,y)+(1-\alpha)g(x,y) \tag{3-10}$$

2. 加法运算的主要应用

(1) 通过多幅图像相加，然后求平均，可去除叠加性噪声。若图像中存在的各点噪声为互不相关的加性噪声，且均值为 0，对同一景物连续摄取多幅图像，再对多幅图像相加取平均，可消除噪声。该方法常用于摄像机的视频图像中，用于减少电视摄像机光电摄像管或 CCD(电荷耦合元件)所引起的噪声。

(2) 将一幅图像的内容经配准后叠加到另一幅图像上，以改善图像的视觉效果。所谓配准，是指将一幅图像关注的内容(如人物)与另一幅图像中对应的内容(如人物)经过一些变换步骤，使二者能重叠。

(3) 在多光谱图像中，通过加法运算加宽波段，如绿色波段和红色波段图像相加可以近似得到全色图像。

(4) 加法运算用于图像合成和图像拼接。

3. OpenCV 操作函数

图像与图像相加的操作函数如下。

```
void cvAdd(const CvArr * src1, const CvArr * src2, CvArr * dst, const CvArr *
mask = NULL);
```

图像与标量相加的操作函数如下。

```
void cvAddS(const CvArr * src, CvScalar value, CvArr * dst, const CvArr * mask =
NULL);
```

其中，当 mask 非空时，mask 为 0 的位置，不进行计算。

4. EmguCV 操作函数

```
public static void Add(
    IInputArray src1,
    IInputArray src2,
    IOutputArray dst,
    IInputArray mask = null,
    DepthType dtype = DepthType.Default
)
```

图 3-12 为图像加法运算示例。

图 3-12　图像加法运算示例

C++ 示例代码 3-7：图像加法运算

```
BYTE saturate_cast(int v) {
    return (BYTE)((unsigned)v <= UCHAR_MAX ? v : v > 0 ? UCHAR_MAX : 0);
}
void CFgImage::Add(CFgImage& cFgImage) {
    struct Func{
        BYTE operator()(int val1, int val2){
            return saturate_cast((val1 + val2) / 2);
        }
```

```
    };
    Func func;
    for (int row = 0; row < m_height; row++){
        for (int col = 0; col < m_width; col++){
            BYTE * p = m_pBmpBuf + row * m_widthStep + col * 3;
            BYTE * pOther = cFgImage.m_pBmpBuf + row * m_widthStep + col * 3;
            * p = func(* p, * pOther);
            * (p + 1) = func(* (p + 1), * (pOther + 1));
            * (p + 2) = func(* (p + 2), * (pOther + 2));
        }
    }
}
```

3.2.2　减

两幅图像相减的算法如式(3-11)所示。

$$h(x,y) = f(x,y) - g(x,y) \tag{3-11}$$

其中,f、g 是同等大小的两幅图像。当图像与标量进行相减时,只需将图像中的每个像素灰度值与标量值相减,即可得到结果图像。

假设图像 f 和 g 的大小都为 3×3 像素,图像 f 与图像 g 相减的函数形式如式(3-12)所示,图像 f 与标量 a 相减的函数形式如式(3-13)所示。

$$h(x,y) = f(x,y) - g(x,y) = \begin{pmatrix} f_{00}-g_{00} & f_{01}-g_{01} & f_{02}-g_{02} \\ f_{10}-g_{10} & f_{11}-g_{11} & f_{12}-g_{12} \\ f_{20}-g_{20} & f_{21}-g_{21} & f_{22}-g_{22} \end{pmatrix} \tag{3-12}$$

$$h(x,y) = f(x,y) - a = \begin{pmatrix} f_{00}-a & f_{01}-a & f_{02}-a \\ f_{10}-a & f_{11}-a & f_{12}-a \\ f_{20}-a & f_{21}-a & f_{22}-a \end{pmatrix} \tag{3-13}$$

其中,f_{ij} 表示 f 图像中第 i 行第 j 列的像素值,g_{ij} 表示 g 图像中第 i 行第 j 列的像素值。

1. 差值处理

进行相减处理,对于像素值的差可能为负数的情况,可采用下列方法进行处理。

(1) 截断处理,如果 $h(x,y)$ 小于 0,则取 0;但新图像 $h(x,y)$ 的像素值会偏小,图像整体较暗,后续需要调整灰度级。

(2) 取绝对值,如式(3-14)所示。

$$h(x,y) = |f(x,y) - g(x,y)| \tag{3-14}$$

2. 减法运算的主要应用

(1) 显示两幅图像的差异,检测同一场景两幅图像之间的变化,如运动目标检测中的背景减法、视频中镜头边界的检测等。

（2）去除不需要的叠加性图案。叠加性图案可能是缓慢变化的背景阴影或周期性的噪声，或在图像上每一个像素处均已知的附加污染等，如电视制作的蓝屏技术。

（3）图像分割，如分割运动的车辆，减法可去掉静止部分，剩余的是运动元素和噪声。

（4）生成合成图像。

3. OpenCV 操作函数

图像与图像相减的操作函数如下。

```
void cvSub(const CvArr * src1, const CvArr * src2, CvArr * dst, const CvArr *
mask = NULL);
```

图像与标量相减的操作函数如下。

```
void cvSubS(const CvArr * src, CvScalar value, CvArr * dst, const CvArr * mask =
NULL);
```

其中，当 mask 非空时，mask 为 0 的位置不进行计算。

4. EmguCV 操作函数

```
public static void Subtract(
    IInputArray src1,
    IInputArray src2,
    IOutputArray dst,
    IInputArray mask = null,
    DepthType dtype = DepthType.Default
)
```

图 3-13 为图像减法运算示例。

C++ 示例代码 3-8：图像减法运算

```
void CFgImage::Sub(CFgImage& cFgImage) {
    struct Func{
        BYTE operator()(int val1, int val2){
            return saturate_cast(val1 - val2);
        }
    };
    Func func;
    for (int row = 0; row < m_height; row++){
        for (int col = 0; col < m_width; col++){
            BYTE * p = m_pBmpBuf + row * m_widthStep + col * 3;
```

```
        BYTE * pOther = cFgImage.m_pBmpBuf + row * m_widthStep + col * 3;
        * p = func( * p, * pOther);
        * (p + 1) = func( * (p + 1), * (pOther + 1));
        * (p + 2) = func( * (p + 2), * (pOther + 2));
      }
    }
  }
```

图 3-13　图像减法运算示例

3.2.3　乘

两幅图像相乘的算法如式(3-15)所示。

$$h(x,y) = f(x,y)g(x,y) \tag{3-15}$$

其中,f、g 是同等大小的两幅图像。当图像与标量进行相乘时,只将 $g(x,y)$ 全部设置为标量值即可。

假设图像 f 和 g 的大小都为 3×3 像素,图像 f 与图像 g 相乘的函数形式如式(3-16)所示,图像 f 与标量 a 相乘的函数形式如式(3-17)所示。

$$h(x,y) = f(x,y)g(x,y) = \begin{pmatrix} f_{00}g_{00} & f_{01}g_{01} & f_{02}g_{02} \\ f_{10}g_{10} & f_{11}g_{11} & f_{12}g_{12} \\ f_{20}g_{20} & f_{21}g_{21} & f_{22}g_{22} \end{pmatrix} \tag{3-16}$$

$$h(x,y)=f(x,y)a=\begin{pmatrix} f_{00}a & f_{01}a & f_{02}a \\ f_{10}a & f_{11}a & f_{12}a \\ f_{20}a & f_{21}a & f_{22}a \end{pmatrix} \tag{3-17}$$

其中,f_{ij}表示 f 图像中第 i 行第 j 列的元素值,g_{ij}表示 g 图像中第 i 行第 j 列的元素值。

1. 乘法处理

进行相乘处理,像素值的乘积可能超出灰度值的表达范围,对于这种情况,可以采用截断处理方式。例如,当 $h(x,y)$ 大于 255 时,仍取 255。

2. 乘法运算的主要应用

(1) 图像的局部显示和提取:用二值模板图像与原图像做乘法来实现。
(2) 生成合成图像。

3. OpenCV 操作函数

图像与图像相乘的操作函数如下。

```
void cvMul(const CvArr * src1, const CvArr * src2, CvArr * dst, const CvArr *
mask = NULL);
```

其中,当 mask 非空时,mask 为 0 的位置不进行计算。

4. EmguCV 操作函数

```
public static void Multiply(
    IInputArray src1,
    IInputArray src2,
    IOutputArray dst,
    double scale = 1,
    DepthType dtype = DepthType.Default
)
```

图 3-14 为图像乘法运算示例。
C++ 示例代码 3-9:图像乘法运算

```
void CFgImage::Mul(CFgImage& cFgImage) {
    struct Func{
        BYTE operator()(int val1, int val2){
            return saturate_cast(val1 * val2);
        }
    };
```

```
Func func;
for (int row = 0; row < m_height; row++){
    for (int col = 0; col < m_width; col++){
        BYTE * p = m_pBmpBuf + row * m_widthStep + col * 3;
        BYTE * pOther = cFgImage.m_pBmpBuf + row * m_widthStep + col * 3;
        * p = func(* p, * pOther);
        * (p + 1) = func(* (p + 1), * (pOther + 1));
        * (p + 2) = func(* (p + 2), * (pOther + 2));
    }
  }
}
```

图 3-14　图像乘法运算示例

3.2.4　除

两幅图像相除的算法如式(3-18)所示。

$$h(x,y) = f(x,y)/g(x,y) \qquad (3-18)$$

其中，f、g 是同等大小的两幅图像。当图像与标量相除时，只将图像中的每个像素灰度值除以标量值，即可得到结果图像。

假设图像 f 和 g 的大小都为 3×3 像素，图像 f 与图像 g 相除的函数形式如式(3-19)所示，图像 f 与标量 a 相除的函数形式如式(3-20)所示。

$$h(x,y)=f(x,y)/g(x,y)=\begin{pmatrix} f_{00}/g_{00} & f_{01}/g_{01} & f_{02}/g_{02} \\ f_{10}/g_{10} & f_{11}/g_{11} & f_{12}/g_{12} \\ f_{20}/g_{20} & f_{21}/g_{21} & f_{22}/g_{22} \end{pmatrix} \tag{3-19}$$

$$h(x,y)=f(x,y)/a=\begin{pmatrix} f_{00}/a & f_{01}/a & f_{02}/a \\ f_{10}/a & f_{11}/a & f_{12}/a \\ f_{20}/a & f_{21}/a & f_{22}/a \end{pmatrix} \tag{3-20}$$

其中,f_{ij} 表示 f 图像中第 i 行第 j 列的像素值,g_{ij} 表示 g 图像中第 i 行第 j 列的像素值。

1. 除值处理

进行相除处理,像素值的除值可能超出灰度值的表达范围,对于这种情况,可以采用截断处理方式。例如,当 $h(x,y)$ 大于 255 时,取 255。

2. 除法运算的主要应用

(1) 校正成像设备的非线性影响,在特殊形态的图像(如断层扫描等医学图像)处理中常常用到。

(2) 检测两幅图像间的区别,但是除法操作给出的是相应像素值的变化比率,而不是每个像素的绝对差异,因而图像除法操作也称为比率变换。

3. OpenCV 操作函数

图像与图像相除的操作函数如下。

```
void cvDiv(const CvArr * src1,const CvArr * src2,CvArr * dst,const CvArr *
mask = NULL);
```

其中,当 mask 非空时,mask 为 0 的位置不进行计算。

4. EmguCV 操作函数

```
public static void Divide(
    IInputArray src1,
    IInputArray src2,
    IOutputArray dst,
    double scale = 1,
    DepthType dtype = DepthType.Default
)
```

图 3-15 为图像除法运算示例。

C++ 示例代码 3-10:图像除法运算

```
void CFgImage::Div(CFgImage& cFgImage) {
    struct Func{
        BYTE operator()(int val1, int val2){
            return saturate_cast(val2 == 0 ? 255 : val1 / val2);
        }
    };
    Func func;
    for (int row = 0; row < m_height; row++){
        for (int col = 0; col < m_width; col++){
            BYTE * p = m_pBmpBuf + row * m_widthStep + col * 3;
            BYTE * pOther = cFgImage.m_pBmpBuf + row * m_widthStep + col * 3;
            * p = func(* p, * pOther);
            * (p + 1) = func(* (p + 1), * (pOther + 1));
            * (p + 2) = func(* (p + 2), * (pOther + 2));
        }
    }
}
```

图 3-15　图像除法运算示例

◆ 3.3 逻 辑 运 算

3.3.1 与

两幅图像逻辑与的算法如式(3-21)所示。

$$h(x,y) = f(x,y) \wedge g(x,y) \tag{3-21}$$

其中,f、g 是同等大小的两幅图像。

假设图像 f 和 g 的大小都为 3×3 像素,图像 f 与图像 g 相与的函数形式如式(3-22)所示。

$$h(x,y) = f(x,y) \wedge g(x,y) = \begin{pmatrix} f_{00} \wedge g_{00} & f_{01} \wedge g_{01} & f_{02} \wedge g_{02} \\ f_{10} \wedge g_{10} & f_{11} \wedge g_{11} & f_{12} \wedge g_{12} \\ f_{20} \wedge g_{20} & f_{21} \wedge g_{21} & f_{22} \wedge g_{22} \end{pmatrix} \tag{3-22}$$

其中,f_{ij} 表示 f 图像中第 i 行第 j 列的像素值,g_{ij} 表示 g 图像中第 i 行第 j 列的像素值。通常而言,f 与 g 均为二值图像,即 $f_{ij} \in \{0,1\}$,$g_{ij} \in \{0,1\}$,$\wedge$ 表示按位(bit)进行"与"运算。

1. 与运算的主要应用

与运算用于求两幅图像的相交子图,可作为模板运算。

2. OpenCV 操作函数

图像与图像相与的操作函数如下。

```
void cvAnd(const CvArr * src1, const CvArr * src2, CvArr * dst, const CvArr *
mask = NULL);
```

图像与标量相与的操作函数如下。

```
void cvAndS(const CvArr * src, CvScalar value, CvArr * dst, const CvArr * mask =
NULL);
```

其中,当 mask 非空时,mask 为 0 的位置不进行计算。

3. EmguCV 操作函数

```
public static void BitwiseAnd(
    IInputArray src1,
    IInputArray src2,
    IOutputArray dst,
    IInputArray mask = null
)
```

图 3-16 为图像与运算示例。

C++ 示例代码 3-11：图像的逻辑与运算

```
void CFgImage::And(CFgImage& cFgImage){
    for (int row = 0; row < m_height; row++){
        for (int col = 0; col < m_width; col++){
            BYTE * p = m_pBmpBuf + row * m_widthStep + col * 3;
            BYTE * pOther = cFgImage.m_pBmpBuf + row * m_widthStep + col * 3;
            * p = (* p) & (* pOther);
            * (p + 1) = (* (p + 1)) & (* (pOther + 1));
            * (p + 2) = (* (p + 2)) & (* (pOther + 2));
        }
    }
}
```

图 3-16　图像与运算示例

3.3.2　或

两幅图像的逻辑或运算如式(3-23)所示。

$$h(x,y) = f(x,y) \vee g(x,y) \tag{3-23}$$

其中，f、g 是同等大小的两幅图像。

假设图像 f 和 g 的大小都为 3×3 像素，图像 f 与图像 g 相或的函数形式如式(3-24)所示。

$$h(x,y) = f(x,y) \vee g(x,y) = \begin{pmatrix} f_{00} \vee g_{00} & f_{01} \vee g_{01} & f_{02} \vee g_{02} \\ f_{10} \vee g_{10} & f_{11} \vee g_{11} & f_{12} \vee g_{12} \\ f_{20} \vee g_{20} & f_{21} \vee g_{21} & f_{22} \vee g_{22} \end{pmatrix} \quad (3\text{-}24)$$

其中，f_{ij} 表示 f 图像中第 i 行第 j 列的像素值，g_{ij} 表示 g 图像中第 i 行第 j 列的像素值。通常而言，f 和 g 均为二值图像，$\vee$ 表示按位进行"或"运算。

1. 或运算的主要应用

或运算用于合并两幅图像的相交子图，可作为模板运算。

2. OpenCV 操作函数

图像与图像相或的操作函数如下。

```
void cvOr(const CvArr * src1,const CvArr * src2,CvArr * dst,const CvArr *
mask = NULL);
```

图像与标量相或的操作函数如下。

```
void cvOrS(const CvArr * src,CvScalar value,CvArr * dst,CvArr * mask =
NULL);
```

其中，当 mask 非空时，mask 为 0 的位置不进行计算。

3. EmguCV 操作函数

```
public static void BitwiseOr(
    IInputArray src1,
    IInputArray src2,
    IOutputArray dst,
    IInputArray mask = null
)
```

图 3-17 为图像或运算示例。

C++ 示例代码 3-12：图像的逻辑或运算

```
void CFgImage::Or(CFgImage& cFgImage){
    for (int row = 0; row < m_height; row++){
        for (int col = 0; col < m_width; col++){
            BYTE * p = m_pBmpBuf + row * m_widthStep + col * 3;
            BYTE * pOther = cFgImage.m_pBmpBuf + row * m_widthStep + col * 3;
            * p = (* p) | (* pOther);
```

```
            * (p + 1) = ( * (p + 1)) | ( * (pOther + 1));
            * (p + 2) = ( * (p + 2)) | ( * (pOther + 2));
        }
    }
}
```

图 3-17　图像或运算示例

3.3.3　非

两幅图像的逻辑非运算如式(3-25)所示。

$$h(x,y) = \neg f(x,y) = 255 - f(x,y) \qquad (3\text{-}25)$$

假设图像 f 的大小为 3×3 像素,图像 f 的逻辑非运算函数形式如式(3-26)所示。

$$h(x,y) = 255 - f(x,y) = \begin{pmatrix} 255 - f_{00} & 255 - f_{01} & 255 - f_{02} \\ 255 - f_{10} & 255 - f_{11} & 255 - f_{12} \\ 255 - f_{20} & 255 - f_{21} & 255 - f_{22} \end{pmatrix} \qquad (3\text{-}26)$$

其中,f_{ij} 表示 f 图像中第 i 行第 j 列的像素值。

1. 非运算的主要应用

非运算可用于获取原图像的补图像。

2. OpenCV 操作函数

图像非运算的操作函数如下。

```
void cvNot(const CvArr * src,CvArr * dst);;
```

3. EmguCV 操作函数

```
public static void BitwiseNot(
    IInputArray src,
    IOutputArray dst,
    IInputArray mask = null
)
```

图 3-18 为图像非运算示例。

图 3-18　图像非运算示例

C++ 示例代码 3-13：图像的逻辑非运算

```
void CFgImage::Not() {
    for (int row = 0; row < m_height; row++){
        for (int col = 0; col < m_width; col++){
```

```
            BYTE * p = m_pBmpBuf + row * m_widthStep + col * 3;
            * p = 255 - * p;
            * (p + 1) = 255 - * (p + 1);
            * (p + 2) = 255 - * (p + 2);
        }
    }
}
```

3.3.4　异或

两幅图像的逻辑异或运算如式(3-27)所示。

$$h(x,y) = f(x,y) \oplus g(x,y) \tag{3-27}$$

其中，f、g 是同等大小的两幅图像。

假设图像 f 和 g 的大小都为 3×3 像素，图像 f 与图像 g 的逻辑异或运算函数如式(3-28)所示。

$$h(x,y) = f(x,y) \oplus g(x,y) = \begin{pmatrix} f_{00} \oplus g_{00} & f_{01} \oplus g_{01} & f_{02} \oplus g_{02} \\ f_{10} \oplus g_{10} & f_{11} \oplus g_{11} & f_{12} \oplus g_{12} \\ f_{20} \oplus g_{20} & f_{21} \oplus g_{21} & f_{22} \oplus g_{22} \end{pmatrix} \tag{3-28}$$

其中，f_{ij} 表示 f 图像中第 i 行第 j 列的像素值，g_{ij} 表示 g 图像中第 i 行第 j 列的像素值，$\oplus$ 表示按位进行"异或"运算。

1. 异或运算的主要应用

异或运算用于合并两幅图像的异或图像。

2. OpenCV 操作函数

图像与图像异或的操作函数如下。

```
void cvXor (const CvArr * src1,const CvArr *  src2,CvArr *  dst,const CvArr *
mask = NULL);
```

图像与标量异或的操作函数如下。

```
void cvXorS(const CvArr * src,CvScalar value,CvArr * dst,const CvArr * mask =
NULL);
```

其中，当 mask 非空时，mask 为 0 的位置不进行计算。

3. EmguCV 操作函数

```
public static void BitwiseXor(
    IInputArray src1,
```

```
        IInputArray src2,
        IOutputArray dst,
        IInputArray mask = null
    )
```

图 3-19 为图像异或运算示例。

图 3-19　图像异或运算示例

C++ 示例代码 3-14：图像的逻辑异或运算

```cpp
void CFgImage::Xor(CFgImage& cFgImage){
    for (int row = 0; row < m_height; row++){
        for (int col = 0; col < m_width; col++){
            BYTE * p = m_pBmpBuf + row * m_widthStep + col * 3;
            BYTE * pOther = cFgImage.m_pBmpBuf + row * m_widthStep + col * 3;
            * p = ( * p) ^ ( * pOther);
            * (p + 1) = ( * (p + 1)) ^ ( * (pOther + 1));
            * (p + 2) = ( * (p + 2)) ^ ( * (pOther + 2));
        }
    }
}
```

◈ 3.4　几 何 运 算

几何运算(Geometric Operation)是指改变图像中物体对象(像素)之间的空间位置、尺寸大小等关系的操作。几何运算主要解决的问题可以概括为:①假设经过几何运算后得到的图像的任意像素点坐标为(x_1,y_1),则需要找到原图中对应(x_1,y_1)的原图像素点(x_0,y_0),然后将(x_0,y_0)的灰度值赋值给变换后的像素点(x_1,y_1)的灰度值,几何运算的核心就是建立(x_1,y_1)与(x_0,y_0)之间的数学映射关系;②在$(x_1,y_1) \rightarrow (x_0,y_0)$的计算过程中,$x_0$和$y_0$有可能不是整数,在这种情况下应该采用原图哪个位置的像素值填充(x_1,y_1)的灰度值呢? 通常采用插值方式解决。

假设一幅定义在(x,y)坐标系上的图像f经过几何变形后,得到定义在(u,v)坐标系上的图像g,则图像上某点的坐标(x,y)映射到变换后的坐标(u,v)的关系可以由以下的齐次公式建立。

$$\begin{bmatrix} u \\ v \\ 1 \end{bmatrix} = \boldsymbol{M} \begin{bmatrix} x \\ y \\ 1 \end{bmatrix} \tag{3-29}$$

其中,$\boldsymbol{M}$为几何变换矩阵。

从变换性质来分,几何变换可以分为图像的位置变换(平移、镜像、旋转)、形状变换(放大、缩小)以及图像的复合变换等。

3.4.1　平移

平移是日常生活中最普遍的方式之一,如车辆的行驶、物体的搬动等都可以视为平移运动。图像的平移是将一幅图像上的所有像素点按给定的偏移量沿x方向(水平方向)和y方向(垂直方向)进行移动。

若点$P_0(x_0,y_0)$进行平移后,被移动到$P(x,y)$位置,其中,x方向上的平移量为t_x,y方向上的平移量为t_y,那么,点$P(x,y)$的坐标为

$$\begin{cases} x = x_0 + t_x \\ y = y_0 + t_y \end{cases} \tag{3-30}$$

使用齐次坐标方法,坐标位置的二维平移可表示为下面的矩阵乘法形式。

$$\begin{bmatrix} x \\ y \\ 1 \end{bmatrix} = \begin{bmatrix} 1 & 0 & t_x \\ 0 & 1 & t_y \\ 0 & 0 & 1 \end{bmatrix} \begin{bmatrix} x_0 \\ y_0 \\ 1 \end{bmatrix} \tag{3-31}$$

不失一般性,可以将上述操作简写为下述公式:

$$P = \boldsymbol{T}(t_x,t_y) \cdot P_0 \tag{3-32}$$

其中,$\boldsymbol{T}(t_x,t_y)$是公式中的3×3矩阵,被称为平移矩阵。

相应地,也可以根据点P求解原始点P_0的坐标,即

$$\begin{bmatrix} x_0 \\ y_0 \\ 1 \end{bmatrix} = \begin{bmatrix} 1 & 0 & -t_x \\ 0 & 1 & -t_y \\ 0 & 0 & 1 \end{bmatrix} \begin{bmatrix} x \\ y \\ 1 \end{bmatrix} \tag{3-33}$$

显然，以上两个变换矩阵互为逆矩阵。

图像平移变换的特点是平移后的图像与原图像完全相同，平移后新图像上的每一点都可以在原图像中找到对应的点。

图 3-20 为图像平移示例。

C++ 示例代码 3-15：图像平移

```cpp
//flag:0-INTER_NEAREST;1-INTER_LINEAR;2-INTER_CUBIC;
void CFgImage::translation(int tx, int ty, int flag) {
    vector<vector<double>> M(3);
    for (int i = 0; i < M.size(); ++i)
        M[i].resize(3);

    M[0][0] = M[1][1] = M[2][2] = 1;
    M[0][2] = tx;
    M[1][2] = ty;

    int new_width = 1 * m_width;
    int new_height = 1 * m_height;
    CFgImage out;
    out.m_height = new_height;
    out.m_width = new_width;
    out.m_widthStep = m_widthStep * new_width / m_width;
    out.m_pBmpBuf = new unsigned char[m_widthStep * out.m_height];

    warpAffine(out, M, flag);
    swap(m_pBmpBuf, out.m_pBmpBuf);
}
//仿射变换
//flag:0-INTER_NEAREST;1-INTER_LINEAR;2-INTER_CUBIC;
void CFgImage::warpAffine(CFgImage& out, vector<vector<double>> &M, int flag) {
    assert(flag >= 0 && flag < 3);
    vector<vector<double>>  M_t = Utils::LUP_solve_inverse(M);
    for (int row = 0; row < m_height; row++){
        for (int col = 0; col < m_width; col++){
            vector<vector<double>>cood = { {col * 1.0},{row * 1.0},{1.0} };
            cood = Utils::matmul(M_t, cood);
            BGR bgr;
            switch (flag) {
            case 0:
                bgr = INTER_NEAREST(cood[1][0], cood[0][0], *this);
                break;
            case 1:
```

```
                        bgr = INTER_LINEAR(cood[1][0], cood[0][0], * this);
                        break;
                case 2:
                        bgr = INTER_CUBIC(cood[1][0], cood[0][0], * this);
                        break;
                }

                BYTE * p = out.m_pBmpBuf + row * m_widthStep + col * 3;

                * p = bgr.Blue;
                * (p + 1) = bgr.Green;
                * (p + 2) = bgr.Red;
            }
        }
    }
```

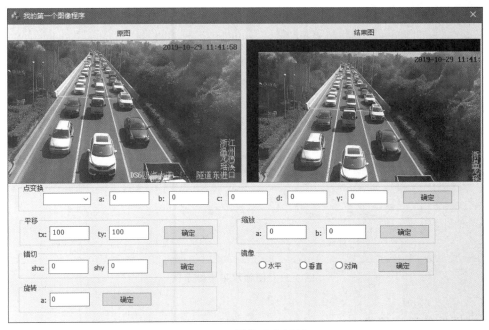

图 3-20　图像平移示例

3.4.2　镜像

图像的镜像变换不改变图像的形状。图像的镜像变换分为 3 种：水平镜像、垂直镜像、对角镜像。

1. 图像的水平镜像

图像的水平镜像操作是将图像左半部分和右半部分以图像垂直中轴线为中心线进行镜像对换,如图 3-21 所示。设图像的大小为 $M \times N$(即宽为 M、高为 N,或者又称为 M 列、N 行),水平镜像可按式(3-34)计算。

$$\begin{cases} g(x',y') = f(x,y) \\ x' = x \\ y' = M - y + 1 \end{cases} \tag{3-34}$$

式中,(x,y) 为原图像 $f(x,y)$ 中像素点的坐标;(x',y') 为对应像素点 (x,y) 水平镜像变换后的图像 $g(x',y')$ 中的坐标;$x' \in [0, N-1]$,$y' \in [0, M-1]$,$x \in [0, N-1]$,$y \in [0, M-1]$,x' 和 x 表示行号,y' 和 y 表示列号。

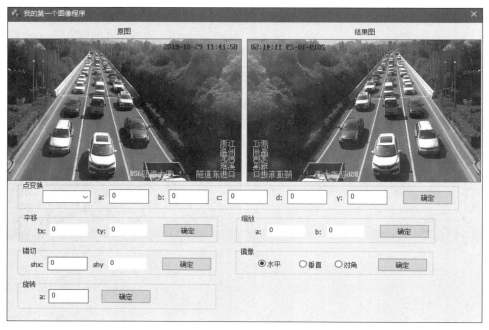

图 3-21　图像水平镜像示例

2. 图像的垂直镜像

图像的垂直镜像操作是将图像上半部分和下半部分以图像水平中轴线为中心线进行镜像对换,如图 3-22 所示。设图像的大小为 $M \times N$,垂直镜像可按式(3-35)计算。

$$\begin{cases} g(x',y') = f(x,y) \\ x' = N - x + 1 \\ y' = y \end{cases} \tag{3-35}$$

式中,(x,y) 为原图像 $f(x,y)$ 中像素点的坐标;(x',y') 为对应像素点 (x,y) 垂直镜像变换后的图像 $g(x',y')$ 中的坐标;$x' \in [0, N-1]$,$y' \in [0, M-1]$,$x \in [0, N-1]$,

$y \in [0, M-1]$, x' 和 x 表示行号, y' 和 y 表示列号。

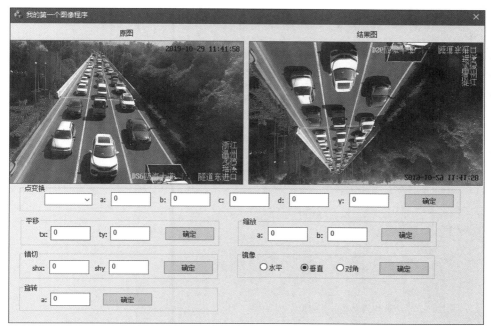

图 3-22　图像垂直镜像示例

3. 图像的对角镜像

图像的对角镜像操作是将图像以图像水平中轴线和垂直中轴线的交点为中心进行镜像对换,如图 3-23 所示,相当于将图像先进行水平镜像,然后再进行垂直镜像。设图像的大小为 $M \times N$,对角镜像可按式(3-36)计算。

$$\begin{cases} g(x', y') = f(x, y) \\ x' = N - x + 1 \\ y' = M - y + 1 \end{cases} \quad (3\text{-}36)$$

式中,(x, y) 为原图像 $f(x, y)$ 中像素点的坐标;(x', y') 为对应像素点 (x, y) 对角镜像变换后的图像 $g(x', y')$ 中的坐标;$x' \in [0, N-1]$,$y' \in [0, M-1]$,$x \in [0, N-1]$,$y \in [0, M-1]$,x' 和 x 表示行号,y' 和 y 表示列号。

C++ 示例代码 3-16:图像镜像运算

```cpp
//flip:0-水平;1-垂直;2-对角
void CFgImage::flip(int flip, int flag) {
    vector<vector<double>> M(3);
    for (int i = 0; i < M.size(); ++i)
        M[i].resize(3);
    switch (flip) {
    case 0:
```

```
            M[1][1] = M[2][2] = 1;
            M[0][0] = -1;
            M[0][2] = m_width - 1;
            break;
    case 1:
            M[0][0] = M[2][2] = 1;
            M[1][1] = -1;
            M[1][2] = m_height - 1;
            break;
    case 2:
            M[0][1] = M[1][0] = M[2][2] = 1;
            break;
    }

    int new_width = 1 * m_width;
    int new_height = 1 * m_height;
    CFgImage out;
    out.m_height = new_height;
    out.m_width = new_width;
    out.m_widthStep = m_widthStep * new_width / m_width;
    out.m_pBmpBuf = new unsigned char[m_widthStep * out.m_height];

    warpAffine(out, M, flag);
    swap(m_pBmpBuf, out.m_pBmpBuf);
}
```

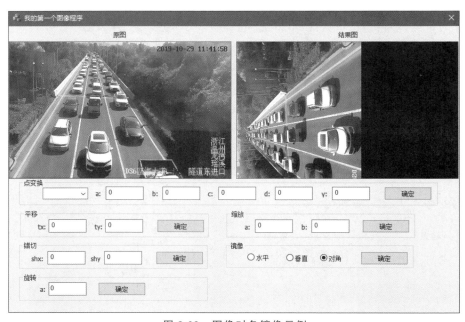

图 3-23   图像对角镜像示例

3.4.3 旋转

图像旋转的首要问题是绕什么进行旋转。通常的做法是,以图像的中心为原点旋转,将图像上的所有像素都旋转一个相同角度。图像的旋转变换是图像的位置变换,但旋转后图像的大小一般会改变。和图像平移变换一样,在图像旋转变换中,可以把转出显示区域的图像截去,也可以扩大图像范围以显示旋转后完整的图像。

采用不截掉转出部分、旋转后图像变大的做法,首先给出变换矩阵。在我们熟悉的坐标系中,如图 3-24(a)所示,将一个点(x_0, y_0)顺时针旋转a角度,r为该点到原点的距离,b为r与x轴之间的夹角,在旋转过程中,r保持不变。

设旋转前$P_0(x_0, y_0)$的坐标为$P_0(x_0 = r\cos b, y_0 = r\sin b)$。当按顺时针旋转$a$角度后,坐标点$P_1(x_1, y_1)$的坐标为

$$\begin{cases} x_1 = r\cos(b-a) = r\cos a\cos b + r\sin a\sin b = x_0\cos a + y_0\sin a \\ y_1 = r\sin(b-a) = r\sin b\cos a - r\cos b\sin a = -x_0\sin a + y_0\cos a \end{cases} \tag{3-37}$$

使用齐次坐标方法,可表示为下面的矩阵乘法:

$$\begin{bmatrix} x_1 \\ y_1 \\ 1 \end{bmatrix} = \begin{bmatrix} \cos a & \sin a & 0 \\ -\sin a & \cos a & 0 \\ 0 & 0 & 1 \end{bmatrix} \begin{bmatrix} x_0 \\ y_0 \\ 1 \end{bmatrix} \tag{3-38}$$

式中,坐标系xOy是以图像的中心点为原点,向右为x轴正方向,向上为y轴正方向,它与以图像左上角点为原点、向右为x'轴正方向、向下为y'轴正方向的坐标系$x'O'y'$之间的转换关系如图 3-24(b)所示。

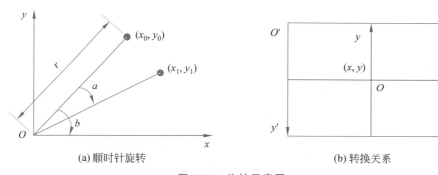

(a) 顺时针旋转　　　　　　　　　(b) 转换关系

图 3-24　旋转示意图

设图像的宽为w,高为h,容易得到

$$\begin{bmatrix} x \\ y \\ 1 \end{bmatrix} = \begin{bmatrix} 1 & 0 & -0.5w \\ 0 & -1 & 0.5h \\ 0 & 0 & 1 \end{bmatrix} \begin{bmatrix} x' \\ y' \\ 1 \end{bmatrix} \tag{3-39}$$

对式(3-39)进行逆变换,得

$$\begin{bmatrix} x' \\ y' \\ 1 \end{bmatrix} = \begin{bmatrix} 1 & 0 & 0.5w \\ 0 & -1 & 0.5h \\ 0 & 0 & 1 \end{bmatrix} \begin{bmatrix} x \\ y \\ 1 \end{bmatrix} \tag{3-40}$$

基于上述公式,可将旋转变换分成以下 3 个步骤来完成。

(1) 将坐标系 $x'O'y'$ 变为 xOy;

(2) 将该点顺时针旋转 a 角度;

(3) 将坐标系 xOy 变为 $x'O'y'$。

然后,可得到如下的变换矩阵。

$$\begin{bmatrix} x_1 \\ y_1 \\ 1 \end{bmatrix} = \begin{bmatrix} 1 & 0 & 0.5w_{\text{new}} \\ 0 & -1 & 0.5h_{\text{new}} \\ 0 & 0 & 1 \end{bmatrix} \begin{bmatrix} \cos a & \sin a & 0 \\ -\sin a & \cos a & 0 \\ 0 & 0 & 1 \end{bmatrix} \begin{bmatrix} 1 & 0 & -0.5w_{\text{old}} \\ 0 & -1 & 0.5h_{\text{old}} \\ 0 & 0 & 1 \end{bmatrix} \begin{bmatrix} x_0 \\ y_0 \\ 1 \end{bmatrix} \quad (3\text{-}41)$$

式中,w_{old}、h_{old} 和 w_{new}、h_{new} 分别表示原图像的宽、高和新图像的宽、高。

式(3-41)的逆变换为

$$\begin{bmatrix} x_0 \\ y_0 \\ 1 \end{bmatrix} = \begin{bmatrix} 1 & 0 & 0.5w_{\text{new}} \\ 0 & -1 & 0.5h_{\text{new}} \\ 0 & 0 & 1 \end{bmatrix} \begin{bmatrix} \cos a & -\sin a & 0 \\ \sin a & \cos a & 0 \\ 0 & 0 & 1 \end{bmatrix} \begin{bmatrix} 1 & 0 & -0.5w_{\text{old}} \\ 0 & -1 & 0.5h_{\text{old}} \\ 0 & 0 & 1 \end{bmatrix} \begin{bmatrix} x_1 \\ y_1 \\ 1 \end{bmatrix} \quad (3\text{-}42)$$

为此,对于新图像中的每一点,可根据式(3-42)求出对应原图像中的点,并得到它的灰度值。如果超出原图像范围,则填为白色(灰度值为 255)或者黑色(灰度值为 0)。需要注意的是,由于浮点运算,计算出的点的坐标可能不是整数,需要采用取整处理,即找到最接近的点,这样会带来一些误差(图像可能会出现锯齿)。更精确的方法是采用插值,这将在后续的相关章节中介绍。

图 3-25 为图像旋转示例。

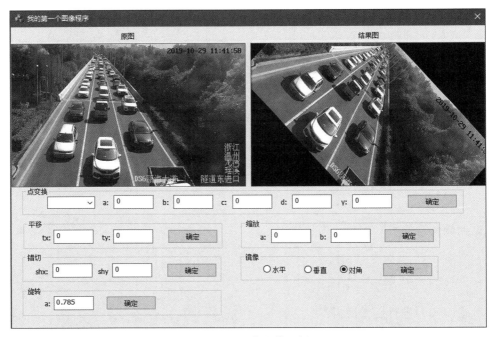

图 3-25　图像旋转示例

C++ 示例代码 3-17：图像旋转运算

```cpp
void CFgImage::Rotate(double theta, int flag) {
    vector<vector<double>> T1(3);
    vector<vector<double>> M(3);
    vector<vector<double>> T2(3);
    for (int i = 0; i < M.size(); ++i) {
        T1[i].resize(3);
        M[i].resize(3);
        T2[i].resize(3);
    }
    //初始化矩阵
    {
        M[0][0] = cos(theta);
        M[0][1] = sin(theta);
        M[1][0] = -sin(theta);
        M[1][1] = cos(theta);
        M[2][2] = 1;

        T1[0][0] = T1[2][2] = T2[0][0] = T2[2][2] = 1;
        T1[1][1] = T2[1][1] = -1;
        T1[0][2] = 0.5 * m_width;
        T2[0][2] = -0.5 * m_width;
        T1[1][2] = T2[1][2] = 0.5 * m_height;
    }
    M = Utils::matmul(Utils::matmul(T1, M), T2);

    int new_width = 1 * m_width;
    int new_height = 1 * m_height;
    CFgImage out;
    out.m_height = new_height;
    out.m_width = new_width;
    out.m_widthStep = m_widthStep * new_width / m_width;
    out.m_pBmpBuf = new unsigned char[m_widthStep * out.m_height];

    warpAffine(out, M, flag);
    swap(m_pBmpBuf, out.m_pBmpBuf);
}
```

3.4.4　缩放

通常情况下,数字图像的缩放是将给定的图像在 x 方向和 y 方向按相同的比例缩放 a 倍,从而获得一幅新的图像,又称为全比例缩放。

如果 x 方向和 y 方向缩放的比例不同,则图像的比例缩放会改变原始图像像素间的相对位置,产生几何畸变。设原始图像中的点 $P_0(x_0,y_0)$ 缩放后,在新图像中的对应点为 $P_1(x_1,y_1)$,则两者之间的缩放变换的坐标关系可表示为

$$\begin{bmatrix} x_1 \\ y_1 \\ 1 \end{bmatrix} = \begin{bmatrix} a & 0 & 0 \\ 0 & a & 0 \\ 0 & 0 & 1 \end{bmatrix} \begin{bmatrix} x_0 \\ y_0 \\ 1 \end{bmatrix} \tag{3-43}$$

若比例缩放所产生的图像中的像素点在原始图像中没有相应的像素点,就需要进行灰度值的插值运算,一般有以下两种插值处理方法:①直接赋值为和它最接近的像素灰度值,这种方法称为最近邻插值法,该方法的主要特点是简单、计算量很小,但可能产生马赛克现象;②通过其他数学插值算法计算相应的像素点的灰度值,这类方法处理效果好,但运算量会有所增加。

在式(3-43)所表示的比例缩放中,若 $a>1$,则图像被放大;若 $a<1$,则图像被缩小。以 $a=1/2$ 为例,即图像被缩小为原始图像的一半。图像被缩小一半以后,根据目标图像和原始图像之间的关系,有两种缩小方法:第一种方法是取原始图像的偶数行和偶数列构成新的图像;第二种方法是取原始图像的奇数行和奇数列构成新的图像。

若图像按任意比例缩小,则以类似的方式按比例选择行和列上的像素点。若 x 方向与 y 方向的缩放比例不同,则这种变换将会使缩放以后的图像产生几何畸变。图像 x 方向与 y 方向的不同比例缩放的变换公式如下。

$$\begin{bmatrix} x_1 \\ y_1 \\ 1 \end{bmatrix} = \begin{bmatrix} a & 0 & 0 \\ 0 & b & 0 \\ 0 & 0 & 1 \end{bmatrix} \begin{bmatrix} x_0 \\ y_0 \\ 1 \end{bmatrix} \tag{3-44}$$

图像缩小变换是在已知的图像信息中以某种方式选择需要保留的信息。反之,图像的放大变换则需要对图像尺寸经放大后,在多出来的像素点填入适当的像素值,这些像素点在原始图像中没有直接的对应点,需要以某种方法进行估计。

以 $a=b=2$ 为例,即原始图像按全比例放大 2 倍,实际上,这是将原始图像每行中的各像素点重复取一遍值,然后每行重复一次。根据理论,放大后图像中的像素点(0,0)对应原始图像中的像素点(0,0),(0,2)对应原始图像中的像素点(0,1),但放大后图像的像素点(0,1)对应原始图像中的像素点(0,0.5),(1,0)对应原始图像中的像素点(0.5,0)。

如果原始图像中不存在这些像素点,那么放大后的图像如何处理这些问题呢?一般地,有两种解决方法,分别称为最近邻域法以及线性插值法。以像素点(0,0.5)为例,最近邻域法将原始图像中的像素点(0,0.5)近似为原始图像的像素点(0,0)或者(0,1)。但是,这种方法填充像素值会出现马赛克效应。图像马赛克的来源可以被认为有两类:一是原始的图像采集由于镜头本身受环境及传输过程中干扰等影响而产生的马赛克;二是图像直接放大所产生的单一颜色值的马赛克。为避免马赛克效应,提高几何转换后的图像质量,一般有如下 3 种解决方案。

(1) 图像插值法,如双线性插值、基于自适应的插值法。

(2) 图像滤波,如方向滤波插值法。方向滤波插值法首先计算全彩色图像的两个估计值 f_h 和 f_v。利用拜耳阵列(又称为 Bayer 模式,由伊士曼·柯达公司的科学家 Bryce Bayer 发明)中的 G 值,分别进行水平方向和垂直方向插值得到 G^H 和 G^V;红色和蓝色部

分通过对色差 $R-G^{\mathrm{H}}$ 和 $B-G^{\mathrm{H}}$ 的双线性插值得到水平方向的图像估计值 f_h;对色差 $R-G^{\mathrm{V}}$ 和 $B-G^{\mathrm{V}}$ 的双线性插值得到垂直方向的图像估计值 f_v。然后,对每一个像素点进行水平或垂直方向的选择。

(3) 超分辨率重建,这是利用硬件或软件的方法提高原有图像的分辨率,通过一系列低分辨率的图像得到一幅高分辨率的图像过程。超分辨率重建的核心思想就是用时间带宽(获取同一场景的多帧图像序列)换取空间分辨率,实现时间分辨率向空间分辨率的转换。

图 3-26 为图像缩放示例。

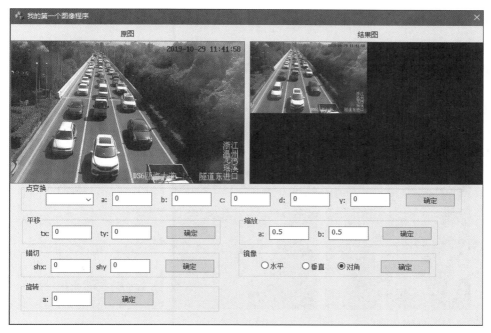

图 3-26　图像缩放示例

C++ 示例代码 3-18:图像缩放运算

```cpp
void CFgImage::Zoom(double zoom_a, double zoom_b, int flag) {
    vector<vector<double>> M(3);
    for (int i = 0; i < M.size(); ++i)
        M[i].resize(3);
    M[0][0] = zoom_a;
    M[1][1] = zoom_b;
    M[2][2] = 1;

    int new_width = 1 * m_width;
    int new_height = 1 * m_height;
    CFgImage out;
```

```
    out.m_height = new_height;
    out.m_width = new_width;
    out.m_widthStep = m_widthStep * new_width / m_width;
    out.m_pBmpBuf = new unsigned char[m_widthStep * out.m_height];


    warpAffine(out, M, flag);
    swap(m_pBmpBuf, out.m_pBmpBuf);
}
```

3.4.5　错切

　　图像的错切变换实际上是平面景物在投影平面上的非垂直投影效果。图像错切变换也称为图像剪切、错位或错移变换。图像错切的原理就是保持图像上各点的某一坐标不变，将另一个坐标进行线性变换，坐标不变的轴称为依赖轴，坐标变换的轴称为方向轴。图像错切可以在水平或垂直方向上产生，因此分别被称为水平方向上的错切和垂直方向上的错切。如图 3-27 所示，原图 3-27(a)分别经过水平错切、垂直错切，得到图 3-27(b)和图 3-27(c)。

(a) 原图　　　　　　　(b) 水平错切　　　　　　(c) 垂直错切

图 3-27　图像错切变换

　　设原始图像中的点 $P_0(x_0,y_0)$ 经过错切后，得到新图像中的对应点 $P_1(x_1,y_1)$。那么，图像在水平方向上错切的转换公式可表示为

$$\begin{bmatrix} x_1 \\ y_1 \\ 1 \end{bmatrix} = \begin{bmatrix} 1 & sh_x & 0 \\ 0 & 1 & 0 \\ 0 & 0 & 1 \end{bmatrix} \begin{bmatrix} x_0 \\ y_0 \\ 1 \end{bmatrix} \tag{3-45}$$

其中，sh_x 为错切系数。

　　类似地，图像在垂直方向上错切的转换公式可表示为

$$\begin{bmatrix} x_1 \\ y_1 \\ 1 \end{bmatrix} = \begin{bmatrix} 1 & 0 & 0 \\ sh_y & 1 & 0 \\ 0 & 0 & 1 \end{bmatrix} \begin{bmatrix} x_0 \\ y_0 \\ 1 \end{bmatrix} \tag{3-46}$$

　　进一步，水平和垂直方向同时错切的数学表达式为

$$
\begin{bmatrix} x_1 \\ y_1 \\ 1 \end{bmatrix} = \begin{bmatrix} 1 & \mathrm{sh}_x & 0 \\ \mathrm{sh}_y & 1 & 0 \\ 0 & 0 & 1 \end{bmatrix} \begin{bmatrix} x_0 \\ y_0 \\ 1 \end{bmatrix}
\tag{3-47}
$$

这样,新图像中的每一个点,就可以根据上述公式的逆变换求出对应原图像中的点,并得到它的灰度。如果超出原图像范围,则填为白色或者黑色。需要注意的是,由于浮点运算计算出的点的坐标可能不是整数,因此需要取整处理,即找到最接近的点,这样会带来一些误差(图像可能会出现锯齿)。更精确的方法是采用插值,这将在后续章节中介绍。

图 3-28 为图像错切示例。

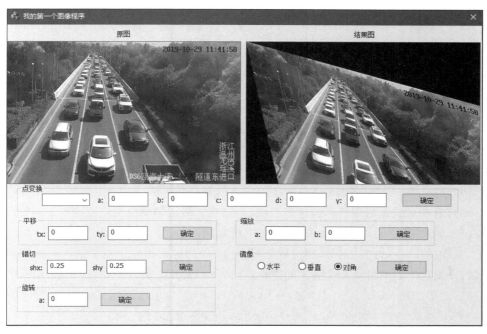

图 3-28　图像错切示例

C++ 示例代码 3-19:图像错切运算

```cpp
void CFgImage::crosscutting(double sh_x, double sh_y, int flag) {
    vector<vector<double>> M(3);
    for (int i = 0; i < M.size(); ++i)
        M[i].resize(3);
    M[0][0] = M[1][1] = M[2][2] = 1;
    M[0][1] = sh_x;
    M[1][0] = sh_y;

    int new_width = 1 * m_width;
    int new_height = 1 * m_height;
    CFgImage out;
```

```
    out.m_height = new_height;
    out.m_width = new_width;
    out.m_widthStep = m_widthStep * new_width / m_width;
    out.m_pBmpBuf = new unsigned char[m_widthStep * out.m_height];

    warpAffine(out, M, flag);
    swap(m_pBmpBuf, out.m_pBmpBuf);
}
```

3.4.6 插值问题

在进行图像的比例缩放、旋转、错切等变换时,原始图像的像素坐标(x,y)为整数,而变换后目标像素点的位置坐标有可能并非整数,反之也是如此,这正是几何运算要解决的问题②。因此,在进行图像的几何变换时,除了要进行几何变换运算外,还需进行插值处理。常用的插值方法有 3 种:最近邻插值法、双线性插值法和双三次插值法。

1. 最近邻插值法

最近邻插值法是一种简单的插值方法。假设经过几何运算得到的原图像素点为 $P_0(x_0,y_0)$,若 x_0 和 y_0 非整数,则无法找到 P_0 点的灰度值,那么,应该用什么灰度值填充与(x_0,y_0)具有映射关系的变换后的像素点(x_1,y_1)呢? 最近邻插值法的原理如下:假设包围点 $P_0(x_0,y_0)$的最邻近的 4 个点为如图 3-29 所示的(x,y)、$(x+1,y)$、$(x,y+1)$和$(x+1,y+1)$,其中的(x,y)离 P_0 最近,则选取坐标点(x,y)的像素值作为点 $P_0(x_0,y_0)$像素值的近似值,并用这个近似值填充变换后的像素点(x_1,y_1)的灰度值。例如,设 f 表示原图,g 表示变换后的图像,$x=0,y=0,f(0,0)=100,f(0,1)=120,f(1,1)=140,f(1,0)=213$;当 $x_0=0.25,y_0=0.25$ 时,则点$(0,0)$离点$(0.25,0.25)$最近,因此,$g(x_1,y_1)=f(x_0,y_0)=f(0.25,0.25)\approx f(0,0)=100$,即 $g(x_1,y_1)$的灰度值填充为 100。当点 $P_0(x_0,y_0)$各相邻像素间灰度变化较小时,最近邻插值法简单、快速,并有效,但如果点 $P_0(x_0,y_0)$相邻像素间像素值差异很大时,这种估算方法会产生较大的误差,甚至可能影响图像质量。

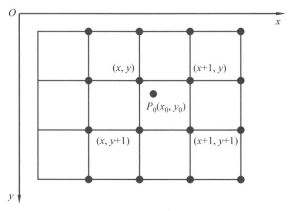

图 3-29 最近邻插值

C++ 示例代码 3-20：最近邻插值法

```cpp
BGR CFgImage::INTER_NEAREST(double row, double col, CFgImage& cFgImage) {
    int r = int(row + 0.5);
    int c = int(col + 0.5);
    BGR bgr;
    if (r < 0 || r >= cFgImage.m_height || c < 0 || c >= cFgImage.m_width) {
        bgr.Blue = bgr.Green = bgr.Red = 0;
        return bgr;
    }
    BYTE * p = cFgImage.m_pBmpBuf + r * cFgImage.m_widthStep + c * 3;
    bgr.Blue = * p;
    bgr.Green = * (p+1);
    bgr.Red = * (p+2);
    return bgr;
}
```

2. 双线性插值法

双线性插值法是对最近邻插值法的一种改进,即用线性内插方法,根据距离 $P_0(x_0, y_0)$ 最近的 4 个点,估算 $P_0(x_0, y_0)$ 的灰度值。

如图 3-30 所示,假如 $P_0(x_0, y_0)$ 最近邻的 4 个点为 $Q_{11}(x_1, y_1)$、$Q_{12}(x_1, y_2)$、$Q_{21}(x_2, y_1)$ 和 $Q_{22}(x_2, y_2)$,首先,在 x 方向进行线性插值,得到

$$f(R_1) \approx \frac{x_2 - x_0}{x_2 - x_1} f(Q_{11}) + \frac{x_0 - x_1}{x_2 - x_1} f(Q_{21}) \tag{3-48}$$

$$f(R_2) \approx \frac{x_2 - x_0}{x_2 - x_1} f(Q_{12}) + \frac{x_0 - x_1}{x_2 - x_1} f(Q_{22}) \tag{3-49}$$

其中,R_1 为 (x_0, y_1),R_2 为 (x_0, y_2)。

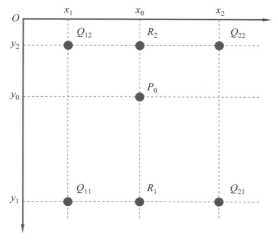

图 3-30　双线性插值

然后，在 y 方向对 R_1 以及 R_2 进行线性插值，得到

$$f(P_0)=f(x_0,y_0)\approx \frac{y_2-y_0}{y_2-y_1}f(R_1)+\frac{y_0-y_1}{y_2-y_1}f(R_2) \tag{3-50}$$

例如，设 $x_1=0,y_1=0,x_2=1,y_2=1,f(Q_{11})=1,f(Q_{12})=2,f(Q_{22})=4,f(Q_{21})=3$；当 $x_0=0.25,y_0=0.25$ 时，根据双线性插值法，计算得到

$$f(R_1)\approx \frac{x_2-x_0}{x_2-x_1}f(Q_{11})+\frac{x_0-x_1}{x_2-x_1}f(Q_{21})=1.5 \tag{3-51}$$

$$f(R_2)\approx \frac{x_2-x_0}{x_2-x_1}f(Q_{12})+\frac{x_0-x_1}{x_2-x_1}f(Q_{22})=2.5 \tag{3-52}$$

$$f(P_0)=f(x_0,y_0)\approx \frac{y_2-y_0}{y_2-y_1}f(R_1)+\frac{y_0-y_1}{y_2-y_1}f(R_2)=1.75 \tag{3-53}$$

四舍五入后，得到 $f(P_0)=f(x_0,y_0)=2$，即如果变换后的图像的像素点对应原图中的像素点 $(0.25,0.25)$，则用灰度值 2 填充这个变换后的像素点。

由于双线性插值法已经考虑到点 $P_0(x_0,y_0)$ 的直接相邻点对它的影响，因此，一般可以得到令人满意的插值效果。但这种方法具有低通滤波性质，高频分量会受到损失，使图像细节退化而变得轮廓模糊。在某些应用中，双线性插值的斜率不连续还可能产生一些用户不期望的结果。

C++ 示例代码 3-21：双线性插值法

```cpp
BGR CFgImage::INTER_LINEAR(double row, double col, CFgImage& cFgImage) {
    BGR bgr;
    double x = col, y = row;
    int x1 = int(col), y1 = int(row);
    if (y1 < 0 || y1 >= cFgImage.m_height || x1 < 0 || x1 >= cFgImage.m_width) {
        bgr.Blue = bgr.Green = bgr.Red = 0;
        return bgr;
    }
    int x2 = min(x1 + 1, cFgImage.m_width - 1), y2 = min(y1 + 1, cFgImage.m_height - 1);
    BYTE * q11 = cFgImage.m_pBmpBuf + y1 * cFgImage.m_widthStep + x1 * 3;
    BYTE * q12 = cFgImage.m_pBmpBuf + y2 * cFgImage.m_widthStep + x1 * 3;
    BYTE * q21 = cFgImage.m_pBmpBuf + y1 * cFgImage.m_widthStep + x2 * 3;
    BYTE * q22 = cFgImage.m_pBmpBuf + y2 * cFgImage.m_widthStep + x2 * 3;

    vector<int>res(3);
    for (int i = 0; i < 3; ++i) {
        double r1 = (x2 - x) * ( * (q11 + i)) / (x2 - x1) + (x - x1) * ( * (q21 + i)) / (x2 - x1);
        double r2 = (x2 - x) * ( * (q12 + i)) / (x2 - x1) + (x - x1) * ( * (q22 + i)) / (x2 - x1);
        double p = (y2 - y) * r1 / (y2 - y1) + (y - y1) * r2 / (y2 - y1);
```

```
            res[i] = p;
        }
    bgr.Blue = saturate_cast(res[0]);
    bgr.Green = saturate_cast(res[1]);
    bgr.Red = saturate_cast(res[2]);
    return bgr;
}
```

3. 双三次插值法

双三次插值又称立方卷积插值,是一种更加复杂的插值方式,该算法利用待采样点周围 16 个点的灰度值作三次插值,不仅考虑到 4 个直接相邻点的灰度影响,而且考虑到各邻点间灰度值变化率的影响。三次运算可以得到更接近高分辨率图像的放大效果,但也导致运算量急剧增加。

这种算法需要选取插值基函数拟合数据,其最常用的插值基函数为 BiCubic 函数。BiCubic 函数的形式如下。

$$W(x)=\begin{cases}(a+2)\mid x\mid^{3}-(a+3)\mid x\mid^{2}+1, & \mid x\mid\leqslant 1\\ a\mid x\mid^{3}-5a\mid x\mid^{2}+8a\mid x\mid-4a, & 1<\mid x\mid<2\\ 0, & \text{其他}\end{cases} \tag{3-54}$$

其中,$a=-0.5$。

对待插值的像素点 (x_0,y_0),取其附近的 4×4 邻域点集 $\{(x_i,y_j)\mid i=1,2,3,4;j=1,2,3,4\}$。按照如下公式进行插值计算:

$$f(x_0,y_0)=\sum_{i=1}^{4}\sum_{j=1}^{4}\left[f(x_i,y_j)W(x-x_i)W(y-y_j)\right] \tag{3-55}$$

在对变换图像进行双三次插值中,$f(x_0,y_0)$ 表示待求像素点的灰度值。

例如,设待求像素点的坐标为 $(x_0=1.5,y_0=1.5)$,其 4×4 邻域点集为 $\{(x_i=i,y_j=j)\mid i=1,2,3,4;j=1,2,3,4\}$,其数值如图 3-31 所示。那么,根据式(3-55),可以计算得到

$$f(x_0,y_0)=\sum_{i=1}^{4}\sum_{j=1}^{4}\left[f(x_i,y_j)W(x-x_i)W(y-y_j)\right]\approx2.85 \tag{3-56}$$

最后经过四舍五入,得到 $f(x_0,y_0)=3$。

1	1	3	3
2	1	2	3
3	3	4	3
3	2	3	1

图 3-31　计算示例数据

C++ 示例代码 3-22：双三次插值法

```cpp
BGR CFgImage::INTER_CUBIC(double row, double col, CFgImage& cFgImage,double a) {
    struct CubicFunc{
        double a;
        CubicFunc(double a) :a(a){

        }
        double operator()(double x){
            if (abs(x) <= 1) return (a + 2) * pow(abs(x), 3) - (a + 3) * pow(abs(x), 2) + 1;
            if (abs(x) < 2) return a * pow(abs(x), 3) - 5 * a * pow(x, 2) + 8 * a * abs(x) - 4 * a;
            return 0.0;
        }
    };
    CubicFunc cubic_func(a);
    BGR bgr;
    double x = col, y = row;

    vector<double>actions = { -1.5, -0.5, 0.5, 1.5 };

    vector<int>res(3);
    for (int k = 0; k < 3; ++k) {
        double tmp = 0;
        for (int i = 0; i < actions.size(); ++i) {
            for (int j = 0; j < actions.size(); ++j) {
                int x1 = min(max(0, int(x + actions[i])), cFgImage.m_width);
                int y1 = min(max(0, int(y + actions[j])), cFgImage.m_height);
                BYTE * f = cFgImage.m_pBmpBuf + y1 * cFgImage.m_widthStep + x1 * 3;
                tmp += (* (f + k)) * cubic_func(x - x1) * cubic_func(y - y1);
            }
        }
        res[k] = tmp;
    }
    bgr.Blue = saturate_cast(res[0]);
    bgr.Green = saturate_cast(res[1]);
    bgr.Red = saturate_cast(res[2]);
    return bgr;
}
```

3.4.7　图像卷绕（扭曲）

图像卷绕指的是将原图像 f 的点通过某种方式映射到目标图像 g 上的对应位置。

图像卷绕主要解决的是图像像素点的空间位置变换以及颜色迁移问题。

假设原图像 f 中的坐标点位置为 (x,y)，目标图像 g 中对应的目标点位置为 (u,v)，则图像卷绕的空间位置变换关系普遍可表述为式(3-57)和式(3-58)。

$$u = \sum_{k=1}^{K} \left[a_k h_k(x,y) \right] \tag{3-57}$$

$$v = \sum_{k=1}^{K} \left[b_k h_k(x,y) \right] \tag{3-58}$$

其中，a_k 和 b_k 为参数，h_k 为核函数。

一般来说，核函数可以为：①仿射变换函数；②多项式变换函数；③样条曲线变换函数，如 B 样条、三次样条等；④薄板样条函数。

这里以仿射变换函数为例进行讲解。仿射变换的公式如下。

$$\begin{bmatrix} u \\ v \\ 1 \end{bmatrix} = \begin{bmatrix} a & b & c \\ d & e & f \\ 0 & 0 & 1 \end{bmatrix} \begin{bmatrix} x \\ y \\ 1 \end{bmatrix} \tag{3-59}$$

很明显，仿射变换有普遍的特性，即平行线变换到平行线且有限点变换到有限点。平移、旋转、缩放、反射、错切都是仿射变换的特例，任何仿射变换都可以表示成这 5 种变换的组合。

这里可将以上矩阵公式转换为如下形式。

$$u = ax + by + c \tag{3-60}$$
$$v = dx + ey + f \tag{3-61}$$

因此，以上变量可以和图像卷绕的空间位置变换普遍公式中的参数一一对应。

由于在图像卷绕中，仿射矩阵往往不可知，因此为求解仿射矩阵中的未知量，可先将公式转换为如下形式。

$$\begin{bmatrix} u \\ v \end{bmatrix} = \begin{bmatrix} x & y & 1 & 0 & 0 & 0 \\ 0 & 0 & 0 & x & y & 1 \end{bmatrix} \begin{bmatrix} a \\ b \\ c \\ d \\ e \\ f \end{bmatrix} \tag{3-62}$$

已知原图像 f 点的坐标位置为 (x_i,y_i)，映射到目标图像 g 的坐标位置为 (u_i,v_i)，那么可以建立以下等式。

$$\begin{bmatrix} u_0 \\ v_0 \\ \vdots \\ u_n \\ v_n \end{bmatrix} = \begin{bmatrix} x_0 & y_0 & 1 & 0 & 0 & 0 \\ 0 & 0 & 0 & x_0 & y_0 & 1 \\ \vdots & \vdots & \vdots & \vdots & \vdots & \vdots \\ x_n & y_n & 1 & 0 & 0 & 0 \\ 0 & 0 & 0 & x_n & y_n & 1 \end{bmatrix} \begin{bmatrix} a \\ b \\ c \\ d \\ e \\ f \end{bmatrix} \tag{3-63}$$

可将式(3-63)表达为 $Ax = b$ 这样非常简单的形式，此时可采用最小二乘法求取仿射矩阵中的未知量。由于存在 6 个未知量，因此，n 至少需要大于或等于 6，即至少需要预先知道原图像 f 到目标图像 g 的 6 个点的映射关系。

颜色迁移则涉及如何计算目标图像上点的像素值。一般有两种坐标变换方式，即正向变换法和反向变换法。正向变换法是将原始图像 f 上的点直接映射到目标图像 g 上的对应位置。假设原图 f 中点 (x,y) 映射到目标图像 g 中的 (u,v) 上，但是 u、v 是浮点数，此时一般的解决方案是将原图 f 中点 (x,y) 位置上的像素值 $f(x,y)$ 散布到目标图像 g 中点 (u,v) 位置上临近的整数坐标点上，这就存在目标图像中一个点可能会收获多个原像素点值的可能性，因此还要计算这些值的加权均值。正向变换如此复杂，因此人们又考虑了另外一种方法——反向变换。顾名思义，反向变换即将目标图像 g 上的点直接映射到原始图像 f 上的对应位置。假设目标图像 g 中的点 (u,v) 映射到原图 f 中的点 (x,y) 上，但是 x、y 有可能是浮点数，此时可以通过最近邻插值、双线性插值等方法估算目标图像 g 中点 (u,v) 的像素值。

图 3-32 为图像卷绕示例。

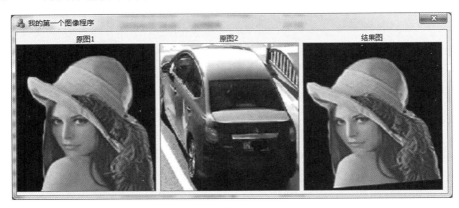

图 3-32　图像卷绕示例

C++ 示例代码 3-23：图像卷绕

```cpp
//点的映射关系 points: u, v, x, y
//其中(u, v)为目标图像的坐标,(x, y)为原图像的坐标
void CFgImage:: ImageWarping (std:: vector < std:: vector < int > > points, int flag) {
    vector<double> uvMat_tmp(points.size() * 2);
    vector<vector<double>>xyMat(points.size() * 2);
    for (int i = 0; i < points.size(); ++i) {
        uvMat_tmp[2 * i] = points[i][0];
        uvMat_tmp[2 * i + 1] = points[i][1];
        xyMat[2 * i].resize(6);
        xyMat[2 * i + 1].resize(6);
        xyMat[2 * i][0] = xyMat[2 * i + 1][3] = points[i][2];
        xyMat[2 * i][1] = xyMat[2 * i + 1][4] = points[i][3];
```

```
        xyMat[2 * i][2] = xyMat[2 * i + 1][5] = 1;
    }
    vector<vector<double>>uvMat(uvMat_tmp.size());
    for (int i = 0; i < uvMat_tmp.size(); ++i){
        uvMat[i].push_back(uvMat_tmp[i]);
    }
    vector<vector<double>>xyMat_T(6);
    for (int i = 0; i < 6; ++i) {
        xyMat_T[i].resize(2 * points.size());
        for (int j = 0; j < 2 * points.size(); ++j) {
            xyMat_T[i][j] = xyMat[j][i];
        }
    }
    vector<vector<double>> inv=Utils::LUP_solve_inverse(Utils::matmul
(xyMat_T, xyMat));
    //获得 abcdef
    vector<vector<double>> res = Utils::matmul(Utils::matmul(inv, xyMat_T),
uvMat);
    vector<vector<double>> M(3);
    for (int i = 0; i < M.size(); ++i)
        M[i].resize(3);
    M[0][0] = res[0][0]; M[0][1] = res[1][0]; M[0][2] = res[2][0];
    M[1][0] = res[3][0]; M[1][1] = res[4][0]; M[1][2] = res[5][0];
    M[2][2] = 1;

    int new_width = 1 * m_width;
    int new_height = 1 * m_height;
    CFgImage out;
    out.m_height = new_height;
    out.m_width = new_width;
    out.m_widthStep = m_widthStep * new_width / m_width;
    out.m_pBmpBuf = new unsigned char[m_widthStep * out.m_height];

    warpAffine(out, M, flag);
    swap(m_pBmpBuf, out.m_pBmpBuf);
}
```

3.4.8　图像变形

图像变形(Image Morphing)的原理十分简单：针对两幅图像 f 和 g，希望通过融合图像 f 和 g 创建一幅新的图像 M。最简单的融合操作是线性融合，即通过以下公式进行图像融合。

$$M(x,y)=(1-\alpha)f(x,y)+\alpha g(x,y) \tag{3-64}$$

　　图像 f 和 g 的融合过程由参数 α 控制，α 为 $0\sim1$。当 $\alpha=0$ 时，新的图像 M 看起来更接近 f；当 $\alpha=1$ 时，新的图像 M 看起来更接近 g。

　　显然，图像变形可以与图像卷绕结合，以得到中间的过渡图像，即 f 为原图像，g 为经过图像卷绕变换得到的目标图像，可将 α 由 0 逐渐变换到 1，以得到不同的过渡图像 M。

　　图 3-33 为图像变形示例。

图 3-33　图像变形示例

C++ 示例代码 3-24：图像变形

```cpp
//图像变形
//cFgImage 为目标图像
void CFgImage::ImageMorphing(CFgImage& cFgImage, int alpha) {
    for (int row = 0; row < m_height; row++){
        for (int col = 0; col < m_width; col++){
            BYTE * p = m_pBmpBuf + row * m_widthStep + col * 3;
            BYTE * pOther = cFgImage.m_pBmpBuf + row * m_widthStep + col * 3;
            * p = (1 - alpha) * (* p) + alpha * (* pOther);
            * (p + 1) = (1 - alpha) * (* (p + 1)) + alpha * (* (pOther + 1));
            * (p + 2) = (1 - alpha) * (* (p + 2)) + alpha * (* (pOther + 2));
        }
    }
}
```

◆ **3.5　练　习　题**

1. 为什么点运算不会改变图像内像素的空间位置关系？
2. 非线性变换中指数变换的作用是什么？
3. 请阐述分段线性变换的大致作用。
4. 图像相加运算能消除图像的加性随机噪声吗？
5. 请阐述图像与运算的应用场景。
6. 图像的几何运算满足交换律吗？
7. 请列举图像的常见插值算法。
8. 图像变形的原理是什么？

第
4
章

直方图与匹配

◇ 4.1 图像直方图概述

简单来说,直方图是对数据进行统计的一种方法,并且将统计值组织到一系列事先定义好的 bin 中。其中,bin 为"直条"或"组距",其数值是从数据中计算出的特征统计量,这些数据可以是诸如梯度方向、色彩或任何其他特征。由于直方图获得的是数据分布的统计图,因此通常直方图的维数要低于原始数据。

图像直方图(Image Histogram)用于表示图像中像素值分布的情况,以图形化方式表示不同像素值在不同强度值上出现的频率。对于灰度图像而言,强度范围为[0,255],灰度直方图表示了图像中每个灰度值的像素数量。灰度直方图中,横坐标的左侧为纯黑、较暗的区域,而右侧为较亮、纯白的区域。因此,一张较暗图像的灰度直方图中的数据多集中于左侧和中间部分,而整体明亮、只有少量阴影的图像则相反。彩色图像则可以独立显示 R、G、B 3 种颜色的图像直方图。此外,图像直方图还包括色调-饱和度直方图等,目前使用最多的是灰度直方图。

通常,图像直方图中的强度值是指像素的灰度值,但也可能是任何其他有效描述图像的特征值。例如,假设有一幅灰度图像,其像素灰度值的范围为[0,255],即图像像素的取值范围包含 256 个值,根据式(4-1)将这个取值范围分割成 16 个子区域(也就是 bin),然后统计落在 b_i 内的像素数目,$i=1,2,\cdots,16$,b_i 所包含的像素的灰度值范围为$[(i-1)\times16,i\times16-1]$,根据统计到的 b_i 取值,可以得到如图 4-1 所示的直方图,其中,X 轴表示 bin(即 b_i),Y 轴表示各个 bin 中的像素个数。

$$\begin{cases} [0,255]=[0,15] \bigcup [16,31] \bigcup \cdots \bigcup [240,255] \\ \text{range}=b_1 \bigcup b_2 \bigcup \cdots \bigcup b_{n=16} \end{cases} \tag{4-1}$$

在直方图中,常用的术语有以下几个。

dim:需要统计的特征数目;在上例中,dim=1,因为仅统计了灰度值(灰度图像)。

bin:每个特征空间子区段的数目,可译为"直条"或"组距";在上例中,bin=16。

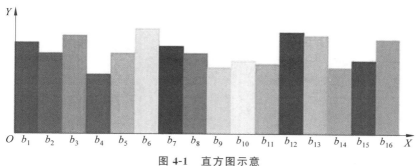

图 4-1　直方图示意

range：每个特征空间的取值范围；在上例中，range＝[0，255]。

直方图广泛应用于计算机视觉各种任务中，一般通过标记帧与帧之间显著的边缘和颜色的统计变化，检测视频中场景的变化。在每个兴趣点设置特征相近的直方图构成"标签"，以确定图像中的兴趣点。边缘、色彩、角度等直方图构成了可以被传递给目标识别分类器的通用特征类型，色彩和边缘的直方图序列还可以用来识别网络视频是否被复制。

◆ 4.2　直方图的计算与绘制

4.2.1　直方图的计算

图像的灰度直方图的计算较为简单，主要原理是：遍历图像的每个像素，统计每个灰度级的像素点的个数。例如，灰度图像 G 如式(4-2)所示，若按每 3 个灰度值为一个灰度级(即 bin 指定的区间为[0,3]、[4,7]、[8,11]、[12,15])，计算该灰度图的直方图为 $H=$ [4,4,4,4]，即对灰度图像 G，灰度值在[0,3]、[4,7]、[8,11]、[12,15]内的像素个数分别为 4、4、4、4。

$$\begin{bmatrix} 0 & 1 & 2 & 3 \\ 4 & 5 & 6 & 7 \\ 8 & 9 & 10 & 11 \\ 12 & 13 & 14 & 15 \end{bmatrix} \tag{4-2}$$

OpenCV 中直方图的计算函数如下。

```
void cv::calcHist ( const Mat * images , int  nimages, const int * channels ,
InputArray mask,
OutputArray hist , int dims, const int * histSize, const float ** ranges, bool
uniform = true, bool accumulate );
```

EmguCV 中直方图的计算函数如下。

```
void CalcHist (IInputArrayOfArrays images , int[] channels , IInputArray mask,
IOutputArray hist , int[] histSize, float[] ranges , bool accumulate );
```

C++ 示例代码 4-1：图像的直方图计算与绘制

```cpp
//C++实现图像的直方图计算
vector<vector<int> > CFgImage::CalHistgram() {
    vector<vector<int>>histogram(256);
    for (int i = 0; i < histogram.size(); ++i)
        histogram[i].resize(3);
    for (int row = 0; row < m_height; row++){
        for (int col = 0; col < m_width; col++){
            //遍历图像的每个像素
            BYTE * p = m_pBmpBuf + row * m_widthStep + col * 3;
            BGR bgr;
            bgr.Blue = * p;
            bgr.Green = * (p + 1);
            bgr.Red = * (p + 2);
            //记录 R、G、B 各个通道的各个像素值的个数
            histogram[bgr.Blue][0]++;
            histogram[bgr.Green][1]++;
            histogram[bgr.Red][2]++;
        }
    }
    return histogram;
}

    //C++中没有提供绘图库,需要调用 win32API、MFC、QT 或 OpenCV 等第三方库绘图
    //这里调用 OpenCV 绘制直方图
void  CFgImage::DrawHistgram(vector<vector<int> >  nums,int temp){
    Mat hist = Mat::zeros(600,800, CV_8UC3);
    int Max=0;
    for (auto i : nums)
        if (Max < i[temp])
            Max = i[temp];

    putText(hist, "Histogram", Point(150, 100), FONT_HERSHEY_DUPLEX,
        1, Scalar(255, 255, 255));
    //*********绘制坐标系************//
    Point o = Point(100, 550);
    Point x = Point(700, 550);
    Point y = Point(100, 150);
    //x 轴
    line(hist, o, x, Scalar(255, 255, 255), 2, 8, 0);
    //y 轴
    line(hist, o, y, Scalar(255, 255, 255), 2, 8, 0);
    //********绘制灰度曲线***********//
```

```
Point pts[256];
//生成坐标点
for (int i = 0; i < 256; i++){
    pts[i].x = i * 2 + 100;
    pts[i].y = 550 - int(nums[i][temp] * (300.0 / Max));//归一化到[0, 300]
    //显示横坐标
    if ((i + 1) % 16 == 0){
        string num = format("%d", i);
        putText(hist, num, Point(pts[i].x, 570), FONT_HERSHEY_SIMPLEX,
            0.5, Scalar(255, 255, 255));
    }
}
for (int i = 1; i < 256; i++)//绘制线
    line(hist, pts[i - 1], pts[i], Scalar(0, 255, 0), 1);

imwrite("./Hist.jpg", hist);
}
```

使用上述代码,每 16 个灰度设置为一个灰度级,即可计算得到图 4-2 中"原图 1"的直方图,如图 4-2 中的"结果图"所示,其中,"原图 2"不参与计算。

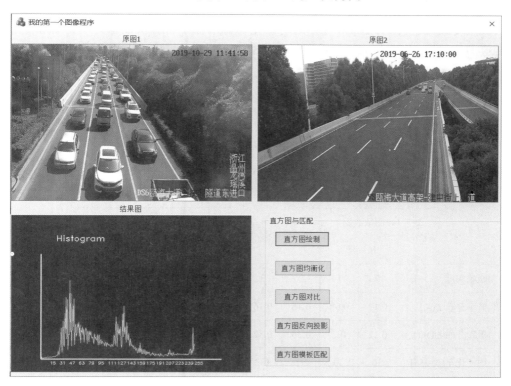

图 4-2　直方图计算与绘制示例

4.2.2　直方图的均衡化

如果图像的灰度分布不均匀,其灰度分布集中在较窄的范围内,那么图像的细节通常会不够清晰,且对比度较低。为了使图像的灰度分布均匀,从而增大反差,使图像细节清晰,以达到增强的目的,通常可以采用直方图均衡化及直方图规定化两种变换。直方图均衡化,即对图像进行非线性拉伸,重新分配图像的灰度值,使一定范围内图像的灰度值大致相等。这样,原始图像的直方图中间的峰值部分对比度得到增强,而两侧的谷底部分对比度降低,使得输出图像的直方图是一个较为平坦的直方图。

图像的直方图均衡化主要是通过一个变换函数,将当前图像变换为范围更宽、灰度分布更均匀的图像。通常均衡化选择的变换函数是灰度的累积概率,其步骤可总结为式(4-3):

$$
\begin{cases}
P(S_k) = \dfrac{n_k}{n} \\
\text{CDF}(S_k) = \displaystyle\sum_{i=0}^{k} \dfrac{n_i}{n} = \sum_{i=0}^{k} P(S_i) \\
D_j = L \cdot \text{CDF}(S_j)
\end{cases}
\tag{4-3}
$$

首先,根据式(4-3)计算原图像的灰度直方图 $P(S_k)$,其中,n 为像素总数,n_k 为灰度级 S_k 的像素个数,对于灰度范围为[0,255]的图像而言,$k=0,1,2,\cdots,255$,且 $S_k=k$;然后,计算原始图像的累积直方图 $\text{CDF}(S_k)$;最后,根据累积直方图计算结果图像的像素灰度值,其中,D_j 是结果图像的像素,$\text{CDF}(S_j)$ 是原图像灰度为 j 的累积分布,L 是图像中的最大灰度级(灰度图为255),直方图均衡化即将图像中所有灰度值为 j 的像素替换为灰度值 D_j,例如,对图 4-3(a)所示图像进行直方图均衡化:根据式(4-3)计算 $P(S_k)$ 与

1	3	9	9	8
2	1	3	7	3
3	6	0	6	4
6	8	2	0	5
2	9	2	6	0

(a) 图像数据

50	132	255	255	224
91	50	132	204	132
132	194	30	194	142
194	224	91	30	153
92	255	91	194	30

(b) 结果图像

原始灰度	0	1	2	3	4	5	6	7	8	9
概率分布 $P(S_k)$	0.12	0.08	0.16	0.16	0.04	0.04	0.016	0.04	0.08	0.12
累积分布 $\text{CDF}(S_k)$	0.12	0.2	0.36	0.52	0.56	0.6	0.76	0.8	0.88	1
均衡化至[0, 255]	30	50	91	132	142	153	194	204	224	255

(c) 直方图均衡过程

图 4-3　直方图均衡化示例

$CDF(S_k)$ 以及均衡化至 $[0,255]$ 后对应的灰度 D_j,其具体过程如图 4-3(c)所示,最终得到图 4-3(b)所示的结果图像。从图 4-3(a)均衡化至图 4-3(b),图像的灰度分布范围从原始的 $[0,9]$ 扩展至 $[0,255]$,效果明显。

OpenCV 中的直方图均衡化函数如下。

```
void cv::equalizeHist(InputArray  src, OutputArray  dst);
```

EmguCV 中的直方图均衡化函数如下。

```
void EqualHist (IInputArray  src, IOutputArray  dst);
```

C++ 示例代码 4-2:图像的直方图均衡化

```
void CFgImage::EquHistogram() {
    vector<vector<int>> histogram = CalHistgram();
    //建立映射
    vector<vector<double>>map(256);
    for (int i = 0; i < map.size(); ++i)
        map[i].resize(3);
    int total = m_height * m_width;
    for (int i = 0; i < histogram.size(); ++i) {
        map[i][0] = (i == 0 ? 0 : map[i - 1][0]) + histogram[i][0] * 255.0 /
total;
        map[i][1] = (i == 0 ? 0 : map[i - 1][1]) + histogram[i][1] * 255.0 /
total;
        map[i][2] = (i == 0 ? 0 : map[i - 1][2]) + histogram[i][2] * 255.0 /
total;
    }
    for (int row = 0; row < m_height; row++){                //均衡化
        for (int col = 0; col < m_width; col++){
            BYTE * p = m_pBmpBuf + row * m_widthStep + col * 3;
            *p = saturate_cast(map[* p][0]);
            * (p+1) = saturate_cast(map[* (p + 1)][1]);
            * (p+2) = saturate_cast(map[* (p + 2)][2]);
        }
    }
}
```

通过上述代码即可得到图 4-4 中的"原图 1"的直方图均衡化后的图像,如其中的"原图 2"所示。均衡化后图像的直方图绘制在图 4-4 的"结果图"中,对比图 4-2 所示原图的直方图,均衡化后图像的对比度更强,灰度分布更均匀。

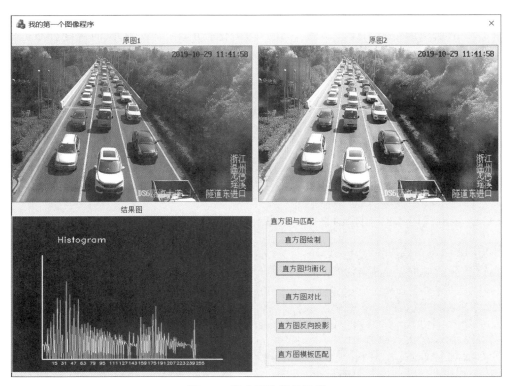

图 4-4　直方图均衡化示例

◆ 4.3　直方图对比

　　图像的直方图反映了该图像像素的分布情况，可以利用图像的直方图，分析两幅图像的关系。对输入的两幅图像进行直方图均衡化及直方图计算步骤后，可以对两幅图像的直方图进行对比。直方图对比一般应用于图像间的相似度比较，如果两幅图像的直方图一样，则它们之间或许有极高的相似度，那么在一定程度上可以认为这两幅图是一样的。要比较两个直方图 H_1 和 H_2，首先必须选择一个衡量直方图相似度的对比标准 $d(H_1,H_2)$。一般通过 4 个常用的对比标准计算相似度，其中，$H(I)$ 表示某图像的直方图的第 I 个灰度级的值，$\overline{H}$ 表示某图像直方图的所有灰度级的平均值。

1. 相关性比较

$$
\begin{cases}
d(H_1,H_2) = \dfrac{\sum\limits_{I}\left[(H_1(I)-\overline{H}_1)(H_2(I)-\overline{H}_2)\right]}{\sqrt{\sum\limits_{I}(H_1(I)-\overline{H}_1)^2 \sum\limits_{I}(H_2(I)-\overline{H}_2)^2}} \\[4mm]
\overline{H}_k = \dfrac{1}{N}\sum\limits_{J}H_k(J)
\end{cases}
\tag{4-4}
$$

其中,N 是直方图中 bin 的数目。如果 $H_1 = H_2$,即两个图的直方图一样,式(4-4)中的 $d(H_1, H_2)$ 值为 1,一般情况下可以认为此时两幅图像基本相似。但是,由于直方图计算的是图像像素点个数的分布情况,并不能描述各个像素点的位置,所以有可能出现两幅图像不一样、但二者像素分布一样的情况,此时两者的直方图也是一样的。式(4-4)中的相关性(Correlation)比较公式来源于统计学中的相关系数,是最早由统计学家卡尔•皮尔逊设计的统计指标,是研究变量之间线性相关程度的量,一般用字母 r 表示,具体如式(4-5)所示。其中,$\mathrm{Cov}(X, Y)$ 为 X 与 Y 的协方差,$\mathrm{Var}[X]$ 为 X 的方差,$\mathrm{Var}[Y]$ 为 Y 的方差。相关系数适合数值与数值之间的关联性分析。两个变量的相关性越强,相关系数越接近 ± 1;两个变量的相关性越弱,相关系数越接近 0。若相关系数的值为正值,则称为正相关;若相关系数的值为负值,则称为负相关;若相关系数的值为 0,则称为不相关。

$$r(X, Y) = \frac{\mathrm{Cov}(X, Y)}{\sqrt{\mathrm{Var}[X]\mathrm{Var}[Y]}} \tag{4-5}$$

2. 卡方比较

$$d(H_1, H_2) = \sum_I \frac{(H_1(I) - H_2(I))^2}{H_1(I) + H_2(I)} \tag{4-6}$$

通过式(4-6)可以看出卡方(Chi-Square)比较和相关性比较恰恰相反,相关性比较的 $d(H_1, H_2)$ 值为 0 时相似度最低,该值越趋近 1,相似度越高;而卡方比较则是 $d(H_1, H_2)$ 值为 0 时 $H_1 = H_2$,表示相似度最高,$d(H_1, H_2)$ 值越高,相似度越低。

卡方比较来源于卡方检验,卡方检验就是统计样本的实际观测值与理论推断值之间的偏离程度,该偏离程度决定卡方值的大小,卡方值越大,越不符合;卡方值越小,偏差越小,越趋于符合;若两个值完全相等,卡方值就为 0,表明理论值完全符合。卡方检验的公式如下,其中 f_i 是观测频率,np_i 是期望频率,χ^2 是卡方值。

$$\chi^2 = \sum_{i=1}^{k} \frac{(f_i - np_i)^2}{np_i} \tag{4-7}$$

3. 十字交叉性

$$d(H_1, H_2) = \sum_I \min(H_1(I), H_2(I)) \tag{4-8}$$

十字交叉性(Intersection)方法较为简单,只是对比并求出 $H_1(I)$ 与 $H_2(I)$ 的最小值,最后求和。

4. 巴氏距离

$$d(H_1, H_2) = \sqrt{1 - \frac{1}{\sqrt{\overline{H_1}\,\overline{H_2}N^2}} \sum_I \sqrt{H_1(I)H_2(I)}} \tag{4-9}$$

在直方图相似度计算时,巴氏距离(Bhattacharyya Distance)的效果最好,但其计算最复杂。巴氏距离方法中,$d(H_1, H_2)$ 的值为 0 表示图像完全匹配,为 1 则表示图像完全不匹配。下面以相关性比较方法为例,计算图 4-5(a)、(b)和(c)三者的相似度。图 4-5(d)

中给出了图4-5(a)、(b)和(c)三者按式(4-5)计算的相关结果,三者的 bin 的数目皆为10,图4-5(a)与图4-5(b)只相差一个像素,两者相似度高,接近1;而图4-5(a)与图4-5(c)相差较多,相似度低于0.5。

1	3	9
2	1	3
3	6	0

(a) 图像1

1	3	9
2	1	0
3	6	0

(b) 图像2

8	0	0
3	5	9
9	0	6

(c) 图像3

图像	$H(J)$										$\overline{H}=\dfrac{1}{N}\sum_{J}H(J)$	与(a)的相似度
	0	1	2	3	4	5	6	7	8	9		
(a)	1	2	1	2	0	0	1	0	0			
(b)	2	2	1	1	0	0	1	0	0	1	0.9	0.96
(c)	3	0	0	1	0	1	1	0	1	2	0.9	0.34

(d) 直方图对比计算结果

图 4-5 直方图对比示例

OpenCV 中的直方图对比函数如下。

```
void cv::compareHist(InputArray  src, OutputArray  dst , int method);
```

EmguCV 中的直方图对比函数如下。

```
void CompareHist (IInputArray  src, IOutputArray  dst , HistogramCompMethod);
```

C++ 示例代码 4-3:图像的直方图对比

```
//考虑到直方图对比结果,可以先将直方图归一化至[0,1]区间
std::vector<std::vector<double> > NormalizeHist(std::vector< std::vector<
int> > &H, double X){
    vector<vector<double> > re(H.size(), vector<double>(H[0].size(), 0));
    int min_H[3] = { 0,0,0 }, max_H[3] = {0,0,0};
    for (auto i : H){
```

```
        //计算各个通道的最小值
        if (i[0] < min_H[0]) min_H[0] = i[0];
        if (i[1] < min_H[1]) min_H[1] = i[1];
        if (i[2] < min_H[2]) min_H[2] = i[2];
        //计算各个通道的最大值
        if (i[0] > max_H[0]) max_H[0] = i[0];
        if (i[1] > max_H[1]) max_H[1] = i[1];
        if (i[2] > max_H[2]) max_H[2] = i[2];
    }
    if (max_H[0] - min_H[0] == 0)    return re; //除数为 0,直接退出
    for (int j=0;j<H.size();j++){
        re[j][0] =X * (double)(H[j][0] - min_H[0]) / (max_H[0] - min_H[0]);
        re[j][1] = X * (double)(H[j][1] - min_H[1]) / (max_H[1] - min_H[1]);
        re[j][2] =X * (double)(H[j][2] - min_H[2]) / (max_H[2] - min_H[2]);
    }
    return  re;
}
//直方图对比:方法一:(相关性比较)
double CFgImage::CompareHistogram1(std::vector< std::vector< int> > H1_int,
std::vector < std::vector <int> > H2_int,int bin=15){
    //考虑到直观的对比,设置 2<=bin<=256,默认为 15,
    //即每 15 个灰度为一个特征空间的子区段
    if (bin<2||bin>255) return -1;               //bin 异常
    if (255 %bin != 0) return -1;                //无法整除
    std::vector<std::vector<double> > H1=NormalizeHist(H1_int);
    std::vector<std::vector<double> > H2=NormalizeHist(H2_int);
    double re = 0;
    vector<double> bins_H1(255 / bin, 0);     vector<double> bins_H2(255 / bin, 0);
    double mean_H1 = 0, mean_H2=0;
    for (int i = 0; i < 255; i++){                //按 bin 的个数划分特征空间
        bins_H1[i / 15] += H1[i][2];
        bins_H2[i / 15] += H2[i][2];
    }
    for (int j = 0; j < bins_H1.size(); j++){ //计算各自的平均灰度
        mean_H1 += bins_H1[j]/ bins_H1.size();
        mean_H2 += bins_H2[j] / bins_H2.size();
    }
    double cov = 0; double var_H1 = 0, var_H2=0;
    for (int j = 0; j < bins_H1.size(); j++){
        cov += (bins_H1[j] - mean_H1) * (bins_H2[j] - mean_H2);
        var_H1 += (bins_H1[j] - mean_H1) * (bins_H1[j] - mean_H1);
        var_H2 += (bins_H2[j] - mean_H2) * (bins_H2[j] - mean_H2);
    }
```

```
        re = sqrt(var_H1 * var_H2);
        if (re == 0) return -1;  else  return  cov / re;
}
//直方图对比:方法二:(卡方比较)
double CFgImage::CompareHistogram2(std::vector< std::vector< int> > H1_int,
std::vector < std::vector< int > > H2_int, int bin = 15){
//设置 2<=bin<=256,默认为 15,即每 15 个灰度为一个特征空间的子区段
        if (bin < 2 || bin>255) return -1;           //bin 异常
        if (255 % bin != 0) return -1;               //无法整除
        std::vector<std::vector<double> > H1 = NormalizeHist(H1_int);
        std::vector<std::vector<double> > H2 = NormalizeHist(H2_int);
        double re = 0;
        vector<double> bins_H1(255 / bin, 0);   vector<double> bins_H2(255 / bin, 0);
        for (int i = 0; i < 255; i++) {                    //按 bin 的个数划分特征空间
            bins_H1[i / 15] += H1[i][2];
            bins_H2[i / 15] += H2[i][2];
        }
        for (int j = 0; j < bins_H1.size(); j++) { //计算各自的平均灰度
            if ((bins_H1[j] + bins_H2[j]) == 0)
                continue;
            else
                re += (bins_H1[j]- bins_H2[j]) * (bins_H1[j]- bins_H2[j]) / (bins_H1
[j]+ bins_H2[j]);
        }
        return re;
}
//直方图对比:方法三:(十字交叉性)
double CFgImage::CompareHistogram3(std::vector< std::vector< int> > H1_int,
std::vector< std::vector< int > > H2_int, int bin = 15){
        //设置 2<=bin<=256,默认为 15,即每 15 个灰度为一个特征空间的子区段
        if (bin < 2 || bin>255) return -1;           //bin 异常
        if (255 % bin != 0) return -1;               //无法整除
        double re = 0;
        std::vector<std::vector<double> > H1 = NormalizeHist(H1_int);
        std::vector<std::vector<double> > H2 = NormalizeHist(H2_int);
        vector<double> bins_H1(255 / bin, 0);
        vector<double> bins_H2(255 / bin, 0);
        for (int i = 0; i < 255; i++) {                    //按 bin 的个数划分特征空间
            bins_H1[i / 15] += H1[i][2];
            bins_H2[i / 15] += H2[i][2];
        }
        for (int j = 0; j < bins_H1.size(); j++)   //计算各自的平均灰度
            re += (bins_H1[j]<bins_H2[j]?bins_H1[j]:bins_H2[j]);
        return re;
}
```

```cpp
//直方图对比:方法四:(巴氏距离)
double CFgImage::CompareHistogram4(std::vector< std::vector< int> > H1_int,
std::vector< std::vector<int> > H2_int, int bin = 15){
    //设置2<=bin<=256,默认为15,即每15个灰度为一个特征空间的子区段
    if (bin < 2 || bin>255) return -1;              //bin 异常
    if (255 % bin != 0) return -1;                  //无法整除
    double re = 0;
    std::vector<std::vector<double> > H1 = NormalizeHist(H1_int);
    std::vector<std::vector<double> > H2 = NormalizeHist(H2_int);
    vector<double> bins_H1(255 / bin, 0);
    vector<double> bins_H2(255 / bin, 0);
    double mean_H1 = 0, mean_H2 = 0;
    for (int i = 0; i < 255; i++) {                 //按 bin 的个数划分特征空间
        bins_H1[i / 15] += H1[i][2];
        bins_H2[i / 15] += H2[i][2];
    }
    for (int j = 0; j < bins_H1.size(); j++) { //计算各自的平均灰度
        mean_H1 += bins_H1[j] / bins_H1.size();
        mean_H2 += bins_H2[j] / bins_H2.size();
    }
    for (int j = 0; j < bins_H1.size(); j++)
        re += sqrt(bins_H1[j] * bins_H2[j]);

    re = re / sqrt(mean_H1 * mean_H2 * (255 / bin) * (255 / bin));
    re = sqrt(abs(1 - re) );
    return  re;
}
```

当将图 4-6(a)所示基准图像的直方图与其自身进行对比时会产生完美的匹配,当与来源于如图 4-6(b)所示同样背景下裁剪的图像对比时会有较高的相似度,而与如图 4-6(c)所示的其他场景图像进行对比时匹配度较低。使用上述代码中的相似度比较方法对图 4-6 所示图像进行对比,可得到如图 4-7 所示的结果。图 4-7 中,"原图 1"为基准图像,"原图 2"为基准图像的裁剪图,两者匹配的结果为 0.959099。

(a) 基准图像　　　　　(b) 同背景下裁剪的图像　　　　　(c) 其他场景中的图像

图 4-6　直方图对比示例

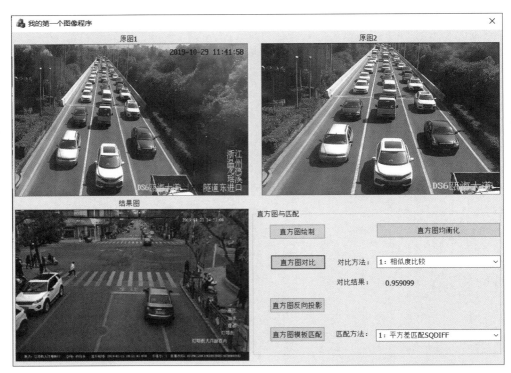

图 4-7　直方图对比程序示例

　　表 4-1 给出了直方图对比示例计算结果,其中,对于 Correlation 和 Intersection 标准,值越大,相似度越大。因此可以看到,对于采用这两个方法的对比,基准-基准的对比结果值是最大的,基准-裁剪图的匹配则是第二好(与预测一致)。而另外两种对比标准,则是结果越小,相似度越大。可以看出,基准图像直方图与其他场景图像直方图的匹配是最差的。

表 4-1　直方图对比示例计算结果

对 比 标 准	基准-基准	基准-裁剪图	基准-其他场景
Correlation	1.000000	0.959099	0.120447
Chi-square	0.000000	4.940466	49.273437
Intersection	24.391548	14.959809	5.775088
Bhattacharyya	0.000000	0.222609	0.801869

◇ 4.4　反　向　投　影

　　反向投影是一种记录给定图像中的像素点如何适应直方图模型像素分布的方式,简单而言,反向投影就是首先计算某一特征的直方图,然后使用该直方图寻找图像中存在的特征。反向投影的结果图中某一像素位置的值就是原图对应位置的像素值在原图像中的总数目。反向投影的原理类似测量地震的设备,很多时候,测震源有两个及两个以上设备,设备对地震源做反向投影,就会找到地震的中心,如图 4-8 所示。

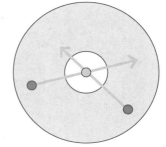

例如,假设图像数据如图 4-9(a)所示,若灰度值范围为 0~255 按每 128 个灰度为一个灰度级(即 bin 指定的区间为 [0,127] 和 [128,255]),可得图 4-9(a)的直方图为 [7,2],则其反向投影如图 4-9(b)所示。图 4-9(a)位置(0,0)上的灰度值为 1,直方图中对应灰度级 [0,127] 的值为 7,所以反向投影在该位置上的值为 7。

图 4-8　反向投影原理示意图

从图 4-9 可以看出,原图像灰度值范围 0~255 中最多 256 个灰度值被置为灰度直方图区间的数目。反向投影中某点的值为其对应的原图像中的点所在灰度区间的直方图值,可以看出,直方图中某个区间的值越大,在反向投影结果中该位置的值也就越大,如果将结果统一到 [0,255] 区间内并作为图像显示,那么视觉上该位置就会越亮。

1	3	255
2	1	3
3	255	0

(a) 图像数据

7	7	2
7	7	7
7	2	7

(b) 反向投影

图 4-9　反向投影示例

OpenCV 中的直方图反向投影函数如下。

```
void cv::calcBackProject( const Mat *  images,  int  nimages,  const int *  channels,
    InputArray  hist,  OutputArray  backProject,  const float **  ranges,
    double  scale = 1,  bool  uniform = true)
```

EmguCV 中的直方图反向投影函数如下。

```
void cvCalcBackProjectPatch( IplImage** image,  CvArr * dst, CvSize patch_size,
    CvHistogram* hist,  int method,  float factor );
```

图像的反向投影利用了其原始图像整体(或用户感兴趣的区域)的直方图,将目标图像像素点的值设置为原始图像整体(或用户感兴趣的区域)直方图上对应的 bin 值。该值的大小代表了图像中该像素值出现的概率大小。如图 4-10 和图 4-11 所示,通过 C++ 示例代码 4-4 中的反向投影算法得到的概率图可以得知图像中目标可能出现的位置。

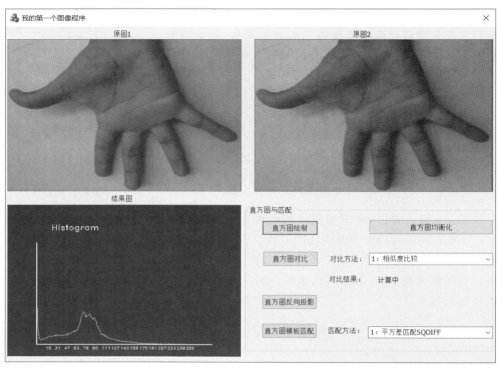

图 4-10　对原图计算直方图

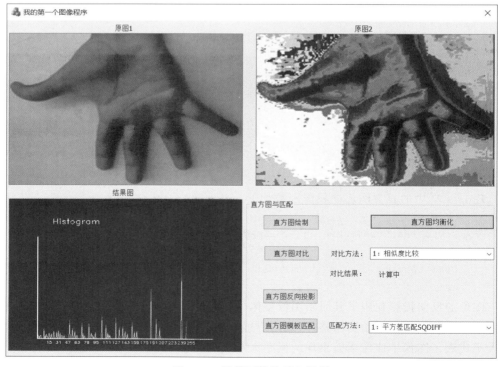

图 4-11　计算图像的反向投影

C++ 示例代码 4-4：图像的直方图反向投影

```
//直方图反向投影
void CFgImage::BackProject(std::vector<std::vector<int>> H1, int bin){
    if (bin < 2 ‖ bin>255)   return ;        //bin 异常
    if (255 % bin != 0)   return ;           //无法整除

    vector<vector<int> >bins_H1(255 / bin, vector<int>(3,0));
    double mean_H1 = 0, mean_H2 = 0;
    //按 bin 的个数划分特征空间
    for (int i = 0; i < 255; i++) {
        bins_H1[i / bin][0] += H1[i][0];
        bins_H1[i / bin][1] += H1[i][1];
        bins_H1[i / bin][2] += H1[i][2];
    }
    //直方图归一化到[0,255]
    std::vector<std::vector<double> > H2 = NormalizeHist(bins_H1, 255);
    for (int row = 0; row < m_height; row++){
        for (int col = 0; col < m_width; col++){
            BYTE * p = m_pBmpBuf + row * m_widthStep + col * 3;
            BGR bgr;
            bgr.Blue = * p;
            bgr.Green = * (p + 1);
            bgr.Red = * (p + 2);
            int gray = 0.299 * H2[bgr.Blue/bin][0] +0.587 * H2[bgr.Green/bin][1] +
                    0.114 * H2[bgr.Red/bin][2];
            * p = gray;
            * (p + 1) = gray;
            * (p + 2) = gray;
        }
    }
}
```

◆ 4.5　模 板 匹 配

　　模板匹配是一种在一幅图像中寻找与另一幅模板图像最匹配（相似）部分的技术。如图 4-12 所示，通过模板匹配在原图像中搜寻到了模板所示车辆的位置。一般地，模板匹配包含原图像 I 和模板 T，模板匹配的目标是在 I 中找到最匹配 T 的区域。

　　如图 4-13 所示，最简单的确定匹配区域的方法是滑动模板图像和原图像进行比较。通过一次移动一个或多个像素位置（从左到右和从上往下），并在原图像 I 每个像素位置 (x,y) 对模板 T 的每个像素点 (x',y') 与原图像 I 的像素点 $(x+x',y+y')$ 进行匹配。匹配过程中可以将原图像 I 每个像素位置 (x,y) 匹配的数值结果记录到图像矩阵 $\boldsymbol{R}$ 中。

原图像(I)   模板   匹配结果
（T）

图 4-12   模板匹配示例

图 4-13   模板匹配滑动比较

常用的模板匹配算法有以下几种。这些方法中，$R(x,y)$ 表示原图像 I 的 (x,y) 位置的匹配值，$I(x+x',y+y')$、$T(x',y')$ 分别表示原图像 I 在 $(x+x',y+y')$ 和模板 T 在 (x',y') 的像素值。

1. 平方差匹配

$$R(x,y)=\sum_{x',y'}\left(T(x',y')-I(x+x',y+y')\right)^2 \tag{4-10}$$

2. 标准平方差匹配

$$R(x,y)=\frac{\sum\limits_{x',y'}\left(T(x',y')-I(x+x',y+y')\right)^2}{\sqrt{\sum\limits_{x',y'}T(x',y')^2\sum\limits_{x',y'}I(x+x',y+y')^2}} \tag{4-11}$$

以上两种方法主要利用平方差进行匹配，匹配值为 0，表示最相似，匹配值越大，越不相似。

3. 相关匹配

$$R(x,y) = \sum_{x',y'} \left[T(x',y') I(x+x',y+y') \right] \tag{4-12}$$

4. 标准相关匹配

$$R(x,y) = \frac{\sum\limits_{x',y'} \left[T(x',y') I'(x+x',y+y') \right]}{\sqrt{\sum\limits_{x',y'} T(x',y')^2 \sum\limits_{x',y'} I(x+x',y+y')^2}} \tag{4-13}$$

以上两种方法主要采用了模板和图像间的乘法操作,所以匹配程度较高时匹配值较大,若匹配值为 0,则表示最坏的匹配结果。

5. 相关系数匹配

$$R(x,y) = \sum_{x',y'} \left[T'(x',y') I(x+x',y+y') \right] \tag{4-14}$$

6. 归一化相关系数匹配

$$R(x,y) = \frac{\sum\limits_{x',y'} \left[T'(x',y') I'(x+x',y+y') \right]}{\sqrt{\sum\limits_{x',y'} T'(x',y')^2 \sum\limits_{x',y'} I'(x+x',y+y')^2}} \tag{4-15}$$

方法 4、5、6 中的 $T'(x',y')$ 与 $I'(x+x',y+y')$ 的具体定义如式(4-16)所示,其中,w 和 h 分别表示模板 T 的宽和高。可以看出,方法 5 和 6 主要将模板 T 对其像素均值的差值与原图像 I 对其像素均值的差值进行匹配,若匹配值为 1,则表示完美匹配;若匹配值为 -1,则表示匹配较差;若匹配值为 0,则表示两者没有任何相关性。

$$\begin{cases} T'(x',y') = T(x',y') - \dfrac{1}{wh} \sum\limits_{x'',y''} T(x'',y'') \\ I'(x+x',y+y') = I(x+x',y+y') - \dfrac{1}{wh} \sum\limits_{x'',y''} I(x+x'',y+y'') \end{cases} \tag{4-16}$$

从简单的测量(平方差)到更复杂的测量(相关系数),可以获得越来越准确的匹配(同时也意味着越来越大的计算开销)。在实际使用中,需要选用这些方法通过实验为自己的应用选择同时兼顾速度和精度的最佳方案。下面以平方差匹配为例,以图 4-14(a)为原图像 I,图 4-14(b)为模板 T,计算得到图 4-14(c)为模板匹配矩阵 $\boldsymbol{R}$。

1	3	9
2	1	3
3	6	0

(a) 原图像 I

1	3
6	0

(b) 模板 T

17	74	/
50	**0**	/
/	/	/

(c) 模板匹配矩阵 $\boldsymbol{R}$

图 4-14　模板匹配示例

其中，$R(0,0)$ 和 $R(0,1)$ 位置的详细计算过程如式(4-17)所示。

$$
\begin{cases}
R(0,0)=\left[T(0,0)-I(0,0)\right]^2+\left[T(0,1)-I(0,1)\right]^2+ \\
\qquad \left[T(1,0)-I(1,0)\right]^2+\left[T(1,1)-I(1,1)\right]^2 \\
\qquad =(1-1)^2+(3-3)^2+(2-6)^2+(1-0)^2=17 \\
R(0,1)=\left[T(0,1)-I(0,1)\right]^2+\left[T(0,2)-I(0,2)\right]^2+ \\
\qquad \left[T(1,1)-I(1,0)\right]^2+\left[T(1,2)-I(1,1)\right]^2 \\
\qquad =(3-1)^2+(9-3)^2+(1-6)^2+(3-0)^2=74
\end{cases}
\tag{4-17}
$$

其他位置的计算类似。通过平方差匹配的计算可以得到图 4-14(c)为模板匹配矩阵 **R**，可以看出图 4-14(c)中匹配值为 0 的位置是模板 T 与原图像 I 最为匹配的位置。

如图 4-15 中的"结果图"所示，通过使用下述代码中的标准平方差匹配方法对"原图 1"和"原图 2"进行模板匹配，得到模板匹配结果图 **R** 中匹配值最接近 0 的位置，即视觉上最白的位置为最高的匹配，图中以矩形框框出了该区域。

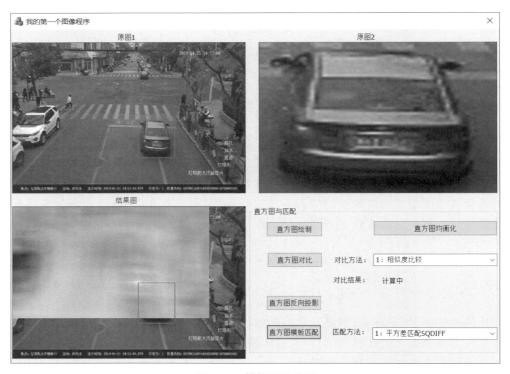

图 4-15　模板匹配结果

OpenCV 中的模板匹配函数如下。

```
void cv::calcBackProject( const Mat *  images, int  nimages, const int *
  channels,
    InputArray  hist,  OutputArray  backProject,  const float **  ranges,
    double  scale = 1,  bool  uniform = true)
```

EmguCV 中的模板匹配函数如下。

```
void cvCalcBackProjectPatch( IplImage** image,  CvArr * dst, CvSize patch_size,
    CvHistogram * hist,  int method,  float factor );
```

C++ 示例代码 4-5：图像的模板匹配

```
//以 start 为左上角坐标开始绘制简单的水平或竖直线段
void CFgImage::drawline(BYTE * start,int length,bool linetype,BGR bgr ){
    //linetype=true 时为水平线段,否则为竖直线段
    if (linetype){                          //水平直线
        for (int i = 0; i < length; i++){
            * (start + i * 3) = bgr.Blue;
            * (start +1+ i * 3) = bgr.Green;
            * (start +2+ i * 3) = bgr.Red;
        }
    }
    else{//竖直直线
        for (int i = 0; i < length; i++){
            * (start + i * m_widthStep) = bgr.Blue;
            * (start + 1 + i * m_widthStep) = bgr.Green;
            * (start + 2 + i * m_widthStep) = bgr.Red;
        }
    }
}


//以下为方法 a、b、c、d 的实现代码
//模板匹配方法 1:平方差匹配
double TM1(BYTE * a, BYTE * b){
    return (*a - *b) * (*a - *b);
}


//模板匹配方法 3:相关匹配
double TM3(BYTE * a, BYTE * b){
    return *a * *b;
}
//根据 funType 使用不同的匹配算法进行匹配,T 为模板图像,Im 为当前需要匹配的图像
void CFgImage::TemplateMtach(CFgImage &T, CFgImage& Im,int funType){
    int bgrmin = INT_MAX;
    //实现记录 Im 图像各个像素点的匹配结果,最后归一化到【0,255】显示
    vector<vector<double>> im(Im.m_height, vector<double>(Im.m_width, 0));
    int bgrmax = 0;
    long sum_T = 0;
    long sum_Im = 0;
```

```
    for (int row = 0; row < Im.m_height- T.m_height; row++){
        for (int col = 0; col < Im.m_width-T.m_width; col++){
            //以 Im 的每个像素点作为左上角开始模板匹配
            //BYTE * p = Im.m_pBmpBuf + row  * Im.m_widthStep + col  * 3;

            int Blue = 0;
            int Green =0;
            int Red = 0;
            int mean = 0;
            for(int row_T=0;row_T<T.m_height;row_T++)
                for (int col_T = 0; col_T < T.m_width; col_T++){
                    BYTE * I = Im.m_pBmpBuf + (row + row_T) * Im.m_widthStep +
                            (col + col_T) * 3;
                    BYTE * pOther = T.m_pBmpBuf + row_T * T.m_widthStep + col_T * 3;
                    if (funType == 1){
                        Blue += TM1(I , pOther);
                        Green += TM1(I+1, pOther+1);
                        Red += TM1(I+2, pOther+2);
                    }
                    else if (funType == 2){
                        Blue += TM1(I, pOther);
                        Green += TM1(I + 1, pOther + 1);
                        Red += TM1(I + 2, pOther + 2);
                        sum_T += * I * * I;
                        sum_Im += * pOther * * pOther;
                    }
                    else if (funType == 3){
                        Blue += TM3(I, pOther);
                        Green += TM3(I + 1, pOther + 1);
                        Red += TM3(I + 2, pOther + 2);
                    }
                    else if (funType == 4){
                        Blue += TM3(I, pOther);
                        Green += TM3(I + 1, pOther + 1);
                        Red += TM3(I + 2, pOther + 2);
                    }
                    else if (funType == 5){
                        Blue += TM1(I, pOther);
                        Green += TM1(I + 1, pOther + 1);
                        Red += TM1(I + 2, pOther + 2);
                    }
                    else if (funType == 6){
                        Blue += TM1(I, pOther);
```

```
                        Green += TM1(I + 1, pOther + 1);
                        Red += TM1(I + 2, pOther + 2);
                    }
                }
            if (funType == 2 ‖ funType == 4){
                Blue /= sqrt(sum_T * sum_Im);
                Green /= sqrt(sum_T * sum_Im);
                Red /= sqrt(sum_T * sum_Im);
            }
            mean = (Blue + Green + Red) / 3;
            if (mean < bgrmin)  bgrmin = mean;
            if (mean > bgrmax)  bgrmax = mean;
            im[row][col] = mean;
        }
}
//归一化到【0,255】
BYTE * maxGray = m_pBmpBuf ;            //记录最大灰度位置
int left_row = 0;
int left_col = 0;
int max = 0;
for (int row = 0; row < Im.m_height - T.m_height; row++){
    for (int col = 0; col < Im.m_width-T.m_width ; col++){
        BYTE * p = m_pBmpBuf + row * m_widthStep + col * 3;
                                //像素点的左上角位置
        if(row< m_height- T.m_height ‖ col< m_width - T.m_width){
            //以 Im 的每个像素点作为左上角开始模板匹配
            * p = 255-255 * (im[row][col] - bgrmin) / (bgrmax - bgrmin);
            * (p + 1) = 255-255 * (im[row][col] - bgrmin) / (bgrmax - bgrmin);
            * (p + 2) =255- 255 * (im[row][col] - bgrmin) / (bgrmax - bgrmin);
            if ( * p > max){
                max = * p;
                maxGray = p;
                left_row = row;
                left_col = col;
            }
        }
    }
}
BGR bgr;
bgr.Blue = 0;
bgr.Green = 0;
bgr.Red = 255;
```

```
//在原图和灰度图上框出匹配结果
drawline(maxGray, T.m_width, true, bgr);
drawline(maxGray, T.m_height, false, bgr);
drawline(maxGray+ T.m_height * m_widthStep, T.m_width, true, bgr);
drawline(maxGray+ T.m_width * 3, T.m_height, false, bgr);

maxGray=Im.m_pBmpBuf + left_row * Im.m_widthStep + left_col * 3;
Im.drawline(maxGray, T.m_width, true, bgr);
Im.drawline(maxGray, T.m_height, false, bgr);
Im.drawline(maxGray + T.m_height * m_widthStep, T.m_width, true, bgr);
Im.drawline(maxGray + T.m_width * 3, T.m_height, false, bgr);
}
```

◈ 4.6 练 习 题

1. 什么是灰度直方图？它有哪些应用？
2. 从灰度直方图能获得图像的哪些信息？
3. 图像增强的目的是什么？它包含哪些内容？
4. 直方图修正有哪两种方法？它们二者有何区别与联系？
5. 直方图规定化处理的技术难点是什么？如何解决？
6. 灰度直方图的特性是什么？
7. 直方图均衡化和直方图规格化的区别是什么？
8. 使用 OpenCV 编写代码，实现图像的直方图均衡化。
9. 使用 OpenCV 编写代码，实现图像的直方图对比。
10. 使用 OpenCV 编写代码，实现图像的直方图反向投影。
11. 使用 OpenCV 编写代码，实现图像的直方图模板匹配。
12. 直方图近年来与什么技术相融合？具体有什么运用？

第5章

空间域滤波器

◆ 5.1　滤波器的概念

在数字图像处理中,某些邻域处理工作是操作邻域的图像像素值以及相应的与邻域有相同维数的子图像的值,这些子图像称为滤波器(Filter)、掩模(Mask)、核(Kernal)、模板(Template)或窗口(Window),其中前三者普遍使用,有时候又称为卷积核(Convolution Kernel)。

◆ 5.2　平滑空间滤波器

平滑空间滤波器用于模糊处理和降低噪声。模糊处理经常用于图像的预处理任务,例如,在大目标提取之前去除图像中的一些琐碎细节、连接直线或曲线的缝隙,通过线性滤波器和非线性滤波器的模糊处理可以降低噪声。平滑滤波器又叫低通滤波器,它能减弱或消除傅里叶空间的高频分量,但不影响低频分量。

在图像中,高频分量是指像素的灰度值变化很快的部分,即图像从某个区域到另一个区域,其明暗程度起伏较大。也就是说,从"暗"到"亮"或从"亮"到"暗"过渡得非常快,而且交替进行,它往往对应图像中的某个区域的边缘等灰度值具有较大、较快变化的部分;而低频分量则相反,是指灰度值起伏较小的区域。滤波器将高频分量滤去,可使图像平滑,即降低图像的明暗起伏程度。平滑空间滤波器包括线性滤波器和非线性滤波器,其中,线性滤波器包括均值滤波器和高斯滤波器,非线性滤波器包括中值滤波器、最大值滤波器以及最小值滤波器。

5.2.1　均值滤波器

均值滤波器可以归为平滑滤波器,它是一种线性的空间滤波器,其输出为邻域模板内的像素的简单平均值,主要用于图像的模糊和降噪。均值滤波器的概念非常直观,使用滤波器窗口内的像素的平均灰度值代替图像中的像素值,这样的结果就是降低图像中的"尖锐"变化,这就造成在均值滤波器可以降低噪声的同时,也会模糊图像的边缘。均值滤波器的处理结果是过滤掉图像中的

"不相关"细节,其中,"不相关"细节指的是与滤波器模板大小相比其尺寸较小的像素区域。均值滤波本身存在着固有的缺陷,即它不能很好地保护图像细节,在图像去噪的同时也破坏了图像的细节部分,从而使图像变得模糊,不能很好地去除噪声点。均值滤波对高斯噪声表现较好,对椒盐噪声表现较差。

图 5-1 显示了常用的 3×3 均值滤波器,其计算公式如式(5-1)所示,该滤波器产生掩模下标准的像素平均值 R,z_i 表示与滤波器对应的 3×3 子图中的第 i 个像素值。

$$R = \frac{1}{9}\sum_{i=1}^{9} z_i \qquad (5\text{-}1)$$

$\frac{1}{9} \times$

1	1	1
1	1	1
1	1	1

图 5-1　3×3 均值滤波器

一幅 $M\times N$ 的图像经过一个 $m\times n$(m 和 n 是奇数)加权均值滤波器滤波的过程可由式(5-2)给出。

$$g(x,y) = \frac{\sum_{s\in[-a,a]}\sum_{t\in[-b,b]}[w(s,t)f(x+s,y+t)]}{\sum_{s\in[-a,a]}\sum_{t\in[-b,b]}w(s,t)}$$

$$(5\text{-}2)$$

其中,$x=0,1,\cdots,M-1$,$y=0,1,\cdots,N-1$,$a=(m-1)/2$,$b=(n-1)/2$,$w(s,t)$ 对应 $m\times n$ 加权均值滤波器中第 s 行第 t 列的元素的权重值,又称为模板系数;$f(x+s,y+t)$ 表示图像 f 中第 $x+s$ 行第 $y+t$ 列的像素的灰度值;$g(x,y)$ 表示滤波后得到的新图像 g 的第 x 行第 y 列的像素的灰度值。在图 5-1 的滤波器示例中,其元素的权重值 $w(s,t)$ 均为 1,且 $a=1$,$b=1$。

例如,大小为 5×5 像素的图像 $f(x,y)$,其像素值如式(5-3)所示,在进行滤波之前对其边缘像素进行扩充,扩充后得到的像素值如式(5-4)所示。利用图 5-1 所示的 3×3 的均值滤波器对其滤波后的结果如式(5-5)所示,滤波后得到的 $g(x,y)$ 的第一个像素值 $g(0,0)$ 的计算步骤如式(5-6)所示。然后,滤波器以 1(1 个像素)为步长向右移动,再计算得到 $g(0,1)$,如式(5-6)所示,以此类推,从左到右、从上到下移动,每次移动 1 个像素,则计算一次,得到最终的滤波结果。

$$f(x,y) = \begin{pmatrix} 1 & 2 & 3 & 4 & 5 \\ 16 & 17 & 18 & 19 & 6 \\ 15 & 24 & 25 & 20 & 7 \\ 14 & 23 & 22 & 21 & 8 \\ 13 & 12 & 11 & 10 & 9 \end{pmatrix} \qquad (5\text{-}3)$$

$$f'(x,y) = \begin{pmatrix} 0 & 0 & 0 & 0 & 0 & 0 & 0 \\ 0 & 1 & 2 & 3 & 4 & 5 & 0 \\ 0 & 16 & 17 & 18 & 19 & 6 & 0 \\ 0 & 15 & 24 & 25 & 20 & 7 & 0 \\ 0 & 14 & 23 & 22 & 21 & 8 & 0 \\ 0 & 13 & 12 & 11 & 10 & 9 & 0 \\ 0 & 0 & 0 & 0 & 0 & 0 & 0 \end{pmatrix} \qquad (5\text{-}4)$$

$$g(x,y)=\begin{pmatrix} 4 & 6 & 7 & 6 & 4 \\ 8 & 13 & 14 & 12 & 8 \\ 12 & 19 & 21 & 16 & 9 \\ 11 & 18 & 19 & 15 & 8 \\ 7 & 10 & 11 & 9 & 5 \end{pmatrix} \tag{5-5}$$

$$\begin{cases} g(0,0)=(1\times0+1\times0+1\times0+1\times0+1\times1+1\times2+ \\ \qquad\quad 1\times0+1\times16+1\times17)\div9=4 \\ g(0,1)=(1\times0+1\times0+1\times0+1\times1+1\times2+1\times3+ \\ \qquad\quad 1\times16+1\times17+1\times18)\div9\approx6 \end{cases} \tag{5-6}$$

图 5-2 给出了尺寸为 3×3 的滤波器对同一图像的处理效果,可见处理后的效果图 5-2(b)较原图 5-2(a)变得模糊,而且均值滤波器的尺寸越大,其模糊程度越高。

(a) 原图　　　　　　　　　　　(b) 效果图

图 5-2　3×3 均值滤波器的处理效果

均值滤波的一个重要应用是为了对感兴趣的物体得到一个粗略的描述,模糊一幅图像。这样,那些较小物体的灰度与背景融合在一起,较大物体会变得像"斑点"而易于检测。以 3×3 的均值滤波器为例,在对图像进行滤波之前,可以选择是否对图像边缘进行扩充。边缘扩充即利用边界最邻近像素进行填充(外边界填充 0 也可以),以 $M\times N$ 图像为例,进行边缘扩充之后图像的大小为 $(M+2)\times(N+2)$,在滤波完成后,其大小又变为 $M\times N$。如果不进行边缘扩充,则滤波完成后,边缘像素信息并未发生改变(如均值滤波代码第 5 行和第 6 行所示,行和列的起始位置均为 1,结束位置均为倒数第二个位置,因此,图像最外围一圈的像素并未发生改变,而且影响很小,我们几乎感觉不到)。后面章节介绍的其他滤波器对图像进行滤波处理时同样适用。

$C++$ 示例代码 5-1:均值滤波

```
void averageFilter ( BYTE * pSrcBuffer, int width, int height, BYTE *
pDstBuffer){
    int widthStep = (width * 24 / 8 + 3) / 4 * 4;
```

```
int w[] = { 1, 1, 1, 1, 1, 1, 1, 1, 1 }; //均值滤波器
BYTE * p[9];
for (int row = 1; row < height-1; row++){
    for (int col = 1; col < width-1; col++){
        //首先确定模板中心像素的位置
        p[4] = pSrcBuffer + row * (width * 3) + col * 3;
        p[3] = p[4] - 3;
        p[5] = p[4] + 3;
        p[1] = p[4] - width * 3;
        p[0] = p[1] - 3;
        p[2] = p[1] + 3;
        p[7] = p[4] + width * 3;
        p[6] = p[7] - 3;
        p[8] = p[7] + 3;
        BYTE * pDst = pDstBuffer + row * (width * 3) + col * 3;
        int sum[3] = {0,0,0};
        for (int k = 0; k < 9; k++){
            sum[0] += (int)(* p[k]) * w[k];
            sum[1] += (int)(* (p[k] + 1)) * w[k];
            sum[2] += (int)(* (p[k] + 2)) * w[k];
        }
        * pDst = (BYTE)(sum[0] / 9);
        * (pDst + 1) = (BYTE)(sum[1] / 9);
        * (pDst + 2) = (BYTE)(sum[2] / 9);
    }
}
}
```

5.2.2　高斯滤波器

高斯滤波器是一种线性的空间滤波器，能够有效地抑制噪声，平滑图像。其作用原理和均值滤波器类似，都是取滤波器窗口内的像素的均值作为输出。与均值滤波器不同之处在于，均值滤波器的模板系数都相同且为 1，而高斯滤波器的模板系数则随着离模板中心的距离增大而减小。所以，高斯滤波器较均值滤波器对图像的模糊程度小。

图 5-3 所示是常用的两种高斯模板，图 5-3(a)是 3×3 高斯模板，图 5-3(b)是 5×5 高斯模板。

那么，上述高斯模板中的参数是怎么得到的呢？它们是通过高斯函数计算出来的，所以，高斯模板又称为高斯滤波器。二维的高斯函数如式(5-7)所示，σ 表示标准差。

$$h(x, y) = \frac{1}{2\pi\sigma^2} e^{-\frac{x^2+y^2}{2\sigma^2}} \tag{5-7}$$

若要产生一个 3×3 的高斯模板，则需要以模板的中心位置为坐标原点进行取样。模板在各个位置的坐标(x 轴水平向右，y 轴竖直向上)，如图 5-4 所示。对于大小为 $(2k+1) \times$

$\frac{1}{16}\times$

1	2	1
2	4	2
1	2	1

(a) 3×3高斯模板

$\frac{1}{273}\times$

1	4	7	4	1
4	16	26	16	4
7	26	41	26	7
4	16	26	16	4
1	4	7	4	1

(b) 5×5高斯模板

图 5-3　常用的两种高斯模板

(−1,1)	(0,1)	(1,1)
(−1,0)	(0,0)	(1,0)
(−1,−1)	(0,−1)	(1,−1)

图 5-4　3×3 的高斯滤波器模板各个位置的坐标

$(2k+1)$的窗口模板,模板中各个元素值的计算公式如式(5-8)所示。在得到模板中各个元素的值后,一幅图像经高斯滤波器处理的过程,和前面提到的采用加权均值滤波器进行滤波的过程一样。

$$w_{ij}=\frac{1}{2\pi\sigma^2}\mathrm{e}^{-\frac{(i-k)^2+(j-k)^2}{2\sigma^2}} \tag{5-8}$$

其中,w_{ij} 对应高斯滤波器的模板系数。对图 5-4 的示例而言,若模板大小$(2k+1)\times(2k+1)=3\times3$,则 $k=1$,w_{ij} 对应图 5-4 中$(i-k,j-k)$位置的系数,若 $i=0,1,2$,而 $j=0,1,2$,则 w_{00}、w_{01} 和 w_{02} 分别对应图 5-4 中$(-1,-1)$、$(-1,0)$和$(-1,1)$位置处的模板系数,其余的以此类推。

下面是图 5-3(a)所示 3×3 高斯滤波器模板系数的计算示例,其中 $\sigma=0.8$。

$$w_{00}=\frac{1}{2\pi\times0.8^2}\mathrm{e}^{-\frac{(0-1)^2+(0-1)^2}{2\times0.8^2}}=0.0521261$$

$$w_{01}=\frac{1}{2\pi\times0.8^2}\mathrm{e}^{-\frac{(0-1)^2+(1-1)^2}{2\times0.8^2}}=0.1138538$$

$$w_{11}=\frac{1}{2\pi\times0.8^2}\mathrm{e}^{-\frac{(1-1)^2+(1-1)^2}{2\times0.8^2}}=0.2486796$$

经过上述计算,可得到如图 5-5(a)所示原始的 3×3 高斯滤波器模板,然后将所有元素除以 w_{00},则可以得到图 5-5(b)所示的高斯滤波器模板,考虑最终的高斯滤波器模板 9

个值加起来要求为 1(这是高斯模板的特性),而图 5-5(b)中元素取整(直接去除小数部分)的总和为 16,因此,将图 5-5(b)的元素分别除以 16,即最终的 3×3 高斯滤波器模板($\sigma=0.8$ 时),如图 5-3(a)所示。

$$\begin{bmatrix} 0.0521 & 0.1139 & 0.0521 \\ 0.1139 & 0.2487 & 0.1139 \\ 0.0521 & 0.1139 & 0.0521 \end{bmatrix} \qquad \begin{bmatrix} 1 & 2.1862 & 1 \\ 2.1862 & 4.7735 & 2.1862 \\ 1 & 2.1862 & 1 \end{bmatrix}$$

(a) 原始的3×3高斯滤波器模板,$\sigma=0.8$ (b) 所有元素除以w_{00}后的模板

图 5-5　高斯滤波器模板计算结果

图 5-6(a)经 3×3 的高斯滤波器处理后的效果如图 5-6(b)所示。

(a) 原图   (b) 效果图

图 5-6　高斯滤波器处理结果图

高斯滤波器模板的生成过程中,最重要的参数是高斯分布的标准差 σ。标准差代表着数据的离散程度,如果 σ 较小,那么生成的模板的中心系数较大,而周围的系数较小,这样对图像的平滑效果就不够明显;反之,σ 较大,则生成的模板的各个系数相差就不是很大,比较类似于均值模板,对图像的平滑效果比较明显。如图 5-7 所示,标准差 σ 取不同值时,图像具有不同的平滑效果。

$\sigma=1$ $\sigma=2$

$\sigma=3$ $\sigma=4$

图 5-7　标准差 σ 取不同值时的图像平滑效果

C++ 示例代码 5-2：高斯滤波

```cpp
void gaussianFilter (unsigned char * pSrcBuffer, int width, int height,
unsigned char* pDstBuffer){
    int widthStep = (width * 24 / 8 + 3) / 4 * 4;
    int w[] = { 1, 2, 1, 2, 4, 2, 1, 2, 1 };        //高斯滤波器
    BYTE * p[9];
    for (int row = 1; row < height - 1; row++){
        for (int col = 1; col < width - 1; col++){
            //首先确定模板中心像素的位置
            p[4] = pSrcBuffer + row * (width * 3) + col * 3;
            p[3] = p[4] - 3;
            p[5] = p[4] + 3;
            p[1] = p[4] - width * 3;
            p[0] = p[1] - 3;
            p[2] = p[1] + 3;
            p[7] = p[4] + width * 3;
            p[6] = p[7] - 3;
            p[8] = p[7] + 3;

            BYTE * pDst = pDstBuffer + row * (width * 3) + col * 3;
            int sum[3] = { 0, 0, 0 };
            for (int k = 0; k < 9; k++){
                sum[0] += (int)(* p[k]) * w[k];
                sum[1] += (int)(* (p[k] + 1)) * w[k];
                sum[2] += (int)(* (p[k] + 2)) * w[k];
            }
            * pDst = (BYTE)(sum[0] / 9);
            * (pDst + 1) = (BYTE)(sum[1] / 9);
            * (pDst + 2) = (BYTE)(sum[2] / 9);
        }
    }
}
```

5.2.3　统计排序滤波器

统计排序滤波器是一种非线性空间滤波器,它的响应基于图像滤波器包围的图像区域中像素的排序,然后由统计排序结果决定的值代替中心像素的值,主要包括中值、最大值、最小值 3 种滤波器。

1. 中值滤波器

中值滤波器是最著名的统计排序滤波器,它将每个像素的灰度值设置为该点某邻域窗口内的所有像素点灰度值的中值。所谓中值,是指按照某种方法排序后的一组数据中处于

中间位置的数。中值滤波器的使用非常广泛,因为对于一定类型的随机噪声,它提供了一种优秀的去噪能力,比小尺寸的线性平滑滤波器的模糊程度明显要低,它对处理脉冲噪声(也称为椒盐噪声)非常有效,同时也可以保护图像尖锐的边缘,但对高斯噪声的处理效果较差。

对于一个 3×3 的邻域,其中值是第 5 个值,而在一个 5×5 的邻域中,中值就是第 13 个值。例如,在一个 3×3 的邻域内有一系列像素值(10,20,20,20,15,20,20,25,100),对这些值排序后为(10,15,20,20,20,20,20,25,100),那么其中值就是 20。这样,中值滤波器的主要功能是使拥有不同灰度的点看起来更接近它的临近值。

按照上述流程,以 5.2.1 节中的图像 $f(x,y)$ 为例,其经中值滤波器处理后(经像素扩充)的像素值如式(5-9)所示。

$$f(x,y)=\begin{pmatrix} 0 & 2 & 3 & 4 & 0 \\ 2 & 16 & 18 & 7 & 5 \\ 15 & 18 & 21 & 19 & 7 \\ 14 & 15 & 21 & 11 & 8 \\ 0 & 12 & 11 & 9 & 0 \end{pmatrix} \tag{5-9}$$

中值滤波器对椒盐噪声的处理如图 5-8 所示,其与均值滤波的处理效果对比如图 5-9 所示,图 5-9(b)为中值滤波的处理结果,图 5-9(c)为均值滤波的处理结果。可以看出,中值滤波对椒盐噪声的处理有很好的效果。

(a) 原图　　　　　　　　　　　　　(b) 效果图

图 5-8　中值滤波器对椒盐噪声的处理效果

2. 最大值滤波器

中值滤波器是目前为止图像处理中最常用的一种统计排序滤波器,根据基本统计学可知,排序也适用于其他不同的情况,例如,可以取第 100% 个值,还可以取第 0% 个值。当取第 100% 个值时,即最大值滤波器(也叫作膨胀),与中值滤波器类似,它将每一像素点的灰度值设置为该点某邻域窗口内的所有像素点灰度值的最大值,这种滤波器在搜寻一幅图中的最亮点时非常有用。例如,一个 3×3 的邻域内有一系列像素值(10,20,20,20,15,20,20,25,100),对这些值排序后为(10,15,20,20,20,20,20,25,100),那么其最大

(a) 原图

(b) 中值滤波

(c) 均值滤波

图 5-9　中值滤波和均值滤波对椒盐噪声的处理效果对比

值就是 100。

3. 最小值滤波器

同理,当取第 0% 个值时,即最小值滤波器(也叫作腐蚀),它将每一像素点的灰度值设置为该点某邻域窗口内的所有像素点灰度值的最小值,与最大值滤波器的目的相反,该滤波器用于发现图像中的最暗点。例如,一个 3×3 的邻域内有一系列像素值(10,20,20,20,15,20,20,25,100),对这些值排序后为(10,15,20,20,20,20,20,25,100),那么其最小值就是 10。

最大值滤波和最小值滤波的处理效果分别如图 5-10(b)和图 5-10(c)所示,从图中可以很直观地看到,最大值滤波器用于搜寻一幅图中的最亮点,而最小值滤波器在搜寻一幅图中的最暗点时非常有用。

(a) 原图

(b) 最大值滤波

(c) 最小值滤波

图 5-10　最大值滤波和最小值滤波效果对比

C++ 示例代码 5-3：中值滤波

```
void medianFilter ( BYTE * pSrcBuffer, int width, int height, BYTE *
pDstBuffer){
    //中值滤波
    int widthStep = (width * 24 / 8 + 3) / 4 * 4;
    BYTE * p[9];
    int p1[9], p2[9], p3[9];
    for (int row = 1; row < height - 1; row++){
        for (int col = 1; col < width - 1; col++){
            //首先确定模板中心像素的位置
            p[4] = pSrcBuffer + row * (width * 3) + col * 3;
            p[3] = p[4] - 3;
            p[5] = p[4] + 3;
            p[1] = p[4] - width * 3;
            p[0] = p[1] - 3;
            p[2] = p[1] + 3;
            p[7] = p[4] + width * 3;
            p[6] = p[7] - 3;
            p[8] = p[7] + 3;
            BYTE * pDst = pDstBuffer + row * (width * 3) + col * 3;
            for (int k = 0; k < 9; k++){
                p1[k] = (int)(* p[k]);
                p2[k] = (int)(* (p[k] + 1));
                p3[k] = (int)(* (p[k] + 2));
            }
            sort(p1, p1+9);
            sort(p2, p2 + 9);
            sort(p3, p3 + 9);
            * pDst = (BYTE)p1[4];
            * (pDst + 1) = (BYTE)p2[4];
            * (pDst + 2) = (BYTE)p3[4];
        }
    }
}
```

C++ 示例代码 5-4：最大值滤波

```
void maximumFilter(unsigned char * pSrcBuffer, int width, int height, unsigned
char * pDstBuffer)
{    //最大值滤波
    int widthStep = (width * 24 / 8 + 3) / 4 * 4;
    BYTE * p[9];
    int p1[9], p2[9], p3[9];
```

```
for (int row = 1; row < height - 1; row++){
    for (int col = 1; col < width - 1; col++){
        //首先确定模板中心像素的位置
        p[4] = pSrcBuffer + row * (width * 3) + col * 3;
        p[3] = p[4] - 3;
        p[5] = p[4] + 3;
        p[1] = p[4] - width * 3;
        p[0] = p[1] - 3;
        p[2] = p[1] + 3;
        p[7] = p[4] + width * 3;
        p[6] = p[7] - 3;
        p[8] = p[7] + 3;
        BYTE * pDst = pDstBuffer + row * (width * 3) + col * 3;
        for (int k = 0; k < 9; k++){
            p1[k] = (int)(* p[k]);
            p2[k] = (int)(* (p[k] + 1));
            p3[k] = (int)(* (p[k] + 2));
        }
        sort(p1, p1 + 9);
        sort(p2, p2 + 9);
        sort(p3, p3 + 9);
        * pDst = (BYTE)p1[8];
        * (pDst + 1) = (BYTE)p2[8];
        * (pDst + 2) = (BYTE)p3[8];
    }
  }
}
```

C++ 示例代码 5-5：最小值滤波

```
void minimumFilter(unsigned char * pSrcBuffer, int width, int height, unsigned
char * pDstBuffer)
{   //最小值滤波
    int widthStep = (width * 24 / 8 + 3) / 4 * 4;
    BYTE * p[9];
    int p1[9], p2[9], p3[9];
    for (int row = 1; row < height - 1; row++){
        for (int col = 1; col < width - 1; col++){
            //首先确定模板中心像素的位置
            p[4] = pSrcBuffer + row * (width * 3) + col * 3;
            p[3] = p[4] - 3;
            p[5] = p[4] + 3;
            p[1] = p[4] - width * 3;
```

```
        p[0] = p[1] - 3;
        p[2] = p[1] + 3;
        p[7] = p[4] + width * 3;
        p[6] = p[7] - 3;
        p[8] = p[7] + 3;
        BYTE * pDst = pDstBuffer + row * (width * 3) + col * 3;
        for (int k = 0; k < 9; k++){
            p1[k] = (int)(*p[k]);
            p2[k] = (int)(*(p[k] + 1));
            p3[k] = (int)(*(p[k] + 2));
        }
        sort(p1, p1 + 9);
        sort(p2, p2 + 9);
        sort(p3, p3 + 9);
        *pDst = (BYTE)p1[0];
        *(pDst + 1) = (BYTE)p2[0];
        *(pDst + 2) = (BYTE)p3[0];
    }
  }
}
```

◇ 5.3　锐化空间滤波器

前面介绍的几种滤波器都属于平滑滤波器(低通滤波器),是用来平滑图像和抑制噪声的;而锐化空间滤波器(高通滤波器)恰恰相反,主要用来增强图像的突变信息、图像的细节和边缘信息。平滑滤波器主要使用邻域的均值(或者中值)代替模板中心的像素,削弱和邻域间的差别,以达到平滑图像和抑制噪声的目的;相反,锐化滤波器则使用邻域的微分作为算子,增大邻域间像素的差值,使图像的突变部分变得更加明显,即将图像的低频部分减弱或去除,保留图像的高频部分,也就是图像的边缘信息。

锐化滤波器的用途主要包括以下几个。

(1) 突出图像中的细节,增强被模糊了的细节。

(2) 强调印刷中的细微层次,弥补扫描对图像的钝化。

(3) 超声探测成像,分辨率低,边缘模糊,通过锐化来改善。

(4) 图像识别中,分割前的边缘提取。

(5) 恢复过度钝化、曝光不足的图像等。

5.3.1　微分滤波器原理

这两节主要讨论基于一阶和二阶微分的细节锐化滤波器。为了简单说明,主要讨论一阶微分的性质。图像领域最感兴趣的微分性质是恒定灰度区域(平坦段,即这段区域的明暗程度、色彩等基本一致,变化较小)、突变的开头与结尾(阶梯和斜坡突变,即明或暗、色彩等交替处的界限分明)及沿着灰度级斜坡处的特性。这些类型的突变可以用来对图像中的噪声点、细线与边缘进行模型化。

数学函数的微分可以有不同的术语定义,然而,对一阶微分的任何定义都必须保证以下条件得到满足。

(1) 在平坦段(灰度不变的区域)微分值为零。

(2) 在灰度阶梯或斜坡的起始点处微分值非零。

(3) 沿着斜坡面微分值非零。

对任何二阶微分的定义也应该满足如下条件。

(1) 在平坦段微分值必为零。

(2) 在灰度阶梯或斜坡的起始点处微分值非零。

(3) 沿着斜坡面微分值非零。

由于图像处理的是数字量,其极值是有限的,因此,最大灰度级的变化也是有限的,变化发生的最短距离是在两个像素之间。对于一元离散函数 $f(x)$(离散的意思是指,自变量 x 的值是非连续的,因变量 f 的值也是非连续的。或者,如果变量或函数的值都可以逐个列举出来,则为离散变量或函数;如果变量或函数的取值无法逐个列举出来,则为连续变量或函数。或者,只要是能够用我们日常使用的量词(如次数、个数、块数等)度量的取值都是离散型变量;只要无法用这些量词度量,且取值可以取到小数点 2 位,3 位,甚至无限多位的时候,那么这个变量就是连续型变量)。一阶微分的定义是如式(5-10)所示的差值。

$$\frac{\partial f}{\partial x} = f(x+1) - f(x) \tag{5-10}$$

为了与对二元图像函数 $f(x,y)$ 求微分时的表达一致,仍使用偏导数符号。对二元函数,我们将沿着两个空间轴处理偏微分。

类似地,用差分定义二元离散函数的二阶微分,如式(5-11)所示。

$$\frac{\partial^2 f}{\partial x^2} = f(x+1,y) + f(x-1,y) - 2f(x,y) \tag{5-11}$$

很容易证明,这两个定义满足前面所说的一阶、二阶微分的条件。

5.3.2　拉普拉斯算子

本节将介绍二元函数的二阶微分在图像增强处理中的应用。在图像处理时,我们最关注的是一种各向同性滤波器,这种滤波器的响应与滤波器作用的图像的突变方向无关。也就是说,各向同性滤波器是旋转不变的,即将原始图像旋转后进行滤波处理给出的结果与先对图像滤波,然后再旋转的结果相同。

拉普拉斯算子是一种二阶微分滤波器,是最简单的各向同性微分算子。对图像进行拉普拉斯运算是偏导数运算的线性组合,且具有旋转不变性,是各向同性的线性运算。

一个连续的二元函数 $f(x,y)$,其拉普拉斯运算定义为

$$\nabla^2 f = \frac{\partial^2 f}{\partial x^2} + \frac{\partial^2 f}{\partial y^2} \tag{5-12}$$

其中,∇^2称为拉普拉斯算子。

对数字图像而言,图像$f(x,y)$的一阶偏导为

$$\frac{\partial f(x,y)}{\partial x} = \Delta_x f(x,y) = f(x,y) - f(x-1,y) \tag{5-13}$$

$$\frac{\partial f(x,y)}{\partial y} = \Delta_y f(x,y) = f(x,y) - f(x,y-1) \tag{5-14}$$

其二阶偏导为

$$\frac{\partial^2 f}{\partial x^2} = f(x+1,y) + f(x-1,y) - 2f(x,y) \tag{5-15}$$

$$\frac{\partial^2 f}{\partial y^2} = f(x,y+1) + f(x,y-1) - 2f(x,y) \tag{5-16}$$

根据式(5-12)可得

$$\nabla^2 f = f(x+1,y) + f(x-1,y) + f(x,y+1) + f(x,y-1) - 4f(x,y) \tag{5-17}$$

图 5-11 给出了 4 种不同的拉普拉斯算子,其中,式(5-17)可以用图 5-11(a)所示的滤波器实现,它给出了以 90°旋转的各向同性的结果。此外,对角线方向也可以加入离散拉普拉斯变换的定义中,只需要在式(5-17)中填入两项,即两个对角线方向各加 1 个添加项,该添加项的形式与式(5-15)或式(5-16)类似,只是其坐标轴的方向沿着对角线方向,即 45°对角线的添加项为 $f(x+1,y+1) + f(x-1,y-1) - 2f(x,y)$,$-45°$对角线的添加项为 $f(x-1,y+1) + f(x+1,y-1) - 2f(x,y)$,将这两个添加项加到式(5-17)中,即可得到如图 5-11(b)所示的新的掩模。

下面以图 5-11(a)为例说明为什么该滤波器可以实现拉普拉斯滤波的效果。对于图像 $f(x,y)$中的某一像素点(x,y),其 8 邻域的像素点如图 5-12 所示。

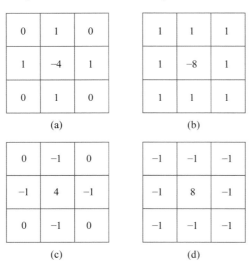

0	1	0
1	-4	1
0	1	0

(a)

1	1	1
1	-8	1
1	1	1

(b)

0	-1	0
-1	4	-1
0	-1	0

(c)

-1	-1	-1
-1	8	-1
-1	-1	-1

(d)

图 5-11　4 种不同的拉普拉斯算子

$(x-1,y+1)$	$(x,y+1)$	$(x+1,y+1)$
$(x-1,y)$	(x,y)	$(x+1,y)$
$(x-1,y-1)$	$(x,y-1)$	$(x+1,y-1)$

图 5-12　图像 $f(x,y)$中点(x,y)
处的 8 邻域像素点示意

该 8 邻域像素值与图 5-11(a)的滤波器进行卷积操作(即矩阵 A 中的每个元素与矩阵 B 中对应位置的元素相乘,然后求和),得到在点(x,y)处的卷积结果 $r(x,y)$。

$$r(x,y) = f(x-1,y+1)\times0 + f(x,y+1)\times1 + f(x+1,y+1)\times0 +$$
$$f(x-1,y)\times1 - f(x,y)\times4 + f(x+1,y)\times1 +$$
$$f(x-1,y-1)\times0 + f(x,y-1)\times1 + f(x+1,y-1)\times0$$
$$= f(x+1,y) + f(x-1,y) + f(x,y+1) + f(x,y-1) - 4f(x,y)$$

所得 $r(x,y)$ 与式(5-17)刚好相等,因此可以利用图 5-11(a)作为拉普拉斯滤波器。

由于拉普拉斯是一种微分算子,因此它的应用强调图像中灰度的突变及灰度变化区域的缩小。这将产生一幅把图像中的浅灰色边线和突变点叠加到暗背景中的图像。将原始图像和拉普拉斯图像叠加在一起可以保护拉普拉斯锐化处理的效果,同时又能复原背景信息。此外,如果所使用的拉普拉斯算子具有负的中心系数(见图 5-11(a)和图 5-11(b)),就必须将原始图像减去拉普拉斯变换后的图像(而不是加上它),从而得到锐化的结果。所以,使用拉普拉斯变换对图像增强的基本方法可表示为式(5-18),其中,$g(x,y)$表示结果图像 g 的任意位置(x,y)的灰度值。

$$g(x,y) = \begin{cases} f(x,y) - \nabla^2 f(x,y) & \text{拉普拉斯掩模中心系数为负} \\ f(x,y) + \nabla^2 f(x,y) & \text{拉普拉斯掩模中心系数为正} \end{cases} \quad (5\text{-}18)$$

拉普拉斯滤波器处理效果如图 5-13 所示,从图中可以看出拉普拉斯滤波器对原图进行了锐化操作。

(a) 原图　　　　　　　　　　　　　　　(b) 拉普拉斯滤波

图 5-13　拉普拉斯滤波器处理效果

C ++ 示例代码 5-6：拉普拉斯算子

```cpp
void laplacianFilter (unsigned char * pSrcBuffer, int width, int height,
unsigned char * pDstBuffer){
    int widthStep = (width * 24 / 8 + 3) / 4 * 4;
    //int w[] = { 1, 1, 1, 1, -8, 1, 1, 1, 0 };
    int w[] = { 0, 1, 0, 1, -4, 1, 0, 1, 0 };
    BYTE * p[9];
    for (int row = 1; row < height - 1; row++){
        for (int col = 1; col < width - 1; col++){
```

```
//首先确定模板中心像素的位置
p[4] = pSrcBuffer + row * (width * 3) + col * 3;
p[3] = p[4] - 3;
p[5] = p[4] + 3;
p[1] = p[4] - width * 3;
p[0] = p[1] - 3;
p[2] = p[1] + 3;
p[7] = p[4] + width * 3;
p[6] = p[7] - 3;
p[8] = p[7] + 3;
BYTE * pDst = pDstBuffer + row * (width * 3) + col * 3;
int sum[3] = { 0, 0, 0 };
for (int k = 0; k < 9; k++){
    sum[0] += (int)(*p[k]) * w[k];
    sum[1] += (int)(*(p[k] + 1)) * w[k];
    sum[2] += (int)(*(p[k] + 2)) * w[k];
}
for (int i = 0; i < 3; i++)
{
    if (sum[i] < 0) sum[i] = 0;
    if (sum[i]>255) sum[i] = 255;
}
* pDst = (BYTE)sum[0];
* (pDst + 1) = (BYTE)sum[1];
* (pDst + 2) = (BYTE)sum[2];
    }
  }
}
```

5.3.3　梯度算子

　　梯度算子是一种一阶微分滤波器，包括 Roberts、Prewitt 和 Sobel 3 种。在图像处理中，一阶微分是通过梯度法实现的。对于函数 $f(x,y)$，在其坐标(x,y)上的梯度通过如式(5-19)所示的二维向量定义。

$$\nabla f = \begin{bmatrix} G_x \\ G_y \end{bmatrix} = \begin{bmatrix} \dfrac{\partial f}{\partial x} \\ \dfrac{\partial f}{\partial y} \end{bmatrix} \tag{5-19}$$

这个向量的模值(又称幅值)由式(5-20)给出。

$$\nabla f = \mathrm{mag}(\nabla f) = \sqrt{\left(\dfrac{\partial f}{\partial x}\right)^2 + \left(\dfrac{\partial f}{\partial y}\right)^2} \tag{5-20}$$

　　尽管梯度向量的分量本身是线性算子，但由于用到平方和开方运算，因此其模值是非线性的。此外，式(5-19)中的偏导数并非旋转不变的(各向同性)，但梯度向量的模值却是各向同性的,通常将梯度向量的模值称为梯度。为保持惯例,在后续章节中将使用这一术语,只有当二者引起混淆时,才明确区分向量和它的模值。

当对整幅图像进行式(5-20)的计算运算量很大时,则在实际操作中常用绝对值代替平方和平方根运算,近似求梯度的模值。

$$\nabla f \approx |G_x| + |G_y| \tag{5-21}$$

式(5-21)的计算较为简单且能保持灰度的相对变化,但会失去各向同性的特性。

与拉普拉斯类似,现在对上述公式定义数字近似方法,并由此得出合适的滤波掩模。为便于讨论,使用图 5-14 中的图像及滤波掩模说明,其中,图 5-14(a)中的符号表示 3×3 区域的图像像素,z_i 是灰度值,图 5-14(b)、(c)、(d)和(e)是用来计算标记为 z_5 的像素点的梯度的掩模。正如所期望的微分算子那样,所有掩模的系数之和为 0。例如,若中心点 z_5 表示 $f(x,y)$,那么 z_1 就代表 $f(x-1,y-1)$,z_9 代表 $f(x+1,y+1)$,以此类推。正如 5.3.1 节提到的,满足该节规定条件的一阶微分最简单的近似处理就是 $G_x = z_8 - z_5$ 和 $G_y = z_6 - z_5$。1965 年,Robert 提出了如式(5-22)所示的交叉差分法。

$$\begin{cases} G_x = z_9 - z_5 \\ G_y = z_8 - z_6 \end{cases} \tag{5-22}$$

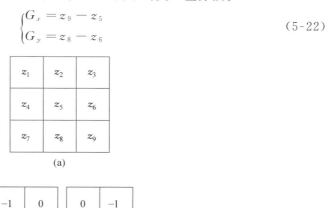

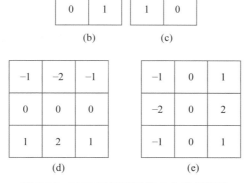

图 5-14 3×3 区域图像及 4 个梯度掩模

如果选用式(5-20),就可以按如下方法计算梯度。

$$\nabla f = \sqrt{(z_9 - z_5)^2 + (z_8 - z_6)^2} \tag{5-23}$$

如果使用绝对值,并将式(5-22)代入式(5-21),则可得梯度的近似算法:

$$\nabla f \approx |\, z_9 - z_5 \,| + |\, z_8 - z_6 \,| \tag{5-24}$$

式(5-24)可以通过图5-14(b)、(c)所示的两个掩模得以实现，这些掩模称为Roberts交叉梯度算子。

数字图像处理中，偶数尺寸的掩模并没有奇数尺寸的掩模好用。3×3的滤波器掩模是最小奇数尺寸掩模。下面仍以像素点z_5为例，使用绝对值并使用3×3掩模的z_5的近似结果为

$$\nabla f \approx |\, (z_7 + 2z_8 + z_9) - (z_1 + 2z_2 + z_3) \,| +$$
$$|\, (z_3 + 2z_6 + z_9) - (z_1 + 2z_4 + z_7) \,| \tag{5-25}$$

在3×3像素的图像区域中，第3行与第1行的差接近x方向上的微分，同样，第1列与第1列的差接近y方向上的微分。图5-14(d)、(e)所示的掩模称为Sobel算子，该算子使用权重$2/-2$的出发点是，通过突出中心点的作用而达到平滑的目的。我们注意到，图5-14中所示的所有处理掩模中的系数总和为0，这表明灰度恒定区域的响应为0，正如微分算子的期望那样。

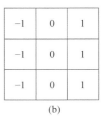

图 5-15　Prewitt 算子

此外，Prewitt算子如图5-15所示，其在中心点z_5的梯度表示如下。

$$\nabla f \approx |\, (z_7 + z_8 + z_9) - (z_1 + z_2 + z_3) \,| + |\, (z_3 + z_6 + z_9) - (z_1 + z_4 + z_7) \,| \tag{5-26}$$

如图5-16所示，图5-16(b)、(c)、(d)分别为经Roberts、Prewitt和Sobel处理后的结果图。可以看出，3个算子均增强了图像的突变信息，图像的细节和边缘信息也有所增强。

(a) 原图

(b) Roberts

(c) Prewitt

(d) Sobel

图 5-16　Roberts、Prewitt 和 Sobel 算子的处理结果

与拉普拉斯变换具有的各向同性特性不同之处在于，上述梯度算子的各向同性性质只是对有限数量的旋转增量而言，它们的各向同性通常只对 90°的倍数才能保持。

C++ 示例代码 5-7：Roberts 算子

```cpp
void robertsFilter(unsigned char * pSrcBuffer, int width, int height, unsigned
char * pDstBuffer){
    int widthStep = (width * 24 / 8 + 3) / 4 * 4;
    int w1[] = { -1, 0, 0, 1};          //Roberts 两个掩模
    int w2[] = { 0, -1, 1, 0};
    BYTE * p[4];
    for (int row = 0; row < height - 1; row++){
        for (int col = 0; col < width - 1; col++){
            //首先确定模板中心像素的位置
            p[0] = pSrcBuffer + row * (width * 3) + col * 3;
            p[1] = p[0] + 3;
            p[2] = p[0]+width * 3;
            p[3] = p[1] + width * 3;
            BYTE * pDst = pDstBuffer + row * (width * 3) + col * 3;
            int sum[3] = { 0, 0, 0 };
            int sum1[3] = { 0, 0, 0 };
            int sum2[3] = { 0, 0, 0 };
            for (int k = 0; k < 4; k++){
                sum1[0] += (int)(* p[k]) * w1[k];
                sum1[1] += (int)(* (p[k] + 1)) * w1[k];
                sum1[2] += (int)(* (p[k] + 2)) * w1[k];
                sum2[0] += (int)(* p[k]) * w2[k];
                sum2[1] += (int)(* (p[k] + 1)) * w2[k];
                sum2[2] += (int)(* (p[k] + 2)) * w2[k];
            }
            for (int i = 0; i < 3; i++){
                sum[i] = sum1[i] + sum2[i];
                if (sum[i] < 0) sum[i] = 0;
                if (sum[i]>255) sum[i] = 255;
            }
            * pDst = (BYTE)sum[0];
            * (pDst + 1) = (BYTE)sum[1];
            * (pDst + 2) = (BYTE)sum[2];
        }
    }
}
```

C++ 示例代码 5-8：Prewitt 算子

```cpp
void CFgImage::prewittFilter (unsigned char * pSrcBuffer, int width, int
height, unsigned char * pDstBuffer){
    int widthStep = (width * 24 / 8 + 3) / 4 * 4;
    int wx[] = { -1, -1, -1, 0, 0, 0, 1, 1, 1 };      //Prewitt x 和 y 方向上的滤波器
    int wy[] = { -1, 0, 1, -1, 0, 1, -1, 0, 1 };
    BYTE * p[9];
    for (int row = 1; row < height - 1; row++){
        for (int col = 1; col < width - 1; col++){
            //首先确定模板中心像素的位置
            p[4] = pSrcBuffer + row * (width * 3) + col * 3;
            p[3] = p[4] - 3;
            p[5] = p[4] + 3;
            p[1] = p[4] - width * 3;
            p[0] = p[1] - 3;
            p[2] = p[1] + 3;
            p[7] = p[4] + width * 3;
            p[6] = p[7] - 3;
            p[8] = p[7] + 3;
            BYTE * pDst = pDstBuffer + row * (width * 3) + col * 3;
            int sumx[3] = { 0, 0, 0 };
            int sumy[3] = { 0, 0, 0 };
            int sum[3] = { 0, 0, 0 };
            for (int k = 0; k < 9; k++){
                sumx[0] += (int)( * p[k]) * wx[k];
                sumx[1] += (int)( * (p[k] + 1)) * wx[k];
                sumx[2] += (int)( * (p[k] + 2)) * wx[k];
                sumy[0] += (int)( * p[k]) * wy[k];
                sumy[1] += (int)( * (p[k] + 1)) * wy[k];
                sumy[2] += (int)( * (p[k] + 2)) * wy[k];
            }
            for (int i = 0; i < 3; i++){
                sum[i] = sumx[i] + sumy[i];
                if (sum[i] < 0) sum[i] = 0;
                if (sum[i]>255) sum[i] = 255;
            }
            * pDst = (BYTE)sum[0];
            * (pDst + 1) = (BYTE)sum[1];
            * (pDst + 2) = (BYTE)sum[2];
        }
    }
}
```

C++ 示例代码 5-9：Sobel 算子

```cpp
void CFgImage::sobelFilter(unsigned char* pSrcBuffer, int width, int height,
unsigned char* pDstBuffer){
    int widthStep = (width * 24 / 8 + 3) / 4 * 4;
    int wx[] = { -1, -2, -1, 0, 0, 0, 1, 2, 1 };     //Sobel  x和y方向上的滤波器
    int wy[] = { -1, 0, 1, -2, 0, 2, -1, 0, 1 };
    BYTE* p[9];
    for (int row = 1; row < height - 1; row++){
        for (int col = 1; col < width - 1; col++){
            //首先确定模板中心像素的位置
            p[4] = pSrcBuffer + row * (width * 3) + col * 3;
            p[3] = p[4] - 3;
            p[5] = p[4] + 3;
            p[1] = p[4] - width * 3;
            p[0] = p[1] - 3;
            p[2] = p[1] + 3;
            p[7] = p[4] + width * 3;
            p[6] = p[7] - 3;
            p[8] = p[7] + 3;
            BYTE* pDst = pDstBuffer + row * (width * 3) + col * 3;
            int sumx[3] = { 0, 0, 0 };
            int sumy[3] = { 0, 0, 0 };
            int sum[3] = { 0, 0, 0 };
            for (int k = 0; k < 9; k++){
                sumx[0] += (int)(*p[k]) * wx[k];
                sumx[1] += (int)(*(p[k] + 1)) * wx[k];
                sumx[2] += (int)(*(p[k] + 2)) * wx[k];
                sumy[0] += (int)(*p[k]) * wy[k];
                sumy[1] += (int)(*(p[k] + 1)) * wy[k];
                sumy[2] += (int)(*(p[k] + 2)) * wy[k];
            }
            for (int i = 0; i < 3; i++){
                sum[i] = sumx[i] + sumy[i];
                if (sum[i] < 0) sum[i] = 0;
                if (sum[i]>255) sum[i] = 255;
            }
            * pDst = (BYTE)sum[0];
            * (pDst + 1) = (BYTE)sum[1];
            * (pDst + 2) = (BYTE)sum[2];
        }
    }
}
```

◈ 5.4 练 习 题

1. 空间域滤波方法分为几类？每一类中包含哪些方法？

2. 平滑空间滤波方法中,哪些方法是线性的？哪些方法是非线性的？

3. 中值滤波的特点是什么？它主要用于消除什么类型的噪声？

4. 试提出一种过程来求一个 $n \times n$ 领域的中值。

5. 最大值滤波器和最小值滤波器对图像的关注点分别是什么？

6. 空间域滤波和频率域滤波对图像的滤波效果有何异同？

7. 常用的图像锐化算子有哪几种？

8. 高斯分布的标准差 σ 在图像平滑中的影响是什么？

9. 简述用于平滑和锐化处理的滤波器之间的联系和区别。

10. 在给定的应用中,一个均值掩模被用于输入图像以减少噪声,然后再用一个拉普拉斯掩模增强图像中的小细节,如果交换这两个步骤,结果是否相同？

频率域滤波器

◇ 6.1　傅里叶变换

纵观数学发展史,不可否认,物理问题是数学发展的一个源泉。18 世纪,物理和数学的主要结合点是微分方程。力学、热学、电学、磁学都涉及微分方程的求解。当时的科学家普遍认为:将难的函数拆成简单的函数就容易实现微积分。

把函数表示成幂级数是最自然的事情(当时泰勒展开理论已证)。能用幂级数表示的函数(无穷次可微)并不多。然后,"一个任意的函数能否被表示成三角函数"成了数学界大佬们激烈论证的话题,这些大佬包括伯努利、欧拉、大朗贝尔、拉格朗日、拉普拉斯。这一争论从 18 世纪 60 年代持续到 70 年代,依旧没有完全证明。

傅里叶(Joseph Fourier,1768—1830)于 1803 年左右开始研究热力学问题。1822 年,他发表的《热的解析理论》是其对物理和数学领域贡献的代表作。在这篇著作中,傅里叶将欧拉、伯努利等在特殊情况下应用三角函数表达其他函数的应用发展为一般理论。因此,后来的三角级数展开被称作傅里叶级数,对应的一般复杂函数分解为简单三角函数的理论被称为傅里叶变换。

傅里叶变换是数字信号处理领域一种很重要的算法。要知道傅里叶变换算法的意义,首先要了解傅里叶原理的意义。傅里叶原理表明:任何连续测量的时序或信号,都可以表示为不同频率的正弦波信号的无限叠加。而根据该原理创立的傅里叶变换算法利用直接测量到的原始信号,以累加方式计算该信号中不同正弦波信号的频率、振幅和相位。

和傅里叶变换算法对应的是逆傅里叶变换算法(反傅里叶变换算法)。该逆变换本质上说也是一种累加处理,这样就可以将单独改变的正弦波信号转换成一个信号。因此,可以说,傅里叶变换将原来难以处理的时域信号转换成了易于分析的频域信号(信号的频谱),可以利用一些工具对这些频域信号进行处理、加工。最后还可以利用傅里叶逆变换将这些频域信号转换成时域信号。

从现代数学的眼光看,傅里叶变换是一种特殊的积分变换。它能将满足一定条件的某个函数表示成正弦基函数的线性组合或者积分。在不同的研究领域,傅里叶变换具有多种不同的变体形式,如连续傅里叶变换和离散傅里叶变换。

近十多年来,数字信号处理技术同数字计算机、大规模集成电路等先进技术一样,有了突飞猛进的发展,已经形成一门具有强大生命力的技术科学。由于它本身具有一系列优点,所以能有效地促进各工程技术领域的技术改造和学科发展,应用领域也更广泛、深入,越来越受到人们的重视。

在数字信号处理中,离散傅里叶变换(Discrete Fourier Transform,DFT)是常用的变换方法,它在各种数字信号处理系统中扮演着重要的角色。傅里叶变换已有 100 多年的历史,我们知道频域分析常常比时域分析更优越,不仅简单,且易于分析复杂的信号。但用较精确的数字方法(即 DFT)进行谱分析,在 FFT 出现以前是不切实际的。这是因为 DFT 计算量太大。直到 1965 年出现 DFT 运算的一种快速方法以后,情况才发生了变化。快速傅里叶变换(Fast Fourier Transform,FFT)并不是与 DFT 不同的另一种变换,而是为了减少 DFT 计算次数的一种快速有效的算法。

6.1.1　一维连续傅里叶变换

一般情况下,若"傅里叶变换"一词的前面未加任何限定语,则指的是"连续傅里叶变换"。"连续傅里叶变换"将平方可积的函数表示成复指数函数的积分形式。

一维连续傅里叶变换公式如下。

$$F(\omega) = \Gamma(f(t)) = \int_{-\infty}^{\infty} f(t) e^{-j\omega t} \, dt \qquad (6\text{-}1)$$

一维连续傅里叶逆变换公式如下。

$$f(t) = \Gamma^{-1}[F(\omega)] = \frac{1}{2\pi} \int_{-\infty}^{\infty} F(\omega) e^{-j\omega t} \, d\omega \qquad (6\text{-}2)$$

如式(6-2)的傅里叶逆变换,即将时间域的函数表示为频率域的函数 $F(\omega)$ 的积分。反过来,其正变换恰好是将频率域的函数 $F(\omega)$ 表示为时间域的函数 $f(t)$ 的积分形式。一般可称函数 $f(t)$ 为原函数,而称函数 $F(\omega)$ 为傅里叶变换的像函数,原函数和像函数构成一个傅里叶变换对。

通俗而言,一维傅里叶变换是将一个一维的信号分解成若干复指数波 $e^{j\omega t}$,而由于 $e^{j\omega t} = \cos(\omega t) + j\sin(\omega t)$,对于一个正弦波而言,需要 3 个参数来确定它:频率、幅度、相位。因此,在频域中,一维代表频率,而每个坐标对应的函数值也就是 $F(\omega)$,它是一个复数,$|F(\omega)|$ 是这个频率正弦波的幅度。图 6-1 为一维连续傅里叶变换拆解示意图。

通过傅里叶变换,得到频率域,根据应用场景的不同,对频率域进行不同的操作。若为去噪操作,或者为需要还原的操作,则通过傅里叶变换的逆变换进行复原。

尽管最初傅里叶分析是作为热过程解析分析的工具,但是其思想方法仍然具有典型的还原论和分析主义的特征。"任意"的函数通过一定的分解,都能够表示为正弦函数的线性组合的形式,而正弦函数在物理上是被充分研究而相对简单的函数类,这一想法与化学上的原子论想法非常相似。此外,现代数学发现傅里叶变换具有非常好的性质。

(1)傅里叶变换是线性算子,若赋予适当的范数,它还是酉算子(泛函分析和算子理

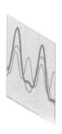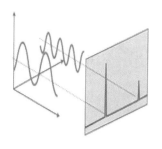

(a) 原图　　　　　　　　　　　(b) 傅里叶变换结果

图 6-1　一维连续傅里叶变换拆解示意图

论的重要概念)。

(2) 傅里叶变换的逆变换容易求出,而且形式与正变换非常类似。

(3) 正弦基函数是微分运算的本征函数,从而使得线性微分方程的求解可以转换为常系数的代数方程的求解。在线性时不变的物理系统内,频率是不变的,从而系统对复杂激励的响应可以通过组合其对不同频率正弦信号的响应来获取。

(4) 著名的卷积定理指出:傅里叶变换可以将复杂的卷积运算转换为简单的乘积运算,从而提供了计算卷积的一种简单手段。

正是由于上述的良好性质,傅里叶变换在物理学、数论、组合数学、信号处理、概率、统计、密码学、声学、光学等领域都有广泛的应用。

6.1.2　一维离散傅里叶变换

离散傅里叶变换是傅里叶变换在时域和频域上都呈现离散的形式,将时域信号的采样变换为离散傅里叶变换在频域的采样。形式上,变换两端(时域和频域上)的序列是有限长的,而实际上这两组序列都应当被认为是离散周期信号的主值序列。即使对有限长的离散信号做离散傅里叶变换,也应当将其看作经过周期延拓成为周期信号再作变换。在实际应用中,通常采用快速傅里叶变换以高效计算离散傅里叶变换。

一维离散傅里叶变换公式如下。

$$F(u) = \Gamma[f(x)] = \frac{1}{M} \sum_{x=0}^{M-1} [f(x) \mathrm{e}^{-\mathrm{j}2\pi ux/M}] \tag{6-3}$$

一维离散傅里叶逆变换公式如下。

$$f(x) = \Gamma^{-1}[F(u)] = \sum_{u=0}^{M-1} [F(u) \mathrm{e}^{\mathrm{j}2\pi ux/M}] \tag{6-4}$$

其中,$x=0,1,2,\cdots,M-1$,$u=0,1,2,\cdots,M-1$。

演算实例:设 $f(x)=\{1,2,-1,3\}$,$x=0,1,2,3$,求 $F(u)(u=0,1,2,3)$。求解步骤如下。

(1) 计算中间变量 $W = \mathrm{e}^{-\frac{\mathrm{j}2\pi}{M}} = \mathrm{e}^{-\frac{\mathrm{j}2\pi}{4}} = \cos\left(\frac{\pi}{2}\right) - \mathrm{jsin}\left(\frac{\pi}{2}\right) = -\mathrm{j}$;

(2) $F(0) = \dfrac{1}{M}\displaystyle\sum_{x=0}^{M-1} f(x)W^{ux} = \dfrac{1}{4}f(0)W^0 + \dfrac{1}{4}f(1)W^0 + \dfrac{1}{4}f(2)W^0 + \dfrac{1}{4}f(3)W^0$

$\quad F(1) = \dfrac{1}{M}\displaystyle\sum_{x=0}^{M-1} f(x)W^{ux} = \dfrac{1}{4}f(0)W^0 + \dfrac{1}{4}f(1)W^1 + \dfrac{1}{4}f(2)W^2 + \dfrac{1}{4}f(3)W^3$

$\quad F(2) = \dfrac{1}{M}\displaystyle\sum_{x=0}^{M-1} f(x)W^{ux} = \dfrac{1}{4}f(0)W^0 + \dfrac{1}{4}f(1)W^2 + \dfrac{1}{4}f(2)W^4 + \dfrac{1}{4}f(3)W^6$

$\quad F(3) = \dfrac{1}{M}\displaystyle\sum_{x=0}^{M-1} f(x)W^{ux} = \dfrac{1}{4}f(0)W^0 + \dfrac{1}{4}f(1)W^3 + \dfrac{1}{4}f(2)W^6 + \dfrac{1}{4}f(3)W^9$

(3) $\begin{bmatrix} F(0) \\ F(1) \\ F(2) \\ F(3) \end{bmatrix} = \dfrac{1}{4}\begin{bmatrix} W^0 & W^0 & W^0 & W^0 \\ W^0 & W^1 & W^2 & W^3 \\ W^0 & W^2 & W^4 & W^6 \\ W^0 & W^3 & W^6 & W^9 \end{bmatrix}\begin{bmatrix} f(0) \\ f(1) \\ f(2) \\ f(3) \end{bmatrix}$

$\quad = \dfrac{1}{4}\begin{bmatrix} 1 & 1 & 1 & 1 \\ 1 & -j & -1 & j \\ 1 & -1 & 1 & -1 \\ 1 & j & -1 & -j \end{bmatrix}\begin{bmatrix} 1 \\ 2 \\ -1 \\ 3 \end{bmatrix} = \dfrac{1}{4}\begin{bmatrix} 5 \\ 2+j \\ -5 \\ 2-j \end{bmatrix}$

其反变换的演算步骤如下。

(1) $f(0) = \displaystyle\sum_{u=0}^{M-1} F(u)W^{-ux} = F(0)W^0 + F(1)W^0 + F(2)W^0 + F(3)W^0$

$\quad f(1) = \displaystyle\sum_{u=0}^{M-1} F(u)W^{-ux} = F(0)W^0 + F(1)W^{-1} + F(2)W^{-2} + F(3)W^{-3}$

$\quad f(2) = \displaystyle\sum_{u=0}^{M-1} F(u)W^{-ux} = F(0)W^0 + F(1)W^{-2} + F(2)W^{-4} + F(3)W^{-6}$

$\quad f(3) = \displaystyle\sum_{u=0}^{M-1} F(u)W^{-ux} = F(0)W^0 + F(1)W^{-3} + F(2)W^{-6} + F(3)W^{-9}$

(2) $\begin{bmatrix} f(0) \\ f(1) \\ f(2) \\ f(3) \end{bmatrix} = \dfrac{1}{4}\begin{bmatrix} W^0 & W^0 & W^0 & W^0 \\ W^0 & W^{-1} & W^{-2} & W^{-3} \\ W^0 & W^{-2} & W^{-4} & W^{-6} \\ W^0 & W^{-3} & W^{-6} & W^{-9} \end{bmatrix}\begin{bmatrix} F(0) \\ F(1) \\ F(2) \\ F(3) \end{bmatrix}$

$\quad = \dfrac{1}{4}\begin{bmatrix} 1 & 1 & 1 & 1 \\ 1 & j & -1 & -j \\ 1 & -1 & 1 & -1 \\ 1 & 1 & -j & j \end{bmatrix}\begin{bmatrix} 5 \\ 2+j \\ -5 \\ 2-j \end{bmatrix} = \begin{bmatrix} 1 \\ 2 \\ -1 \\ 3 \end{bmatrix}$

实际应用时,可以采用快速傅里叶变换(FFT)算法实现其快速计算。

C++示例代码 6-1:一维离散傅里叶变换

```
struct wq_complex{
    double r,i;
};
```

```
wq_complex multi(wq_complex a, wq_complex b){
    wq_complex tmp;
    tmp.r=a.r * b.r-a.i * b.i;
    tmp.i=a.r * b.i+a.i * b.r;
    return tmp;
}


int fi(double in){
    if((in-(int)in)>0.5) return (int)in+1;
    else return (int)in;
}


void DFT(int * in, double **out, const int &n){
    int i,j;
    wq_complex **W=new wq_complex * [n];
    for(i=0;i<n;i++){
        W[i]=new wq_complex[n];
    }
    wq_complex * lis=new wq_complex[(n-1) * (n-1)+1];
    lis[0].r=1;lis[0].i=0;
    lis[1].r=cos(2.0 * PI/n);
    lis[1].i=-1.0 * sin(2.0 * PI/n);
    for(i=2;i<=(n-1) * (n-1);i++){
        lis[i]=multi(lis[1],lis[i-1]);
    }
    for(i=0;i<n;i++){
        for(j=0;j<n;j++){
            W[i][j]=lis[i * j];
        }
    }
    wq_complex sum;
    for(i=0;i<n;i++){
        sum.r=0;sum.i=0;
        for(j=0;j<n;j++){
            sum.r+=in[j] * W[i][j].r;
            sum.i+=in[j] * W[i][j].i;
        }
        out[i][0]=sum.r;
        out[i][1]=sum.i;
    }
    for(i=0;i<n;i++) delete []W[i];
    delete []W;
```

```
        delete []lis;
}

void IDFT(double **in,int * out,const int &n){
    int i,j;
    wq_complex **W=new wq_complex * [n];
    for(i=0;i<n;i++){
        W[i]=new wq_complex[n];
    }
    wq_complex * lis=new wq_complex[(n-1) * (n-1)+1];
    lis[0].r=1;lis[0].i=0;
    lis[1].r=cos(2.0 * PI/n);
    lis[1].i=sin(2.0 * PI/n);
    for(i=2;i<=(n-1) * (n-1);i++){
        lis[i]=multi(lis[1],lis[i-1]);
    }
    for(i=0;i<n;i++){
        for(j=0;j<n;j++){
            W[i][j]=lis[i * j];
        }
    }
    wq_complex sum;
    for(i=0;i<n;i++){
        sum.r=0;sum.i=0;
        for(j=0;j<n;j++){
            sum.r+=W[i][j].r * in[j][0]-W[i][j].i * in[j][1];
            sum.i+=W[i][j].i * in[j][0]+W[i][j].r * in[j][1];
        }
        out[i]=fi(sum.r/n);
    }
    for(i=0;i<n;i++) delete []W[i];
    delete []W;
    delete []lis;
}
```

应用举例：根据如下公式，给定一条曲线（增加了随机噪声 rand(25)），请采用离散傅里叶变换实现去噪。

$$f(x) = \frac{h}{3}\sin\left(\frac{2\pi}{w}x\right) + \frac{h}{2} + \text{rand}(25) \qquad (6\text{-}5)$$

其中，rand(25)代表取 $[-25,25]$ 范围内的随机数字，$x \in [0, w-1]$，w 代表图像宽度，h 代表图像高度。

C++示例代码 6-2：采用离散傅里叶变换实现去噪

```
void CFgImage::One_DFT(CFgImage& dftImg, CFgImage& idftImg){
    int n = this->m_width;
    int * in = new int[n];
    int * dst = new int[n];
    double **out = new double * [n];
    for (int x = 0; x < n; x++){
        in[x] = static_cast<int>(this->m_height * 1.0 / 3 * sin(2 * PI / n * x) +
                            this->m_height * 1.0 / 2 + rand() % 50 - 25);
        out[x] = new double[2];
    }
    DFT(in, out, n);                               //傅里叶变换

    for (int row = 0; row < m_height; row++){
        for (int col = 0; col < m_width; col++){
            BYTE * p = dftImg.m_pBmpBuf + row * dftImg.m_widthStep + col * 3;
            if (row == static_cast<int>(out[col][0])){
                for (int i = 0; i < 4; i++){        //增加点的宽度,以增加视觉效果
                    * p = 255;
                    * (p + 1) = 0;
                    * (p + 2) = 0;
                    p = dftImg.m_pBmpBuf + row * dftImg.m_widthStep + (col - i
- 1) * 3;
                }
            }
            else{
                * p = 255;
                * (p + 1) = 255;
                * (p + 2) = 255;
            }
        }
    }

    for (int x = n * 0.1; x < n * 0.9; x++){//in[0.1n,0.9n] = 0
        out[x][0] = 0;
        out[x][1] = 0;
    }
    IDFT(out,dst,n);                               //傅里叶逆变换

    for (int row = 0; row < m_height; row++)
    {
        for (int col = 0; col < m_width; col++)
        {
```

```
                    BYTE * p = m_pBmpBuf + row * m_widthStep + col * 3;
                    if (row == in[col]){
                        for (int i = 0; i < 4; i++){
                            * p = 255;
                            * (p + 1) = 0;
                            * (p + 2) = 0;
                            p = m_pBmpBuf + row * m_widthStep + (col - i - 1) * 3;
                        }
                    }
                    else{
                        * p = 255;
                        * (p + 1) = 255;
                        * (p + 2) = 255;
                    }
                    p = idftImg.m_pBmpBuf + row * idftImg.m_widthStep + col * 3;
                    if (row == dst[col]){
                        for (int i = 0; i < 4; i++){
                            * p = 255;
                            * (p + 1) = 0;
                            * (p + 2) = 0;
                            p = idftImg.m_pBmpBuf + row * idftImg.m_widthStep + (col -
        i - 1) * 3;
                        }
                    }
                    else{
                        * p = 255;
                        * (p + 1) = 255;
                        * (p + 2) = 255;
                    }
                }
            }
        delete[] dst;
        delete[] out;
        delete[] in;
    }
```

将该曲线产生的值进行如下的傅里叶变换：

$$F(x) = \Gamma(f(x)) \tag{6-6}$$

当 $x \in [0.1w, 0.9w]$ 时，令 $F(x) = 0$，并进行如下的傅里叶变换的逆变换：

$$f'(x) = \Gamma^{-1}(f(x)) \tag{6-7}$$

结果如图 6-2 所示。

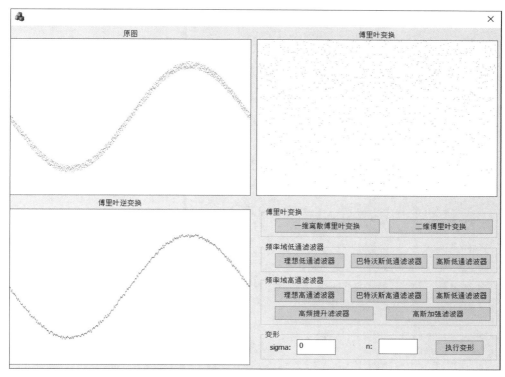

图 6-2　一维离散傅里叶变换去噪处理

6.1.3　二维连续傅里叶变换

　　一维信号是一个序列,傅里叶变换将其分解成若干一维的简单函数之和。二维的信号可以说是一个图像,类比一维,二维傅里叶变换是不是将一个图像分解成若干简单的图像呢? 确实是这样,二维傅里叶变换将一个图像分解成若干复平面波 $e^{j2\pi(ux+vy)}$ 之和。

　　二维连续傅里叶变换公式如下。

$$F(u,v)=\Gamma[f(x,y)]=\int_{-\infty}^{\infty}\int_{-\infty}^{\infty}f(x,y)e^{-j2\pi(ux+vy)}\,dx\,dy \tag{6-8}$$

　　二维连续傅里叶逆变换公式如下。

$$f(x,y)=\Gamma^{-1}[F(u,v)]=\int_{-\infty}^{\infty}\int_{-\infty}^{\infty}F(u,v)e^{-j2\pi(ux+vy)}\,du\,dv \tag{6-9}$$

　　类似地,二维傅里叶变换的意义在于:一个满足一定条件的二维信号可以表示为无数个 x 方向正(余)弦函数与 y 方向正(余)弦函数乘积(即二维正交基)的线性组合。这些正交基在 (x,y) 平面内仍为周期函数。二维傅里叶变换应用于二维图像或二维矩阵。

　　从数学角度看,傅里叶变换是将一个信号转换为一系列周期信号的加权和。从物理角度看,二维傅里叶变换可将图像从空间域转换到频率域,而其逆变换是将图像从频率域转换到空间域。换句话说,二维傅里叶变换的物理意义是将图像的灰度分布函数变换为图像的频率分布函数,逆变换是将图像的频率分布函数变换为灰度分布函数。

6.1.4 二维离散傅里叶变换

二维离散傅里叶变换是将图像从空间域转换到频率域的变换方法。图像实质上是二维的数表或矩阵。将空间域(二维灰度数表)的图像转换到频率域(频率数表)能够更直观地观察和处理图像,也更有利于进行频率域滤波等操作。

二维离散傅里叶变换公式如下。

$$F(u,v)=\Gamma\big[f(x,y)\big]=\sum_{x=0}^{M-1}\sum_{y=0}^{N-1}\big[f(x,y)\mathrm{e}^{-\mathrm{j}2\pi\left(\frac{ux}{M}+\frac{vy}{N}\right)}\big] \qquad (6\text{-}10)$$

二维离散傅里叶逆变换公式如下。

$$f(x,y)=\Gamma^{-1}\big[F(u,v)\big]=\frac{1}{MN}\sum_{u=0}^{M-1}\sum_{v=0}^{N-1}\big[F(u,v)\mathrm{e}^{\mathrm{j}2\pi\left(\frac{ux}{M}+\frac{vy}{N}\right)}\big] \qquad (6\text{-}11)$$

其中,$x=0,1,2,\cdots,M-1,y=0,1,2,\cdots,M-1;u=0,1,2,\cdots,M-1,v=0,1,2,\cdots,M-1$。

演算实例:已知 $f(x,y)$ 如下式,试对其进行二维离散傅里叶变换演算。

$$f(x,y)=\begin{bmatrix} 1 & 7 & 8 & 9 \\ 5 & 2 & 6 & 7 \\ 3 & 4 & 7 & 8 \\ 2 & 1 & 4 & 7 \end{bmatrix}$$

下面给出二维离散傅里叶变换演算实例的步骤。

(1) 计算临时变量 $W=\mathrm{e}^{-\frac{\mathrm{j}2\pi}{4}}=\cos(\pi)-\mathrm{j}\sin(\pi)=-\mathrm{j}$;

(2) $F(u,v)=\dfrac{1}{M}\sum\limits_{x=0}^{M-1}\mathrm{e}^{-\mathrm{j}2\pi ux/M}\dfrac{1}{N}\sum\limits_{y=0}^{M-1}\big[f(x,y)\mathrm{e}^{-\mathrm{j}2\pi vy/N}\big]=\dfrac{1}{M}\sum\limits_{x=0}^{M-1}\big[\mathrm{e}^{-\mathrm{j}2\pi ux/M}F(x,v)\big]$;

(3) 按行计算 $F(x,v)=\dfrac{1}{N}\sum\limits_{y=0}^{N-1}\big[f(x,y)\mathrm{e}^{-\mathrm{j}2\pi vy/N}\big]=\dfrac{1}{4}\sum\limits_{y=0}^{3}\big[f(x,y)W^{vy}\big]$:

$$F(0,0)=\frac{1}{4}f(0,0)W^0+\frac{1}{4}f(0,1)W^0+\frac{1}{4}f(0,2)W^0+\frac{1}{4}f(0,3)W^0$$

$$F(0,1)=\frac{1}{4}f(0,1)W^0+\frac{1}{4}f(0,1)W^1+\frac{1}{4}f(0,2)W^2+\frac{1}{4}f(0,3)W^3$$

...

$$F(3,3)=\frac{1}{4}f(3,1)W^0+\frac{1}{4}f(3,1)W^3+\frac{1}{4}f(3,2)W^6+\frac{1}{4}f(3,3)W^9$$

$$\begin{bmatrix} F(0,0) & F(0,1) & F(0,2) & F(0,3) \\ F(1,0) & F(1,1) & F(1,2) & F(1,3) \\ F(2,0) & F(2,1) & F(2,2) & F(2,3) \\ F(3,0) & F(3,1) & F(3,2) & F(3,3) \end{bmatrix}$$

$$=\frac{1}{4}\begin{bmatrix} f(0,0) & f(0,1) & f(0,2) & f(0,3) \\ f(1,0) & f(1,1) & f(1,2) & f(1,3) \\ f(2,0) & f(2,1) & f(2,2) & f(2,3) \\ f(3,0) & f(3,1) & f(3,2) & f(3,3) \end{bmatrix}\begin{bmatrix} W^0 & W^0 & W^0 & W^0 \\ W^0 & W^1 & W^2 & W^3 \\ W^0 & W^2 & W^4 & W^6 \\ W^0 & W^3 & W^6 & W^9 \end{bmatrix}$$

$$=\frac{1}{4}\begin{bmatrix} 1 & 7 & 8 & 9 \\ 5 & 2 & 6 & 7 \\ 3 & 4 & 7 & 8 \\ 2 & 1 & 4 & 7 \end{bmatrix}\begin{bmatrix} 1 & 1 & 1 & 1 \\ 1 & -j & -1 & j \\ 1 & -1 & 1 & 1 \\ 1 & j & -1 & -j \end{bmatrix}=\frac{1}{4}\begin{bmatrix} 25 & 2j-7 & -7 & 9-2j \\ 20 & 5j-1 & 2 & 11-5j \\ 22 & 4j-4 & -2 & 10-4j \\ 14 & 6j-2 & -2 & 6-6j \end{bmatrix}$$

（4）按列计算 $F(u,v)=\dfrac{1}{M}\sum_{x=0}^{M-1}\left[\mathrm{e}^{-j2\pi ux/M}F(x,v)\right]$。

$$F(0,0)=\frac{1}{4}F(0,0)W^0+\frac{1}{4}F(1,0)W^0+\frac{1}{4}F(2,0)W^0+\frac{1}{4}F(3,0)W^0$$

$$F(0,1)=\frac{1}{4}F(0,0)W^0+\frac{1}{4}F(1,0)W^1+\frac{1}{4}F(2,0)W^2+\frac{1}{4}F(3,0)W^3$$

...

$$F(3,3)=\frac{1}{4}F(0,3)W^0+\frac{1}{4}F(1,3)W^3+\frac{1}{4}F(2,3)W^6+\frac{1}{4}F(3,3)W^9$$

$$\begin{bmatrix} F(0,0) & F(0,1) & F(0,2) & F(0,3) \\ F(1,0) & F(1,1) & F(1,2) & F(1,3) \\ F(2,0) & F(2,1) & F(2,2) & F(2,3) \\ F(3,0) & F(3,1) & F(3,2) & F(3,3) \end{bmatrix}$$

$$=\frac{1}{4}\begin{bmatrix} F(0,0) & F(1,0) & F(2,0) & F(3,0) \\ F(0,1) & F(1,1) & F(2,1) & F(3,1) \\ F(0,2) & F(1,2) & F(2,2) & F(3,2) \\ F(0,3) & F(1,3) & F(2,3) & F(3,3) \end{bmatrix}\begin{bmatrix} W^0 & W^0 & W^0 & W^0 \\ W^0 & W^1 & W^2 & W^3 \\ W^0 & W^2 & W^4 & W^6 \\ W^0 & W^3 & W^6 & W^9 \end{bmatrix}$$

$$=\frac{1}{4}\begin{bmatrix} 25 & 20 & 22 & 14 \\ 2j-7 & 5j-1 & 4j-4 & 6j-2 \\ -7 & 2 & -2 & -2 \\ 9-2j & 11-5j & 10-4j & 6-6j \end{bmatrix}\begin{bmatrix} 1 & 1 & 1 & 1 \\ 1 & -j & -1 & j \\ 1 & -1 & 1 & 1 \\ 1 & j & -1 & -j \end{bmatrix}$$

$$=\frac{1}{4}\begin{bmatrix} 81 & 3-6j & 12 & 47+6j \\ 17j-14 & -4-3j & -8-5j & 3j-10 \\ -9 & -5 & -9 & 4j-9 \\ 36-17j & -3j & 2+5j & 18-j \end{bmatrix}$$

C++ 示例代码 6-3：二维离散傅里叶变换

```
#define doublepi 6.2831853071796

template<typename T>
T** new2DType(const int &u, const int &v){
```

```
    T **dst = new T * [u];
    for (int i = 0; i < u; i++){
        dst[i] = new T[v];
        for (int j = 0; j < v; j++){
            dst[i][j] = 0;
        }
    }
    return dst;
}


template<typename T>
T*** new3DType(const int &u ,const int &v, const int &w){
    T*** dst = new T**[u];
    for (int i = 0; i < u; i++){
        dst[i] = new T * [v];
        for (int j = 0; j < v; j++){
            dst[i][j] = new T[w];
            for (int k = 0; k < w; k++){
                dst[i][j][k] = 0;
            }
        }
    }
    return dst;
}


void dft2(double*** data, double*** dst, const int& M, const int& N) {
    double*** tmp = new3DType<double>(M, N, 2);
    for (int v = 0; v < N; v++) {
        for (int y = 0; y < N; y++) {
            double real = cos(-doublepi * v * y / N);
            double imag = sin(-doublepi * v * y / N);
            for (int x = 0; x < M; x++) {
                tmp[x][v][0] += data[x][y][0] * real - data[x][y][1] * imag;
                tmp[x][v][1] += data[x][y][0] * imag + data[x][y][1] * real;
            }
        }
    }
    for (int u = 0; u < M; u++) {
        for (int x = 0; x < M; x++) {
            double real = cos(-doublepi * u * x / M);
            double imag = sin(-doublepi * u * x / M);
            for (int v = 0; v < N; v++) {
                dst[u][v][0] += tmp[x][v][0] * real - tmp[x][v][1] * imag;
```

```
                        dst[u][v][1] += tmp[x][v][0] * imag + tmp[x][v][1] * real;
                }
            }
        }
        delete tmp;
    }


    void idft2(double*** data, double*** dst, const int& M, const int& N) {
        double*** tmp = new3DType<double>(M, N, 2);
        for (int v = 0; v < N; v++) {
            for (int y = 0; y < N; y++) {
                double real = cos(doublepi * v * y / N) / N;
                double imag = sin(doublepi * v * y / N) / N;
                for (int u = 0; u < M; u++) {
                    tmp[u][y][0] += data[u][v][0] * real - data[u][v][1] * imag;
                    tmp[u][y][1] += data[u][v][0] * imag + data[u][v][1] * real;
                }
            }
        }
        for (int u = 0; u < M; u++) {
            for (int x = 0; x < M; x++) {
                double real = cos(doublepi * u * x / M) / M;
                double imag = sin(doublepi * u * x / M) / M;
                for (int y = 0; y < N; y++) {
                    dst[x][y][0] += tmp[u][y][0] * real - tmp[u][y][1] * imag;
                    dst[x][y][1] += tmp[u][y][0] * imag + tmp[u][y][1] * real;
                }
            }
        }
        delete tmp;
    }
```

C++ 示例代码 6-4：二维离散傅里叶变换测试用例

```
void real_normal_minmax(double*** src, double **dst, const int &M, const int
&N){
    for (int i = 0; i < M; i++){
        for (int j = 0; j < N; j++){
            dst[i][j] = log(abs(src[i][j][0]) + 1);
        }
    }
    double _max = dst[0][0];
    double _min = dst[0][0];
```

```
            for (int i = 0; i < M; i++){
                for (int j = 0; j < N; j++){
                    if (_max < dst[i][j]){
                        _max = dst[i][j];
                    }
                    if (_min > dst[i][j]){
                        _min = dst[i][j];
                    }
                }
            }
            for (int i = 0; i < M; i++){
                for (int j = 0; j < N; j++){
                    dst[i][j] = dst[i][j]/_max;
                }
            }
}
//二维离散傅里叶变换
void CFgImage::Two_DFT(CFgImage& dftImg, CFgImage& idftImg){
    double ***b = new3DType<double>(this->m_height, this->m_width, 2);
    double ***g = new3DType<double>(this->m_height, this->m_width, 2);
    double ***r = new3DType<double>(this->m_height, this->m_width, 2);
    double ***dst_b = new3DType<double>(this->m_height, this->m_width, 2);
    double ***dst_g = new3DType<double>(this->m_height, this->m_width, 2);
    double ***dst_r = new3DType<double>(this->m_height, this->m_width, 2);
    double ***dft_b = new3DType<double>(this->m_height, this->m_width, 2);
    double ***dft_g = new3DType<double>(this->m_height, this->m_width, 2);
    double ***dft_r = new3DType<double>(this->m_height, this->m_width, 2);
    double **dft_b_norm = new2DType<double>(this->m_height, this->m_width);
    double **dft_g_norm = new2DType<double>(this->m_height, this->m_width);
    double **dft_r_norm = new2DType<double>(this->m_height, this->m_width);
    for (int row = 0; row < this->m_height; row++){
        for (int col = 0; col < this->m_width; col++){
            BYTE * p = m_pBmpBuf + row * m_widthStep + col * 3;
            b[row][col][0] = * p;
            g[row][col][0] = * (p + 1);
            r[row][col][0] = * (p + 2);
        }
    }
    dft2(b, dft_b, this->m_height, this->m_width);
    dft2(g, dft_g, this->m_height, this->m_width);
    dft2(r, dft_r, this->m_height, this->m_width);
    real_normal_minmax(dft_b, dft_b_norm, this->m_height, this->m_width);
    real_normal_minmax(dft_g, dft_g_norm, this->m_height, this->m_width);
```

```
real_normal_minmax(dft_r, dft_r_norm, this->m_height, this->m_width);
for (int row = 0; row < this->m_height; row++){
    for (int col = 0; col < this->m_width; col++){
        BYTE * p = dftImg.m_pBmpBuf + row * dftImg.m_widthStep + col * 3;
        * p = dft_b_norm[row][col] * 255;
        * (p + 1) = dft_g_norm[row][col] * 255;
        * (p + 2) = dft_r_norm[row][col] * 255;
    }
}
idft2(dft_b, dst_b, this->m_height, this->m_width);
idft2(dft_g, dst_g, this->m_height, this->m_width);
idft2(dft_r, dst_r, this->m_height, this->m_width);
for (int row = 0; row < this->m_height; row++){
    for (int col = 0; col < this->m_width; col++){
        BYTE * p = idftImg.m_pBmpBuf + row * idftImg.m_widthStep + col * 3;
        * p = dst_b[row][col][0];
        * (p + 1) = dst_g[row][col][0];
        * (p + 2) = dst_r[row][col][0];
    }
}
delete[] b;
delete[] g;
delete[] r;
delete[] dft_b;
delete[] dft_g;
delete[] dft_r;
delete[] dst_b;
delete[] dst_g;
delete[] dst_r;
delete[] dft_b_norm;
delete[] dft_g_norm;
delete[] dft_r_norm;
}
```

利用上述代码可得到如图 6-3 所示的二维傅里叶变换结果。

应用举例：

（1）假设 $f(x,y)$ 如下。

1	7	8	9
5	2	6	7
3	4	7	8
2	1	4	7

图 6-3   二维傅里叶变换结果

（2）计算系数如下。

$$W = e^{-\frac{j2\pi}{4}} = \cos(\pi) - j\sin(\pi) = -j$$

（3）按行计算。

$$F(x,v) = \frac{1}{N}\sum_{y=0}^{N-1}\left[f(x,y)e^{-j2\pi vy/N}\right] = \frac{1}{4}\sum_{y=0}^{3}\left[f(x,y)W^{vy}\right]$$

$$F(0,0) = \frac{1}{4}f(0,0)W^0 + \frac{1}{4}f(0,1)W^0 + \frac{1}{4}f(0,2)W^0 + \frac{1}{4}f(0,3)W^0$$

$$F(0,1) = \frac{1}{4}f(0,1)W^0 + \frac{1}{4}f(0,1)W^1 + \frac{1}{4}f(0,2)W^2 + \frac{1}{4}f(0,3)W^3$$

...

$$F(3,3) = \frac{1}{4}f(3,1)W^0 + \frac{1}{4}f(3,1)W^3 + \frac{1}{4}f(3,2)W^6 + \frac{1}{4}f(3,3)W^9$$

$$\begin{bmatrix} F(0,0) & F(0,1) & F(0,2) & F(0,3) \\ F(1,0) & F(1,1) & F(1,2) & F(1,3) \\ F(2,0) & F(2,1) & F(2,2) & F(2,3) \\ F(3,0) & F(3,1) & F(3,2) & F(3,3) \end{bmatrix}$$

$$= \frac{1}{4}\begin{bmatrix} f(0,0) & f(0,1) & f(0,2) & f(0,3) \\ f(1,0) & f(1,1) & f(1,2) & f(1,3) \\ f(2,0) & f(2,1) & f(2,2) & f(2,3) \\ f(3,0) & f(3,1) & f(3,2) & f(3,3) \end{bmatrix} \begin{bmatrix} W^0 & W^0 & W^0 & W^0 \\ W^0 & W^1 & W^2 & W^3 \\ W^0 & W^2 & W^4 & W^6 \\ W^0 & W^3 & W^6 & W^9 \end{bmatrix}$$

$$= \frac{1}{4}\begin{bmatrix} 1 & 7 & 8 & 9 \\ 5 & 2 & 6 & 7 \\ 3 & 4 & 7 & 8 \\ 2 & 1 & 4 & 7 \end{bmatrix} \begin{bmatrix} 1 & 1 & 1 & 1 \\ 1 & -j & -1 & j \\ 1 & -1 & 1 & 1 \\ 1 & j & -1 & -j \end{bmatrix} = \frac{1}{4}\begin{bmatrix} 25 & 2j-7 & -7 & 9-2j \\ 20 & 5j-1 & 2 & 11-5j \\ 22 & 4j-4 & -2 & 10-4j \\ 14 & 6j-2 & -2 & 6-6j \end{bmatrix}$$

$$F(u,v) = \frac{1}{M}\sum_{x=0}^{M-1}\left[e^{-j2\pi ux/M} F(x,v) \right]$$

$$F(0,0) = \frac{1}{4}F(0,0)W^0 + \frac{1}{4}F(1,0)W^0 + \frac{1}{4}F(2,0)W^0 + \frac{1}{4}F(3,0)W^0$$

$$F(0,1) = \frac{1}{4}F(0,0)W^0 + \frac{1}{4}F(1,0)W^1 + \frac{1}{4}F(2,0)W^2 + \frac{1}{4}F(3,0)W^3$$

...

$$F(3,3) = \frac{1}{4}F(0,3)W^0 + \frac{1}{4}F(1,3)W^3 + \frac{1}{4}F(2,3)W^6 + \frac{1}{4}F(3,3)W^9$$

$$\begin{bmatrix} F(0,0) & F(0,1) & F(0,2) & F(0,3) \\ F(1,0) & F(1,1) & F(1,2) & F(1,3) \\ F(2,0) & F(2,1) & F(2,2) & F(2,3) \\ F(3,0) & F(3,1) & F(3,2) & F(3,3) \end{bmatrix}$$

$$= \frac{1}{4}\begin{bmatrix} F(0,0) & F(1,0) & F(2,0) & F(3,0) \\ F(0,1) & F(1,1) & F(2,1) & F(3,1) \\ F(0,2) & F(1,2) & F(2,2) & F(3,2) \\ F(0,3) & F(1,3) & F(2,3) & F(3,3) \end{bmatrix} \begin{bmatrix} W^0 & W^0 & W^0 & W^0 \\ W^0 & W^1 & W^2 & W^3 \\ W^0 & W^2 & W^4 & W^6 \\ W^0 & W^3 & W^6 & W^9 \end{bmatrix}$$

$$= \frac{1}{4}\begin{bmatrix} 25 & 20 & 22 & 14 \\ 2j-7 & 5j-1 & 4j-4 & 6j-2 \\ -7 & 2 & -2 & -2 \\ 9-2j & 11-5j & 10-4j & 6-6j \end{bmatrix} \begin{bmatrix} 1 & 1 & 1 & 1 \\ 1 & -j & -1 & j \\ 1 & -1 & 1 & 1 \\ 1 & j & -1 & -j \end{bmatrix}$$

$$= \frac{1}{4}\begin{bmatrix} 81 & 3-6j & 12 & 47+6j \\ 17j-14 & -4-3j & -8-5j & 3j-10 \\ -9 & -5 & -9 & 4j-9 \\ 36-17j & -3j & 2+5j & 18-j \end{bmatrix}$$

6.1.5　傅里叶变换的性质

傅里叶变换的性质如下。

(1) 对称性: 若 $F[x(t)] = X(j\omega)$,则 $F[x(t)] = 2\pi X(-j\omega)$。

(2) 奇偶性: 若 $F[x(t)] = X(j\omega)$,且 $X(j\omega) = \mathrm{Re}(\omega) + j\mathrm{Im}(\omega)$,其中 $\mathrm{Re}(\omega)$ 表示

$X(\mathrm{j}\omega)$ 的实部，$\mathrm{Im}(\omega)$ 表示 $X(\mathrm{j}\omega)$ 的虚部，则 $\mathrm{Re}(\omega)$ 是关于 ω 的奇函数，$X(\mathrm{j}\omega)$ 的模 $|X(\mathrm{j}\omega)|$ 是关于 ω 的偶函数，辐角 $\phi(\omega)$ 是关于 ω 的奇函数。

（3）线性性质：若 $F[x_1(t)]=X_1(\mathrm{j}\omega)$，$F[x_2(t)]=X_2(\mathrm{j}\omega)$，则 $F[\alpha x_1(t)+\beta x_2(t)]=\alpha X_1(\mathrm{j}\omega)+\beta X_2(\mathrm{j}\omega)$，其中，$\alpha$、$\beta$ 为相关系数。

（4）时移性：若 $F[x(t)]=X(\mathrm{j}\omega)$，则 $F[x(t-t_0)]=X(\mathrm{j}\omega)\mathrm{e}^{-\mathrm{j}\omega t_0}$。

（5）频移性：若 $F[x(t)]=X(\mathrm{j}\omega)$，则 $F[x(t)\mathrm{e}^{\mathrm{j}\omega t_0}]=X[\mathrm{j}(\omega-\omega_0)]$。

（6）尺度变换性质：若 $F[x(t)]=X(\mathrm{j}\omega)$，则 $F[x(at)]=\dfrac{1}{|a|}X(\mathrm{j}\omega/a)\ (a\neq0)$。

（7）卷积定理

时域卷积定理：若 $F[x_1(t)]=X_1(\mathrm{j}\omega)$，$F[x_2(t)]=X_2(\mathrm{j}\omega)$，则 $F[x_1(t)\times x_2(t)]=X_1(\mathrm{j}\omega)*X_2(\mathrm{j}\omega)$。

频域卷积定理：若 $F[x_1(t)]=X_1(\mathrm{j}\omega)$，$F[x_2(t)]=X_2(\mathrm{j}\omega)$，则 $F^{-1}[X_1(\mathrm{j}\omega)\times X_2(\mathrm{j}\omega)]=2\pi x_1(t)*x_2(t)$。

式中，$*$ 表示卷积运算。

（8）时间域微、积分

微分性质：若 $F[x(t)]=X(\mathrm{j}\omega)$，则 $F\left[\dfrac{\mathrm{d}x(t)}{\mathrm{d}t}\right]=F(\omega)\mathrm{j}\omega$，$F\left[\dfrac{\mathrm{d}^n x(t)}{\mathrm{d}t^n}\right]=(\mathrm{j}\omega)^n X(\mathrm{j}\omega)$。

积分性质：若 $F[x(t)]=X(\mathrm{j}\omega)$，则 $F\left[\displaystyle\int_{-\infty}^{\tau}x(\tau)\mathrm{d}\tau\right]=\dfrac{X(\mathrm{j}\omega)}{\mathrm{j}\omega}+\pi X(0)\sigma(\omega)$。

（9）频率域微、积分

微分性质：若 $F[x(t)]=X(\mathrm{j}\omega)$，则 $F^{-1}\left[\dfrac{\mathrm{d}X(\mathrm{j}\omega)}{\mathrm{d}\omega}\right]=(-\mathrm{j}\omega)x(t)$。

积分性质：若 $F[x(t)]=X(\mathrm{j}\omega)$，则 $F^{-1}\left[\displaystyle\int_{-\infty}^{\infty}X(\mathrm{j}\omega)\mathrm{d}\omega\right]=\dfrac{x(t)}{-\mathrm{j}t}+x(0)\pi\sigma(t)$。

◈ 6.2　频率域图像滤波的基本概念

6.2.1　图像像素值与频率的关系

不同频率的信息在图像结构中有不同的作用。图像的主要成分是低频信息，它形成了图像的基本灰度等级，对图像结构的决定作用较小；中频信息决定了图像的基本结构，形成了图像的主要边缘结构；高频信息形成了图像的边缘和细节，是在中频信息上对图像内容的进一步强化。如何理解图像中的频率信息呢？图像的频率是表征图像中灰度变化剧烈程度的指标，是灰度在平面空间上的梯度。例如，大面积的沙漠在图像中是一片灰度变化缓慢的区域，对应的频率值很低；而对于地表属性变换剧烈的边缘区域在图像中是一片灰度变化剧烈的区域，对应的频率值较高。所谓低频信息，是指那些颜色变化、起伏较小的区域，而高频信息，是指那些颜色变化、起伏较大的区域，比如，一块区域中，如果红、白、黑之间过渡非常快，就说明这部分的频率较高，而那些纯色区域则频率很低。

在二维傅里叶变换中,二维图靠近中心的位置为高频信息,而靠近四周的位置为低频信息。由于低频信息比高频信息重要,因此需要将傅里叶变换的结果图进行居中变换,将低频信息集中至中间,将高频信息分散到四周,这样操作可以方便后续的其他频率域滤波的使用。居中变换原理如图 6-4 所示。

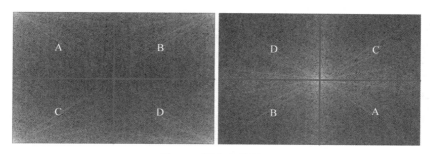

图 6-4　居中变换原理

C++ 示例代码 6-5:二维傅里叶变换后的低频信息居中

```cpp
void dftshift(double*** src, const int &u, const int &v){
    for (int i = 0; i < u / 2; i++){
        for (int j = 0; j < v / 2; j++){
            swap(src[i][j][0], src[u / 2 + i][v / 2 + j][0]);
            swap(src[i][j][1], src[u / 2 + i][v / 2 + j][1]);
            swap(src[i + u / 2][j][0], src[i][v / 2 + j][0]);
            swap(src[i + u / 2][j][1], src[i][v / 2 + j][1]);
        }
    }
}
```

对图像而言,图像的边缘部分是突变部分,变化较快,因此,反映在频域上是高频分量;图像的噪声大部分情况下是高频部分;图像平缓变化部分则为低频分量。也就是说,傅里叶变换提供另外一个角度来观察图像,可以将图像从灰度分布转化到频率分布上来观察图像的特征。

图像进行二维傅里叶变换得到频谱图,就是图像梯度的分布图,当然频谱图上的各点与图像上的各点并不存在一一对应的关系,即使在不移频的情况下也不存在这样的对应关系。从傅里叶频谱图上我们看到的明暗不一的亮点,实际上是图像中某一点与邻域点差异的强弱,即梯度的大小,即该点频率的大小,可以理解为,图像中的低频部分指低梯度的点,高频部分则相反。

C++ 示例代码 6-6:二维傅里叶变换示例

```cpp
void CFgImage::DFT_Center(CFgImage& dftImg, CFgImage &idftImg){
    double ***b = new3DType<double>(this->m_height, this->m_width, 2);
    double ***g = new3DType<double>(this->m_height, this->m_width, 2);
```

```
double ***r = new3DType<double>(this->m_height, this->m_width, 2);
double **dst_b = new2DType<double>(this->m_height, this->m_width);
double **dst_g = new2DType<double>(this->m_height, this->m_width);
double **dst_r = new2DType<double>(this->m_height, this->m_width);
double ***dft_b = new3DType<double>(this->m_height, this->m_width, 2);
double ***dft_g = new3DType<double>(this->m_height, this->m_width, 2);
double ***dft_r = new3DType<double>(this->m_height, this->m_width, 2);
double **dft_b_norm = new2DType<double>(this->m_height, this->m_width);
double **dft_g_norm = new2DType<double>(this->m_height, this->m_width);
double **dft_r_norm = new2DType<double>(this->m_height, this->m_width);
for (int row = 0; row < this->m_height; row++){
    for (int col = 0; col < this->m_width; col++){
        BYTE * p = m_pBmpBuf + row * m_widthStep + col * 3;
        b[row][col][0] = * p;
        g[row][col][0] = * (p + 1);
        r[row][col][0] = * (p + 2);
    }
}
dft2(b, dft_b, this->m_height, this->m_width);
dft2(g, dft_g, this->m_height, this->m_width);
dft2(r, dft_r, this->m_height, this->m_width);
real_normal_minmax(dft_b, dft_b_norm, this->m_height, this->m_width);
real_normal_minmax(dft_g, dft_g_norm, this->m_height, this->m_width);
real_normal_minmax(dft_r, dft_r_norm, this->m_height, this->m_width);
for (int row = 0; row < this->m_height; row++){
    for (int col = 0; col < this->m_width; col++){
        BYTE * p = dftImg.m_pBmpBuf + row * dftImg.m_widthStep + col * 3;
        * p = dft_b_norm[row][col] * 255;
        * (p + 1) = dft_g_norm[row][col] * 255;
        * (p + 2) = dft_r_norm[row][col] * 255;
    }
}
dftshift(dft_b, this->m_height, this->m_width);
dftshift(dft_g, this->m_height, this->m_width);
dftshift(dft_r, this->m_height, this->m_width);
real_normal_minmax(dft_b, dst_b, this->m_height, this->m_width);
real_normal_minmax(dft_g, dst_g, this->m_height, this->m_width);
real_normal_minmax(dft_r, dst_r, this->m_height, this->m_width);
for (int row = 0; row < this->m_height; row++){
    for (int col = 0; col < this->m_width; col++){
        BYTE * p = idftImg.m_pBmpBuf + row * idftImg.m_widthStep + col * 3;
        * p = dst_b[row][col] * 255;
        * (p + 1) = dst_g[row][col] * 255;
```

```
                    * (p + 2) = dst_r[row][col] * 255;
        }
    }
    delete[] b;
    delete[] g;
    delete[] r;
    delete[] dft_b;
    delete[] dft_g;
    delete[] dft_r;
    delete[] dst_b;
    delete[] dst_g;
    delete[] dst_r;
    delete[] dft_b_norm;
    delete[] dft_g_norm;
    delete[] dft_r_norm;
}
```

用傅里叶变换可以得到图像的频谱图，示例如图 6-5 所示。

图 6-5　二维离散傅里叶变换示例

6.2.2　频率域图像滤波的步骤

如图 6-6 所示,常规的图像滤波的基本步骤为:①将图像转换为浮点图像;②为图像填充边框;③进行傅里叶变换;④频率域滤波操作;⑤傅里叶逆变换;⑥后处理;⑦将浮点图像转回 RGB 图像。

图 6-6　频率域图像滤波处理步骤

由线性系统理论可知,在某种条件下,向线性系统输入一个脉冲,可以完全表征该系统。使用本章开发技术时,线性系统的响应(包括对脉冲的响应)也是有限的。如果该线性系统是一个滤波器,那么可以通过观察它对脉冲的响应确定该滤波器。以这种方式确定滤波器成为有限脉冲响应滤波器。频率域滤波器分类如图 6-7 所示。

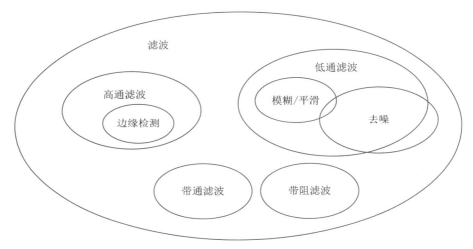

图 6-7　频率域滤波器分类

◈ 6.3　频率域平滑(低通)滤波器

低通滤波器是容许低于某个频率的信号通过,而高于该频率的信号不能通过的电子滤波装置,这个频率称为截止频率。对于不同的滤波器而言,每个频率的信号的强弱程度不同。当使用在音频应用时,它有时被称为高频剪切滤波器,或高音消除滤波器。低通滤波器在信号处理中的作用等同其他领域(如金融领域)中移动平均数所起的作用。

低通滤波器概念有许多不同的形式,如电子线路(如音频设备中使用的 hiss 滤波器)、平滑数据的数字算法、音障、图像模糊处理等,它们都通过剔除短期波动、保留长期发展趋势提供信号的平滑形式。

6.3.1　理想低通滤波器

理想低通滤波器具有如下的传递函数。

$$H(u,v) = \begin{cases} 1, & D(u,v) \leqslant D_0 \\ 0, & 其他 \end{cases} \tag{6-12}$$

$$D(u,v) = \left[\left(u - \frac{M}{2}\right)^2 + \left(v - \frac{N}{2}\right)^2 \right]^{\frac{1}{2}} \tag{6-13}$$

其中，D_0 为正数，$D(u,v)$ 为点 (u,v) 到滤波中心的距离，在本章接下来的描述中，将不再重复 D_0 和 D 的定义。满足 $D(u,v) = D_0$ 的点的轨迹为一个圆。若滤波器 $H(u,v)$ 乘以一幅图像的傅里叶变换，我们会看到一个理想滤波器会切断（乘以 0）该圆之外的所有 $F(u,v)$ 分量，而保留圆上和圆内的所有分量不变（乘以 1）。虽然这个滤波器不能用电子元件以类似的形式实现，但的确可以在计算机中用前述传递函数来仿真。在解释诸如振铃和折叠误差等现象时，理想滤波器的特性通常很有用。

C++ 示例代码 6-7：理想低通滤波器

```
void ideal_lbrf_kernel(double ***src, double ***dst,const int &u,const int &v,
float sigma){
    for (int i = 0; i < u; i++){
        for (int j = 0; j < v; j++){
            double d = sqrt(pow(i - u * 1.0 / 2, 2) + pow(j - v * 1.0 / 2, 2));
            if (d <= sigma){
                dst[i][j][0] = src[i][j][0];
                dst[i][j][1] = src[i][j][1];
            }
            else{
                dst[i][j][0] = 0;
                dst[i][j][1] = 0;
            }
        }
    }
}
```

计算实例：设图像 $f(x,y)$ 如下。

1	7	8	9
5	2	6	7
3	4	7	8
2	1	4	7

经傅里叶变换（居中处理）后得

$-9+4.89e-14j$	$-8+5j$	$13+1.26e-13j$	$-8-5j$
$-5+4j$	$-4+3j$	$3+6j$	$-2-j$
$-9+3.98e-13j$	$-14-17j$	81	$-14+17j$
$-5-4j$	$-2+1j$	$3-6j$	$-4-3j$

理想低通滤波计算：根据式(6-12)计算 $Q(u,v)$。

$$Q(u,v) = F(u,v) * H(u,v)$$

其中，D_0 为 2。

将计算结果填入如下矩阵：

$Q(0,0)$	$Q(0,1)$	$Q(0,2)$	$Q(0,3)$
$Q(1,0)$	$Q(1,1)$	$Q(1,2)$	$Q(1,3)$
$Q(2,0)$	$Q(2,1)$	$Q(2,2)$	$Q(2,3)$
$Q(3,0)$	$Q(3,1)$	$Q(3,2)$	$Q(3,3)$

得出理想低通滤波器过滤后的矩阵：

0	0	$13+1.26e-13j$	0
0	$-4+3j$	$3+6j$	$-2-j$
$-9+3.98e-13j$	$-14-17j$	81	$-14+17j$
0	$-2+1j$	$3-6j$	$-4-3j$

C++ 示例代码 6-8：理想低通滤波器计算示例

```cpp
void CFgImage::Ideal_lbrf(CFgImage &dftImg, CFgImage &idftImg){
    double ***b = new3DType<double>(this->m_height, this->m_width, 2);
    double ***g = new3DType<double>(this->m_height, this->m_width, 2);
    double ***r = new3DType<double>(this->m_height, this->m_width, 2);
    double ***dst_b = new3DType<double>(this->m_height, this->m_width, 2);
    double ***dst_g = new3DType<double>(this->m_height, this->m_width, 2);
    double ***dst_r = new3DType<double>(this->m_height, this->m_width, 2);
    double **dft_b_norm = new2DType<double>(this->m_height, this->m_width);
    double **dft_g_norm = new2DType<double>(this->m_height, this->m_width);
    double **dft_r_norm = new2DType<double>(this->m_height, this->m_width);
    double ***dft_b = new3DType<double>(this->m_height, this->m_width, 2);
    double ***dft_g = new3DType<double>(this->m_height, this->m_width, 2);
    double ***dft_r = new3DType<double>(this->m_height, this->m_width, 2);
    for (int row = 0; row < this->m_height; row++){
        for (int col = 0; col < this->m_width; col++){
            BYTE * p = m_pBmpBuf + row * m_widthStep + col * 3;
```

```
                    b[row][col][0] = * p;
                    g[row][col][0] = * (p + 1);
                    r[row][col][0] = * (p + 2);
            }
    }
    dft2(b, dft_b, this->m_height, this->m_width);
    dft2(g, dft_g, this->m_height, this->m_width);
    dft2(r, dft_r, this->m_height, this->m_width);
    dftshift(dft_b, this->m_height, this->m_width);
    dftshift(dft_g, this->m_height, this->m_width);
    dftshift(dft_r, this->m_height, this->m_width);
    ideal_lbrf_kernel(dft_b, dft_b, this->m_height, this->m_width, 10);
    ideal_lbrf_kernel(dft_g, dft_g, this->m_height, this->m_width, 10);
    ideal_lbrf_kernel(dft_r, dft_r, this->m_height, this->m_width, 10);
    real_normal_minmax(dft_b, dft_b_norm, this->m_height, this->m_width);
    real_normal_minmax(dft_g, dft_g_norm, this->m_height, this->m_width);
    real_normal_minmax(dft_r, dft_r_norm, this->m_height, this->m_width);
    for (int row = 0; row < this->m_height; row++){
        for (int col = 0; col < this->m_width; col++){
            BYTE * p = dftImg.m_pBmpBuf + row * dftImg.m_widthStep + col * 3;
            * p = dft_b_norm[row][col] * 255;
            * (p + 1) = dft_g_norm[row][col] * 255;
            * (p + 2) = dft_r_norm[row][col] * 255;
        }
    }
    dftshift(dft_b, this->m_height, this->m_width);
    dftshift(dft_g, this->m_height, this->m_width);
    dftshift(dft_r, this->m_height, this->m_width);
    idft2(dft_b, dst_b, this->m_height, this->m_width);
    idft2(dft_g, dst_g, this->m_height, this->m_width);
    idft2(dft_r, dst_r, this->m_height, this->m_width);
    for (int row = 0; row < this->m_height; row++){
        for (int col = 0; col < this->m_width; col++){
            BYTE * p = idftImg.m_pBmpBuf + row * idftImg.m_widthStep + col * 3;
            * p = dst_b[row][col][0];
            * (p + 1) = dst_g[row][col][0];
            * (p + 2) = dst_r[row][col][0];
        }
    }
    delete[] b;
    delete[] g;
    delete[] r;
    delete[] dft_b;
```

```
    delete[] dft_g;
    delete[] dft_r;
    delete[] dst_b;
    delete[] dst_g;
    delete[] dst_r;
    delete[] dft_b_norm;
    delete[] dft_g_norm;
    delete[] dft_r_norm;
}
```

利用上述代码实现的理想低通滤波器结果如图 6-8 所示。

图 6-8　理想低通滤波器结果

6.3.2　巴特沃斯低通滤波器

巴特沃斯滤波器(Butterworth filter)是电子滤波器的一种,也称为最大平坦滤波器。巴特沃斯滤波器的特点是通频带内的频率响应曲线最大限度平坦,没有起伏,而在阻频带则逐渐下降为零。在振幅的对数对角频率的波特图上,从某一边界角频率开始,振幅随着角频率的增加而逐步减少,趋向负无穷大。

一阶巴特沃斯滤波器的衰减率为每倍频 6dB,每十倍频 20dB;二阶巴特沃斯滤波器的衰减率为每倍频 12dB;三阶巴特沃斯滤波器的衰减率为每倍频 18dB;以此类推。巴特沃斯滤波器的振幅对角频率单调下降,并且也是唯一的。无论什么阶数,振幅对角频率曲线都保持同样的形状。但滤波器阶数越高,在阻频带的振幅衰减速度越快。其他滤波器高阶的振幅对角频率图和低阶的振幅对角频率图具有不同的形状。

n 阶巴特沃斯低通滤波器公式如下。

$$H(u,v)=\frac{1}{1+\left[D(u,v)/D_0\right]^{2n}} \tag{6-14}$$

C++ 示例代码 6-9:巴特沃斯低通滤波器

```cpp
void Butterworth_kernel(double*** src, double ***dst,const int &rows,const int
&cols,const float &sigma,const int &n){
    for (int i = 0; i < rows; i++){
        for (int j = 0; j < cols; j++){
            double d = sqrt(pow(i - rows * 1.0 / 2, 2) + pow((j - cols * 1.0 / 2), 2));
            double w = 1 / (1 + pow(d / sigma, 2 * n));
            dst[i][j][0] = w * src[i][j][0];
            dst[i][j][1] = w * src[i][j][1];
        }
    }
}
```

C++ 示例代码 6-10:巴特沃斯低通滤波器应用示例

```cpp
void CFgImage::Butterworth(CFgImage &dftImg, CFgImage &idftImg){
    double ***b = new3DType<double>(this->m_height, this->m_width, 2);
    double ***g = new3DType<double>(this->m_height, this->m_width, 2);
    double ***r = new3DType<double>(this->m_height, this->m_width, 2);
    double ***dst_b = new3DType<double>(this->m_height, this->m_width, 2);
    double ***dst_g = new3DType<double>(this->m_height, this->m_width, 2);
    double ***dst_r = new3DType<double>(this->m_height, this->m_width, 2);
    double **dft_b_norm = new2DType<double>(this->m_height, this->m_width);
    double **dft_g_norm = new2DType<double>(this->m_height, this->m_width);
    double **dft_r_norm = new2DType<double>(this->m_height, this->m_width);
    double ***dft_b = new3DType<double>(this->m_height, this->m_width, 2);
    double ***dft_g = new3DType<double>(this->m_height, this->m_width, 2);
    double ***dft_r = new3DType<double>(this->m_height, this->m_width, 2);
    for (int row = 0; row < this->m_height; row++){
        for (int col = 0; col < this->m_width; col++){
            BYTE * p = m_pBmpBuf + row * m_widthStep + col * 3;
            b[row][col][0] = * p;
            g[row][col][0] = * (p + 1);
            r[row][col][0] = * (p + 2);
        }
    }
```

```cpp
dft2(b, dft_b, this->m_height, this->m_width);
dft2(g, dft_g, this->m_height, this->m_width);
dft2(r, dft_r, this->m_height, this->m_width);
dftshift(dft_b, this->m_height, this->m_width);
dftshift(dft_g, this->m_height, this->m_width);
dftshift(dft_r, this->m_height, this->m_width);
Butterworth_kernel(dft_b, dft_b, this->m_height, this->m_width, 10, 10);
Butterworth_kernel(dft_g, dft_g, this->m_height, this->m_width, 10, 10);
Butterworth_kernel(dft_r, dft_r, this->m_height, this->m_width, 10, 10);
real_normal_minmax(dft_b, dft_b_norm, this->m_height, this->m_width);
real_normal_minmax(dft_g, dft_g_norm, this->m_height, this->m_width);
real_normal_minmax(dft_r, dft_r_norm, this->m_height, this->m_width);
for (int row = 0; row < this->m_height; row++){
    for (int col = 0; col < this->m_width; col++){
        BYTE * p = dftImg.m_pBmpBuf + row * dftImg.m_widthStep + col * 3;
        * p = dft_b_norm[row][col] * 255;
        * (p + 1) = dft_g_norm[row][col] * 255;
        * (p + 2) = dft_r_norm[row][col] * 255;
    }
}
dftshift(dft_b, this->m_height, this->m_width);
dftshift(dft_g, this->m_height, this->m_width);
dftshift(dft_r, this->m_height, this->m_width);
idft2(dft_b, dst_b, this->m_height, this->m_width);
idft2(dft_g, dst_g, this->m_height, this->m_width);
idft2(dft_r, dst_r, this->m_height, this->m_width);
for (int row = 0; row < this->m_height; row++){
    for (int col = 0; col < this->m_width; col++){
        BYTE * p = idftImg.m_pBmpBuf + row * idftImg.m_widthStep + col * 3;
        * p = dst_b[row][col][0];
        * (p + 1) = dst_g[row][col][0];
        * (p + 2) = dst_r[row][col][0];
    }
}
delete[] b;
delete[] g;
delete[] r;
delete[] dft_b;
delete[] dft_g;
delete[] dft_r;
delete[] dst_b;
delete[] dst_g;
delete[] dst_r;
```

```
    delete[] dft_b_norm;
    delete[] dft_g_norm;
    delete[] dft_r_norm;
}
```

利用上述代码实现的巴特沃斯低通滤波器结果如图 6-9 所示。

图 6-9　巴特沃斯低通滤波器结果

6.3.3　高斯低通滤波器

高斯低通滤波有频率域和时间域两类，它们用于光滑图像时，可以卷积，也可以相乘。

高斯滤波器宽度（决定着平滑程度）是由参数 σ 表征的，而且 σ 和平滑程度的关系非常简单。σ 越大，高斯滤波器的频带越宽，平滑程度越好。通过调节平滑程度参数 σ，可在图像特征过分模糊（过平滑）与平滑图像中由于噪声和细纹理所引起的过多的不希望突变量（欠平滑）之间取得折中。

二维高斯低通滤波器定义如下。

$$H(u,v) = e^{-\frac{D^2(u,v)}{2D_0^2}} \tag{6-15}$$

C++ 示例代码 6-11：高斯低通滤波器

```
void glpf_kernel(double*** src, double ***dst, const int &rows, const int
&cols, const float &sigma){
```

```
    for (int i = 0; i < rows; i++){
        for (int j = 0; j < cols; j++){
            double d = pow(i - rows * 1.0 / 2, 2) + pow((j - cols * 1.0 / 2), 2);
            double w = exp(-d / (2 * sigma * sigma));
            dst[i][j][0] = w * src[i][j][0];
            dst[i][j][1] = w * src[i][j][1];
        }
    }
}
```

C++ 示例代码 6-12：高斯低通滤波器应用示例

```
void CFgImage::glpf(CFgImage &dftImg, CFgImage &idftImg){
    double ***b = new3DType<double>(this->m_height, this->m_width, 2);
    double ***g = new3DType<double>(this->m_height, this->m_width, 2);
    double ***r = new3DType<double>(this->m_height, this->m_width, 2);
    double ***dst_b = new3DType<double>(this->m_height, this->m_width, 2);
    double ***dst_g = new3DType<double>(this->m_height, this->m_width, 2);
    double ***dst_r = new3DType<double>(this->m_height, this->m_width, 2);
    double **dft_b_norm = new2DType<double>(this->m_height, this->m_width);
    double **dft_g_norm = new2DType<double>(this->m_height, this->m_width);
    double **dft_r_norm = new2DType<double>(this->m_height, this->m_width);
    double ***dft_b = new3DType<double>(this->m_height, this->m_width, 2);
    double ***dft_g = new3DType<double>(this->m_height, this->m_width, 2);
    double ***dft_r = new3DType<double>(this->m_height, this->m_width, 2);
    for (int row = 0; row < this->m_height; row++){
        for (int col = 0; col < this->m_width; col++){
            BYTE * p = m_pBmpBuf + row * m_widthStep + col * 3;
            b[row][col][0] = * p;
            g[row][col][0] = * (p + 1);
            r[row][col][0] = * (p + 2);
        }
    }
    dft2(b, dft_b, this->m_height, this->m_width);
    dft2(g, dft_g, this->m_height, this->m_width);
    dft2(r, dft_r, this->m_height, this->m_width);
    dftshift(dft_b, this->m_height, this->m_width);
    dftshift(dft_g, this->m_height, this->m_width);
    dftshift(dft_r, this->m_height, this->m_width);
    glpf_kernel(dft_b, dft_b, this->m_height, this->m_width, 10);
    glpf_kernel(dft_g, dft_g, this->m_height, this->m_width, 10);
    glpf_kernel(dft_r, dft_r, this->m_height, this->m_width, 10);
```

```
real_normal_minmax(dft_b, dft_b_norm, this->m_height, this->m_width);
real_normal_minmax(dft_g, dft_g_norm, this->m_height, this->m_width);
real_normal_minmax(dft_r, dft_r_norm, this->m_height, this->m_width);
for (int row = 0; row < this->m_height; row++){
    for (int col = 0; col < this->m_width; col++){
        BYTE * p = dftImg.m_pBmpBuf + row * dftImg.m_widthStep + col * 3;
        * p = dft_b_norm[row][col] * 255;
        * (p + 1) = dft_g_norm[row][col] * 255;
        * (p + 2) = dft_r_norm[row][col] * 255;
    }
}
dftshift(dft_b, this->m_height, this->m_width);
dftshift(dft_g, this->m_height, this->m_width);
dftshift(dft_r, this->m_height, this->m_width);
idft2(dft_b, dst_b, this->m_height, this->m_width);
idft2(dft_g, dst_g, this->m_height, this->m_width);
idft2(dft_r, dst_r, this->m_height, this->m_width);
for (int row = 0; row < this->m_height; row++){
    for (int col = 0; col < this->m_width; col++){
        BYTE * p = idftImg.m_pBmpBuf + row * idftImg.m_widthStep + col * 3;
        * p = dst_b[row][col][0];
        * (p + 1) = dst_g[row][col][0];
        * (p + 2) = dst_r[row][col][0];
    }
}
delete[] b;
delete[] g;
delete[] r;
delete[] dft_b;
delete[] dft_g;
delete[] dft_r;
delete[] dst_b;
delete[] dst_g;
delete[] dst_r;
delete[] dft_b_norm;
delete[] dft_g_norm;
delete[] dft_r_norm;
}
```

利用上述代码实现的高斯低通滤波结果如图 6-10 所示。

图 6-10　高斯低通滤波结果

◆ 6.4　频率域锐化(高通)滤波器

高通滤波器是一种让某一频率以上的信号分量通过,而对该频率以下的信号分量大大抑制的电容、电感与电阻等器件的组合装置,又称低截止滤波器或低阻滤波器,是一种允许高于截止频率的频率通过、而大大衰减较低频率的一种滤波器,它去掉了信号中不必要的低频成分,或者说去掉了低频干扰。其特性在时域及频域中可分别用冲激响应及频率响应描述,后者是用以频率为自变量的函数表示,一般情况下,它是以复变量 jω 为自变量的复变函数,用 $H(j\omega)$ 表示。它的模 $H(\omega)$ 和幅角 $\varphi(\omega)$ 为角频率 ω 的函数,分别称为系统的"幅频响应"和"相频响应",代表激励源中不同频率的信号成分通过该系统时所遇到的幅度变化和相位变化。可以证明,系统的"频率响应"就是该系统"冲激响应"的傅里叶变换。当线性无源系统可以用一个 N 阶线性微分方程表示时,频率响应 $H(j\omega)$ 为一个有理分式,它的分子和分母分别与微分方程的右边和左边对应。

可以直接通过低通滤波器通用公式变换,得到相应的高通滤波器,具体如下。

$$H_{hp}(u,v) = 1 - H_{lp}(u,v) \tag{6-16}$$

6.4.1　理想高通滤波器

高通滤波与低通滤波正好相反,是频域图像的高频部分通过而低频部分被抑制。在图像中,边缘部分对应高频分量,因此,高通滤波的效果是图像锐化,即保留或增强边缘部分而弱化平坦部分。最简单的高通滤波器是理想高通滤波器。通过设置一个频率阈值,使高于该阈值的频率部分通过,而将低于阈值的低频部分设置为 0。

公式如下。

$$H(u,v)=\begin{cases}0, & D(u,v)\leqslant D_0 \\ 1, & \text{其他}\end{cases} \tag{6-17}$$

C++ 示例代码 6-13:理想高通滤波器

```cpp
void vtkImageIdealHighPass(double*** src, double ***dst, const int &rows,
const int &cols, const float &sigma){
    for (int i = 0; i < rows; i++){
        for (int j = 0; j < cols; j++){
            double d = sqrt(pow(i - rows * 1.0 / 2, 2) + pow((j - cols * 1.0 / 2), 2));
            if (d <= sigma){
                dst[i][j][0] = 0;
                dst[i][j][1] = 0;
            }
            else{
                dst[i][j][0] = src[i][j][0];
                dst[i][j][1] = src[i][j][1];
            }
        }
    }
}
```

应用举例:设图像 $f(x,y)$ 如下。

1	7	8	9
5	2	6	7
3	4	7	8
2	1	4	7

经傅里叶变换后得

$-9+4.89e-14j$	$-8+5j$	$13+1.26e-13j$	$-8-5j$
$-5+4j$	$-4+3j$	$3+6j$	$-2-j$
$-9+3.98e-13j$	$-14-17j$	81	$-14+17j$
$-5-4j$	$-2+1j$	$3-6j$	$-4-3j$

理想高通滤波计算:根据式(6-17)计算 $Q(u,v)$:

$$Q(u,v)=F(u,v)*(1-H(u,v))$$

其中,$D_0 = 2$。

将计算结果填入如下矩阵:

$Q(0,0)$	$Q(0,1)$	$Q(0,2)$	$Q(0,3)$
$Q(1,0)$	$Q(1,1)$	$Q(1,2)$	$Q(1,3)$
$Q(2,0)$	$Q(2,1)$	$Q(2,2)$	$Q(2,3)$
$Q(3,0)$	$Q(3,1)$	$Q(3,2)$	$Q(3,3)$

经理想高通滤波器后得

$-9+4.89e-14j$	$-8+5j$	0	$-8-5j$
$-5+4j$	0	0	0
0	0	0	0
$-5-4j$	0	0	0

C++ 示例代码 6-14:理想高通滤波器应用举例

```cpp
void CFgImage::ImageIdealHighPass(CFgImage &dftImg, CFgImage &idftImg){
    double ***b = new3DType<double>(this->m_height, this->m_width, 2);
    double ***g = new3DType<double>(this->m_height, this->m_width, 2);
    double ***r = new3DType<double>(this->m_height, this->m_width, 2);
    double ***dst_b = new3DType<double>(this->m_height, this->m_width, 2);
    double ***dst_g = new3DType<double>(this->m_height, this->m_width, 2);
    double ***dst_r = new3DType<double>(this->m_height, this->m_width, 2);
    double **dft_b_norm = new2DType<double>(this->m_height, this->m_width);
    double **dft_g_norm = new2DType<double>(this->m_height, this->m_width);
    double **dft_r_norm = new2DType<double>(this->m_height, this->m_width);
    double ***dft_b = new3DType<double>(this->m_height, this->m_width, 2);
    double ***dft_g = new3DType<double>(this->m_height, this->m_width, 2);
    double ***dft_r = new3DType<double>(this->m_height, this->m_width, 2);
    for (int row = 0; row < this->m_height; row++){
        for (int col = 0; col < this->m_width; col++){
            BYTE *p = m_pBmpBuf + row * m_widthStep + col * 3;
            b[row][col][0] = *p;
            g[row][col][0] = *(p + 1);
            r[row][col][0] = *(p + 2);
        }
    }
    dft2(b, dft_b, this->m_height, this->m_width);
    dft2(g, dft_g, this->m_height, this->m_width);
    dft2(r, dft_r, this->m_height, this->m_width);
    dftshift(dft_b, this->m_height, this->m_width);
```

```
dftshift(dft_g, this->m_height, this->m_width);
dftshift(dft_r, this->m_height, this->m_width);
vtkImageIdealHighPass(dft_b, dft_b, this->m_height, this->m_width, 20);
vtkImageIdealHighPass(dft_g, dft_g, this->m_height, this->m_width, 20);
vtkImageIdealHighPass(dft_r, dft_r, this->m_height, this->m_width, 20);
real_normal_minmax(dft_b, dft_b_norm, this->m_height, this->m_width);
real_normal_minmax(dft_g, dft_g_norm, this->m_height, this->m_width);
real_normal_minmax(dft_r, dft_r_norm, this->m_height, this->m_width);
for (int row = 0; row < this->m_height; row++){
    for (int col = 0; col < this->m_width; col++){
        BYTE * p = dftImg.m_pBmpBuf + row * dftImg.m_widthStep + col * 3;
        * p = dft_b_norm[row][col] * 255;
        * (p + 1) = dft_g_norm[row][col] * 255;
        * (p + 2) = dft_r_norm[row][col] * 255;
    }
}
dftshift(dft_b, this->m_height, this->m_width);
dftshift(dft_g, this->m_height, this->m_width);
dftshift(dft_r, this->m_height, this->m_width);
idft2(dft_b, dst_b, this->m_height, this->m_width);
idft2(dft_g, dst_g, this->m_height, this->m_width);
idft2(dft_r, dst_r, this->m_height, this->m_width);
for (int row = 0; row < this->m_height; row++){
    for (int col = 0; col < this->m_width; col++){
        BYTE * p = idftImg.m_pBmpBuf + row * idftImg.m_widthStep + col * 3;
        * p = dst_b[row][col][0];
        * (p + 1) = dst_g[row][col][0];
        * (p + 2) = dst_r[row][col][0];
    }
}
delete[] b;
delete[] g;
delete[] r;
delete[] dft_b;
delete[] dft_g;
delete[] dft_r;
delete[] dst_b;
delete[] dst_g;
delete[] dst_r;
delete[] dft_b_norm;
delete[] dft_g_norm;
delete[] dft_r_norm;
}
```

利用上述代码实现的理想高通滤波结果如图 6-11 所示。

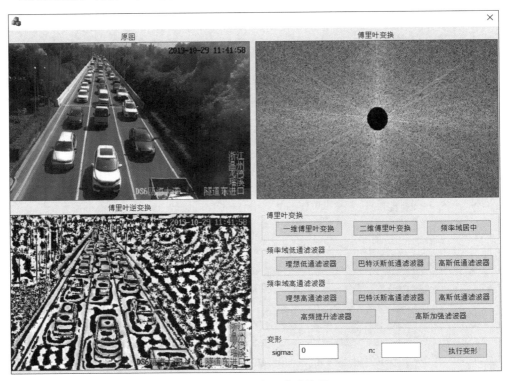

图 6-11　理想高通滤波结果

6.4.2　巴特沃斯高通滤波器

理想高通滤波器不能通过电子元器件实现,而且会存在振铃现象。在实际应用中,最常使用的高通滤波器是巴特沃斯高通滤波器。该滤波器的传递函数是

$$H(u,v) = \frac{1}{1 + \left[D_0 / D(u,v) \right]^{2n}} \tag{6-18}$$

C++ 示例代码 6-15：巴特沃斯高通滤波器

```
void vtkImageButterworthHighPass (double *** src, double ***dst, const int
&rows, const int &cols, const float &sigma, const int &n) {
    for (int i = 0; i < rows; i++) {
        for (int j = 0; j < cols; j++) {
            double d = sqrt(pow(i - rows * 1.0 / 2, 2) + pow((j - cols * 1.0 / 2), 2));
            double w = 1 - 1 / (1 + pow(d / sigma, 2 * n));
            dst[i][j][0] = w * src[i][j][0];
            dst[i][j][1] = w * src[i][j][1];
        }
    }
}
```

C++ 示例代码 6-16：巴特沃斯高通滤波器应用示例

```cpp
void CFgImage:: ImageButterworthHighPass ( CFgImage  &dftImg,  CFgImage
&idftImg){
    double ***b = new3DType<double>(this->m_height, this->m_width, 2);
    double ***g = new3DType<double>(this->m_height, this->m_width, 2);
    double ***r = new3DType<double>(this->m_height, this->m_width, 2);
    double ***dst_b = new3DType<double>(this->m_height, this->m_width, 2);
    double ***dst_g = new3DType<double>(this->m_height, this->m_width, 2);
    double ***dst_r = new3DType<double>(this->m_height, this->m_width, 2);
    double **dft_b_norm = new2DType< double > (this->m_
width);
    double **dft_g_norm = new2DType< double > (this->m_height, this->m_
width);
    double **dft_r_norm = new2DType< double > (this->m_height, this->m_
width);
    double ***dft_b = new3DType<double>(this->m_height, this->m_width, 2);
    double ***dft_g = new3DType<double>(this->m_height, this->m_width, 2);
    double ***dft_r = new3DType<double>(this->m_height, this->m_width, 2);
    for (int row = 0; row < this->m_height; row++){
        for (int col = 0; col < this->m_width; col++){
            BYTE * p = m_pBmpBuf + row * m_widthStep + col * 3;
            b[row][col][0] = * p;
            g[row][col][0] = * (p + 1);
            r[row][col][0] = * (p + 2);
        }
    }
    dft2(b, dft_b, this->m_height, this->m_width);
    dft2(g, dft_g, this->m_height, this->m_width);
    dft2(r, dft_r, this->m_height, this->m_width);
    dftshift(dft_b, this->m_height, this->m_width);
    dftshift(dft_g, this->m_height, this->m_width);
    dftshift(dft_r, this->m_height, this->m_width);
    vtkImageButterworthHighPass(dft_b, dft_b, this->m_height, this->m_
width, 70,30);
    vtkImageButterworthHighPass(dft_g, dft_g, this->m_height, this->m_
width, 70,30);
    vtkImageButterworthHighPass(dft_r, dft_r, this->m_height, this->m_
width, 70,30);
    real_normal_minmax(dft_b, dft_b_norm, this->m_height, this->m_width);
    real_normal_minmax(dft_g, dft_g_norm, this->m_height, this->m_width);
    real_normal_minmax(dft_r, dft_r_norm, this->m_height, this->m_width);
```

```
for (int row = 0; row < this->m_height; row++){
    for (int col = 0; col < this->m_width; col++){
        BYTE * p = dftImg.m_pBmpBuf + row * dftImg.m_widthStep + col * 3;
        * p = dft_b_norm[row][col] * 255;
        * (p + 1) = dft_g_norm[row][col] * 255;
        * (p + 2) = dft_r_norm[row][col] * 255;
    }
}
dftshift(dft_b, this->m_height, this->m_width);
dftshift(dft_g, this->m_height, this->m_width);
dftshift(dft_r, this->m_height, this->m_width);
idft2(dft_b, dst_b, this->m_height, this->m_width);
idft2(dft_g, dst_g, this->m_height, this->m_width);
idft2(dft_r, dst_r, this->m_height, this->m_width);
for (int row = 0; row < this->m_height; row++){
    for (int col = 0; col < this->m_width; col++){
        BYTE * p = idftImg.m_pBmpBuf + row * idftImg.m_widthStep + col * 3;
        * p = dst_b[row][col][0];
        * (p + 1) = dst_g[row][col][0];
        * (p + 2) = dst_r[row][col][0];
    }
}
delete[] b;
delete[] g;
delete[] r;
delete[] dft_b;
delete[] dft_g;
delete[] dft_r;
delete[] dst_b;
delete[] dst_g;
delete[] dst_r;
delete[] dft_b_norm;
delete[] dft_g_norm;
delete[] dft_r_norm;
}
```

利用上述代码实现的巴特沃斯高通滤波结果如图 6-12 所示。

6.4.3   高斯高通滤波器

高斯高通滤波器得到的结果比前两种滤波器得到的结果更平滑,结果图像中的微小边缘和线条将变得更为清晰。从实验的仿真结果可以看出,不同的滤波器对图像的滤波效果是不同的,它们的共同点是图像在经过高通滤波后,消除了模糊,突出了边缘,使低频

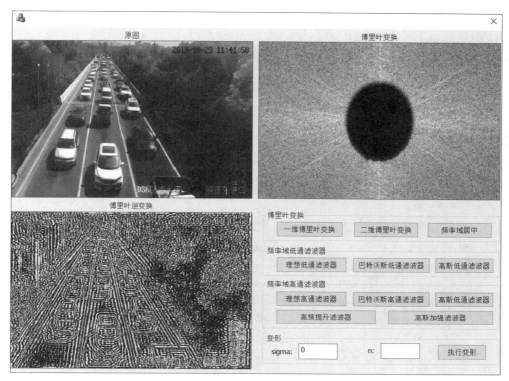

图 6-12　巴特沃斯高通滤波结果

分量得到了抑制,高频分量得到了增强,图像的边缘或线条变得清晰,实现了图像的锐化。但理想高通滤波器出现了明显的振铃现象,即图像边缘有抖动现象;而巴特沃斯滤波器高通效果较好,但是计算复杂,其优点是仅有少量的低频通过,故 $H(u,v)$ 是渐变的,振铃不明显;高斯高通滤波效果比前两者都要好一些,振铃也不明显,但是计算较为复杂。不同的滤波半径和不同的滤波器阶数对图像的滤波效果不同。滤波半径越小,图像的滤波效果越好;滤波器阶数越高,图像的滤波效果越好。

　　高斯高通滤波器如下。

$$H(u,v)=1-\mathrm{e}^{-\frac{D^2(u,v)}{2D_0^2}}\qquad(6\text{-}19)$$

C++ 示例代码 6-17：高斯高通滤波器

```
void vtkGlhf_kernel(double*** src, double ***dst, const int &rows, const int
&cols, const float &sigma){
    for (int i = 0; i < rows; i++){
        for (int j = 0; j < cols; j++){
            double d = pow(i - rows * 1.0 / 2, 2) + pow((j - cols * 1.0 / 2), 2);
            double w = 1 - exp(-d / (2 * sigma * sigma));
            dst[i][j][0] = w * src[i][j][0];
            dst[i][j][1] = w * src[i][j][1];
```

```
            }
        }
}
```

C++ 示例代码 6-18：高斯高通滤波器应用示例

```cpp
void CFgImage::Glhf_kernel(CFgImage &dftImg, CFgImage &idftImg){
    double ***b = new3DType<double>(this->m_height, this->m_width, 2);
    double ***g = new3DType<double>(this->m_height, this->m_width, 2);
    double ***r = new3DType<double>(this->m_height, this->m_width, 2);
    double ***dst_b = new3DType<double>(this->m_height, this->m_width, 2);
    double ***dst_g = new3DType<double>(this->m_height, this->m_width, 2);
    double ***dst_r = new3DType<double>(this->m_height, this->m_width, 2);
    double **dft_b_norm = new2DType<double>(this->m_height, this->m_width);
    double **dft_g_norm = new2DType<double>(this->m_height, this->m_width);
    double **dft_r_norm = new2DType<double>(this->m_height, this->m_width);
    double ***dft_b = new3DType<double>(this->m_height, this->m_width, 2);
    double ***dft_g = new3DType<double>(this->m_height, this->m_width, 2);
    double ***dft_r = new3DType<double>(this->m_height, this->m_width, 2);
    for (int row = 0; row < this->m_height; row++){
        for (int col = 0; col < this->m_width; col++){
            BYTE * p = m_pBmpBuf + row * m_widthStep + col * 3;
            b[row][col][0] = * p;
            g[row][col][0] = * (p + 1);
            r[row][col][0] = * (p + 2);
        }
    }
    dft2(b, dft_b, this->m_height, this->m_width);
    dft2(g, dft_g, this->m_height, this->m_width);
    dft2(r, dft_r, this->m_height, this->m_width);
    dftshift(dft_b, this->m_height, this->m_width);
    dftshift(dft_g, this->m_height, this->m_width);
    dftshift(dft_r, this->m_height, this->m_width);
    vtkGlhf_kernel(dft_b, dft_b, this->m_height, this->m_width, 100);
    vtkGlhf_kernel(dft_g, dft_g, this->m_height, this->m_width, 100);
    vtkGlhf_kernel(dft_r, dft_r, this->m_height, this->m_width, 100);
    real_normal_minmax(dft_b, dft_b_norm, this->m_height, this->m_width);
    real_normal_minmax(dft_g, dft_g_norm, this->m_height, this->m_width);
    real_normal_minmax(dft_r, dft_r_norm, this->m_height, this->m_width);
    for (int row = 0; row < this->m_height; row++){
        for (int col = 0; col < this->m_width; col++){
```

```
            BYTE * p = dftImg.m_pBmpBuf + row * dftImg.m_widthStep + col * 3;
            * p = dft_b_norm[row][col] * 255;
            * (p + 1) = dft_g_norm[row][col] * 255;
            * (p + 2) = dft_r_norm[row][col] * 255;
        }
    }
    dftshift(dft_b, this->m_height, this->m_width);
    dftshift(dft_g, this->m_height, this->m_width);
    dftshift(dft_r, this->m_height, this->m_width);
    idft2(dft_b, dst_b, this->m_height, this->m_width);
    idft2(dft_g, dst_g, this->m_height, this->m_width);
    idft2(dft_r, dst_r, this->m_height, this->m_width);
    for (int row = 0; row < this->m_height; row++){
        for (int col = 0; col < this->m_width; col++){
            BYTE * p = idftImg.m_pBmpBuf + row * idftImg.m_widthStep + col * 3;
            * p = dst_b[row][col][0];
            * (p + 1) = dst_g[row][col][0];
            * (p + 2) = dst_r[row][col][0];
        }
    }
    delete[] b;
    delete[] g;
    delete[] r;
    delete[] dft_b;
    delete[] dft_g;
    delete[] dft_r;
    delete[] dst_b;
    delete[] dst_g;
    delete[] dst_r;
    delete[] dft_b_norm;
    delete[] dft_g_norm;
    delete[] dft_r_norm;
}
```

利用上述代码实现的高斯高通滤波结果如图 6-13 所示。

6.4.4　频率域拉普拉斯算子

对应于时间域中使用二阶微分对图像进行锐化操作,频率域中的拉普拉斯算子如下。

$$H(u,v) = -4\pi^2 D^2 \tag{6-20}$$

由于频率域拉普拉斯算子将频率域信息值整体放大/缩小,因此傅里叶逆变换的结果图需要做归一化才能得到最终的图像。

图 6-13　高斯高通滤波结果

C++ 示例代码 6-19：频率域拉普拉斯算子

```
void lpls_kernel(double*** src, double ***dst, const int &rows, const int
&cols){
    double m = -4 * PI * PI;
    for (int i = 0; i < rows; i++){
        for (int j = 0; j < cols; j++){
            double d = pow(i - rows * 1.0 / 2, 2) + pow(j - cols * 1.0 / 2, 2);
            double w = m * d;
            dst[i][j][0] = w * src[i][j][0];
            dst[i][j][1] = w * src[i][j][1];
        }
    }
}
```

C++ 示例代码 6-20：频率域拉普拉斯算子应用示例

```
void CFgImage::Lpls(CFgImage &dftImg, CFgImage &idftImg){
    int M = this->m_height;
    int N = this->m_width;
```

```
double ***b = new3DType<double>(M, N, 2);
double ***g = new3DType<double>(M, N, 2);
double ***r = new3DType<double>(M, N, 2);
double ***dst_b = new3DType<double>(M, N, 2);
double ***dst_g = new3DType<double>(M, N, 2);
double ***dst_r = new3DType<double>(M, N, 2);
double **dst_b_norm = new2DType<double>(M, N);
double **dst_g_norm = new2DType<double>(M, N);
double **dst_r_norm = new2DType<double>(M, N);
double **dft_b_norm = new2DType<double>(M, N);
double **dft_g_norm = new2DType<double>(M, N);
double **dft_r_norm = new2DType<double>(M, N);
double ***dft_b = new3DType<double>(M, N, 2);
double ***dft_g = new3DType<double>(M, N, 2);
double ***dft_r = new3DType<double>(M, N, 2);
for (int row = 0; row < this->m_height; row++){
    for (int col = 0; col < this->m_width; col++){
        BYTE * p = m_pBmpBuf + row * m_widthStep + col * 3;
        b[row][col][0] = * p;
        g[row][col][0] = * (p + 1);
        r[row][col][0] = * (p + 2);
    }
}
dft2(b, dft_b, M, N);
dft2(g, dft_g, M, N);
dft2(r, dft_r, M, N);
dftshift(dft_b, M, N);
dftshift(dft_g, M, N);
dftshift(dft_r, M, N);
lpls_kernel(dft_b, dft_b, M, N);
lpls_kernel(dft_g, dft_g, M, N);
lpls_kernel(dft_r, dft_r, M, N);
real_normal_minmax(dft_b, dft_b_norm, M, N);
real_normal_minmax(dft_g, dft_g_norm, M, N);
real_normal_minmax(dft_r, dft_r_norm, M, N);
for (int row = 0; row < this->m_height; row++){
    for (int col = 0; col < this->m_width; col++){
        BYTE * p = dftImg.m_pBmpBuf + row * dftImg.m_widthStep + col * 3;
        * p = dft_b_norm[row][col] * 255;
        * (p + 1) = dft_g_norm[row][col] * 255;
        * (p + 2) = dft_r_norm[row][col] * 255;
    }
}
```

```
dftshift(dft_b, M, N);
dftshift(dft_g, M, N);
dftshift(dft_r, M, N);
idft2(dft_b, dst_b, M, N);
idft2(dft_g, dst_g, M, N);
idft2(dft_r, dst_r, M, N);
real_normal_minmax(dst_b, dst_b_norm, this->m_height, this->m_width);
real_normal_minmax(dst_g, dst_g_norm, this->m_height, this->m_width);
real_normal_minmax(dst_r, dst_r_norm, this->m_height, this->m_width);
for (int row = 0; row < this->m_height; row++){
    for (int col = 0; col < this->m_width; col++){
        BYTE * p = idftImg.m_pBmpBuf + row * idftImg.m_widthStep + col * 3;
        * p = dst_b_norm[row][col] * 255;
        * (p + 1) = dst_g_norm[row][col] * 255;
        * (p + 2) = dst_r_norm[row][col] * 255;
    }
}
delete[] b;
delete[] g;
delete[] r;
delete[] dft_b;
delete[] dft_g;
delete[] dft_r;
delete[] dst_b;
delete[] dst_g;
delete[] dst_r;
delete[] dft_b_norm;
delete[] dft_g_norm;
delete[] dft_r_norm;
delete[] dst_b_norm;
delete[] dst_g_norm;
delete[] dst_r_norm;
}
```

利用上述代码实现的频率域拉普拉斯算子应用如图 6-14 所示。

6.4.5 钝化模板

钝化模板(锐化或高通图像)：从一幅图像减去其自身模糊图像而生成的锐化图像。在频率域，即从图像本身减去低通滤波(模糊)后的图像而得到高通滤波(锐化)的图像。

公式如下。

$$f_{hp}(x,y) = f(x,y) - f_{lp}(x,y) \qquad (6\text{-}21)$$

$$f_{lp}(x,y) = \Gamma^{-1}[H_{lp}(u,v)F(u,v)] \qquad (6\text{-}22)$$

图 6-14　频率域拉普拉斯算子应用

其中，$H_{lp}(u，v)$是低通滤波器，$F(u，v)$是 $f(x，y)$ 的傅里叶变换，$f_{lp}(x，y)$是平滑后的图像。

6.4.6　高频提升滤波

频率域中的滤波器分为低通滤波器和高频滤波器。在傅里叶变换中，低频主要体现图像在平滑区域中总体灰度级的显示，而高频主要体现边缘和噪声等部分灰度区域。对图像进行锐化是通过高通滤波器实现的。在高频滤波器的基础上增加权重系数 A，则高频提升图像为

$$f_{hp}(x，y)=Af(x，y)-f_{lp}(x，y)=(A-1)f(x，y)+f_{hp}(x，y) \qquad (6\text{-}23)$$

所以，当 $A=1$ 时，即高通过率；当 $A>1$ 时，累加图本身。因此，高频提升过滤定义为

$$H_{hb}(u，v)=(A-1)+H_{hp}(u，v) \qquad (6\text{-}24)$$

其中，H_{hp} 为高通频率滤波。

C++示例代码 6-21：高频提升滤波（以巴特沃斯高通滤波器为高通滤波器）

```
void hfbf_vtkImageButterworthHighPass(double*** src, double ***dst, const int
&rows, const int &cols, const double &sigma, const double &n, const double &A){
    for (int i = 0; i < rows; i++){
```

```
        for (int j = 0; j < cols; j++){
            double d = sqrt(pow(i - rows * 1.0 / 2, 2) + pow((j - cols * 1.0 / 2), 2));
            double w = (A - 1) + 1 / (1 + pow(sigma / d, 2 * n));
            dst[i][j][0] = w * src[i][j][0];
            dst[i][j][1] = w * src[i][j][1];
        }
    }
}
```

C++ 示例代码 6-22：高频提升滤波(以巴特沃斯高通滤波器为高通滤波器)应用示例

```
void CFgImage::hfbf(CFgImage &dftImg, CFgImage &idftImg){
    int M = this->m_height;
    int N = this->m_width;
    double ***b = new3DType<double>(M, N, 2);
    double ***g = new3DType<double>(M, N, 2);
    double ***r = new3DType<double>(M, N, 2);
    double ***dst_b = new3DType<double>(M, N, 2);
    double ***dst_g = new3DType<double>(M, N, 2);
    double ***dst_r = new3DType<double>(M, N, 2);
    double **dft_b_norm = new2DType<double>(M, N);
    double **dft_g_norm = new2DType<double>(M, N);
    double **dft_r_norm = new2DType<double>(M, N);
    double ***dft_b = new3DType<double>(M, N, 2);
    double ***dft_g = new3DType<double>(M, N, 2);
    double ***dft_r = new3DType<double>(M, N, 2);
    for (int row = 0; row < this->m_height; row++){
        for (int col = 0; col < this->m_width; col++){
            BYTE * p = m_pBmpBuf + row * m_widthStep + col * 3;
            b[row][col][0] = * p;
            g[row][col][0] = * (p + 1);
            r[row][col][0] = * (p + 2);
        }
    }
    dft2(b, dft_b, M, N);
    dft2(g, dft_g, M, N);
    dft2(r, dft_r, M, N);
    dftshift(dft_b, M, N);
    dftshift(dft_g, M, N);
    dftshift(dft_r, M, N);
    hfbf_vtkImageButterworthHighPass(dft_b, dft_b, M, N, 20, 20, 1.5);
    hfbf_vtkImageButterworthHighPass(dft_g, dft_g, M, N, 20, 20, 1.5);
    hfbf_vtkImageButterworthHighPass(dft_r, dft_r, M, N, 20, 20, 1.5);
```

```
real_normal_minmax(dft_b, dft_b_norm, M, N);
real_normal_minmax(dft_g, dft_g_norm, M, N);
real_normal_minmax(dft_r, dft_r_norm, M, N);
for (int row = 0; row < this->m_height; row++){
    for (int col = 0; col < this->m_width; col++){
        BYTE * p = dftImg.m_pBmpBuf + row * dftImg.m_widthStep + col * 3;
        * p = dft_b_norm[row][col] * 255;
        * (p + 1) = dft_g_norm[row][col] * 255;
        * (p + 2) = dft_r_norm[row][col] * 255;
    }
}
dftshift(dft_b, M, N);
dftshift(dft_g, M, N);
dftshift(dft_r, M, N);
idft2(dft_b, dst_b, M, N);
idft2(dft_g, dst_g, M, N);
idft2(dft_r, dst_r, M, N);
for (int row = 0; row < this->m_height; row++){
    for (int col = 0; col < this->m_width; col++){
        BYTE * p = idftImg.m_pBmpBuf + row * idftImg.m_widthStep + col * 3;
        * p = dst_b[row][col][0];
        * (p + 1) = dst_g[row][col][0];
        * (p + 2) = dst_r[row][col][0];
    }
}
delete[] b;
delete[] g;
delete[] r;
delete[] dft_b;
delete[] dft_g;
delete[] dft_r;
delete[] dst_b;
delete[] dst_g;
delete[] dst_r;
delete[] dft_b_norm;
delete[] dft_g_norm;
delete[] dft_r_norm;
}
```

利用上述代码实现的巴特沃斯高频提升滤波结果如图 6-15 所示。

6.4.7　高频加强滤波

在高频提升基础上增加权重系数 $0 \leqslant a, 0 < b$，得到以下的高频加强公式。

$$H_{hb}(u,v) = a + bH_{hp}(u,v) \tag{6-25}$$

图 6-15　巴特沃斯高频提升滤波结果

当 $a=A-1$，$b=1$ 时，转换为高频提升滤波；当 $b>1$ 时，高频得到加强，b 控制高频的贡献，a 控制距离原点的偏移量，增加 a 的目的是使零频率不被滤波掉。

C++ 示例代码 6-23：高频加强滤波（以巴特沃斯高通滤波器为高通滤波器）

```cpp
void hfe_vtkImageButterworthHighPass(double*** src, double ***dst, const int
&rows, const int &cols, const double &sigma, const double &n, const double &a,
const double &b){
    for (int i = 0; i < rows; i++){
        for (int j = 0; j < cols; j++){
            double d = sqrt(pow(i - rows * 1.0 / 2, 2) + pow((j - cols * 1.0 / 2), 2));
            double w = a + b * 1 / (1 + pow(sigma / d, 2 * n));
            dst[i][j][0] = w * src[i][j][0];
            dst[i][j][1] = w * src[i][j][1];
        }
    }
}
```

C++ 示例代码 6-24：高频加强滤波（以巴特沃斯高通滤波器为高通滤波器）应用示例

```cpp
void CFgImage::hfe(CFgImage &dftImg, CFgImage &idftImg){
    int M = this->m_height;
```

```
int N = this->m_width;
double ***b = new3DType<double>(M, N, 2);
double ***g = new3DType<double>(M, N, 2);
double ***r = new3DType<double>(M, N, 2);
double ***dst_b = new3DType<double>(M, N, 2);
double ***dst_g = new3DType<double>(M, N, 2);
double ***dst_r = new3DType<double>(M, N, 2);
double **dft_b_norm = new2DType<double>(M, N);
double **dft_g_norm = new2DType<double>(M, N);
double **dft_r_norm = new2DType<double>(M, N);
double ***dft_b = new3DType<double>(M, N, 2);
double ***dft_g = new3DType<double>(M, N, 2);
double ***dft_r = new3DType<double>(M, N, 2);
for (int row = 0; row < this->m_height; row++){
    for (int col = 0; col < this->m_width; col++){
        BYTE * p = m_pBmpBuf + row * m_widthStep + col * 3;
        b[row][col][0] = * p;
        g[row][col][0] = * (p + 1);
        r[row][col][0] = * (p + 2);
    }
}
dft2(b, dft_b, M, N);
dft2(g, dft_g, M, N);
dft2(r, dft_r, M, N);
dftshift(dft_b, M, N);
dftshift(dft_g, M, N);
dftshift(dft_r, M, N);
hfe_vtkImageButterworthHighPass(dft_b, dft_b, M, N, 20, 20, 1.5, 2);
hfe_vtkImageButterworthHighPass(dft_g, dft_g, M, N, 20, 20, 1.5, 2);
hfe_vtkImageButterworthHighPass(dft_r, dft_r, M, N, 20, 20, 1.5, 2);
real_normal_minmax(dft_b, dft_b_norm, M, N);
real_normal_minmax(dft_g, dft_g_norm, M, N);
real_normal_minmax(dft_r, dft_r_norm, M, N);
for (int row = 0; row < this->m_height; row++){
    for (int col = 0; col < this->m_width; col++){
        BYTE * p = dftImg.m_pBmpBuf + row * dftImg.m_widthStep + col * 3;
        * p = dft_b_norm[row][col] * 255;
        * (p + 1) = dft_g_norm[row][col] * 255;
        * (p + 2) = dft_r_norm[row][col] * 255;
    }
}
dftshift(dft_b, M, N);
dftshift(dft_g, M, N);
dftshift(dft_r, M, N);
idft2(dft_b, dst_b, M, N);
```

```
        idft2(dft_g, dst_g, M, N);
        idft2(dft_r, dst_r, M, N);
        for (int row = 0; row < this->m_height; row++){
            for (int col = 0; col < this->m_width; col++){
                BYTE * p = idftImg.m_pBmpBuf + row * idftImg.m_widthStep + col * 3;
                * p = dst_b[row][col][0];
                * (p + 1) = dst_g[row][col][0];
                * (p + 2) = dst_r[row][col][0];
            }
        }
        delete[] b;
        delete[] g;
        delete[] r;
        delete[] dft_b;
        delete[] dft_g;
        delete[] dft_r;
        delete[] dst_b;
        delete[] dst_g;
        delete[] dst_r;
        delete[] dft_b_norm;
        delete[] dft_g_norm;
        delete[] dft_r_norm;
    }
```

利用上述代码实现的巴特沃斯高频加强滤波结果如图 6-16 所示。

图 6-16　巴特沃斯高频加强滤波结果

◆ 6.5　练　习　题

1. 理想滤波器主要有哪些？它们各有什么特点？

2. 巴特沃斯滤波器分几类？它们各有什么特点？

3. 频率域中研究图像的原因有哪些？

4. 简述低通滤波器。

5. 判断题：频率域去噪声的技术流程就是先把图像从空间域变换到频率域，然后在频率域对噪声成分进行掩模滤波，抑制或者消除噪声，最后再把图像从频率域逆变换到空间域。　　　　　　　　　　　　　　　　　　　　　　　　　　　　　　（　　）

6. 下列对频率域图像增强法描述正确的是（　　）。

　　A. 频率域增强的第一步是对图像进行傅里叶变换

　　B. 任意滤波器都可以完成对频谱图像的处理，且效果差别不大

　　C. 滤波处理后的频谱图像无须进行傅里叶逆变换，就可得到增强的图像

　　D. 为了去除噪声，通常采用高通滤波器抑制低频成分

7. 傅里叶变换是图像处理中一种有效而重要的方法，应用十分广泛。下列选项中属于傅里叶变换的是（　　）。

　　A. 图像恢复　　　　　　　　　　　B. 周期性噪声去除

　　C. 频率域滤波　　　　　　　　　　D. 纹理分析

8. 关于傅里叶变换的描述，正确的是（　　）。

　　A. 傅里叶变换分为连续傅里叶变换和离散傅里叶变换

　　B. 图像的傅里叶变换研究的是时间域和频率域之间的关系

　　C. 图像的傅里叶变换研究的是空间域和频率域之间的关系

　　D. 空间上的梯度变化决定频率域图像的高频率特性

9. 不属于在频率域中研究图像的原因是（　　）。

　　A. 空间域处理图像的效果不如频率域处理图像的效果

　　B. 如果在空间域中难以表达增强任务，可以考虑在频率域中完成

　　C. 滤波在频率域中更直观

　　D. 可以按需要在频率域中指定滤波器，并将结果用于空间滤波

10. 高通滤波后的图像通常较暗，为改善这种情况，将高通滤波器的转移函数加上一常数量以便引入一些低频分量，这样的滤波器叫（　　）。

　　A. 巴特沃斯高通滤波器　　　　　　B. 高频提升滤波器

　　C. 高频加强滤波器　　　　　　　　D. 理想高通滤波器

第7章

形态学处理

　　形态学通常指生物学中的一个分支,该分支主要研究动植物的形态和结构;而本章中的形态学指数学形态学,是一门建立在格论和拓扑学基础之上的图像分析学科,是数学形态学图像处理的基本理论。形态学图像处理是图像处理中应用最为广泛的技术之一,主要通过腐蚀与膨胀、开闭运算、击中或不击中变换等方法从图像中提取对表达和描绘区域形状有意义的图像分量,使后续的识别工作能够抓住目标对象最具区分能力的形状特征,如边界和连通区域等。

　　形态学处理是一种广泛的基于形状的图像处理操作过程。形态学处理使用结构化的参数对输入图像进行处理,最终得到与原图同样大小的图像。结构化参数往往远小于输入图像,遍历输入图像时对每一覆盖区域进行操作,输出图像的每一个像素均基于输入图像中相应的像素和其邻域内像素的特定运算得到。通过改变结构化参数的大小、形状、操作等,即可实现对一个或一种特殊形状敏感的形态学操作。

　　形态学处理可分为二值图像形态学处理和灰度图像形态学处理。本章首先介绍一些形态学处理的基本知识,然后分别介绍二值图像的形态学处理和灰度图像的形态学处理的基本原理和操作,并通过这些基本原理实现较为复杂的形态学处理。同时,本章还给出一些算法的具体实现。

◆ 7.1　预　备　知　识

　　本节首先简单介绍一些重要的集合和逻辑操作,然后进一步介绍数学形态学的语言——集合论。

1. 基本集合操作

　　令 A 为一个有序实数对组成的集合。若 $a=(x,y)$ 是集合 A 的一个元素,则将其写成

$$a \in A \tag{7-1}$$

相反,如果 a 不是 A 的一个元素,则写成

$$a \notin A \tag{7-2}$$

　　如果集合 A 中不包含任何元素,则称集合 A 为空集,用符号 $\varnothing$ 表示。

集合由两个大括号及括号之间的内容表示,即{ • }。例如,集合 $A=\{1,2\}$,表示数字 1 和 2 是集合 A 的元素。当集合内元素的数量较多或为无穷个时,可在大括号内使用表达式表示一个集合,如 $A=\{y\mid y=x+1,\ x\in \mathbf{N}\}$,则 A 是元素 y 的集合,而 y 元素由所有自然数 x 加 1 得到。

如果集合 A 中的每个元素是另一个集合 B 中的元素,则称 A 为 B 的子集,表示为
$$A\subseteq B \tag{7-3}$$

将集合 A 和集合 B 中的所有元素组成一个新的集合 C,称 C 为 A、B 的并集,表示为
$$C=A\bigcup B \tag{7-4}$$

将集合 A 和集合 B 中共有的元素组成一个新的集合 C,称 C 为 A、B 的交集,表示为
$$C=A\bigcap B \tag{7-5}$$

如果集合 A 和集合 B 没有共同的元素,则称这两个集合是不相容的或互斥的,表示为
$$A\bigcap B=\varnothing \tag{7-6}$$

全集 U 是给定应用中的所有元素的集合。根据这一定义,给定应用的所有集合元素是对于该应用所定义的全部成员。如果讨论内容为自然数,则当前语境下的全集是自然数集 $\mathbf{N}$,它包含所有的自然数。在图像处理中,一般将全集定义为包含图像中所有像素的矩形。

集合 A 相对其全集不具有的所有元素所组成的集合称为集合 A 的补集,表示为
$$A^{c}=\{w\mid w\notin A,w\in U\} \tag{7-7}$$
其中,U 为全集,w 是集合 A^{c} 的元素。集合 A 和集合 B 的差表示为 $A-B$,定义为
$$A-B=A\bigcap B^{c}=\{w\mid w\in A,w\notin B\} \tag{7-8}$$

不难看出,$A-B$ 得到的集合中的元素属于 A,而不属于 B。

图 7-1 说明了前述概念,每一幅图中,集合操作的结果用阴影部分表示。其中图 7-1(a) 显示了集合 A、集合 B 及全集 U;图 7-1(b)~(e)分别表示 $A\bigcup B$、$A\bigcap B$、A^{c}、$A-B$。

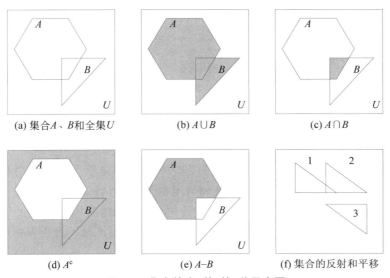

(a) 集合 A、B 和全集 U　　(b) $A\bigcup B$　　(c) $A\bigcap B$

(d) A^{c}　　(e) $A-B$　　(f) 集合的反射和平移

图 7-1　集合的交、并、补、差示意图

上述讨论中,集合成员以坐标为基础。若将上述概念运用在图像处理时,就产生一个隐含假设,即处理的图像为二值图像(图像中仅有两种不同的颜色)。集合中每一个元素为一个坐标,所有元素表示的坐标处设置为前景色,共同组成一幅图像中的前景,集合的补集为该图像的背景。

当图像为灰度图像时,上述概念将不再直接适用。在处理灰度图像时,往往是对对应像素的最大、最小、差值进行操作:灰度值的"交运算"取两个集合中相应像素灰度值的较小值;"并运算"取两个集合中相应像素灰度值的较大值;补集操作定义为一个常数 K 与图像中每个像素灰度值的差值,其中,K 为该图中灰度允许取的最大值。

如集合 A、集合 B 分别表示一张灰度图像,则其元素的形式为 (x,y,z),其中 (x,y) 表示像素坐标,z 表示该坐标下的灰度值,则集合 A、集合 B 的交、并、补运算定义如下。

$$A \bigcap B = \{\min_z(a,b) \mid a \in A, b \in B\} \tag{7-9}$$

$$A \bigcup B = \{\max_z(a,b) \mid a \in A, b \in B\} \tag{7-10}$$

$$A^c = \{(x,y,K-z) \mid (x,y,z) \in A\} \tag{7-11}$$

2. 集合论

如前所述,集合论适用于图像表示。当图像为二值图像时,图像中前景像素点的二维坐标共同构成一个集合,该集合是二维整数空间 Z^2 的元素。当图像为灰度图像时,则该集合元素变为三维向量,其中两个分量表示坐标,另一分量表示该坐标下的灰度值。显然,该集合是空间 Z^3 的元素。由于集合可以有效表示图像并利于操作,因此集合论成为数学形态学的一种通用语言。

学习了集合的基本定义与操作后,下面介绍使用较多的集合反射和平移。集合的反射定义为:将集合所表示的图像以坐标原点为原点旋转 $180°$,表示为

$$\hat{B} = \{w \mid w = -b, b \in B\} \tag{7-12}$$

集合的平移不难理解,即将集合表示的图像在平面内进行平移操作,表示为

$$(B)_t = \{w \mid w = b + t, b \in B\} \tag{7-13}$$

其中,t 为平移量。

图 7-1(f)显示了将一个集合进行反射和平移的结果。其中位置 1 表示原始集合,经过平移后得到位置 2,位置 1 经过反射后得到位置 3(假设图像原点位于图像正中)。

3. 结构元

在形态学处理的过程中,并不是同时对整幅图像进行操作,而是对图像中的子图进行操作。结构元(Structure Element,SE)是数学形态学中一个非常重要而基础的概念。结构元是一个"窗口",每次操作时只对目标区域与被结构元覆盖的区域进行操作,通过类似滑动窗口的方法,遍历整幅图像或目标区域。结构元具有一定的几何形状,如圆形、正方形、十字形等,处理时在目标图像中移动并按一定规则提取信息,实现对图像的分析和描述。

结构元需要规定结构元的原点,原点是操作过程的参考点,也是处理后保存信息的参考点。原点一般位于结构元的中心位置,可在结构元内,也可在结构元外,不同的原点会

产生不同的计算结果。图 7-2 所示为几种常见的结构元,其中黑点表示结构元的原点。

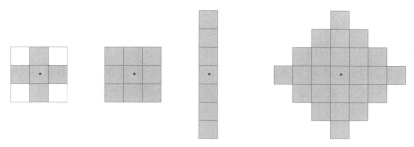

图 7-2　常见的结构元

由于不同的结构元会产生不同的计算结果,因此,为了有较好的结果,需要根据不同目的、具体情况设计结构元。原则上,结构元必须有界、比目标图像尺寸小;结构元的形状最好为凸形,如十字形、圆形、方形等。

7.2　形态学的基本概念和运算

对集合论和结构元有一定认识后,本节将讲述数学形态学的基本概念和计算方法。本节的内容是二值图像、灰度图像形态学处理的基础知识。本节以二值图像为基础,讲解形态学的基本概念和运算,在之后的章节中将其运用、扩展到二值图像和灰度图像处理中。本章所有示例中的二值图像均以白色表征前景,黑色代表背景。

7.2.1　腐蚀

腐蚀(Erode)和膨胀(Dilate)是数学形态学中最基本的算法,本章讨论的许多形态学算法都以这两种算法为基础。腐蚀运算在图像处理中的作用是消除图像中连通域的边界,将黏连在一起的不同目标物分离,并可将小的颗粒噪声去除。

集合 A 和集合 B 是空间 Z^2 的元素,A 被 B 腐蚀,表示为

$$A\Theta B = \{x \mid (B)_x \subseteq A\} \tag{7-14}$$

其中,集合 B 即 7.1 节中介绍的结构元,$(B)_x$ 表示结构元平移 x 单位。式(7-14)表明,A 被 B 腐蚀是指当 B 平移 x 后,还包含在 A 中的所有 x 的集合。

从图像上可理解为结构元在原图像中移动,使得结构元原点遍历原图像的所有像素,每次移动后如果结构元仍包含在原图像中(所谓包含,是指结构元中每个像素值与原图像所在位置的像素值完全重合,如果有一个像素值不一样,则称为不包含),则将结构元原点所在位置标记为 1,否则标记为 0(结构元落在原图外的部分不予考虑)。值得注意的是,此时标记的 0 或 1 不影响后续的判断,在全部遍历完成后的标记才有意义。如图 7-3 所示,左边为图像 A,右边为结构元 B,空白部分的灰度值

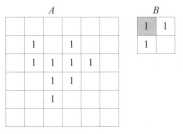

图 7-3　用于腐蚀的灰度图像
A 及结构元 B

为 0,数字 1 表示灰度值,结构元中灰色部分表示结构元的原点。

以结构元原点为参考遍历图像 A,如图 7-4 所示的第一行,结构元在第一行移动时,均不包含在图像 A 中(图 7-4(a)中,结构元中的每个像素与对应的图像像素点均不相等;图 7-4(b)中,结构元与对应像素点仅有左下角相等,即结构元没有包含在图像 A 中),所以结构元原点所在位置记为 0。为了更清楚地表示图像腐蚀过程,仅在原图像中像素灰度值被改变之处标注 0,原图像中的灰度值本来就是 0 的地方不重复标识。

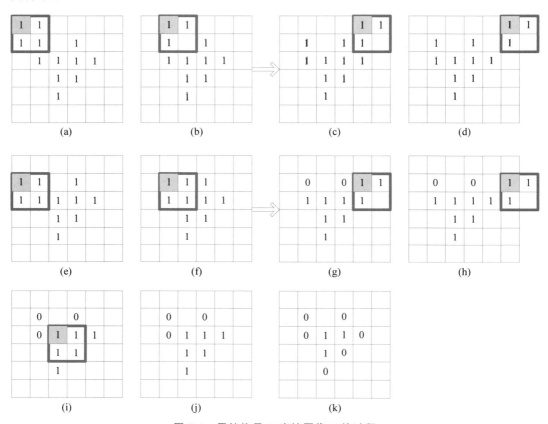

图 7-4 用结构元 B 腐蚀图像 A 的过程

如图 7-4 所示,当结构元移动到图 7-4(f)的位置时,依然不包含在图像 A 中,但是此时结构元原点所在位置的灰度值为 1,应当改为 0。结构元继续移动到图 7-4(i)所示位置,此时结构元包含在图像 A 中,记结构元原点所在位置的灰度值为 1。直至结构元原点遍历所有像素,得到图 7-4(k)。可以看出,结果比原图 A 小,这就是图像 A 被结构元腐蚀的效果。如上述例子所示,移动后的结构元包含在图像 A 中。该结果表明,结构元前景包含在图像前景中,而并非要求覆盖区域全等,即不考虑结构元背景。

本章中所有例子为保持图像简洁,直接在原图中修改像素值,实际操作中原图不随结构元的每次移动而发生改变,结构元每次计算的结果均标记在目标图像中。

C++ 示例代码 7-1：腐蚀操作

```
/*
    m_src——原图
    m_se——结构元
    m_dst——处理结果
    m_SrcHeight——原图的高
    m_widthStep——原图一行所用字节数
    m_row,m_col——结构元的原点坐标
    m_SeWidth,m_SeHeight——结构元的宽和高
    getIndex(x,y)——使用该函数将以图像左上角为原点的坐标点(x,y)对应到存储图像的
一维数组索引
*/
void Morphology::BErode_process(){
    if (m_src == nullptr)
        return;

    if (m_dst != nullptr)
        delete[] m_dst;
    m_dst = new unsigned char[m_SrcHeight * m_widthStep];
    //将原图二值化,并将目标图背景化
    Binarization(155, 0);
    setBackground(m_dst, m_SrcHeight * m_widthStep);

    //使结构元原点遍历原图
    //水平方向同理
    //此处两个 for 循环实现结构元原点在原图上遍历
    for (int row = 0; row < m_SrcHeight; row++){
        for (int col = 0; col < m_SrcWidth; col++){
            int pr;
            int pc;
            bool flag = true;
            //此处两个 for 循环实现覆盖区域遍历
            for (int i = 0, pr = row - m_row; i < m_SeHeight; i++, pr++){
                for (int k = 0, pc = col - m_col; k < m_SeWidth; k++, pc++){
                    //由于不要求结构元完全覆盖,所以要剔除不在原图范围上的点
                    if (pr<0 || pr>m_SrcHeight - 1 || pc<0 || pc>m_SrcWidth - 1){
                        continue;
                    }
                    //当结构元某一点与对应原图像素不一致时
                    if (m_se[i * m_SeWidth + k]>0 && m_src[getIndex(pr, pc)] == 0){
                        flag = false;
                        break;
```

```
                }
            }
            if (!flag) break;
        }
        if (flag)
            m_dst[getIndex(row, col)] = 255;
        }
    }
}
```

图 7-5 为腐蚀操作应用于实际的二值图像的示例,左侧为原图,经过 3×3 的正方形结构元腐蚀后得到右侧的结果。可以看出,腐蚀操作使边缘缩小一圈,图像中的大部分白色散乱小区域消失。注意:腐蚀操作针对的是白色像素(像素值为 255,实际编程时可以归一化为 1)。

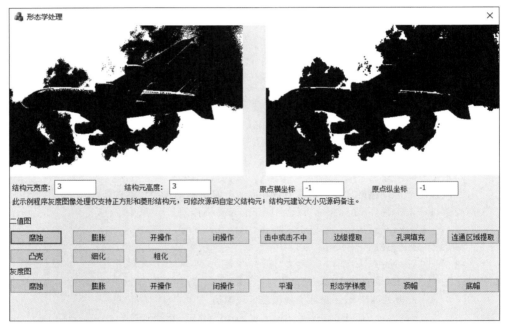

图 7-5   腐蚀操作应用于实际的二值图像的示例

7.2.2   膨胀

腐蚀操作消除了图像的部分边界,具体来说是将图像 A 中每个与结构元 B 全等的子集 $B+x$ 收缩为点 x。反之,可以将图像 A 中每个点 x 扩张到 $B+x$,这就是膨胀,定义为

$$A \oplus B = \{x \mid (\hat{B})_x \bigcap A \neq \varnothing\} \tag{7-15}$$

其中,$\hat{B}$ 表示集合 B 的反射,$(\hat{B})_x$ 表示集合 B 的反射平移 x。式(7-15)表示将集合 B 的反射平移 x 后和集合 A 中灰度为 1 的部分存在交集,这些 x 组成的集合即 B 对 A 的膨

胀。从图像上可以理解为结构元的反射在原图像上移动,使得结构元原点遍历整个原图像的所有像素,每次移动后如果结构元的反射和原图像中值为 1 的部分有交集,则将结构元原点所在位置标记为 1,否则标记为 0。同腐蚀一样,标记的 0 或 1 只在全部遍历后才有意义。根据这种解释,式(7-15)可以等价为

$$A \oplus B = \{x \mid [(\hat{B})_x \cap A] \subseteq A\} \qquad (7\text{-}16)$$

图 7-6 为图 7-3 中结构元的反射,记为 C,空白部分的灰度值为 0,数字 1 表示灰度值,结构元中的深色部分表示结构元的原点。

图 7-6 图 7-3 中结构
元的反射

继续以 7.2.1 节中的图像 A、结构元 B 为例,使集合 A 被结构元 B 膨胀。以结构元的反射的原点为参考遍历图像 A,如图 7-7 的第一行图像所示,当 C 的原点在第一行遍历时与原图中值为 1 的像素没有交集,故第一行的灰度均保持为 0。继续移动结构元至图 7-7(e)时,出现了结构元的反射与原图像中灰度为 1 的像素有交集的情况,此时原点所在像素位置记为 1。

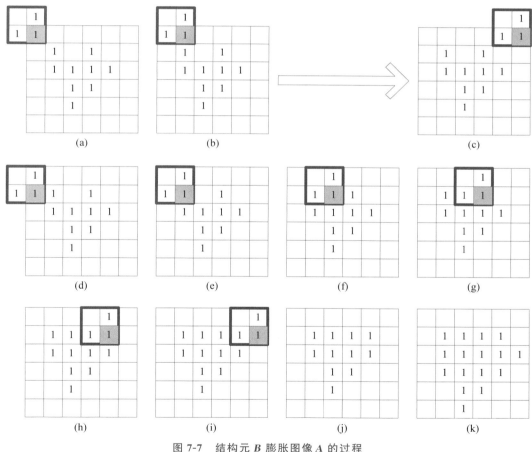

图 7-7 结构元 B 膨胀图像 A 的过程

同理,结构元移动至图 7-7(i)所示位置时,也出现了 C 和图像中值为 1 的像素有交

集的情况,但此时交点上为 1 的值是 C 在上一位置的运算结果,并非原图的值,故此时原点所在位置应记为 0,如图 7-7(j)所示。按照如上规则,最终得到图 7-7(k)。可以看出,结果比原图 A 大,这就是图像 A 被结构元膨胀的效果。

腐蚀与膨胀运算之间存在关于集合补和反转的对偶关系,表示为

$$A \oplus B = (A^c \Theta \hat{B})^c \tag{7-17}$$

$$A \Theta B = (A^c \oplus \hat{B})^c \tag{7-18}$$

C++ 示例代码 7-2:膨胀操作

```cpp
void Morphology::BDilate_process(){
    if (m_src == nullptr)
        return;
    if (m_dst != nullptr)
        delete[] m_dst;
    m_dst = new unsigned char[m_SrcHeight * m_widthStep];
    //将原图二值化,并将目标图背景化
    Binarization(155, 0);
    setBackground(m_dst, m_SrcHeight * m_widthStep);
    //结构元反射
    getReflection();
    //使结构元原点遍历原图
    //此处两个 for 循环实现结构元原点在原图上遍历
    for (int row = 0; row < m_SrcHeight; row++){
        for (int col = 0; col < m_SrcWidth; col++){
            int pr;
            int pc;
            bool flag = false;
            //此处两个 for 循环实现覆盖区域遍历
            for (int i = 0, pr = row - m_row; i < m_SeHeight; i++, pr++){
                for (int k = 0, pc = col - m_col; k < m_SeWidth; k++, pc++){
                    //由于不要求结构元完全覆盖,所以要剔除不在原图范围上的点
                    if (pr<0 || pr>m_SrcHeight - 1 || pc<0 || pc>m_SrcWidth - 1){
                        continue;
                    }
                    //有一对像素符合要求即可对该原点膨胀
                    if (m_se[i * m_SeWidth + k] && m_src[getIndex(pr, pc)]){
                        flag = true;
                        m_dst[getIndex(row, col)] = 255;
                        break;
                    }
                }
                if (flag)
                    break;
```

```
                    }
                }
            }
        }
```

如图 7-8 所示为膨胀操作应用于实际的二值图像的示例,左侧为原图,经过 3×3 的正方形结构元膨胀后得到右侧的结果。可以看出,膨胀操作使边缘扩大一圈,使得图像中的白色小区域扩大,较小的空隙被填充。

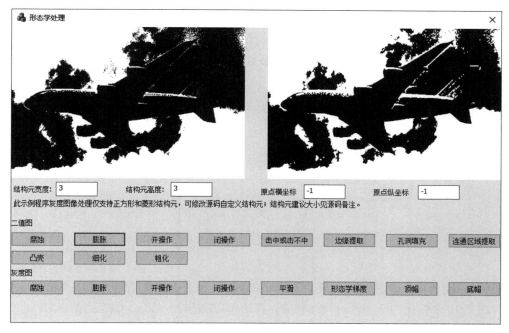

图 7-8　膨胀操作应用于实际的二值图像的示例

7.2.3　开运算和闭运算

经过 7.2.1 节和 7.2.2 节的讨论,我们已经知道腐蚀操作可以消除小于结构元大小的区域,并将图像中的白色区域尺寸变小;膨胀则可以填充图像中小于结构元的孔洞及白色区域边缘的凹陷。虽然从功能上看腐蚀和膨胀的作用有相反的成分,但是这两个操作并不是互逆运算,这就为腐蚀和膨胀同时使用创造了可能。也就是说,可以对图像先腐蚀后膨胀,或先膨胀后腐蚀,甚至可以是更为复杂的组合方式。我们定义,使用结构元 B 对输入图像 A 先腐蚀后膨胀,该过程为 B 对 A 的开运算(Opening);使用结构元 B 对输入图像 A 先膨胀后腐蚀,该过程为 B 对 A 的闭运算(Closing)。开、闭运算分别表示为式(7-19)和式(7-20)。

$$A \circ B = (A \ominus B) \oplus B \tag{7-19}$$

$$A \cdot B = (A \oplus B) \ominus B \tag{7-20}$$

使用开运算,可以实现消除图像上的小物体、切断相对较大物体之间的细小连接、平滑较大物体的边界等。腐蚀操作同样可以消除小物体、切断连接,但是会使得物体的面积变小,而由于开运算的第二步是膨胀,使物体面积变大,所以开运算可以使得白色区域的面积不会有较大的变动。值得注意的是,由于腐蚀和膨胀并非互逆操作,所以先腐蚀后膨胀也并非无损操作,即使使得图像先变小再变大,处理结果通常也不等于原始图像。由式(7-19)可得

$$A \circ B = \bigcup \{ (B)_x \mid (B)_x \subseteq A \} \tag{7-21}$$

即开运算是集合 A 中所有与结构元 B 完全相等的子集的并集。从图像上可理解为,将结构元 B 在图像 A 上移动,若结构元前景(本例中,结构元中为 1 的点为前景)和结构元所在位置图像完全重合,则结构元所在位置所有的像素点灰度记为 1。图 7-9 是使用图 7-3 进行开运算的运算过程,其中图 7-9(a)为腐蚀结果,图 7-9(b)是对腐蚀结果使用膨胀后的结果,即开运算结果。

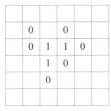
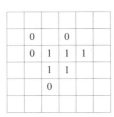

(a) 腐蚀结果   (b) 对腐蚀结果使用膨胀后的结果

图 7-9   开运算过程

闭运算和开运算一样可以平滑物体的边界。但是,与开运算不同的是,闭运算不会消除小物体、断开细小连接;相反,它会将较小的间断、细长的鸿沟等连通,补齐轮廓的断线等。图 7-10 是使用图 7-3 进行闭运算的运算结果,其中图 7-10(a)为膨胀结果,图 7-10(b)是对膨胀结果使用腐蚀运算后的结果,即闭运算结果。

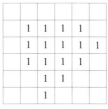
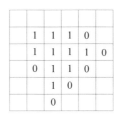

(a) 膨胀结果   (b) 对膨胀结果使用腐蚀运算后的结果

图 7-10   闭运算过程

开运算和闭运算同样具有对偶性。

$$(A \cdot B)^c = (A^c \circ \hat{B}) \tag{7-22}$$

$$(A \circ B)^c = (A^c \cdot \hat{B}) \tag{7-23}$$

除了开运算和闭运算的对偶性,开运算还有如下几个性质。

(1) $A \circ B$ 是 A 的一个子集。

（2）如果 A 是 B 的一个子集，则 $A \circ C$ 是 $B \circ C$ 的一个子集。

（3）$(A \circ B) \circ B = A \circ B$。

闭运算有如下性质。

（1）A 是 $A \cdot B$ 的一个子集。

（2）如果 A 是 B 的一个子集，则 $A \cdot C$ 是 $B \cdot C$ 的一个子集。

（3）$(A \cdot B) \cdot B = A \cdot B$。

C++ 示例代码 7-3：开运算

```cpp
void Morphology::BOpening_process(){
    if (m_src == nullptr)
        return;

    //腐蚀和膨胀操作中,m_src 没有改变地址,仅需记录地址
    unsigned char * temp = m_src;
    //腐蚀
    BErode_process();
    //将腐蚀结果作为膨胀的输入
    m_src = new unsigned char[m_widthStep * m_SrcHeight];
    memcpy(m_src, m_dst, m_widthStep * m_SrcHeight);
    //膨胀
    BDilate_process();
    //删除腐蚀结果
    delete[] m_src;
    m_src = temp;
}
```

C++ 示例代码 7-4：闭运算

```cpp
void Morphology::BClosing_process(){
    if (m_src == nullptr)
        return;

    //腐蚀和膨胀操作中,m_src 没有改变地址,仅需记录地址
    unsigned char * temp = m_src;
    //膨胀
    BDilate_process();
    //将膨胀的结果作为腐蚀的输入
    m_src = new unsigned char[m_widthStep * m_SrcHeight];
    memcpy(m_src, m_dst, m_widthStep * m_SrcHeight);
    //腐蚀
    BErode_process();
    //删除膨胀结果
```

```
        delete[] m_src;
        m_src = temp;
    }
```

图 7-11 所示为开、闭操作应用于实际的二值图像的示例,图 7-11(a)为原图,经过 3×3 的结构元开运算后得到图 7-11(b),闭运算后得到图 7-11(c)。从图 7-11(b)的右侧可以看出,经过开运算后原本若隐若现的图像只剩下几个小区域,原图中大部分噪声已经被消除;从图 7-11(c)的右侧可以看出,闭运算一定程度上补全了原本断开的细小连接,但同时放大了噪声。

(a) 原图　　　　　　　　　　(b) 开运算结果　　　　　　　　　(c) 闭运算结果

图 7-11　开、闭操作应用于实际的二值图像的示例

7.2.4　击中或击不中

击中或击不中变换(Hit or Miss Transform,HMT)算法同开闭运算一样,是对腐蚀和膨胀算法的综合运用。形态学击中或击不中是形状检测的基本工具,接下来以一个例子说明这一概念。

图 7-12(a)为集合 A,图 7-12(b)为集合 D,现欲从集合 A 表示的图像中找到目标 D。最简单的思路是把 D 当作一个窗口,用滑动窗口的方法一个一个窗口比较看是否重合。不难发现,图像 A 的左上区域中会出现多个与目标 D 重合的窗口位置,但是左上区域并非目标 D,相比于目标 D,它们有多余的边界;右上区域可以通过滑动窗口的方法轻易排除;下方区域即目标 D。

细心的读者可能已经发现,滑动窗口的过程即 D 对 A 的腐蚀过程。如果将 D 看作结构元,假定左上角为结构元的原点,即图 7-12(b)。图 7-12(e)是集合 D 对 A 的腐蚀,其中灰度值为 1 的点就是对应于目标 D 原点的候选点。接下来,构建一个集合 W,如图 7-12(c)所示,W 是一个比 D 大一圈的目标,图 7-12(d)为集合 $(W-D)$,图 7-12(f)为集合 A 的补集,即 A^c。现利用式(7-24)计算集合 $(W-D)$ 对 A^c 的腐蚀:

$$A^c \Theta (W-D) \tag{7-24}$$

由于目标 D 的背景在图像 A 中也一定是背景,所以可以通过式(7-24)求出所有符合背景要求的候选点,结果如图 7-12(g)所示。

既有了目标图像的候选区域,又有了目标图像背景的候选区域,两个候选区域的交集即为所求(目标 D 的原点在集合 A 中的位置),最终结果可表示为式(7-25)。

$$(A\Theta D) \bigcap (A^c\Theta(W-D)) \tag{7-25}$$

图 7-12(h)中灰度值为 1 的点即目标 D 的原点。

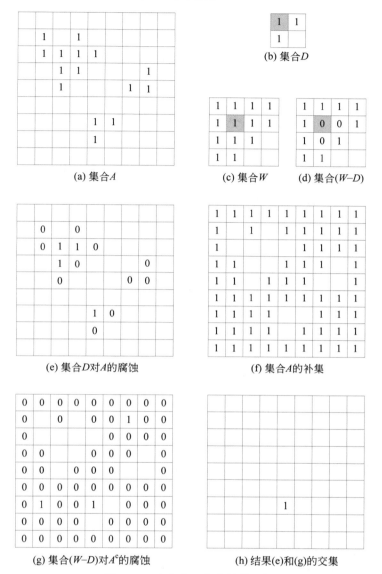

图 7-12　击中或不击中计算示例

根据上述操作,击中或不击中操作可表示为

$$A \circledast B = (A \ominus D) \bigcap [A^c \ominus (W - D)] \tag{7-26}$$

其中,B 实际上分为 D 和$(W-D)$两部分,可认为是两个结构元(B_1,B_2),式(7-26)可转化为

$$A \circledast B = (A \ominus B_1) \bigcap (A^c \ominus B_2) \tag{7-27}$$

结合式(7-27)和上述例子,不难理解,满足 HMT 击中的充要条件是:待检测目标包含在图像中,且目标的背景也要包含在图像的背景中。根据形态学对偶关系,式(7-27)

又可写为

$$A \circledast B = (A \ominus B_1) - (A \oplus \hat{B}_2) \tag{7-28}$$

式(7-26)~式(7-28)均是击中或不击中的表示方法,它们可以得到相同的结果。

上述式子中,B 由与物体(形状)有关的 B_1 和与背景有关的 B_2 组成,这要求物体之间是可分的,此时的击中或击不中变换的目的更多的是匹配目标图像。而有些应用中击中或击不中变换更多的是关心图像中灰度的组合模式,此时不需要使用背景有关的结构元。

C++ 示例代码 7-5:击中或击不中变换

```cpp
void Morphology::BHMT(const char * b1, const char * b2){
    if (m_src == nullptr)
        return;
    //两个结构元尺寸不同,但应保证原点相对于目标区域位置是相同的
    setSe(b1, 0, 0);

    //第一次腐蚀并记录腐蚀结果为 temp
    BErode_process();
    unsigned char * temp = new unsigned char[m_widthStep * m_SrcHeight];
    memcpy(temp, m_dst, m_widthStep * m_SrcHeight);

    //取原图的补集
    unsigned char * srcC = nullptr;
    getComplement(m_src, srcC, m_widthStep * m_SrcHeight);
    //记录原图地址
    unsigned char * record = m_src;
    m_src = srcC;

    setSe(b2, 2, 2);

    //第二次腐蚀
    BErode_process();

    //求两次结果的交集
    unsigned char * intersection = nullptr;
    getIntersection(temp, m_dst, intersection, m_widthStep * m_SrcHeight);

    //恢复原图
    delete[] m_src;
    m_src = record;
    //防止内存泄露
    delete[] temp;
    delete[] m_dst;
    //记录结果
```

```
    m_dst = intersection;
}
```

如图 7-13 所示为击中或击不中变换应用于实际的二值图像的示例,图 7-13(a)为 256×256 的原图,图像左上角为 96×96 的正方形,左下角为底为 96、高为 48 的倒三角形,右侧为 96×206 的矩形;图 7-13(b)为 96×96 的前景结构元(中间为白色部分)(原点位于结构元的左上角);图 7-13(c)为 100×100 的背景结构元,其中背景尺寸为 96×96(中间为黑色部分),四周为宽度为 2 的边缘(应该为白色,因白色与书页的背景色一致,无法表示,因此改为灰色表示)。经过击中或击不中变换后得到图 7-13(d),其中白点是为了方便观察经过放大的击中点(源点)。

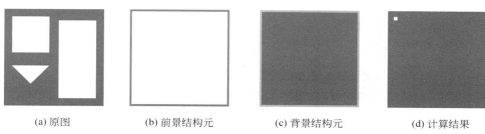

| (a) 原图 | (b) 前景结构元 | (c) 背景结构元 | (d) 计算结果 |

图 7-13 击中或击不中变换应用于实际的二值图像的示例

◆ 7.3 二值图像的形态学处理

7.3.1 边界提取算法

通过前面的讨论可知,腐蚀操作可以使得图像变小,膨胀操作可以使得图像变大。经腐蚀或膨胀操作变化后的图像和原图像相比,变化的是图像边界部分,因此,可以使用这一特性实现二值图像边界提取。

使用腐蚀或膨胀操作,共有三种方法可以提取到图像的边界。假定 A 为待提取边界的图像,B 为一个相对 A 较小的结构元。

方法一:提取图像内边界

$$A - (A \ominus B) \tag{7-29}$$

A 被 B 腐蚀后,图像向内缩小,原图和腐蚀后的图像的差值是向内缩小的部分,即内边界。

方法二:提取图像外边界

$$(A \oplus B) - A \tag{7-30}$$

A 被 B 膨胀后,图像向外扩张,膨胀后的图像与原图的差值是向外扩张的部分,即外边界。

方法三:提取跨在真实边界上的边界

$$(A \oplus B) - (A \ominus B) \tag{7-31}$$

式(7-31)可由式(7-29)加式(7-30)计算得到，所以跨真实边界的提取就是将内外边界合并。

C++ 示例代码 7-6：边缘提取

```cpp
/ *
    //图像减法, n1-n2 存入 result, size=height * width
    Subtraction(unsigned char * n1, unsigned char * n2, unsigned char * result,
int size)
    //将图片存入 path 路径下, flag=true 存入 m_dst, flag=false 存入 m_src
    writeBMP(const char * path, bool flag)
* /
void Morphology::BEdgeExtracting_process(){
    if (m_src == nullptr)
        return;

    //分别用于记录腐蚀结果、膨胀结果、边缘提取结果
    unsigned char * erode = new unsigned char[m_widthStep * m_SrcHeight];
    unsigned char * dilate = new unsigned char[m_widthStep * m_SrcHeight];
    unsigned char * result = new unsigned char[m_widthStep * m_SrcHeight];

    BErode_process();
    memcpy(erode, m_dst, m_widthStep * m_SrcHeight);

    BDilate_process();
    memcpy(dilate, m_dst, m_widthStep * m_SrcHeight);

    //内边界
    Subtraction(m_src, erode, result, m_widthStep * m_SrcHeight);
    delete[] m_dst;
    m_dst = result;
    writeBMP(".\\result\\BInEdge.bmp", 1);

    //外边界
    Subtraction(dilate, m_src, result, m_widthStep * m_SrcHeight);
    m_dst = result;
    writeBMP(".\\result\\BOutEdge.bmp", 1);

    //真实边界
    Subtraction(dilate, erode, result, m_widthStep * m_SrcHeight);
    m_dst = result;
    writeBMP(".\\result\\BTrueEdge.bmp", 1);
    //真实边界保留在 m_dst 中
}
```

图 7-14 是边界提取应用于实际的二值图像的示例。图 7-14(a)为原图,图 7-14(b)、图 7-14(c)、图 7-14(d)分别为使用了长度为 3 的十字形结构元提取到的内边界、外边界、真实边界。可以看出,外边界相比内边界更大,而真实边界比其他两种边界宽度大。由于结构无长度仅为 3 个像素,所以导致看上去区别不大,实际上图 7-14(c)中的图形比图 7-14(b)中的图形外扩一点。

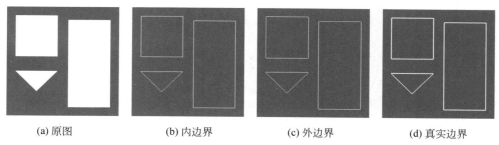

(a) 原图　　　　　(b) 内边界　　　　　(c) 外边界　　　　　(d) 真实边界

图 7-14　边界提取应用于实际的二值图像的示例

7.3.2　区域填充算法

本书中定义由相连接的前景像素(默认白色为前景像素,黑色为背景像素)所包围的一个背景区域为孔洞。本节将介绍如何利用膨胀算法填充孔洞。

假定图像 A 的前景是一个封闭边界,其像素值为 1,背景像素值为 0,B 为对称结构元,X_i 表示填充过程中被填充的部分。填充过程表示为

$$X_k = (X_{k-1} \oplus B) \bigcap A^c \tag{7-32}$$

其中,$k=0,1,2,\cdots$;X_0 表示孔洞中至少包含一个像素值被置为 1 的点的集合。根据边界形状,结构元 B 可以取不同的形状,一般为图 7-15 所示的两种结构元,其中,当边界为 4 连通边界时使用 7-15(a),为 8 连通边界时使用 7-15(b)。当 $X_k = X_{k-1}$ 时,循环结束。

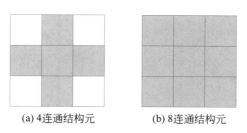

(a) 4连通结构元　　　　　(b) 8连通结构元

图 7-15　区域填充常用结构元

区域填充的基本思想是:从孔洞内部不断向外扩张,直至填充所有孔洞。如果只做膨胀操作,那么最终会填充整幅图像,所以使用边界的补集对膨胀做约束(注意,如果结构元过大,超过边界的宽度,可能会造成填充结果超出边界)。

C++ 示例代码 7-7:区域填充

```
/*
    //将图像 src 设置为纯背景色
    setBackground(unsigned char * src,int size)
*/
void Morphology::BFilling_process(int row, int col){
    if (m_src == nullptr)
        return;
    //取原图补集
    unsigned char * srcC = nullptr;
    getComplement(m_src, srcC, m_widthStep * m_SrcHeight);
    //记录原图
    unsigned char * record = new unsigned char[m_widthStep * m_SrcHeight];
    memcpy(record, m_src, m_widthStep * m_SrcHeight);
    //将孔洞内的一点设为孔洞填充操作起始点,应保证该点在孔洞内
    m_src = new unsigned char[m_widthStep * m_SrcHeight];
    setBackground(m_src, m_widthStep * m_SrcHeight);
    m_src[getIndex(row, col)] = 255;
    unsigned char * Xn1 = nullptr;
    int i = 0;
    while (1){
        BDilate_process();
        //取原图补集和膨胀结果的交集
        getIntersection(srcC, m_dst, Xn1, m_widthStep * m_SrcHeight);

        //若相等,说明填充操作完成,退出循环
        if (isEqual(m_src, Xn1, m_widthStep * m_SrcHeight))
            break;
        //若不等,将上次结果作为下次操作的输入
        delete[] m_src;
        m_src = new unsigned char[m_widthStep * m_SrcHeight];
        memcpy(m_src, Xn1, m_widthStep * m_SrcHeight);
    }
    delete[] m_dst;
    delete[] Xn1;
    delete[] srcC;
    m_dst = m_src;
    m_src = record;
}
```

图 7-16 为区域填充应用于实际的二值图像的示例。图 7-16(a)为待填充的原图，在其中一个封闭区域内设定一个起始点，如图 7-16(b)所示，使用区域填充算法过程如图 7-16(c)～(i)所示。填充一个封闭区域后得到图 7-16(i)，使用同样的方法可填充其他区域。

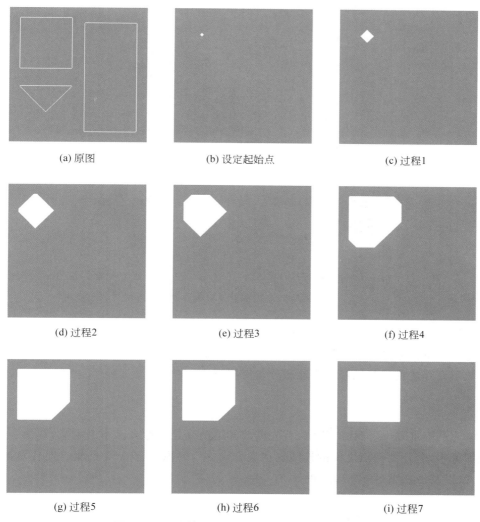

(a) 原图　　　　　　　(b) 设定起始点　　　　　　(c) 过程1

(d) 过程2　　　　　　(e) 过程3　　　　　　(f) 过程4

(g) 过程5　　　　　　(h) 过程6　　　　　　(i) 过程7

图 7-16　区域填充应用于实际的二值图像的示例

7.3.3　连通分量提取算法

利用膨胀算法不仅可以填充图像中的孔洞,还可以提取图像中的连通分量。在区域填充方法中,使用边界的补集做约束,使膨胀区域向边界内部区域拟合,从而填补孔洞。而连通分量提取算法是使用图像本身做约束,使膨胀区域拟合图像,从而提取到连通部分分量。提取连通分量的过程为

$$X_k = (X_{k-1} \oplus B) \bigcap A \tag{7-33}$$

其中,$k=0,1,2,\cdots$;X_0 表示连通部分中至少包含一个点的集合,B 是一个适当的结构元(与区域填充不同的是,连通分量提取算法中无须担心因结构元过大而超出边界)。

图 7-17(a)为图像 A,图 7-17(b)为结构元 B,取中点为原点。在连通分量中任取一点为 X_0,如图 7-17(c)所示,使用式(7-33),迭代两次后得到 $X_k = X_{k-1}$。图 7-17(d)和

图 7-17(e)分别为 $k=1,2$ 时的结果，X_k 即提取到的连通分量。

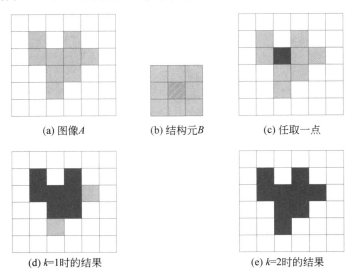

(a) 图像A (b) 结构元B (c) 任取一点

(d) $k=1$时的结果   (e) $k=2$时的结果

图 7-17 提取连通分量示例

如果图像中有多个连通区域，则依次使用上述方法可得到多个连通分量。

连通分量提取算法与区域填充算法相似，故不再展示代码及效果图。请参考 7.3.2 节区域填充算法代码尝试修改为连通分量提取算法。

7.3.4 凸壳算法

学习凸壳（Convex Hull）算法，首先需要知道凸壳是指什么。本书定义，在集合 A 表示的图像中，若任意两点之间的连线也在集合 A 中，则称集合 A 为凸集。对任意的 x_1，$x_2 \in A$，以及任意满足 $0 \leqslant \theta \leqslant 1$ 的 θ，有

$$\theta x_1 + (1-\theta) x_2 \in A \tag{7-34}$$

凸壳算法就是将一个图像扩展为凸集，使图像中任意两个灰度值为 1 的像素的连线都落在灰度值为 1 的区域。在形态学中，凸壳的实现方法为

$$X_k^i = (X_{k-1} \circledast B^i) \bigcup X_{k-1}^i \tag{7-35}$$

其中，$i=1,2,3,4$；$k=1,2,3,\cdots$；i 表示 4 个方向，k 表示迭代次数，$X_0^i = A$。当 $X_k^i = X_{k-1}^i$ 时，结束迭代。当 i 表示的 4 个方向均完成收敛时，将 4 个结果并在一起就是最终的凸壳运算结果 $C(A)$，即

$$C(A) = \bigcup_{i=1}^{4} X_k^i \tag{7-36}$$

值得注意的是，当完成第一个方向的迭代后，第二个方向迭代的初始值依然是集合 A，如此往复。

图 7-18(a)～图 7-18(d)是凸壳运算使用的结构元示例，共有 4 个结构元，从左至右分别代表 B^1、B^2、B^3 和 B^4，其原点均为中心点。另外，这里使用的是不需要背景匹配的击中或击不中变换，如 7.2.4 节最后讨论的那样。这意味着，如果结构元与图像发生了匹

配,则满足当前 3×3 区域图像的中心位置灰度值为 0,而结构元中灰度值为 1 的部分对应的图像灰度值也为 1,无须考虑图 7-18(a)~图 7-18(d)中除中心位置外的白色区域。

也可以这样理解,上述 B^1、B^2、B^3 和 B^4 结构元分别表示击中或不击中结构元中的 B_1,即与物体相关的部分,将图 7-18(e)当作击中或击不中结构元中的 B_2,即与背景相关部分,这样也可以达到同样的效果。

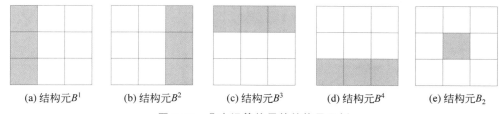

(a) 结构元B^1　　(b) 结构元B^2　　(c) 结构元B^3　　(d) 结构元B^4　　(e) 结构元B_2

图 7-18　凸壳运算使用的结构元示例

图 7-19 是一个凸壳运算示例,图 7-19(a)为待处理的图像 A,当分别使用图 7-18(a)~图 7-18(d)的结构元,迭代使用式(7-35)时,分别得到图 7-19(c)~图 7-19(f)的结果。最后使用式(7-36)将 4 个方向上的结果并在一起得到图 7-19(b)。可以发现,此时图像中任意两点的连线还在图像上。

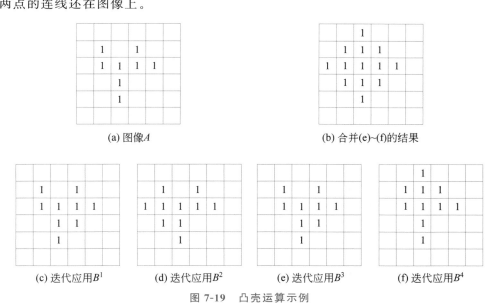

(a) 图像A　　　　　　　　　(b) 合并(e)~(f)的结果

(c) 迭代应用B^1　　(d) 迭代应用B^2　　(e) 迭代应用B^3　　(f) 迭代应用B^4

图 7-19　凸壳运算示例

可以看出,最终结果是一个斜 45°的矩形,明显超出原图 A 的尺寸,这是形态学凸壳运算的一个弊端,得到的凸壳并非最小凸壳。用原图 A 的上、下、左、右 4 个边界对结果进行约束处理,即可得到图 7-20 的最终结果。

C++ 示例代码 7-8:灰度值增加(凸壳运算)

图 7-20　使用约束后的凸壳

```
/*
    //重新封装的击中或击不中变换,i 表示使用上述凸壳结构元的第 i 个
    BHMT(int i)
    //取 n1、n2 的并集存入 result
    getUnion(unsigned char * n1,unsigned char * n2,unsigned char * result,int
size)
    //比较两幅图像是否相同
    isEqual(unsigned char * n1,unsigned char * n2,int size)
*/
void Morphology::BConvexHull_process(){
    //U0 记录已完成方向的并集结果,作为下次并操作的输入
    unsigned char * U0 = new unsigned char[m_widthStep * m_SrcHeight];
    setBackground(U0, m_widthStep * m_SrcHeight);
    //U 用于计算已完成方向的并集结果,是并操作的输出
    unsigned char * U = nullptr;
    //记录原图
    unsigned char * record = new unsigned char[m_widthStep * m_SrcHeight];
    memcpy(record, m_src, m_widthStep * m_SrcHeight);
    int k = 0;
    //Xn1 为每次循环的运算结果
    unsigned char * Xn1 = nullptr;
    //4 个方向以此进行
    for (int i = 0; i < 4; i++){
        bool flag = false;
        while (1){
            //击中或击不中操作
            BHMT(i + 1);
            //击中或击不中操作结果与上一次结果的并集
            getUnion(m_dst, m_src, Xn1, m_widthStep * m_SrcHeight);
            //如果本次运算的输入和输出相等,就说明该方向上的凸壳操作完成
            //将此次运算结果并入总结果
            if (isEqual(Xn1, m_src, m_widthStep * m_SrcHeight)){
                getUnion(U0, Xn1, U, m_widthStep * m_SrcHeight);
                delete[] U0;
                U0 = new unsigned char[m_widthStep * m_SrcHeight];
                memcpy(U0, U, m_widthStep * m_SrcHeight);
                flag = true;
                m_src = new unsigned char[m_widthStep * m_SrcHeight];
                memcpy(m_src, U0, m_widthStep * m_SrcHeight);
            }

            delete[] m_src;
            m_src = new unsigned char[m_widthStep * m_SrcHeight];
```

```
            if (!flag)
                //若此方向运算没有结束,则将上次运算结果作为下次的输入
                memcpy(m_src, Xn1, m_widthStep * m_SrcHeight);
            else{
                //每个方向相互独立,原始输入均为原图
                memcpy(m_src, record, m_widthStep * m_SrcHeight);
                break;
            }
        }
    }
    delete[] U0;
    delete[] m_dst;
    m_dst = U;
}
```

图 7-21 为凸壳应用于实际的二值图像的示例。图 7-21(a)为原图,图 7-21(b)～图 7-21(d)分别为 4 个方向的凸壳操作,图 7-21(e)为 4 个方向凸壳操作的并集。

(a) 原图　　(b) 凸壳操作1　　(c) 凸壳操作2　　(d) 凸壳操作3　　(e) 凸壳操作4　　(f) 凸壳操作的并集

图 7-21　凸壳应用于实际的二值图像的示例

7.3.5　细化与粗化

细化(Thinning)和粗化(Coarsening)是将图像中的目标变细或者变粗,其中细化操作是一个迭代的过程,直到图像的宽度只有一个像素为止。细化的过程为

$$A \otimes B = A - (A \circledast B) = A \bigcap (A \circledast B)^c \tag{7-37}$$

同凸壳运算类似,在细化操作中一样用到击中或击不中运算,这里的 B 也是一个系列的模板(B_1^i, B_2^i),分别对应关于图像的结构元和关于背景的结构元;另外,同凸壳操作类似的是,细化同样是经历一系列结构元的击中或不击中操作。图 7-22 是一系列形态学细化运算的结构元示例,图中共有 8 对结构元,图 7-22(a)～图 7-22(h)分别表示(B_1^1, B_2^1),(B_1^2, B_2^2),$\cdots$,(B_1^8, B_2^8)。

式(7-38)表示用第 i 个结构元对 X_{i-1} 进行细化,X_0 为图像 A。当被所有结构元细化过一次后,比较此时的图像和上一轮所有结构元细化后的图像,若相等,则表示完成细化,否则开始新一轮的迭代,此时 X_0 为上一轮中的 X_i。

$$X_i = X_{i-1} \otimes B^i \tag{7-38}$$

图 7-23 显示了用图 7-18 所示的结构元对 7-23(a)进行细化的过程。图 7-23(a)为原

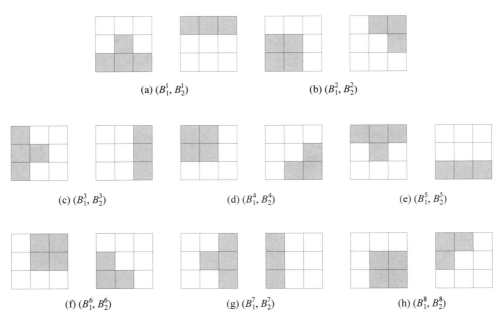

(a) (B_1^1, B_2^1) (b) (B_1^2, B_2^2)

(c) (B_1^3, B_2^3) (d) (B_1^4, B_2^4) (e) (B_1^5, B_2^5)

(f) (B_1^6, B_2^6) (g) (B_1^7, B_2^7) (h) (B_1^8, B_2^8)

图 7-22 一系列形态学细化运算的结构元示例

图,使用图 7-22 中第一组结构元时,产生图 7-23(b)的细化结果。使用图 7-22 中第二、三组结构元时没有产生细化结果,使用图 7-22 中第四组结构元时,产生图 7-23(c)的细化结果,之后四组均无细化结果。至此,第一轮细化结束,采用同样的方法开始第二轮细化,若最终结果同第一轮细化结果相同,则说明完成细化。

(a) 原图 (b) 细化结果 (c) 最终结果

图 7-23 细化操作的示例

同凸壳运算,细化操作对于结构元同样有两种不同的理解方式,本节只通过有背景结构元的方式进行讲解,感兴趣的读者可以尝试按照凸壳操作中没有背景结构元的方式进行讲解。

粗化是细化的形态学对偶,定义为

$$A \odot B = A \bigcup (A \circledast B) \tag{7-39}$$

其中,B 是适用于粗化的结构元。其形式上与用于细化的结构元相同,但是所有的 0 和 1 需要互换。实际运用中,我们很少使用形态学粗化,更多的是采用对背景区域细化再求补集的方法。

图 7-24 显示了用上述方法对图 7-24(a)粗化的示例。对图 7-24(a)的背景使用图 7-24
所示的结构元细化得到图 7-24(b),对图 7-24(b)求补集得到原图的粗化结果,如图 7-24(c)
所示。

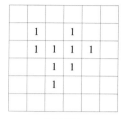  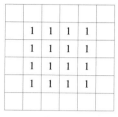

(a) 原图　　　　　　　　(b) 细化背景　　　　　　(c) 粗化结果

图 7-24　粗化操作的示例

C++ 示例代码 7-9：细化

```cpp
/*
    //重新封装的击中或击不中变换,i 表示使用上述细化结构元的第 i 对
    BHMT(int i)
*/
void Morphology::BThinning_process(){
    //用于记录击中或击不中操作结果的补集
    unsigned char * complement = nullptr;
    //每对结构元操作后的结果
    unsigned char * Xn1 = nullptr;
    //记录原图
    unsigned char * record = new unsigned char[m_widthStep * m_SrcHeight];
    memcpy(record, m_src, m_widthStep * m_SrcHeight);
    //用于记录每次 8 对结构元操作后的结果
    unsigned char * Xn = new unsigned char[m_widthStep * m_SrcHeight];
    memcpy(Xn, m_src, m_widthStep * m_SrcHeight);
    unsigned char * temp = nullptr;
    int k = 0;
    while (1){
        //8 对结构元
        for (int i = 0; i < 8; i++){
            //击中或击不中操作
            BHMT(i + 1);
            //击中或击不中操作的补集和上对结构元操作后结果的交集
            getComplement(m_dst, complement, m_widthStep * m_SrcHeight);
            getIntersection(m_src, complement, Xn1, m_widthStep * m_SrcHeight);
            //将此对结构元处理的结果作为下次处理的输入
            delete[] m_src;
            m_src = new unsigned char[m_widthStep * m_SrcHeight];
```

```
        memcpy(m_src, Xn1, m_widthStep * m_SrcHeight);
    }
    //判断本轮结果与上轮结果是否相等,若相等,则完成细化操作
    if (isEqual(Xn, Xn1, m_widthStep * m_SrcHeight)){
        delete[] Xn1;
        delete[] m_dst;

        m_dst = Xn;
        break;
    }
    //否则记录本轮结果,继续下一轮循环
    else{
        delete[] Xn;
        Xn = new unsigned char[m_widthStep * m_SrcHeight];
        memcpy(Xn, Xn1, m_widthStep * m_SrcHeight);
    }
}
m_src = record;
}
```

图 7-25 为细化应用于实际的二值图像的示例。图 7-25(a)为原图,图 7-25(b)～图 7-25(g)为细化的过程,经过 21 轮、168 次细化后最终得到图 7-25(h)。

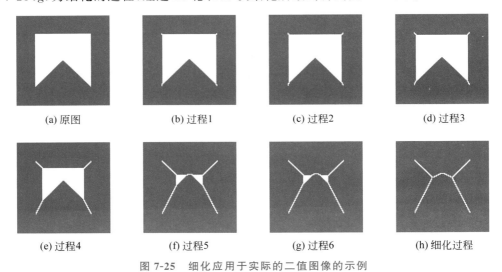

(a) 原图   (b) 过程1   (c) 过程2   (d) 过程3

(e) 过程4   (f) 过程5   (g) 过程6   (h) 细化过程

图 7-25   细化应用于实际的二值图像的示例

◈ 7.4   灰度图像的形态学处理

本节将 7.3 节的内容推广到灰度图像。灰度图像形态学(Gray-scale Morphology)同样包括腐蚀、膨胀、开闭运算等,不同的是,灰度图像形态学的处理对象不再是集合,而是

函数。接下来讨论灰度图像形态学的基本运算,包括腐蚀、膨胀、开闭运算,并给出简单的应用示例。

7.4.1 灰度图像的腐蚀和膨胀

为了方便理解,首先考虑使灰度图像的结构元与二值图像的结构元类似,只有 0 和 1 两个值。参考 7.1 节中介绍灰度图像交、并、补时采用的最大值最小值方法,在腐蚀和膨胀操作中同样采用最小值最大值方法,腐蚀操作用于求局部最小值,膨胀操作用于求局部最大值。

设 $f(x,y)$ 是输入的灰度图像,b 是灰度图像结构元,用结构元 b 对输入图像 $f(x,y)$ 进行灰度腐蚀和膨胀,分别表示为

$$(f\ominus b)(s,t)=\min\{f(s+x,t+y)\mid(s+x),(t+y)\in D_f;(x,y)\in b\} \quad (7\text{-}40)$$
$$(f\oplus b)(s,t)=\max\{f(s-x,t-y)\mid(s-x),(t-y)\in D_f;(x,y)\in b\}$$
$$(7\text{-}41)$$

其中,D_f 表示图像 f 在 (s,t) 位置的邻域,$(x,y)\in b$ 表示 (x,y) 在结构元 b 中位于灰度级为 1 的位置。式(7-40)和式(7-41)从图上可理解为

(1) 将结构元 b 的原点放置在图像 f 的 (s,t) 位置,即将结构元 b 覆盖在图像 f 的 (s,t) 及其邻域上。

(2) 腐蚀操作取上述区域中 b 灰度值为 1 的位置的最小像素值,而膨胀操作取上述区域中 b 灰度值为 1 的位置的最大像素值。将最小值或最大值作为此邻域的运算结果赋给原点位置。图 7-26(a)为图 7-26(b)所示结构元拟覆盖的区域,此时最小值和最大值分别为 80 和 233(45 小于 80,但 45 对应的结构元像素为 0,最大值同理),此时结构元原点所在位置记为最大值(膨胀)或最小值(腐蚀)。

(3) 使结构元 b 的原点遍历整幅图像 f,重复上述覆盖、求最小值或最大值、赋值的过程,最终得到结果。

现在把结构元 b 推广到具有一般性的灰度级,则式(7-40)和式(7-41)分别扩展为
$$(f\ominus b)(s,t)=\min\{f(s+x,t+y)-b(x,y)\mid(s+x),(t+y)\in D_f;(x,y)\in b\}$$
$$(7\text{-}42)$$
$$(f\oplus b)(s,t)=\max\{f(s-x,t-y)+b(x,y)\mid(s-x),(t-y)\in D_f;(x,y)\in b\}$$
$$(7\text{-}43)$$

此时 $(x,y)\in b$ 表示 (x,y) 在 b 的定义域中,其他表示的含义与式(7-40)和式(7-41)同。从图上理解,使用灰度级结构元后,覆盖区域中的操作变为将结构元灰度值与对应像素灰度值相加减,再取最大值或最小值。如图 7-26 所示的例子,使用灰度级结构元,则最小值、最大值分别为 $45=\min\{148-1,233-1,80-1,45-0,96-1,244-0,90-1,158-0,176-1\}$ 和 $244=\max\{148+1,233+1,80+1,45+0,96+1,244+0,90+1,158+0,176+1\}$。值得注意的是,结构元 b 此时并非一幅图像,它的值可能超过图像 f 的灰度范围,可正可负。因此,在实际操作时需要注意覆盖区域相加减后有没有出现超出灰度值范围的情况。

灰度图像的腐蚀和膨胀操作与二值图像的腐蚀和膨胀操作一样,会出现平滑图像的

148	233	80
45	96	244
90	158	176

1	1	1
0	1	0
1	0	1

(a) 结构元覆盖区域   (b) 结构元

图 7-26   腐蚀、膨胀邻域操作示例

效果，因此可用来去除图像中的噪声。除此之外，当结构元素都为正值或图像中明亮细节的尺寸比结构元小时，使用腐蚀操作会使图像变暗，使原来明亮的细节减少或消除；灰度图像的膨胀操作正好与腐蚀操作相反。

C++ 示例代码 7-10：灰度图像腐蚀

```
void Morphology::GErode_process(){
    if (m_dst != nullptr)
        delete[] m_dst;
    m_dst = new unsigned char[m_SrcHeight * m_widthStep];

    //此处两个 for 循环使结构元原点遍历整个图像
    for (int row = 0; row < m_SrcHeight; row++){
        for (int col = 0; col < m_SrcWidth; col++){
            int pr;
            int pc;
            int min = 256;
            //此处两个 for 循环实现覆盖区域遍历
            for (int i = 0, pr = row - m_row; i < m_SeWidth; i++, pr++){
                for (int k = 0, pc = col - m_col; k < m_SeHeight; k++, pc++){
                    //由于不要求结构元完全覆盖,所以要剔除不在原图范围上的点
                    if (pr<0 || pr>m_SrcHeight - 1 || pc<0 || pc>m_SrcWidth - 1)
                        continue;
                    //找到覆盖区域的最小值(当结构元是二值图像时)
                    if (m_se[i * m_SeWidth + k] == 1)
                        if (m_src[getIndex(pr, pc)] < min)
                            min = m_src[getIndex(pr, pc)];
                    //找到覆盖区域的最小值(当结构元是灰度图像时)
                    //if (m_src[getIndex(pr, pc)] - m_se[i * m_SeWidth + k] < min){
                    //    min = m_src[getIndex(pr, pc)] - m_se[i * m_SeWidth + k];
                    //}
                }
            }
```

```
//当结构元是灰度图像时,需要考虑最小值是否小于 0
//m_dst[getIndex(row, col)] = min>0 ? min : 0;
    m_dst[getIndex(row, col)] = min;
    }
}
}
```

　　灰度图像的膨胀操作与腐蚀操作的区别仅在于取最大值或最小值,请读者尝试将此代码改写为灰度图像的膨胀操作。

　　图 7-27 为灰度图像的腐蚀、膨胀操作应用于实际的灰度图像的示例。图 7-27(a)为原图,经过边长为 3 的正菱形二值结构元腐蚀和膨胀后,分别得到图 7-27(b)和图 7-27(c)。可以看出,腐蚀后的图像比原图像暗,而膨胀后的图像比原图像亮。

　　　　(a) 原图　　　　　　　　　　(b) 腐蚀后　　　　　　　　　　(c) 膨胀后

图 7-27　灰度图像的腐蚀、膨胀操作应用于实际的灰度图像的示例

7.4.2　灰度图像的开运算与闭运算

　　灰度图像的开、闭运算和二值图像的开、闭运算的定义相同,即开运算是先对图像腐蚀再膨胀,闭运算是先对图像膨胀再腐蚀。设原图为 f,b 为结构元,则开、闭运算表示为

$$f \circ b = (f \ominus b) \oplus b \tag{7-44}$$

$$f \cdot b = (f \oplus b) \ominus b \tag{7-45}$$

其中,b 可以为 7.4.1 节中的二值结构元或灰度结构元。

　　灰度图像的开运算的作用是去除比结构元小的明亮细节,比结构元大的明亮区域不变,对暗区域没有明显影响;灰度图像的闭运算的作用与开运算相反,其作用是去除比结构元小的暗细节,比结构元大的暗区域不变,对亮区域没有明显影响。

　　灰度图像的开、闭运算代码与二值图像的开、闭运算代码同理,均调用腐蚀和膨胀操作,此处不再展示,请读者参考 7.2.3 节与 7.4.1 节完成灰度图像的开、闭运算代码。

　　图 7-28 为灰度图像的开、闭运算应用于实际灰度图像的示例。图 7-28(a)为原图,图 7-28(b)与图 7-28(c)分别为原图使用边长为 5 的正菱形二值结构元开、闭运算后的结果。图 7-28(b)是图 7-28(a)的开运算的结果,开运算后图像变暗,明亮细节减少。图 7-28(c)是图 7-28(a)的闭运算的结果,闭运算后图像变亮,暗细节减少。

(a) 原图

(b) 开运算后

(c) 闭运算后

图 7-28　灰度图像的开、闭运算应用于实际灰度图像的示例

7.4.3　其他形态学处理

1. 灰度图像形态学平滑

通过 7.4.2 节了解到，灰度图像使用开、闭运算后，分别可以消除图像中的亮点和暗点。因此，将开、闭运算一起使用，即可消除图像中的噪声，实现平滑去噪。其过程表示为

$$g = (f \circ b) \bullet b \tag{7-46}$$

其中，f 为输入原图，b 为结构元素，g 为经过平滑处理后的图像。

图 7-29 为灰度图像平滑应用于实际灰度图像的示例。图 7-29(a) 为带噪声的原图，图 7-29(b) 与图 7-29(c) 分别为使用边长为 3 和边长为 5 的正菱形结构元对原图平滑的结果。可以看出，平滑操作可以消除噪声，但是，结构元变大会使得图像中的细节信息也遭到破坏，所以形态学平滑中常使用较小的结构元。

(a) 带噪声的原图

(b) 边长为3的结构元平滑

(c) 边长为5的结构元平滑

图 7-29　灰度图像平滑应用于实际灰度图像的示例

2. 灰度图像形态学梯度

灰度图像形态学梯度表示为

$$g = (f \oplus b) - (f \Theta b) \tag{7-47}$$

其中，f 为输入原图，b 为结构元素，g 为灰度图像形态学梯度图像。

由于膨胀操作作用于取局部最大值，因此使图像变亮；腐蚀操作作用于取局部最小值，因此使图像变暗。局部值有较大变化的地方往往是边界，因此膨胀和腐蚀后的图像差别主要集中于边界部分，通过两者的差值可得到边界图像。由于每个像素是局部的最大值与最小值的差值，因此像素值等价于梯度值，成为形态学梯度，但并非真实梯度值。

图 7-30 为灰度图像形态学梯度应用于实际灰度图像的示例。左图为原图,使用边长为 5 的正菱形结构元求形态学梯度后得到右图。如上所述,由于图像中亮度差别最大的区域往往是边界,因此膨胀和腐蚀的结果相减后得到边界图。

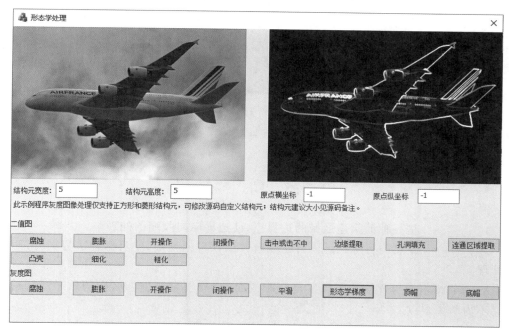

图 7-30　灰度图像形态学梯度应用于实际灰度图像的示例

3. 灰度图像形态学顶帽变换与底帽变换

很多图像会由于光照的原因,产生不均匀的光照背景,对图像处理产生影响。顶帽变换和底帽变换的作用是消除背景光照不均匀的影响。

使用灰度图像开运算可以消除比结构元小的亮区域,如果图像中的物体比较小而使用结构元相对较大,就可以去除图像中的物体而仅保留背景。使用原图减去开操作后的图像即可获得消除背景后的物体,即消除了光照对背景的影响。上述过程就是顶帽变换(Top-hat),可表示为

$$g = f - (f \circ b) \tag{7-48}$$

其中,f 为输入图像,b 为结构元,g 为顶帽变换后的图像。

以此类推,如果使用闭运算消除图像中暗色的主物体,仅留下背景信息,再与原图做差,可消除背景影响。底帽变换(Bottom-hat)表示为

$$g = (f \cdot b) - f \tag{7-49}$$

其中,f 为输入图像,b 为结构元,g 为底帽变换后的图像。

值得注意的是,如果顶帽变换和底帽变换的结构元尺寸小于主物体,则起不到消除背景的效果。

图 7-31 为灰度图像顶帽、底帽应用于实际灰度图像的示例。图 7-31 为原图,图 7-31(b)

与图 7-31(c)分别是使用边长为 6 的正菱形为结构元对原图进行顶帽变换和底帽变换后的结果。可以看出，顶帽变换和底帽变换具有消除背景光照不均匀的功能。

(a) 原图　　　　　　　　(b) 顶帽变换后　　　　　　　(c) 底帽变换后

图 7-31　灰度图像顶帽、底帽应用于实际灰度图像的示例

◈ 7.5　练　习　题

1.＿＿＿＿＿是一种消除连通域的边界点，使边界向内收缩的处理。

2.＿＿＿＿＿是将与目标区域的背景点合并到该目标物中，使目标物边界向外部扩张的处理。

3.对一幅不全为背景的图像反复膨胀或腐蚀，分别会产生什么样的效果？（假设结构元不为单像素点）

4.图 7-32(a)、(b)分别为输入图像 A、结构元 B，其中阴影表示结果元原点。

(a) 请画出 $A \ominus B$ 的结果。

(b) 请画出 $A \oplus B$ 的结果。

(c) 请画出 $(A \ominus B) \oplus B$ 的结果。

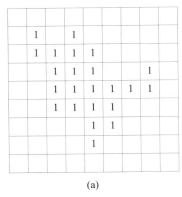

(a)　　　　　　　　　(b)

图 7-32　4 题图

5.开运算相比腐蚀运算的优点是什么？

6.闭运算相比膨胀运算的优点是什么？

7.简述灰度图像使用形态学梯度处理后可以生成对象轮廓的原因。

8.灰度图像形态学梯度处理有无类似二值图像边界提取的多种操作？如果有，则通过代码实现,并观察提取到的边界有什么区别。

9. 简述灰度图像使用顶帽变换后可以消除不均匀的光照背景影响的原因。

10. 编程实现二值图像的连通分量提取算法(可调用书中已展示的代码,下同)。

11. 编程实现灰度图像的开运算算法。

12. 编程实现灰度图像形态学平滑算法。

13. 编程实现灰度图像形态学梯度。

14. 编程实现灰度图像形态学顶帽变换。

图 像 分 割

图像分割(Image Segmentation)是把图像细分成若干有意义的子区域或物体的处理技术,其目的是简化或改变图像的表现形式,使得图像更容易理解和分析。一般的图像处理过程如图 8-1 所示,可以看出,图像分割是从图像预处理到图像识别和图像理解的关键步骤,在图像处理中占据重要的位置。一方面,它是目标表达的基础,对特定的测量计算有重要的影响;另一方面,图像分割结合基于分割的目标表达、特征提取和参数测量等技术,可将原始图像转换为更抽象和紧凑的形式,使得更高层的图像识别、分析和理解成为可能。

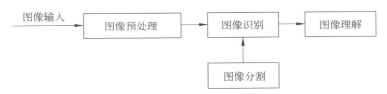

图 8-1   图像分割在整个图像处理过程中的作用

图像分割本质上是对各像素进行分类并添加标签的过程。分类所依据的特征可以是像素的灰度值、颜色、亮度或多谱特征、空间特征和纹理特征等,主要取决于要解决的问题本身。图像分割算法按照图像的某种特性将图像分割成若干子区域,每个子区域内部的每个像素在该特性的度量下均相同或相近;而邻接区域之间则存在较大差异。一般假设在同一区域内特征的变化平缓,而在各区域边界上特征的变化剧烈。

简单而言,图像分割通常是将图像中的目标从背景中分离出来,以便后续进一步处理。在实际应用中,若满足某种特性的目标物体或区域已经被检测出来,则可停止分割,超过应用目标所需特性指标的物体或区域的分割是没有意义的。由于所需目标的不同、提取目标特征方法的不同,图像分割的方法繁多,各有千秋。

本章主要介绍图像分割的基本原理和方法,包括图像的阈值处理技术、基于霍夫变换的边缘检测技术、图像的区域分割技术和基于运动的图像分割技术。本章还会给出一些分割方法的实例。

◆ 8.1 阈 值 处 理

由于阈值处理直观、实现简单且计算速度快,因此,阈值处理在图像分割应用中处于核心地位。同时,阈值处理方法特别适用于目标和背景占据不同灰度级范围的图像,不仅可以极大压缩数据量,而且可大大简化分析和处理步骤。在很多情况下,该类方法是进行图像分析、特征提取与模式识别之前的必要的图像预处理过程。本节将会具体介绍阈值处理的基础概念和相关算法。

8.1.1 灰度阈值处理

本节主要讨论利用像素的灰度值,通过取阈值进行分类的图像分割处理方法。假设图像中的每个区域由许多灰度值相近的像素构成,且物体和背景之间或者不同物体之间的灰度值有明显的差别时,就可通过取阈值的方法进行区分。待分割图像的视觉特性越接近这个假设,使用该分割方法的效果越好。图像阈值化处理的实质是图像灰度级的非线性运算,阈值处理可以用方程描述。根据灰度阈值的取值变化和个数差别,可以得到不同的灰度图像分割结果。

灰度图像二值化是一种最常用、最简单的图像分割方法。只要选取一个适当的灰度级阈值,然后将每个像素灰度值与它进行比较,将灰度值高于阈值的像素点重新分配为最大灰度值(如 255),灰度值低于阈值的像素点重新分配为最小灰度值(如 0),即可得到一张新的二值图像,图像中的目标便可从背景中分割出来。

假设图像 $f(x,y)$ 的灰度直方图如图 8-2(a)所示,该图像为暗色背景上包含部分亮色物体。若存在一个阈值 T,则可将该图像的物体和背景的灰度级分为两部分,任何满足 $f(x,y) \geqslant T$ 的像素点 (x,y) 标记为对象点(或目标点);反之则标记为背景点,原图像可实现基于单灰度阈值的两类分割(对象及背景)。经过阈值处理后所形成的图像 $g(x,y)$ 定义如下。

$$g(x,y) = \begin{cases} a, & f(x,y) < T \\ b, & f(x,y) \geqslant T \end{cases} \tag{8-1}$$

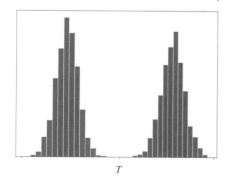

(a) 可被单阈值分割的灰度直方图

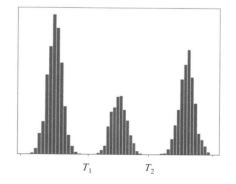

(b) 可被双阈值分割的灰度直方图

图 8-2 图像的灰度直方图与图像分割阈值

标注为 a 的像素对应于背景,而标注为 b 的像素对应于物体,这样得到的 $g(x,y)$ 就是一幅背景灰度为 a、物体灰度为 b 的二值图像。若图像 $f(x,y)$ 的灰度范围为 $[0,255]$,那么在 $[0,255]$ 选择一个灰度值 T 作为阈值,则可令 $a=0$,即黑色;$b=255$,即白色。反过来,当背景为亮,而背景上的物体为暗时,同样可以通过阈值处理的方法进行图像处理,即将背景像素标注为 $a=255$,物体像素标注为 $b=0$,阈值处理后的图像 $g(x,y)$ 公式可表示如下。

$$g(x,y)=\begin{cases}0, & f(x,y)<T \\ 255, & f(x,y)\geqslant T\end{cases} \qquad (8\text{-}2)$$

或

$$g(x,y)=\begin{cases}255, & f(x,y)<T \\ 0, & f(x,y)\geqslant T\end{cases} \qquad (8\text{-}3)$$

例如,根据式(8-2),对于 4×4 的灰度图像,其像素点灰度值如图 8-3(a)所示,可以简单取阈值为 $T=150$,经过阈值处理后的灰度图像像素值如图 8-3(b)所示。

48	15	50	180
23	200	180	213
197	175	70	98
230	87	103	206

(a) 4×4原始灰度图像

0	0	0	255
0	255	255	255
255	255	0	0
255	0	0	255

(b) 阈值处理后的4×4原始灰度图像

图 8-3　灰度阈值处理前后像素灰度值变化示意图

对式(8-1)的基本阈值处理有许多修正方案,以应用于不同的分割要求。例如,其中一种阈值处理方法为:将图像中的前景分割为灰度值均在一个集合 D 的灰度区域,而其他部分则作为背景,即

$$g(x,y)=\begin{cases}255, & f(x,y)\in D \\ 0, & f(x,y)\notin D\end{cases} \qquad (8\text{-}4)$$

另一种阈值处理方法的公式定义如下。

$$g(x,y)=\begin{cases}0, & f(x,y)<T \\ f(x,y), & f(x,y)\geqslant T\end{cases} \qquad (8\text{-}5)$$

式(8-5)的方法保留了灰度值高于阈值的像素点灰度值,仅改变灰度值低于阈值的像素点的灰度值(标注为 0),该阈值处理方法也被称为半阈值化(Semi-thresholding),这样处理的目的是在屏蔽图像背景的同时,保留前景物体部分的灰度信息。

图 8-2(b)显示了一种更为困难的阈值处理问题,图像的灰度级可被分为 3 部分,即存在多阈值的情况。该场景可对应一个暗色背景图像,其中包含两个明亮程度不同的物

体。计算过程中,若 $f(x,y) \leqslant T_1$,则点 (x,y) 被标记为背景;若 $T_1 < f(x,y) \leqslant T_2$,则点 (x,y) 被标记为物体 1;若 $f(x,y) > T_2$,则点 (x,y) 分类为另一个物体。双阈值处理图像分割计算过程由式(8-6)给出。

$$g(x,y) = \begin{cases} a, & f(x,y) \leqslant T_1 \\ b, & T_1 < f(x,y) \leqslant T_2 \\ c, & f(x,y) > T_2 \end{cases} \tag{8-6}$$

式(8-6)中,a、b 和 c 是任意 3 个不同的灰度值,由此得到的 $g(x,y)$ 是一幅背景灰度为 a、物体 1 灰度为 b、物体 2 灰度为 c 的灰度图像。

公式中的阈值 T 可定义如下。

$$T = T[x,y,p(x,y),f(x,y)] \tag{8-7}$$

其中,$f(x,y)$ 为点 (x,y) 的灰度值,$p(x,y)$ 表示该点的局部性质(如以点 (x,y) 为中心的邻域平均灰度)。对应于阈值处理基础公式(8-1),当阈值 T 为一个适用于整个图像的常数,即阈值 T 仅取决于 $f(x,y)$ 时,所给出的阈值处理方法被称为全局阈值处理;当阈值 T 在一幅图像上可变时,即阈值 T 取决于 $f(x,y)$ 和 $p(x,y)$ 时,则称之为可变阈值处理(或局部阈值处理)。

C++ 代码示例 8-1:图像灰度二值化

```
/*
将图像进行灰度化处理后,进行灰度二值化处理,即当像素点灰度值小于阈值 threshold 时,取
0;反之,则取 255。
*/
void CFgImage::GlobalThreshold(BYTE threshold){
    int lineBytes = (m_width * m_biBitCount / 8 + 3) / 4 * 4;
    unsigned char * pGrayData = new unsigned char[lineBytes * m_height];
    Gray();
    BYTE gray;
    gray = 0;

    for (int i = 0; i < m_height; i++){
        for (int j = 0; j < m_width; j++){
            gray = Getgray(i, j);
            if (gray <= threshold)
                gray = (BYTE)0;
            else
                gray = (BYTE)255;
            for (int k = 0; k < 3; k++)
                * (pGrayData + i * lineBytes + j * 3 + k) = gray;
        }
    }

    string path = "Release\\result\\globalthreshold.bmp";
```

```
        SaveBMP(path.c_str(), pGrayData, m_width, m_height, m_biBitCount, m_
    pColorTable);
    }
```

程序运行结果如图 8-4 所示。输入图像时,若原图为非灰度图像,则需要先对图像进行灰度化处理,再将图像中每一个像素点的灰度值与阈值 T 比较,并赋予新的灰度值,最终得到灰度阈值处理的结果。在本实例中,根据输入图像的灰度直方图,选择阈值为 $T=150$。图 8-4 即阈值 $T=150$ 时的灰度阈值处理结果。

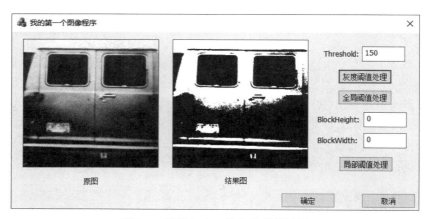

图 8-4　图像灰度二值化处理结果图

8.1.2　全局阈值处理

阈值处理技术广泛用于各类图像处理应用系统,为有效分割物体与背景,发展了各种各样的阈值处理技术。简单来说,阈值分割法可分为全局阈值处理法和局部阈值处理法。前述的阈值处理方法中利用全局信息(例如,整幅图像的一维灰度直方图、二维直方图)对整幅图像求取分割阈值 T,故把其归类于全局阈值处理法。全局阈值处理法既可以是单阈值,也可以是多阈值。

全局阈值处理法在图像处理中应用较多,它在整幅图像内采用固定的阈值处理图像。经典的阈值选取以灰度直方图为处理对象。但是,根据阈值选择的不同,最终生成的阈值处理结果也有所不同。

在 8.1.1 节的灰度阈值处理实例中,根据图像灰度直方图结果,选择阈值 $T=150$ 对图像进行处理,得到结果图(见图 8-4)。显然,选取不同的阈值,可得到不同的分割结果。以图 8-5(a)为例,当选取阈值分别为 $T_1=50$、$T_2=150$、$T_3=210$ 时,对图像进行阈值处理,得到的结果分别如图 8-5(b)、(c)、(d)所示。

可见,在对图像进行阈值分割处理的时候,合适的阈值能够更好地保留图像信息,如何选取合适的阈值也就成为了关注点。在大多数的应用中,通常图像之间有较大变化,此时全局阈值虽是一种合适的阈值处理方法,但也需要有能对每幅图像自动估计阈值的算法。下面的迭代算法就可用于自动求得合适的阈值 T。

(a) 原图像

(b) 阈值 T_1=50 的分割结果

(c) 阈值 T_2=150 的分割结果

(d) 阈值 T_3=210 的分割结果

图 8-5　选区不同阈值时灰度阈值处理分割结果

（1）为全局阈值 T 选取一个初始估计值。

（2）利用式(8-1)以阈值 T 处理该图像,将产生两组像素：S_1 由灰度值大于 T 的所有像素组成；S_2 由灰度值小于 T 的所有像素组成。

（3）对 S_1 和 S_2 的像素分别计算平均灰度值(均值)m_1 和 m_2。

（4）计算一个新阈值 $T = (m_1 + m_2)/2$。

（5）重复步骤(2)～(4),直到连续迭代过程中的 T 值间的差小于一个预定义的参数 ΔT 为止。

当图像中的物体和背景两个模式的灰度值在直方图中存在一个明显的波谷时[如图 8-2(a)所示],该算法更易于迭代计算出合适的阈值。在考虑运算速度的情况下,参数 ΔT 用于限制迭代的次数,以控制算法速度。通常情况下,ΔT 越大,该算法执行的迭代次数越少,速度越快;反之,则执行的迭代次数越多,速度越慢。显然,算法中所选的初始阈值估计值必须大于图像中的最小灰度级,且小于其最大灰度值。在实际应用场景中,一般情况下会选择图像的平均灰度值作为阈值 T 的初始估计值。

C++ 代码示例 8-2：全局阈值选取计算函数

```
/*
使用全局阈值选取计算函数中的迭代算法计算得到图像阈值处理合适的阈值。其中迭代次数
为100。
*/
int CFgImage::ChooseThreshold(){
    int number[256] = { 0 };
    int countSum = 0;
    int PiexlNum = 0;
    int maxthreshold = 0, minthreshold = 255;
    Gray();
    BYTE gray;
    for (int i = 0; i < m_height; i++){
        for (int j = 0; j < m_width; j++){
            gray = Getgray(i, j);
            if (gray < minthreshold)
                minthreshold = gray;
            if (gray > maxthreshold)
                maxthreshold = gray;
            number[gray]++;
            PiexlNum += 1;
            countSum += gray;
        }
    }
    int nTotalGray = 0;                    //灰度值的和
    int nTotalPixel = 0;                   //像素数的和

    int nNewThreshold = (int)countSum / PiexlNum;
    int nThreshold = 0;

    cout << nNewThreshold << endl;
    //迭代开始，直到迭代次数达到100或者新阈值与上一轮的阈值差小于2,迭代结束
    for (int nIterationTimes = 0; !(abs(nThreshold - nNewThreshold) < 2) &&
                    nIterationTimes < 100; nIterationTimes++){
        nThreshold = nNewThreshold;
        nTotalGray = 0;
        nTotalPixel = 0;

        //计算图像中小于当前阈值部分的平均灰度
        for (int a = minthreshold; a < nThreshold; a++){
            nTotalGray += number[a] * a;
            nTotalPixel += number[a];
        }
        int nMean1GrayValue = nTotalGray / nTotalPixel;
```

```
        nTotalGray = 0;
        nTotalPixel = 0;

        //计算图像中大于当前阈值部分的平均灰度
        for (int b = nThreshold + 1; b <= maxthreshold; b++){
            nTotalGray += number[b] * b;
            nTotalPixel += number[b];
        }
        int nMean2GrayValue = nTotalGray / nTotalPixel;

        nNewThreshold = (nMean1GrayValue + nMean2GrayValue) / 2;    //计算新阈值
    }
    cout << nThreshold << endl;
    return nThreshold;
}
```

通过该函数可自动计算得到合适的阈值,再代入 8.1.1 节的 GlobalThreshold() 函数中进行灰度阈值处理,最终得到的结果如图 8-6 所示。在该实例中,计算得到的阈值 $T =$ 125。将图 8-6 中的结果图同图 8-5 中的其他阈值处理结果进行对比,可见通过该方法自动计算得到合适的阈值,经全局阈值分割处理后的图像保留了更多、更好的图像信息,物体与背景之间的分割相对有效且明显。

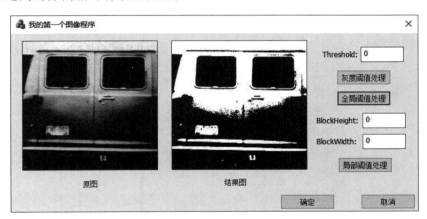

图 8-6　全局阈值处理实例结果

8.1.3　局部阈值处理

全局阈值处理方法在背景照明不均匀的情况下,通常无法达到良好的目标分割效果。当照明不均匀、有突发噪声或者背景灰度变化比较大的时候,单一的灰度阈值无法兼顾图像各部分像素的实际分布情况,从而导致分割错误。此时,可以对图像进行分块处理,对不同区域分别选定特定阈值进行处理,这种与图像空间坐标相关的阈值处理法称为局部阈值处理法，也称为动态阈值方法、自适应阈值分割法。

图像分块是局部阈值处理中最简单的预处理方法之一，即将一幅图像分成相互间不重叠的矩形。这种方法主要用于补偿光照和/或反射的不均匀性。图像上光照越不均匀，选择分块的矩形越小。分块的矩形足够小，有利于保证每个矩形内的光照是相对均匀的。

这类算法的时间复杂度和空间复杂度较大，但是抗噪能力比较强，对采用全局阈值处理方法不容易处理的图像有较好的效果。使用该方法的关键问题在于如何将图像进行分块和如何为各个子图像模块估计合适的阈值。

下面通过代码示例说明局部阈值处理的应用。输入一幅光照不均匀的图像，分别对其直接使用全局阈值处理和经过图像分块后进行局部阈值处理，得到对比效果较明显的结果图。在该实例中，图像分块不是叙述的重点内容，所以在代码实现过程中，仅简单对图像进行块划分。

C++ 代码示例 8-3：分块局部阈值处理

```
/*
输入图像为一幅光照不均匀的图像。分别输入图像的宽、高分块块数，分块对图像进行处理，每
一块都通过局部阈值选取计算函数(基本思想与全局阈值选取计算函数一致)计算该分块的适合
阈值。在分块内，若像素点灰度值小于该分块的阈值，则取 0；反之，则取 255。
*/
void CFgImage::LocalThreshold(int blockHeight,int blockWidth){
    int lineBytes = (m_width * m_biBitCount / 8 + 3) / 4 * 4;
    unsigned char * pGrayData = new unsigned char[lineBytes * m_height];
    Gray();
    BYTE gray;
    int threshold[100][100] = { 0 };
    //简单分块
    for (int a = 0; a < blockHeight; a++){
        for (int b = 0; b < blockWidth; b++){
            threshold[a][b] = ChooseLocalThreshold(blockHeight, blockWidth,
a, b);
            for (int i = (m_height / blockHeight) * a; i < (m_height /
blockHeight) * (a + 1); i++){
                for (int j = (m_width / blockWidth) * b; j <
                              (m_width / blockWidth) * (b + 1); j++){
                    gray = Getgray(i, j);
                    if (gray <= threshold[a][b])
                        gray = (BYTE)0;
                    else
                        gray = (BYTE)255;
                    for (int k = 0; k < 3; k++)
                        * (pGrayData + i * lineBytes + j * 3 + k) = gray;
                }
            }
        }
```

```
    }
  }
  string path = "Release\\result\\localthreshold.bmp";
  SaveBMP(path.c_str(), pGrayData, m_width, m_height, m_biBitCount, m_
  pColorTable);
}
```

程序运行结果如图 8-7 所示。直接对照明不均匀的图像进行全局阈值处理,所得到的结果图中有大量分割错误情况出现。对图像进行简单分块后再进行阈值处理所得到的结果图中虽然也存在一些错误情况,但相比直接全局阈值处理法而言,效果显而易见。对比图 8-7(b)、(c)发现,分块矩阵越小,局部阈值处理分割结果越好。

实例中的图像分块仅为最简单的分块操作,若基于输入图像的基本信息进一步完善图像分块的算法,可望得到更清晰、精准的分割效果,减少错误分割情况。

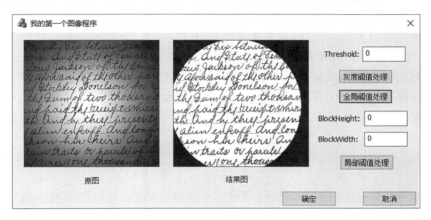

(a) 全局阈值处理结果

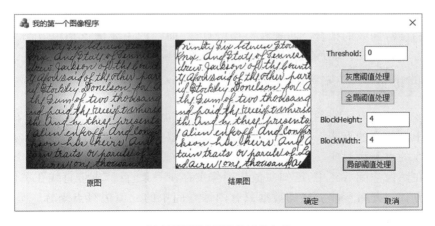

(b) 局部阈值处理结果(分块4×4)

图 8-7　局部阈值处理与全局阈值处理对比结果图

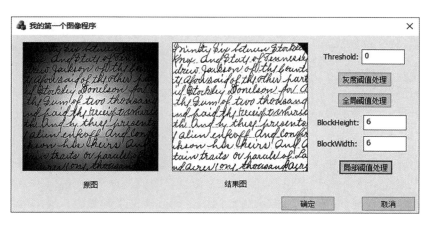

(c) 局部阈值处理结果(分块6×6)

图 8-7　（续）

除图像分块以外,还有其他局部阈值处理技术,例如,基于局部图像特性的局部阈值处理技术、使用移动平均的局部阈值处理技术等。其总体处理思想都是首先对图像预处理得到不同阈值的子图像模块,其次在子图像内采用全局阈值处理方法,最后拼接处理后的所有子图像得到最终图像。可以观察到:由于用于每个像素的阈值取决于该像素在预处理后子图像中的局部位置,所以这些方法均属于局部阈值图像分割方法。

◆ 8.2　霍 夫 变 换

霍夫变换(Hough Transform)是一种边界跟踪方法,它利用图像的全局特性直接检测目标轮廓。作为一种检测、定位直线和解析曲线的有效方法,霍夫变换常用于从图像中识别几何形状。最基本的霍夫变换是从二值图像中检测直线(线段)。在预先知道区域形状的条件下,利用霍夫变换可以方便地将不连续的边缘像素点连接起来得到边界曲线的逼近,实现直线/曲线的拟合。霍夫变换提取直线/曲线的主要优点是该方法为一种全局特征提取方法,受直线/曲线之间的间隔和噪声的影响较小。

8.2.1　霍夫变换检测直线

霍夫变换基于点—线的对偶性,即在图像空间(原空间)中同一条直线上的点对应在参数空间中是相交的直线。反过来,在参数空间中相交于同一点的所有直线,在图像空间中都有共线的点与之对应。

假设在图像空间 XY 中,已知二值化图像中存在一条直线,求该直线在图像中的位置及其直线方程。此时所能获得的数据只有图像空间中的二值边缘点坐标。显然,所有经过点 (x,y) 的直线一定都满足直线斜截式方程

$$y = ax + b \tag{8-8}$$

其中,参数 a 为斜率,参数 b 为截距。经过点 (x,y) 的直线有很多,且对应不同的 a 值和 b 值,它们都满足式(8-8)。如果将点 (x,y) 中的 x 和 y 视为常数,而将原本的参数

a 和 b 视为变量,则式(8-8)可写成

$$b = -xa + y \tag{8-9}$$

由此,图像空间便切换到参数空间 AB 中,式(8-9)即直角坐标系中对点 (x, y) 的霍夫变换。在参数空间 AB 中,式(8-9)表示为经过点 (a, b) 的一条直线。

对于图像空间 XY 中的两点 (x_1, y_1) 和 (x_2, y_2),可得到经过点 (x_1, y_1) 的所有直线方程为 $y_1 = ax_1 + b$,即点 (x_1, y_1) 确定了一簇直线,经过霍夫变换后,得到参数空间 AB 的一条直线 $b = -x_1a + y_1$。同理,得到经过点 (x_2, y_2) 的所有直线方程为 $y_2 = ax_2 + b$,其经过霍夫变换后,在参数空间 AB 中的是另一条直线 $b = -x_2a + y_2$。(x_1, y_1) 和 (x_2, y_2) 由于是图像空间 XY 中共线的两点,所以它们一定在参数空间 AB 中,并具有相同的参数 (a_0, b_0)。(a_0, b_0) 确定的这一点正是参数空间 AB 中两条直线 $b = -x_1a + y_1$ 和 $b = -x_2a + y_2$ 的交点。图 8-8(a)表示图像空间 XY 中存在一条直线,该直线经过点 (x_1, y_1) 和点 (x_2, y_2),图 8-8(b)表示对应的参数空间 AB。

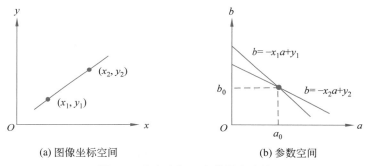

(a) 图像坐标空间　　　　　　　　(b) 参数空间

图 8-8　直角坐标系中的霍夫变换

在图像空间 XY 中,过点 (x_1, y_1) 和点 (x_2, y_2) 所确定的直线上的每一点都在参数空间 AB 中有一一对应的一条直线,而这些直线都相交于点 (a_0, b_0),参数 a_0 和 b_0 就对应于图像空间 XY 中点 (x_1, y_1) 和点 (x_2, y_2) 所确定直线方程的参数。反之,在参数空间 AB 中相交于同一点的所有直线,在图像坐标空间都有共线的点与之对应。根据这一特性,给定图像空间的一些边缘点,即可通过霍夫变换确定连接这些点的直线方程。

换言之,通过霍夫变换,可将图像空间的直线的检测问题转换为参数空间中的点的检测问题。而参数空间中点的检测问题可被处理为简单的累加统计问题,具体步骤如下。

(1) 在参数空间 AB 中建立一个二维累加数组 $A(a, b)$,并初始化为 0。其中第一维的取值范围对应图像空间 XY 中直线斜率的取值范围 $[a_{\min}, a_{\max}]$,第二维的取值范围对应图像坐标空间 XY 中直线截距的取值范围 $[b_{\min}, b_{\max}]$。

(2) 对于图像空间 XY 中每一个边缘点 (x, y),将参数空间 AB 中的每一个 a 的离散值代入式(8-9)中,计算得到对应的 b 值。每计算出一对 (a, b),都将对应的数组元素 $A(a, b)$ 加 1,即 $A(a, b) = A(a, b) + 1$。当所有的计算结束后,根据得到的 $A(a, b)$ 值,统计在点 (a, b) 处的数值。$A(a, b)$ 最大值对应的 a_i 和 b_i 就是原图像空间 XY 中共线点数量最多的直线方程参数。

上述方法的霍夫变换参数空间 AB 累加结果如图 8-9 所示,累加数值最大的为峰值点,该点对应的参数(a,b)即对应图像空间 XY 中所需检测的直线方程的参数值。

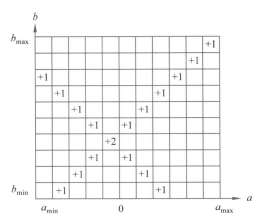

图 8-9   霍夫变换参数空间 AB 累加结果

参数空间 AB 上 a 和 b 坐标范围的细化程度,决定了最终找到的直线上点的共线精度。上述二维累加数组 A 也常称为霍夫矩阵。

使用直角坐标系表示直线时,若存在一条垂直直线或者接近垂直的直线时,该直线的斜率为无限大或接近无限大,计算量激增,从而无法在参数空间 AB 中表示出来。为解决这一问题,将采用极坐标系表示直线,其方程为

$$\rho = x\cos\theta + y\sin\theta \tag{8-10}$$

其中,ρ 表示原点到直线的垂直距离,θ 表示原点到直线的垂线与 X 轴的夹角。显然,在图像空间中 $x>0$、$y>0$ 的直角坐标系下,对于垂直于 X 轴的直线来说,$\theta=0°$,ρ 表示在 X 轴上值为正的截距;对于垂直于 Y 轴的直线来说,$\theta=90°$,ρ 表示在 Y 轴上值为正的截距。

同直角坐标系类似,极坐标系中的霍夫变换也将图像坐标 XY 中的点变换到参数空间 $\rho\theta$ 中;不同之处在于,式(8-10)将图像空间 XY 上的点映射到参数空间 $\rho\theta$ 上的正弦曲线。

对于图像空间 XY 中共线的两点(x_1,y_1)和(x_2,y_2)来说,在参数空间中这两点的极坐标方程为 $\rho=x_1\cos\theta+y_1\sin\theta$ 和 $\rho=x_2\cos\theta+y_2\sin\theta$,对应参数空间 $\rho\theta$ 上的两条正弦曲线,且相交于点(ρ_0,θ_0)。该点的极坐标 ρ_0 和 θ_0 对应图像空间 XY 中点(x_1,y_1)和点(x_2,y_2)所在直线极坐标方程的参数。图 8-10(a)为在图像空间 XY 中,经过点(x_1,y_1)和点(x_2,y_2)的直线的极坐标表示,图 8-10(b)为对应的参数空间 $\rho\theta$ 表示。

具体计算时,与直角坐标系中的霍夫变换相似,也需要在参数空间 $\rho\theta$ 中建立一个二维数组 $A(\rho,\theta)$,只是取值范围不相同。第一维参数 θ 的取值范围为$[-90°,+90°]$;第二维参数 ρ 的范围与图像的大小有关,若一幅图像大小为 $M\times N$,并以图像中心为原点,则 ρ 的取值范围为$[-(M^2+N^2)^{1/2}/2,(M^2+N^2)^{1/2}/2]$。计算方法也与直线坐标系中的累加器的计算方法相同,最后统计得到 $A(\rho,\theta)$ 的最大值,所对应的峰值点(ρ,θ)对应原图像坐标 XY 中所需检测出直线的极坐标方程参数。

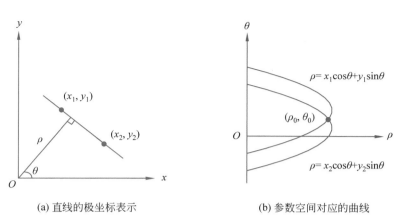

(a) 直线的极坐标表示   (b) 参数空间对应的曲线

图 8-10 极坐标系中的霍夫变换

C++ 代码示例 8-4：霍夫变换检测直线

```
/*
输入需要在图像中检测到的直线数量后,寻找图像中的 LineNum 条直线。在进行图像中直线检
测之前,并不了解图像中是否存在垂直于坐标轴的直线,所以一般情况下采用极坐标系霍夫变换
方法进行直线的提取检测。每寻找到一个峰值点,需将该点及其邻近范围的累加器单元清零,以
避免检测出近似于峰值点对应直线的其他直线。
*/
void CFgImage::HoughOfLine(int LineNum){
    int lineBytes = (m_width * m_biBitCount / 8 + 3) / 4 * 4;
    Gray();
    unsigned char * pline = new unsigned char[lineBytes * m_height];
    //计算极坐标域中的参数范围
    int maxAngle = 90;
    int maxDist = (int)sqrt((m_height * m_height + m_width * m_width));
    //为极坐标域分配空间
    int AreaAngle = maxAngle * 2;
    int AreaDist = maxDist + 1;
    int **pTransArea = new int * [AreaAngle];
    for (int k = 0; k < AreaAngle; k++){
        pTransArea[k] = new int[AreaDist];
        for (int w = 0; w < AreaDist; w++)
            pTransArea[k][w] = 0;
    }
    //转换为极坐标域
    BYTE gray;
    int i, j;
    int Angle, Dist;
    double Radian;                          //弧度
    for (i = 0; i < m_height; i++){
```

```
        for (j = 0; j < m_width; j++){
            //获得灰度值
            gray = Getgray(i, j);
            for (int k = 0; k < 3; k++)
                * (pline + i * lineBytes + j * 3 + k) = gray;
            if (gray == 255){
                for (Angle = -(maxAngle - 1); Angle <= maxAngle; Angle++){
                    Radian = Angle * PI / 180.0;
                    Dist = (int)(j * cos(Radian) + i * sin(Radian));
                    if (Dist > maxDist || Dist < 0)
                        continue;
                    int pAngle = Angle + maxAngle - 1;
                    pTransArea[pAngle][Dist] += 1;
                }
            }
        }
    }
//寻找前 LineNum 个峰值点
MaxValue maxLine;

int MaxDistAllow = 20;
int MaxAngleAllow = 5;

for (int line = 0; line < LineNum; line++){
    maxLine.Value = 0;
    for (i = 0; i < maxAngle * 2; i++){
        for (j = 0; j < maxDist; j++){
            //寻找最大点
            if (pTransArea[i][j]>maxLine.Value){
                maxLine.Value = pTransArea[i][j];
                maxLine.Angle = i - (maxAngle - 1);
                maxLine.Dist = j;
            }
        }
    }
    if (maxLine.Value == 0)
        cout << "找不到共线点" << endl;
    //绘制直线
    int DistPixel;
    for (i = 0; i < m_height; i++){
        for (j = 0; j < m_width; j++){
            Radian = maxLine.Angle * PI / 180.0;
            DistPixel = (int)(i * sin(Radian) + j * cos(Radian));
```

```
                if (DistPixel == maxLine.Dist){
                    gray = 255;
                    for (int k = 0; k < 3; k++)
                        * (pline + i * lineBytes + j * 3 + k) = gray;
                }
            }
        }
    //将附近一定范围的点清零,为寻找下一个峰值做准备
    for (Dist = (-1) * MaxDistAllow; Dist <= MaxDistAllow; Dist++)    {
        for (Angle = (-1) * MaxAngleAllow; Angle <= MaxAngleAllow; Angle++){
            int ThisDist = maxLine.Dist + Dist;
            int ThisAngle = maxLine.Angle + Angle;
            ThisAngle += (maxAngle - 1);
            if (ThisAngle < 0 ‖ ThisAngle >= maxAngle * 2 ‖
                    ThisDist < 0 ‖ ThisDist > maxDist)
                continue;
            pTransArea[ThisAngle][ThisDist] = 0;
        }
    }
}
string path = "Release\\result\\houghofline.bmp";
SaveBMP(path.c_str(), pline, m_width, m_height, m_biBitCount, m_pColorTable);
}
```

程序运行结果如图 8-11 所示。用户可从代码中设置希望检测到的直线数目,在该实例中,预设定为检测出 2 条直线即可,所以图 8-11 显示的是检测到 2 条直线的结果图(图中以虚线标出)。

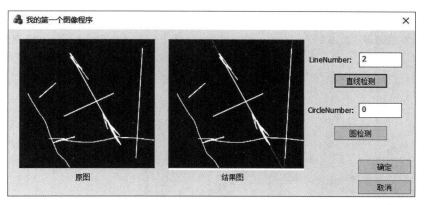

图 8-11　霍夫变换直线检测结果实例

8.2.2　霍夫变换检测圆

霍夫变换同样适用于方程已知的曲线检测。图像空间中一条已知的曲线方程也可以

建立其相应的参数空间。由此,图像空间中的一点就可以映射到参数空间中的相应的曲线或者曲面。若参数空间中对应于各边缘点的曲线或曲面能够相交,即可统计出参数空间的极大值以及对应的参数值;反之,若参数空间中各边缘点的对应曲线或者曲面不能相交,则说明对应边缘点不满足某条已知曲线。

在直角坐标系中,圆的一般方程为

$$(x-a)^2 + (y-b)^2 = R^2 \tag{8-11}$$

与直线检测一样,圆检测也可通过极坐标形式进行计算,其在极坐标系中的一般方程为

$$\begin{cases} x = a + R\cos\theta \\ y = b + R\sin\theta \end{cases} \tag{8-12}$$

其中,(a,b) 为圆心坐标,R 为圆的半径,图像空间 XY 有 3 个参数 a、b 和 R,因此,所对应的参数空间 ABR 可表示为三维空间 (a,b,R)。通过霍夫变换,将图像空间的一个圆对应到参数空间的一个点。

霍夫变换检测圆的基本思想与之前讨论的霍夫变换检测直线的方法相同,只是数组累加器为三维的 $A(a,b,R)$。整体的计算过程如下。

(1) 在参数空间 ABR 中建立一个三维累加数组 $A(a,b,R)$,并初始化为 0。

(2) 对于图像空间中的每一个边缘点 (x,y),将参数空间 ABR 中的 a 和 b 在取值范围内增加,解得满足式(8-11)的 R 值。每计算出一组 (a,b,R),就对数组元素 $A(a,b,R)$ 加 1,即 $A(a,b,R) = A(a,b,R) + 1$。当所有的计算结束之后,根据得到的 $A(a,b,R)$ 值找到其累加器的峰值。$A(a,b,R)$ 峰值对应的 a_i、b_i 和 R_i 就是原图像空间 XY 中所需检测的圆方程中的参数。

其中,各参数的取值范围与所需检测的图像大小有关。

C++ 代码示例 8-5:霍夫变换检测圆

```
/*
输入需要在图像中检测到的圆个数。采用极坐标系霍夫变换方法进行圆的提取检测。每寻找到
一个峰值点,需将该点及其邻近范围的累加器单元清零,以避免检测出近似于峰值点对应圆的其
他圆形。
*/
void CFgImage::HoughOfCircle(int CircleNum){
    int lineBytes = (m_width * m_biBitCount / 8 + 3) / 4 * 4;
    unsigned char * pCircle = new unsigned char[lineBytes * m_height];

    //计算极坐标域中的参数范围
    int maxA = m_width;
    int maxB = m_height;
    int maxR;
    if (m_height >= m_width)
        maxR = m_height;
    else
```

```
            maxR = m_width;
    //为极坐标域分配空间
    int AreaR = maxR + 1;
    int AreaA = maxA + 1;
    int AreaB = maxB + 1;
    int ***pTransArea = new int**[AreaA];
    for (int k = 0; k < AreaA; k++){
        pTransArea[k] = new int * [AreaB];
        for (int w = 0; w < AreaB; w++){
            pTransArea[k][w] = new int[AreaR];
            for (int n = 0; n < AreaR; n++)
                pTransArea[k][w][n] = 0;
        }
    }
    //转换为极坐标域
    BYTE gray;
    int i, j, l;
    int A, B, R;
    double Radian;                  //弧度
    for (i = 0; i < m_height; i++){
        for (j = 0; j < m_width; j++){
            //获得灰度值
            gray = Getgray(i, j);
            for (int k = 0; k < 3; k++)
                * (pCircle + i * lineBytes + j * 3 + k) = gray;
            if (gray == 255){
                for (A = 0; A<AreaA; A++){
                    for (B = 0; B<AreaB; B++){
                        R = (int)sqrt((i - B) * (i - B) + (j - A) * (j - A));
                        if (R > maxR)
                            continue;
                        pTransArea[A][B][R] += 1;
                    }
                }
            }
        }
    }

    //寻找前 LineNum 个峰值点
    MaxCircle maxCircle;

    int MaxAAllow = 5;
    int MaxBAllow = 5;
```

```
    int MaxRAllow = 5;

for (int Circle = 0; Circle < CircleNum; Circle++)      {
    maxCircle.Value = 0;
    for (i = 0; i < AreaA; i++){
        for (j = 0; j < AreaB; j++){
            for (l = 0; l < AreaR; l++){
                //寻找最大点
                if (pTransArea[i][j][l]>maxCircle.Value){
                    maxCircle.Value = pTransArea[i][j][l];
                    maxCircle.A = i;
                    maxCircle.B = j;
                    maxCircle.R = l;
                }
            }
        }
    }
    //cout << maxCircle.A << " " << maxCircle.B << " " << maxCircle.R <<
endl;
    if (maxCircle.Value == 0)
        cout << "找不到圆" << endl;
    //绘制圆
    for (i = 0; i < m_height; i++){
        for (j = 0; j < m_width; j++){
            if (maxCircle.R * maxCircle.R >= (i - maxCircle.B) *
                    (i - maxCircle.B) +(j - maxCircle.A) * (j - maxCircle.A))
                gray = 255;
            else
                gray = 0;
            for (int k = 0; k < 3; k++)
                * (pCircle + i * lineBytes + j * 3 + k) = gray;
        }
    }
    //将附近一定范围的点清零,为寻找下一个峰值做准备
    for (A = (-1) * MaxAAllow; A <= MaxAAllow; A++){
        for (B = (-1) * MaxBAllow; B <= MaxBAllow; B++){
            for (R = (-1) * MaxRAllow; R <= MaxRAllow; R++){
                int ThisA = maxCircle.A + A;
                int ThisB = maxCircle.B + B;
                int ThisR = maxCircle.R + R;
                if (ThisA < 0 ‖ ThisA > maxA ‖ ThisB < 0 ‖ ThisB > maxB ‖
                        ThisR < 0 ‖ ThisR > maxR)
                    continue;
```

```
            pTransArea[ThisA][ThisB][ThisR] = 0;
        }
      }
    }
  }
  string path = "Release\\result\\houghofcircle.bmp";
  SaveBMP(path.c_str(), pCircle, m_width, m_height, m_biBitCount, m_
  pColorTable);
}
```

程序运行结果如图 8-12 所示。用户也可以通过修改代码,根据 $A(a,b,R)$ 的值输出检测到的图像中的多个圆的结果。实例中输出的为仅检测 1 个圆的结果。

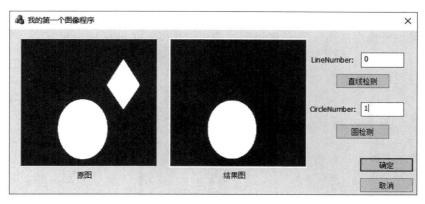

图 8-12 霍夫变换圆检测实例结果

需要注意的是,在通过霍夫变换进行曲线检测时,参数空间的大小和算法计算时间都将随着参数个数的增加而呈指数上升,所以,在实际应用场景中,要尽量减少描述的参数数目。也由于这个原因,这种曲线检测的方法只对所需检测参数较少的曲线有意义。

◆ 8.3 区 域 分 割

图像分割是依据图像像素的灰度级、颜色或几何性质,将图像中具有特殊含义的不同区域分开。图像分割的方法有很多,之前所讲的方法都是基于图像像素的灰度级进行的,本节将讨论以区域为基础的图像分割技术。

基于阈值处理进行图像分割的方法在某种程度上没有或很少考虑空间关系,使得其阈值的选择受到一定的限制。而基于区域分割的方法可以很好地弥补这一不足。基于区域分割的方法充分利用了图像的空间特性,认为分割出来属于同一子区域的像素点应具有相似特性,在没有先验知识可利用的情况下,也能获得较好的分割效果。因此,基于区域分割的方法能对包含复杂场景或自然景物等先验知识不足的图像进行分割。

传统的基于区域分割的方法有区域生长法和区域分裂-合并法,其中,最基础的是区域生长法。可以认为图像分割是将图像由大到小(即从上到下)进行拆分,而区域生长图像分割法则相当于从小到大(即从下到上)对像素进行合并。如果将上述两种方法结合起来对图像进行分割,就构成区域分裂-合并法。

8.3.1 区域生长法

区域生长(Region Growing)也称为区域增长,主要考虑的是图像中像素点及其空间邻域像素点之间的关系,是一个根据事先定义的准则,将像素或者子区域聚合成更大区域的过程,实质上就是将具有"相似"特性的像素元连接成区域,这些区域之间互不相交,每个区域都满足特定的区域一致性。

区域生长的基本思想是:首先预先设定一组起始的生长点(生长点可以是单个像素点,也可以是某个小区域),然后按照某种事先定义的相似性度量标准(或准则),在该生长点邻域中找到与其具有相同或相似性质的像素或者区域,将其与生长点进行归并,以形成新的生长点,重复进行此过程,直到没有可以归并的像素点或小区域为止,由此完成区域生长。区域生长法中的生长点和相邻区域的相似性度量标准可以是灰度值、纹理、颜色等多种图像信息。

实际应用区域生长法时,一般有以下3个步骤。

(1) 确定选择一组能够正确代表所选区域的起始生长点(单个像素点或者小区域)。

(2) 确定区域生长过程中将相邻像素或者区域归并进来的相似性度量标准(或准则)。

(3) 确定区域生长过程中停止的条件或准则。

针对不同的实际应用,区域生长法需要根据图像的具体特性确定起始生长点和生长停止准则。一般来说,在无像素或区域满足加入生长区域的条件时,区域生长就停止。

若基础单元为像素,则在 3×3 的微区域中,与像素点 (x, y) 相邻的像素点有 8 个,如图 8-13 所示。每一次区域生长都是将该像素点与周围的 8 个像素点进行相似性比较,判定是否将其归并进该区域。

图 8-14 给出了一个区域生长的简单例子,格子中的数字为像素点的灰度值。此例的相似性度量准则是邻近点的灰度值与生长点平均灰度级的差小于2(阈值 $T = 2$)。其中,图 8-14(a)为输入图像,其中阴影部分为起始生长点。图 8-14(b)为第一次区域生长接受的邻近点。图 8-14(c)为第二次区域生长接受的邻近点。图 8-14(d)为第三次接受

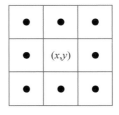

●为与点(x,y)相邻的像素点

图 8-13 像素点 (x, y) 周围的 3×3 领域

的邻近点,也就是最终接受的邻近点区域。图 8-14 中的阴影部分就是每一阶段所得到的区域生长结果。

以图 8-14 的简单例子为基础,接下来举例说明使用灰度差判别准则的区域生长法形成区域的整个过程。本例中的相似性度量准则与图 8-14 的相同,即要求邻近点的灰度值与生长点的平均灰度级的差小于2(阈值 $T = 2$),起始生长点为单个像素点。在图 8-15 中,将区域标记为 A、B、C,原图像灰度值如图 8-15(a)所示,其中,阴影部分带有下画线的像素点为起始生长点。图 8-15(b)为第一阶段区域 A 生长后的结果,由于区域 A 已无

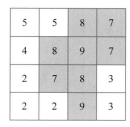

(a) 输入图像并设定生长点　(b) 第一次区域生长　(c) 第二次区域生长　(d) 第三次区域生长，结束

图 8-14　区域生长的简单例子

法生长了，但仍存在尚未分区的像素区域，因此在剩下的未分配区域里选取下一阶段的起始生长点（阴影部分带有下画线的像素点）。图 8-15(c) 为第二阶段区域 B 生长后的结果。图 8-15(d) 为第三阶段区域 C 生长的结果，也就是最终区域生长的结果。

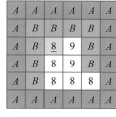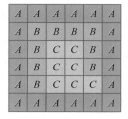

(a) 原图像　(b) 第一阶段区域 A 生长后的结果　(c) 第二阶段区域 B 生长后的结果　(d) 第三阶段区域 C 生长后的结果

图 8-15　灰度差判别准则的区域生长过程

C++ 代码示例 8-6：区域生长法

```
/*
选取合适的起始生长点,与生长点周围的点进行阈值差判断。若小于阈值,则标记入生长范围,
反之则不标记。
*/
void CFgImage::RegionGrow(int SeedWidth, int SeedHeight, BYTE Threshold){
    int lineBytes = (m_width * m_biBitCount / 8 + 3) / 4 * 4;
    int **regionArea = new int * [m_height + 1];
    for (int k = 0; k <= m_height; k++){
        regionArea[k] = new int[m_width + 1];
        for (int w = 0; w <= m_width; w++)
            regionArea[k][w] = 0;
    }
    //生长起始点灰度
    BYTE SeedGray = Getgray(SeedHeight, SeedWidth);
    regionArea[SeedHeight][SeedWidth] = 1;
    //生长区域灰度值总数、生长区域的点总数、每次 8 邻域中符合条件的个数
    long int SumGray = SeedGray;
```

```
    int SumPoint = 1;
    int aroundCount = 1;
    //开始进行区域生长循环操作
    int i, j;
    while (aroundCount > 0)      {
        aroundCount = 0;
        for (i = 1; i < m_height - 1; i++){
            for (j = 1; j < m_width; j++){
                if (regionArea[i][j] == 1){
                    for (int m = i - 1; m <= i + 1; m++){
                        for (int n = j - 1; n <= j + 1; n++){
                            //判断是否未被标记,且满足生长要求
                            if ((regionArea[m][n] == 0) && abs(Getgray(m, n) -
                                            SeedGray) <= Threshold){
                                regionArea[m][n] = 1;
                                aroundCount++;
                                SumGray += Getgray(m, n);
                            }
                        }
                    }
                }
            }
        }
        SumPoint += aroundCount;
        SeedGray = (int)SumGray / SumPoint;
    }

    BYTE gray;
    for (i = 0; i <= m_height; i++){
        for (j = 0; j <= m_width; j++)     {
            if (regionArea[i][j] == 1)
                gray = 255;
            else
                gray = 0;
            for (int k = 0; k < 3; k++)
                * (m_pBmpBuf + i * lineBytes + j * 3 + k) = gray;
        }
    }
    string path = "Release\\result\\regiongrow.bmp";
    SaveBMP(path.c_str(), m_pBmpBuf, m_width, m_height, m_biBitCount, m_
pColorTable);
}
```

程序运行结果如图 8-16 所示。运用区域生长法时,选取不同的生长点个数、位置等不会对分割结果产生影响。可以通过更改生长点个数、位置变量获得不同的区域生长结果。

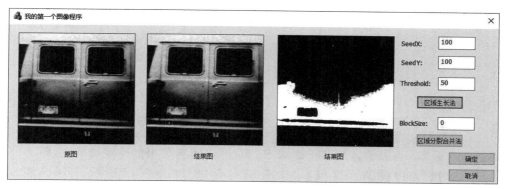

图 8-16　区域生长法实例

8.3.2　区域分裂-合并法

前面介绍的区域生长法是先从单个像素开始,通过不断归并周围符合相似性度量准则的其他像素,最后得到整个区域的过程。而区域分裂-合并法则相反,是从整个图像开始,通过不断分裂得到各个区域。该过程实质上是先将输入图像分成任意大小且相互间不重叠的子区域,然后再通过合并或分裂这些子区域以得到最终所需区域分割结果的过程。

与区域生长法需要提前获取生长点不同,区域分裂-合并法并不需要预先指定生长点。区域分裂-合并法按照某种相似性度量准则分裂或合并区域,当一个区域内部不满足该相似性度量准则时,该区域将被分成几个小的区域;当相邻的区域之间性质相似,即满足相似性度量准则时,这些小区域被合并成一个大区域。该方法的关键在于分裂和合并的规则设定。

使用区域分裂-合并法可以实现图像的自动化细化分割,即通过分裂运算将特性不相同或不相似的区域区分出来;通过合并运算,将特性相同或相似的相邻区域加以合并,可消除虚假边界。区域分裂-合并法对于包含复杂自然场景的图像有较好的分割效果。

区域分裂-合并法可分为分裂运算和合并运算两部分。对于分裂运算部分,可令 S 代表整幅图像区域,P 代表具有相同或相似特性的逻辑谓词。对于每一个子区域 S_i,若 $P(S_i)=$ False,则将区域 S_i 分割成四个正方形子区域;若 $P(S_i)=$ True,则不再进行分割。重复该过程,直到所有的 $P(S_i)$ 均为 True 或者 S_i 已经为单个像素为止。此分割运算过程可以使用一种方便的表达方法——四叉树,即把分割运算构建为树形结构流程,树中的每一个节点都恰好有四个后代,如图 8-17 所示。其中,树的根代表图像本身,树的叶子代表每个像元素。图 8-17(a)中只有 $P(S_2)$ 的值为 False,因此对 S_2 再分裂得到四个子区域。由于所生成的四个子区域的 $P(S_{2i})$ 的值均为 True,故分裂停止。

若仅使用分离,则最终的部分通常包含具有相同或相似特性的邻近区域。此时就可

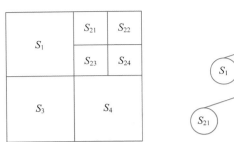 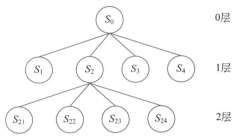

(a) 分裂运算图示　　　　　　　　　(b) 分裂运算四叉树图示

图 8-17　区域分裂-合并法中分裂运算过程示意图(含四叉树)

以通过合并运算来弥补。若相邻子区域 S_j 和 S_k 之间满足相似性度量准则,即 $P(S_j \bigcup S_k)$＝True,则可将两相邻子区域 S_j 和 S_k 进行合并。如图 8-18 所示,若子区域 S_{21} 和 S_{22} 满足相似性度量准则,即 $P(S_{21} \bigcup S_{22})$＝True,则将子区域 S_{21} 和 S_{22} 进行合并,得到最终的区域分裂-合并图像结果,如图 8-18(a)所示。

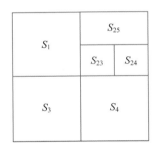 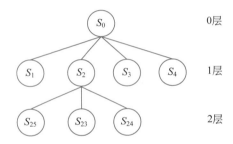

(a) 合并运算图示　　　　　　　　　(b) 合并运算四叉树图示

图 8-18　区域分裂-合并法中合并运算过程示意图(含四叉树)

综上所示,可将基于四叉树的区域分裂-合并法的步骤简单总结如下。

(1) 形成初始区域 S_i。

(2) 对每个区域 S_i 进行谓词处理,若 $P(S_i)$＝False,则将该区域分裂成四个子区域;若 $P(S_i)$＝True,则不进行分裂运算。

(3) 重复步骤(2),直到没有区域可以分裂为止,即所有的 $P(S_i)$ 的值都为 True。

(4) 对于任意的两个相邻区域 S_j 和 S_k,若 $P(S_j \bigcup S_k)$＝True,则将其合并为一个大区域。

(5) 重复步骤(4),直到没有相邻区域可以合并为止,算法结束。

C++ 代码示例 8-7:区域分裂-合并法

```
/*
区域分裂-合并法,需给定最小分裂块大小。
*/
void CFgImage::RegionSplitCombine(unsigned char * pGrayData, SplitStruct *
pNode,int blockSize){
```

```
BYTE gray;
long int SumPixel = 0;
int CountPixel = 0;
int maxPixel = 0;
int minPixel = 255;
int m, n;
int lineBytes = (m_width * m_biBitCount / 8 + 3) / 4 * 4;
```

//1.将区域分为 2×2 的块,0~3 分别对应左下、右下、左上、右上

```
for (int i = 0; i < 4; i++){
    pNode->children[i] = new SplitStruct;
    pNode->children[i]->Height = (int)(pNode->Height / 2);
    pNode->children[i]->Width = pNode->Width / 2;
    pNode->children[i]->OffSetHeight = (pNode->Height / 2) * (i / 2) +
                            pNode->OffSetHeight;
    pNode->children[i]->OffSetWidth = (pNode->Width / 2) * (i % 2) +
                            pNode->OffSetWidth;

    //计算该块区域的平均灰度值
    for (m = pNode->children[i]->OffSetHeight;
            m < (pNode->children[i]->Height + pNode->children[i]->
OffSetHeight); m++){
        for (n = pNode->children[i]->OffSetWidth;
            n < (pNode->children[i]->Width + pNode->children[i]->
OffSetWidth); n++)    {
                gray = Getgray(m, n);
                if (gray>maxPixel)
                    maxPixel = gray;
                if (gray < minPixel)
                    minPixel = gray;
                SumPixel += gray;
                CountPixel++;
        }
    }

    pNode->children[i]->meanPixel = (int)SumPixel / CountPixel;

    //2.如无需继续分裂,则将该区域的灰度值赋值为平均灰度值
    if (abs(maxPixel - pNode->children[i]->meanPixel) <= 10 &&
                    abs(minPixel - pNode->children[i]->meanPixel) <= 10){
        pNode->children[i]->P = TRUE;
        for (m = pNode->children[i]->OffSetHeight;
```

```
                    m <= (pNode->children[i]->Height + pNode->children[i]->
OffSetHeight); m++){
                for (n = pNode->children[i]->OffSetWidth;
                    n <= (pNode->children[i]->Width + pNode->children[i]->
 OffSetWidth); n++){
                    for (int k = 0; k < 3; k++)
                        * (pGrayData + m * lineBytes + n * 3 + k) =
                                MeanGray(pNode->children[i]->meanPixel);
                }
            }
        }
        //3.如需继续分裂,则重复调用该函数
        else{
            pNode->children[i]->P = FALSE;
            //提前判断,再继续分裂下去的话,如果块的大小小于 T * T,就直接停止,
            //不继续分裂,直接赋值平均灰度值
            if ((pNode->children[i]->Height / 2) < blockSize)     {
                for (m = pNode->children[i]->OffSetHeight;
                    m <= (pNode->children[i]->Height +pNode->children[i]->
OffSetHeight);m++){
                    for (n = pNode->children[i]->OffSetWidth;
                        n <= (pNode->children[i]->Width +pNode->children[i]
 ->OffSetWidth);n++)
                        for (int k = 0; k < 3; k++)
                            * (pGrayData + m * lineBytes + n * 3 + k) =
                                MeanGray(pNode->children[i]->meanPixel);
                }
            }
            else
                    RegionSplitCombine (pGrayData, pNode - > children [i],
blockSize);
        }
        SumPixel = 0;
        CountPixel = 0;
        maxPixel = 0;
        minPixel = 255;
    }
    if (pNode->Height == m_height){
        string path = "Release\\result\\regionsplitgrow.bmp";
        SaveBMP(path.c_str(), pGrayData, m_width, m_height,
                m_biBitCount, m_pColorTable);
    }
}
```

```
/*
完成分裂运算后,再通过与 8.3.1 节区域生长法类似的合并运算对图像进行操作,得到最终的处
理结果。
*/
```

程序运行结果如图 8-19 所示。针对不同的图像分割要求,确定分裂最小子区域的大小,进而得到不同精度的区域分裂-合并分割结果。根据图 8-19,分裂最小子区域越小,分割结果越好。

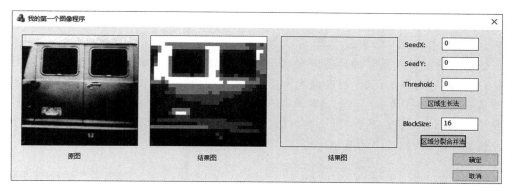

(a) 最小分裂块大小为16×16的区域分裂-合并处理结果

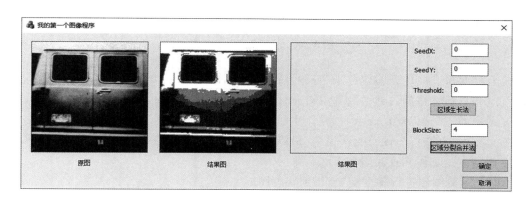

(b) 最小分裂块大小为4×4的区域分裂-合并处理结果

图 8-19　区域分裂-合并法实例结果

另需注意的是,为能更好地运用区域分裂-合并法,选取的图像边长最好为 2^n 的正方形图像,例如 $128×128$,$512×512$,这样能够使得分裂一直进行到子区域大小为 $1×1$。而对于长、宽不为 2^n 的图像来说,则无法将分裂进行到底。本实例中选取的是 $512×512$ 的图像。

8.3.3　分水岭算法

分水岭算法又称 Watershed 变换,是一种基于拓扑理论的数学形态学的分割方法,其

本质是利用图像的区域特性分割图像。在地理学中,分水岭是指山脊,在该山脊两边的区域中有不同流向的水系。汇水盆地是指水排入河流或水库的地理区域。分水岭算法把这些概念应用于灰度级图像处理中,以便解决各种图像分割问题。

分水岭算法将一幅图像看作一张拓扑地形图,其中像素点的灰度值表示该点的海拔高度。高灰度值对应山峰,低灰度值对应山谷。每一个局部极小值及其影响区域称为汇水盆地,即水从高处往低处流,最终所有的水都会汇聚在不同的汇水盆地中。汇水盆地之间的山脊则被称为分水岭(Watershed)。已知水从分水岭往下流时,它朝着不同的汇水盆地流去的可能性是相等的。如果将这一想法应用于图像分割中,就是要在灰度图像中找出不同的汇水盆地和分水岭,由这些不同的汇水盆地和分水岭组成的区域即要分割的目标,分水岭也就成为分割的边缘。

分水岭分割算法是一种自适应多阈值分割算法,如图 8-20 所示,两个山谷处为汇水盆地,阴影部分为积水,水平面高度为阈值,随着阈值升高,汇水盆地的水位也跟着上升,当阈值升至 T_3 时,两个汇水盆地的水都升到分水岭处。此时,若再升高阈值,则两个汇水盆地的水会溢出,在分水岭处合为一体,因此,为了防止两个汇水盆地的水混合,在分水岭处筑起一道墙,即最终的分割边缘线。

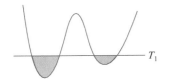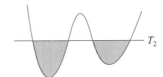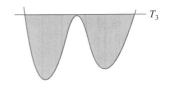

图 8-20　分水岭形成示意图

若将此概念应用到图像分割中,假设待分割的图像由目标物体和背景组成,则图像中的背景和目标物体的内部区域都将对应梯度图中梯度值较低的位置;而目标边缘则对应梯度图中的亮带(也就是分水岭处)。水面从极小值区域开始上涨,当两个不同的汇水盆地的水要汇合的时候,便筑起一道墙,最终将这些筑起的墙相互连接,得到分水线,图像分割工作结束。具体实现步骤如下。

(1)对原图像进行梯度变换,得到梯度图。

(2)用合适的标记函数把图像中相关的目标及背景标记出来,得到标记图。

(3)将标记图中的对应标记作为种子点,对梯度图像进行 Watershed 变换,产生分水线。

由于目标标记是否正确直接影响分割结果,所以利用 Watershed 变换进行图像分割的关键是标记提取。到目前为止,标记提取还没有统一方法,一般依赖于图像的先验知识,如图像极值、平坦区域或纹理等。图 8-21 为分水岭算法分割结果。

运用分水岭算法得到的分水岭(即图像的目标边界),有时会出现严重的过分割现象。这是因为分水岭算法是以梯度图的局部极小点作为汇水盆地的标记点,当图像的梯度图中有过多的局部极小值点时,就会出现过分割现象。

(a) 原图像　　　　　　　　　　　　　　(b) 分水岭分割结果

图 8-21　分水岭算法分割结果

8.4　基于运动的分割

运动目标分割(Moving Object Segmentation)研究的对象通常是图像序列,运动目标分割的目的是:从图像序列中将变化区域从背景中分割出来。之前讨论的方法均基于静态图像,但静态图像无法描述物体运动,即空间位置(x,y)的函数$f(x,y)$与时间t变化无关。图像序列能较好地描述目标物体的运动,序列中的每一帧可简单表示为$f(x,y,t)$;与静态图像相比,多了一个时间参数t。

在检测运动目标时,常因光照变化、运动目标的自遮挡和互遮挡、运动目标的影子、背景混乱运动的干扰以及摄像机的抖动等现象的存在,运动目标检测面临极大的挑战。计算机视觉的重要内容之一,便是通过分析图像序列以获得各种感兴趣的动态视觉信息。在各类图像处理方法中,运动分割便是其中一项关键技术。

8.4.1　差分法运动分割

在视觉应用系统中,常用差分图像计算方法检测运动目标。一般有两种情况:一是计算当前图像与固定背景图像之间的差分,称为背景差值法;二是计算当前连续帧间图像之间的差分,称为相邻帧间差分法。

在序列图像中,当图像背景不是静止时,无法通过识别差分背景的方式检测出运动目标;此时,检测图像序列相邻两帧之间变化的一种简单方法是,直接逐像素比较两帧图像对应像素点之间的灰度值差别。当照明等条件在序列图像帧间没有明显变化时,所得到的差分图像中不为 0 的像素点即表明该处的像素灰度值发生了变化。对于帧$f(x,y,t_i)$和$f(x,y,t_i+1)$,其二值差分图像公式表示为

$$R(x,y,t_i)=\begin{cases}1, & |f(x,y,t_i+1)-f(x,y,t_i)|\geqslant T \\ 0, & |f(x,y,t_i+1)-f(x,y,t_i)|< T\end{cases} \tag{8-13}$$

其中,取值为 1 的像素点表示变化区域,取值为 0 的像素点表示未变化区域,参数T表示运动变化的阈值。通常,变化区域对应运动目标对象,但不排除受噪声或者光照变化所引起的变化。在式(8-13)中,涉及参数阈值T的选取,这在差分法中是至关重要的部

分。由于缓慢运动的物体在图像序列中的变化量很小，其在两个相邻帧间表现出的差别也是一个很小的量，所以，当阈值设定得过大时，无法检测到这样的细微变化。反之，若阈值设定得过小，则会包含过多不重要的运动细节，在无运动目标的区域也会出现差分值不为 0 的情况。

通过对相邻帧图像求差，可将图像中的运动目标位置和形状变化凸显出来。如图 8-22(a)所示，设目标的灰度值比背景高，则在差分的图像中，可以分别得到在运动前方为正值的区域和在运动后方为负值的区域，这样可以获得目标的运动矢量，也可以得到目标上一部分形状；若对一系列连续图像进行帧间两两求差，并把差分图像中差分值为正或负的区域进行逻辑相加，就可以分割出整个运动目标区域。图 8-22(b)给出的实例，将椭圆形区域逐渐上移，依次划过长方形背景的不同部分，将各次结果结合起来，就得到完整的运动椭圆目标分割结果。

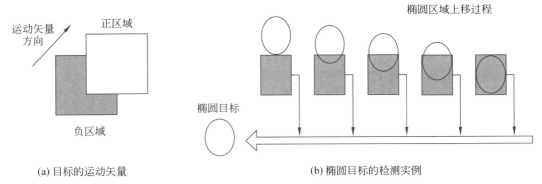

(a) 目标的运动矢量　　　　　　　(b) 椭圆目标的检测实例

图 8-22　图像差分法运动检测原理

在实际应用场景中需要注意的是，相邻帧间图像差分法虽对运动目标很敏感，但检测出来的物体的位置并不精确。所检测到的运动目标的外形在运动方向上常会存在偏差，同时，检测结果直接受运动目标的相对速度、图像中的噪声及取帧时间间隔等因素影响。

C++ 代码示例 8-8：差分法运动分割

```
/*
差分法运动分割,取一定帧数间隔的两帧进行差分计算。若差值大于阈值,则取 255;反之则
取 0。
*/
void CFgImage:: moveDetect (CFgImage img, unsigned char * pGrayData, int
threshold){
    int lineBytes = (m_width * m_biBitCount / 8 + 3) / 4 * 4;
    int i, j;
    for (i = 0; i < m_height; i++){
        for (j = 0; j < m_width; j++){
            if (abs(Getgray(i, j) - img.Getgray(i, j)) >= threshold)
                for (int k = 0; k < 3; k++)
                    * (pGrayData+ i * lineBytes + j * 3 + k) = 255;
```

```
            else
                for (int k = 0; k < 3; k++)
                    * (pGrayData + i * lineBytes + j * 3 + k) = 0;
        }
    }
    string path = "release\\result\\movedetect.bmp";
    SaveBMP(path.c_str(), pGrayData, m_width, m_height, m_biBitCount, m_
    pColorTable);
}
```

图 8-23 中的"原图 1"为原始参考图像,"原图 2"为一段时间后同一场景的图像,结果图为通过差分法运动分割后的图像结果。由于受到光照变化的影响,部分未运动对象之处也会出现明显的灰度值差别,从而导致错误的运动分割结果。通过调整输入图像两帧之间的时间间隔,可以得到不同的运动分割结果。

图 8-23　差分法运动分割结果

8.4.2　光流场运动分割

光流场法(Optical Flow Field)是一种常用的运动目标检测分割算法,它通过图像平面亮度信息的流动变化描述物体的运动,成功实现对运动目标的检测与分割。光流场既包含运动物体的速度和方向,又包含运动物体与周围环境之间的关系信息。所以,光流场运动分割方法通过将运动场转换为光流场(即光流场近似成运动场),对图像进行相关处理。从光流场的计算方法可知,在光流场中不同的物体会有不同的速度,大面积背景的运动会在图像上产生较为均匀的速度向量区域,这为具有不同速度的其他运动物体的分割提供了方便。研究光流场的目的就是为了从序列图像中近似计算不能直接得到的运动场,并用于运动对象与背景的图像分割。

在光流场运动分割中,理解其约束方程十分关键。设像素点(x,y)在 t 时刻的灰度为$I(x,y,t)$,该点光流的 x 和 y 分量分别为$\mu(x,y)$和$v(x,y)$。假定该点在 $t+\Delta t$ 时运动到了$(x+\Delta x,y+\Delta y)$,其中 $\Delta x=\mu\Delta t$,$\Delta y=v\Delta t$,运用灰度守恒假设条件,即运动前后同一像素点的灰度值保持不变,可以表示为

$$I(x+\Delta x,y+\Delta y,t+\Delta t)=I(x,y,t) \tag{8-14}$$

若亮度随着 x、y 和 t 光滑变化,则式(8-14)左边可以用泰勒级数展开,并略去二阶以上高次无穷小项,可得

$$I(x,y,t) + \Delta x \frac{\partial I}{\partial x} + \Delta y \frac{\partial I}{\partial y} + \Delta t \frac{\partial I}{\partial t} = I(x,y,t) \tag{8-15}$$

式(8-15)两边同时除以 Δt,并令 $\Delta t \to 0$,可得

$$\frac{\partial I}{\partial x} \frac{\mathrm{d}x}{\mathrm{d}t} + \frac{\partial I}{\partial y} \frac{\mathrm{d}y}{\mathrm{d}t} + \frac{\partial I}{\partial t} = 0 \tag{8-16}$$

令 $\mu = \dfrac{\mathrm{d}x}{\mathrm{d}t}$,$v = \dfrac{\mathrm{d}y}{\mathrm{d}t}$,$I_x = \dfrac{\partial I}{\partial x}$,$I_y = \dfrac{\partial I}{\partial y}$,$I_t = \dfrac{\partial I}{\partial t}$,代入式(8-16),可得

$$I_x \mu + I_y v + I_t = 0 \tag{8-17}$$

式(8-17)即光流约束方程。其中 I_x、I_y 和 I_t 可直接从图像中计算出来,但是图像中每个像素点上都有两个未知数 μ 和 v,只有一个方程是不能确定光流的,这个不确定问题称为孔径问题。为了求解出唯一的 μ 和 v,还需要增加其他约束。

光流场运动分割可以非常方便地应用在人群聚集的地方,对前景运动对象的异常行为检测,与任何需要跟踪前景对象的方法一样,必须保证摄像头绝对固定,以免背景点也形成运动光流。常见的异常行为有:在某一特定区域内发生方向相反的运动、非法聚集、拥挤等。

光流场基本方程的灰度守恒假设条件在某些场合不能得到满足,如遮挡性、多光源和透明性等原因,此时无法用光流场约束方程求解光流。另外,应用光流约束方程求解光流时,需要找到当前帧中的像素点在下一帧中的位置,然而,在实际成像过程中,图像不同帧会存在部分信息差异或缺失,导致某些对应匹配不可能完成。例如,目标运动过程中,当前帧中被目标覆盖的背景和下一帧中被目标覆盖的背景不同,导致当前帧中被目标覆盖的背景区域在下一帧中可能找不到匹配点。此时若运用光流约束方程求解光流,计算得到的运动目标边界处的运动信息不可靠,即可能产生不正确的运动点或局外点。此外,在某些复杂的运动场景中,光流并不等于运动流,也会导致光流法运动对象分割方法失效。

8.4.3　基于块的运动分割

基于块的运动估计的计算与光流场运动估计的计算不同,它无须计算每个单像素点的运动,而是基于一个假设,即图像运动可以用块运动来表征,即把每一帧图像分成许多小块,然后利用这些小块进行分割跟踪,计算像素块的运动即可。

块的运动方式通常分为平移变换、旋转变换、仿射变换、透视投影变换等基本运动形式,也包括这些基本运动形式的组合运动(通常称之为变形运动)。此外,基于块的运动估计可以一定程度上解决基于光流的分割方法中的孔径问题。因此,对于许多实际的图像分析和运动估计应用而言,块运动分析是一种很好的近似方法。

基于块的运动分析步骤如图 8-24 所示。

块匹配算法的基本思想如图 8-25 所示。在第 i 帧中选择以 (x_i, y_i) 为中心、大小为 $m \times n$ 的块 W,然后在第 $i+1$ 帧中的一个较大的搜索窗口寻找与块 W 尺寸相同的最佳匹配块的中心 (x_{i+1}, y_{i+1}),并计算得到位移向量 $\mathbf{r} = (\Delta x, \Delta y)$。搜索窗口一般是以第 i

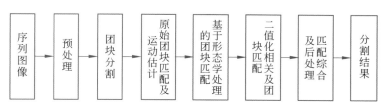

图 8-24　基于块的运动分析步骤

帧中块 W 为中心的一个对称窗口,其大小常常根据先验知识或经验确定。各种块匹配算法的差异主要体现在匹配准则、搜索策略和块尺寸选择方法上。

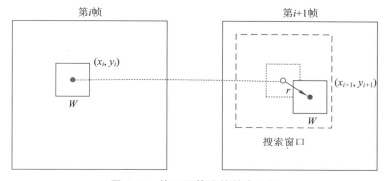

图 8-25　块匹配算法的基本思想

　　下面结合块运动分割方法的几个基本运动形式,简要介绍如何求解第 i 帧到第 $i+1$ 帧的运动像素点,并给出变换公式。

1. 平移变换

　　假定图像中的运动目标进行平移运动,令 (x_i, y_i) 表示第 i 帧中某块中的中心像素点,该点在第 $i+1$ 帧中的对应点为 (x_{i+1}, y_{i+1}),第 i 帧到第 $i+1$ 帧的平移变换公式表示为

$$\begin{cases} x_{i+1} = x_i + \Delta x \\ y_{i+1} = y_i + \Delta y \end{cases} \tag{8-18}$$

对于块中所有的像素点:

$$f(x, y, t_i) = f(x + \Delta x, y + \Delta y, t_{i+1}) \tag{8-19}$$

后续块中所有像素点的变换函数公式同式(8-19)相似。

2. 旋转变换

　　假定图像中的运动目标进行旋转运动,令 (x_i, y_i) 表示第 i 帧中某块中的任意像素点,该点在第 $i+1$ 帧中的对应点为 (x_{i+1}, y_{i+1}),第 i 帧到第 $i+1$ 帧的旋转变换公式表示为

$$\begin{cases} x_{i+1} = x_i \cos a + y_i \sin a \\ y_{i+1} = -x_i \sin a + y_i \cos a \end{cases} \tag{8-20}$$

其中,a 表示块绕其中心点按顺时针旋转的角度。

3. 仿射变换

若运动目标的运动同时包含旋转和变形,则需要将平移变换推广到仿射变换:

$$\begin{cases} x_{i+1} = ax_i + by_i + c \\ y_{i+1} = dx_i + ey_i + f \end{cases} \tag{8-21}$$

式(8-21)称为六参数仿射变换,它不仅可以表述块的平移、旋转运动,还可以表示块的变形运动。仿射变换的一个重要性质是:平面上两条平行直线经仿射变换后仍然保持平行。

4. 透视投影变换

透视投影变换是指利用透视中心、像素点、目标点三点共线的条件,按照透视定律使得透视面绕透视轴旋转某一角度。透视投影变换的一个重要性质是:经透视投影变换后,仍然保持透视面上的投影几何图形不变。

$$\begin{cases} x_{i+1} = \dfrac{a_0 x_i + a_1 y_i + a_2}{a_3 x_i + a_4 y_i + 1} \\ y_{i+1} = \dfrac{b_0 x_i + b_1 y_i + b_2}{b_3 x_i + b_4 y_i + 1} \end{cases} \tag{8-22}$$

◇ 8.5 练 习 题

1. 举例说明分割在图像处理中的实际应用。

2. 取一幅二值图像作为输入,试使用不同的阈值对图像进行阈值分割,观察不同的阈值对图像分割处理的结果有何不同。

3. 在灰度阈值分割中如何选择合适的阈值? 用 C++ 语言编写出相应的程序。

4. 采用霍夫变换检测直线时,为什么不采用 $y = ax + b$ 的直角坐标表达形式?

5. 证明:在极坐标系中的霍夫变换将图像空间 XY 的共线点映射为 $\rho\theta$ 平面上的正弦曲线并交汇于一点。

6. 采用区域生长法进行图像分割时,可采用哪些生长准则? 观察图 8-14(a),更换初始生长点和生长准则,绘制出新的区域生长结果图。

7. 用区域分裂-生长法分割图 8-26 所示的图像,并给出分割过程图。

8. 分水岭算法的主要缺点是什么? 如何克服?

9. 若运动图像帧与帧之间没有配准好,对图像差分法会有什么影响?

10. 试列举光流不等于运动流的情况。

11. 查阅资料,看图像分割当前还有哪些新方法及应用。

图 8-26 拟分割的图像

特征检测与匹配

　　图像特征检测与匹配是图像处理及分析过程中的关键步骤。面对庞大的单帧图像数据或数据流,为了让计算机能更快速、准确地执行图像处理任务,提取图像特征以描述图像是最有效的解决方式。图像特征检测与匹配技术在机器视觉、人工智能等领域的应用越来越广泛,如武器制导、三维重建、目标跟踪、文字识别、医疗诊断等。在军事领域中,图像特征检测与匹配技术可用于地面目标检测及跟踪、军事战略武器视觉制导等;在智能视觉应用系统中,特征检测与匹配技术是三维重建、运动跟踪分析及自动监测等智能视觉算法的基础;在日常生活中,图像特征检测与匹配可用于检测各种二维码、条形码等,精准识别持码人的身份、货品类别等信息,实现身份验证、线上支付等功能;在信息安全领域中,通过图像特征检测与匹配技术可以在网络大数据中找出具有危害或者不法的图片,有效清理对社会或青少年造成危害的图像,保障网络安全;在模式识别领域中,该技术在分析序列图像、字符识别、车牌识别等应用中发挥了重要作用。为满足将来更加复杂的应用场景和更高的设备集成化应用需求,迫切需要研发具有更高性能的图像特征检测与匹配技术。

　　经过多年的发展,图像特征的种类越来越多。数字图像处理技术中提取的特征信息一般分为全局特征和局部特征,其中,全局特征包括基于直方图的颜色特征和基于灰度共生矩阵的纹理特征等,局部特征包括点集、边缘集合或者一些局部区域图像块的集合。局部特征相比于全局特征,鲁棒性更好,描述能力更强,同时,可变性与可拓展性更好,并且对遮挡、光照和图像变形等都具有较好的适应能力,因此被认为有更广阔的应用前景。其中,点特征是图像最基本的特征,它是图像的一种关键局部信息,一般被定义为在二维方向上有明显变化的点,例如角点、交叉点、圆点等。点特征能够保留图像中物体的重要信息,同时有效降低信息的计算量。点特征包含的数据信息量小,相对其他特征提取方式,点特征对提取结果的精确性要求更加严格。基于点特征的图像特征检测与匹配算法具有优异的性能,是当前的研究热点之一,并在实际中得到广泛的应用。研究点特征的检测与匹配具有十分重要的应用价值,所以本章的重点工作是研究点特征检测与匹配的算法。

280

◆ 9.1 角点检测

9.1.1 角点的定义

图像角点检测是特征点提取的重要技术之一。利用检测到的角点描述图像,可以有效减少参与计算的数据量,同时又能保留图像中重要的关键视觉信息。角点是一种重要的图像局部特征,具备良好的旋转不变性和光照不变性。角点提取算法作为一种重要环节被广泛应用于三维重建、目标跟踪、图像配准等视觉任务,取得良好的应用效果。

到目前为止,在计算机视觉和数字图像处理领域中关于角点还没有一个统一、明确的定义。对于"什么是角点",在不同的角点检测方法中有不同的定义,根据不同的检测思想和数学描述方法,本章给出以下 4 类角点定义和描述。

(1) 角点指示了图像边缘变化不连续的方向。

(2) 角点处的一阶导数最大,且二阶导数为零。

(3) 角点是图像边缘曲线上曲率极大值的点。

(4) 角点指示了在二维图像空间中灰度变化最剧烈的位置,即角点处图像不仅梯度值大,方向的变化速率也很大。

角点一般位于多条线的交点上,常见的几种类型如图 9-1 所示。

图 9-1 不同类型的角点

9.1.2 角点检测准则

在过去的研究工作中,涌现出很多种对角点的定义和检测方法。人们根据自己的应用领域和实际情况选择不同的角点检测方法,致使无法用一套固定的准则评价各种方法的优劣。一些已知的角点检测准则研究噪声和参数的变化对检测结果的影响,这些参数包括高斯尺度、阈值、信噪比、代价函数等。通过对这些准则进行整理,可以知道具有良好性能的角点检测方法应该考虑以下 5 个因素。

(1) 所有真实的角点都能被检测到。

(2) 虚假的角点不会被误当作角点被检测到。

(3) 被检测到的角点具有良好的定位准确性。

(4) 角点检测器具有良好的稳定性。

(5) 角点检测算法需达到实时效果。

然而,在实际的角点检测过程中,想同时满足这几条准则是困难的。算法的准确度往往和其自身复杂度成反比,也就是说,对角点检测定位的准确性要求越高,算法复杂度就会越高,计算时间也越长;而算法的真实角点与虚假角点的数量往往成正比,检测的真实角点越多,虚假角点也会越多。因此,人们一般根据角点检测的具体应用需求选择合适的方法以及阈值。

9.1.3　角点检测方法

根据实现原理的不同,可将现有的角点检测方法划分为以下几种:基于灰度变化的角点检测算法、基于边缘轮廓的角点检测算法,以及基于图像匹配的模板角点检测算法。其中,针对模板角点的检测需要每次根据不同的需求设计相应的模板,不具备普遍适应性,该方法相较于另外两种方法并不流行。因此,本节将详细阐述前两类典型角点检测算法的核心思想及关键特征提取步骤。

1. 基于灰度变化的角点检测

基于灰度变化的角点检测算法有很多种不同的思想,如 Harris、SUSAN、MIC 等检测算法。由于 Harris 算子具备良好的可重复性以及相对较高的检测效率,因此在实践中得到较多的应用。

Harris 角点检测算子在 1988 年由 Harris 和 Stephen 提出,其基本思想是通过计算二值矩形窗口在图像上朝任意方向移动微小距离,将此时检测窗口的灰度的变化量与设定的检测阈值相比较,从而判断该点是否为角点。图 9-2 描述了检测窗口在一幅图像中的 3 个不同位置,可以借助它进一步理解 Harris 角点的检测原理。

如图 9-2(a)所示,当窗口处于图像中的非边缘区域时,窗口在各个方向上的灰度值没有变化;图 9-2(b)表明,当窗口位于图像中的边缘处时,在边缘的方向上没有灰度变化;如图 9-2(c)所示,当窗口处于图像的角点处,窗口在各个方向上具有明显的灰度变化。Harris 角点检测方法正是利用了这个直观的物理现象将角点和非角点分离。

(a)　　　　　　　(b)　　　　　　　(c)

图 9-2　Harris 角点检测示例

以上为 Harris 角点检测的基本原理,图 9-3 所示的流程图描述了检测的关键步骤。

为了更好地降低噪声的影响,Harris 角点检测算法采用的二值矩形窗口是高斯窗口,从而对图像进行降噪。但该检测方法存在计算量大、不具旋转不变性等不足。虽然如此,Harris 算法的良好的检测效率和可重复性,使得其目前仍然得以广泛使用。

C++ 示例代码 9-1:Harris 角点检测算法

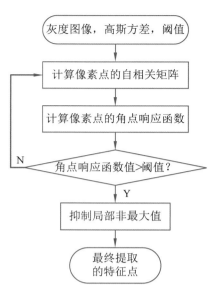

图 9-3　Harris 角点检测流程图

```
/*
算法步骤:预处理,计算图像在 X、Y 方向上的梯度值以及各方向上的乘积,使用高斯函数加权对
乘积进行滤波,计算响应值并执行非极大值抑制。
*/
void detectHarrisCorners(const Mat& imgSrc, Mat& imgDst, double alpha){
    int rows = imgSrc.rows;
    int cols = imgSrc.cols;
    Mat gray;
    if (imgSrc.channels() == 3){
        /* 0.图像预处理之彩色图转换为灰度图 */
        for (int i = 0; i < rows; i++){
            for (int j = 0; j<cols; j++){
                gray.at<uchar>(i, j) = (uchar)(0.114 * imgSrc.at<Vec3b>(i, j)[0] +
                                     0.587 * imgSrc.at<Vec3b>(i, j)[1] +
                                     0.299 * imgSrc.at<Vec3b>(i, j)[2]);
            }
        }
    }
    else{
        gray = imgSrc.clone();
    }
    /* 1.计算图像在 X、Y 方向上的梯度值 */
    Mat x_g, y_g;
    x_g = Mat(rows, cols, CV_8UC1, Scalar(0));
    y_g = Mat(rows, cols, CV_8UC1, Scalar(0));
```

```
for (int i = 1; i < rows - 1; i++){
    for (int j = 1; j < cols - 1; j++)    {
        //使用 Sobel 算子求梯度
        y_g.at<uchar>(i, j) = abs(img_src.at<uchar>(i - 1, j - 1) +
                            2 * (img_src.at<uchar>(i - 1, j) +
                            img_src.at<uchar>(i - 1, j + 1)) -
                        abs(img_src.at<uchar>(i + 1, j - 1) +
                            2 * (img_src.at<uchar>(i + 1, j) +
                            img_src.at<uchar>(i + 1, j + 1));
        x_g.at<uchar>(i, j) = abs(img_src.at<uchar>(i - 1, j + 1) +
                            2 * (img_src.at<uchar>(i, j + 1)+
                            img_src.at<uchar>(i + 1, j + 1)) -
                        abs(img_src.at<uchar>(i - 1, j - 1)+
                            2 * (img_src.at<uchar>(i, j - 1)+
                            img_src.at<uchar>(i+1, j - 1));
    }
}
/* 2.计算图像在 X、Y 方向梯度的乘积 IX * IX,IY * IY,IX * IY * /
Mat Ix2, Iy2, Ixy;
Ix2 = Mat(rows, cols, CV_8UC1, Scalar(0));
Iy2 = Mat(rows, cols, CV_8UC1, Scalar(0));
Ixy = Mat(rows, cols, CV_8UC1, Scalar(0));
for (int i = 0; i < rows; i++){
    for (int j = 0; j < cols; j++){
        Ix2.at<uchar>(i, j) = x_g.at<uchar>(i, j) * x_g.at<uchar>(i, j);
        Iy2.at<uchar>(i, j) = y_g.at<uchar>(i, j) * y_g.at<uchar>(i, j);
        Ixy.at<uchar>(i, j) = x_g.at<uchar>(i, j) * y_g.at<uchar>(i, j);
    }
/* 3.使用高斯函数加权对 IXX,IYY,IXY 进行滤波 */
Mat gaussKernel = getGaussianKernel(7, 1);
filter2D(Ix2, Ix2, CV_64F, gaussKernel);
filter2D(Iy2, Iy2, CV_64F, gaussKernel);
filter2D(Ixy, Ixy, CV_64F, gaussKernel);
/* 4.计算每个像素点的 Harris 响应值 */
Mat cornerStrength(gray.size(), gray.type());
for (int i = 0; i < gray.rows; i++){
    for (int j = 0; j < gray.cols; j++){
        double det_m = Ix2.at<double>(i, j) * Iy2.at<double>(i, j) -
                    Ixy.at<double>(i, j) * Ixy.at<double>(i, j);
        double trace_m = Ix2.at<double>(i, j) + Iy2.at<double>(i, j);
        cornerStrength.at<double>(i, j) = det_m - alpha * trace_m * trace_m;
    }
}
/* 5.将计算出响应函数的值进行非极大值抑制,过滤大于某一阈值 thresh 的值 */
double maxStrength;
```

```
minMaxLoc(cornerStrength, NULL, &maxStrength, NULL, NULL);
Mat dilated;
Mat localMax;
dilate(cornerStrength, dilated, Mat());
compare(cornerStrength, dilated, localMax, CMP_EQ);
Mat cornerMap;
double qualityLevel = 0.01;
double thresh = qualityLevel * maxStrength;
cornerMap = cornerStrength > thresh;
bitwise_and(cornerMap, localMax, cornerMap);
imgDst = cornerMap.clone();
}
```

通过以上方法可以检测出满足阈值的点,并在该点的邻域内确定局部极大值,该极大值对应的点即 Harris 角点。Harris 角点检测示例如图 9-4 所示,其中,"结果图"中的白色小圆表示检测到的 Harris 角点。

图 9-4　Harris 角点检测示例

2. 基于边缘轮廓的角点检测

1954 年,有人通过观察边缘轮廓的形状特性,发现角点处的曲率为局部最大,这一想法为后来基于边缘轮廓的角点算法奠定了一定的理论基础。相比于其他方法,基于边缘轮廓的角点检测算法在角点检测前要先进行边缘轮廓的检测,然后在边缘轮廓上而不是整幅图像上检测角点,这种做法的好处是有效降低了错误检测概率。

在角点检测之前,边缘提取步骤非常重要。边缘也是重要的图像特征之一,可以定义为图像中灰度、纹理、颜色等不连续的特征。在图像处理过程中,基于边缘信息的计算不仅可以减少所要处理的图像信息总量,同时还保留了图像中感兴趣目标的形状信息。

常见的边缘检测算子有 Sobel 、Laplacian、LOG、Canny 等,在角点检测算法的边缘提取工作中,应用最广泛的是 Canny 算子。

如图 9-5 所示,Canny 边缘检测器可以分为以下 5 个算法步骤。

(1) 将二维高斯函数任意方向的一阶导数作为噪声滤波器,对图像进行降噪。

(2) 用边缘检测 Canny 算子与图像进行卷积运算,通过计算图像不同方向的梯度的局部最大值确定边缘,即对去噪后的图像求解在 x 和 y 方向的梯度 G_x 和 G_y,其梯度强度值 ∇M 和梯度方向 θ 可按式(9-1)和式(9-2)计算。

$$\nabla M = \sqrt{G_x^2 + G_y^2} \tag{9-1}$$

$$\theta = \arctan\left(\frac{G_y}{G_x}\right) \tag{9-2}$$

(3) 本步骤为此算法的核心,非极大值抑制将具有最大梯度值的像素点作为边缘像素点保留,将其他像素点删除。非极大值抑制的原理是:比较某一像素点和以它为中心的周围 4 个像素点的梯度幅值,如果该像素点的梯度幅值均大于上述 4 个方向上的相邻像素点,则将该点存放在候选边缘像素点的集合中。

(4) 使用高低两个阈值,在候选边缘点中确定真正的边缘像素点。

(5) 完成 Canny 边缘提取后,就可以通过寻找轮廓线上曲率局部最大值、斜率梯度变化点或利用多边形逼近的方法提取角点。基于 Canny 边缘的角点检测算法流程如图 9-5 所示。

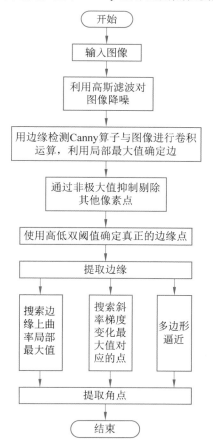

图 9-5　基于 Canny 边缘的角点检测算法流程

基于灰度变化的角点检测和基于边缘的角点检测这两类算法也各自存在着不足。基于灰度信息变化的这一类角点检测算法,处理对象为整个图像的所有像素点,存在运算量较大的问题;而基于边缘轮廓的角点检测算法在计算中高度依赖提取到的边缘轮廓,对提取边缘的质量要求较高。

9.2 Haar 特征检测

在大多数应用中,单纯的角点依然不能满足我们的很多需求。例如,从远处看上去是角点的地方,当成像距离拉近之后,可能就呈现为一个图像区域,而非角点特征;或者当成像角度变化时,透视现象会使得图像中的视觉信息发生畸变,导致难以提取出角点特征。因此,越来越多的更加稳定的图像特征被研究和设计出来,例如本章接下来介绍的 Haar、LBP、HOG、SIFT、SURF、ORB 等特征,与朴素的角点相比,这些特征的检测和匹配更为高效和稳定。

9.2.1 不同类型的 Haar 矩形特征

Haar 特征是基于灰度图像的弱特征,也是基于"块"的特征,因此被称为矩形特征,一般用于表述图像某一位置附近矩形区域的图像强度。Haar 特征模板只有黑色和白色两种矩形,这些方块特征的大小不固定,但黑色与白色方块的形状和大小总是相同的。图 9-6 所示矩形块表示了双矩形(水平、垂直)、三矩形、四矩形 4 类 Haar 特征。

图 9-6 不同类型的 Haar 特征

其中,双矩形特征(又名边缘特征)常用来计算水平(或垂直)的两个矩形块之间的强度差,三矩形特征(又名线性特征)用来计算两侧与中心的强度差,四矩形特征(又名对角线特征)用来计算两对角线对的强度差。若检测出其强度差值大于设定的阈值,则判定为特征;否则,判定不属于特征。相对其他特征检测算法,计算速度快是使用积分图像的 Haar 特征检测算法的显著优点。

9.2.2 积分原理

Haar 矩形特征值的计算方式是:用 Haar 特征中白色区域内的像素值的和减去黑色像素内的和。由 Haar 矩形特征的原理可以知道,虽然其特征的模板数量并不多,但是其通过缩放尺寸的大小,不同位置间的相互组合,最终生成的特征数量是相当庞大的。如果特征计算过程中都先计算区域内像素强度之和,然后再针对区域图像强度和做差运算的话,计算量极其庞大;而且 Haar 特征提取过程中存在多次的重复计算,导致效率不高。

为了解决这个问题,Paul Viola 等在 2007 年提出了一种使用积分图像快速计算

Haar 特征的方法。该方法的基本思想是：先构造一张"积分图"，检测窗口中的任意一个 Haar 矩形特征的特征值都可以使用积分图表进行查询，然后再进行简单的运算。

如图 9-7 所示，具体实现过程为：在对应的检测窗口中，以当前坐标点和图像原点为对角点确定出一个矩形，当前坐标对应该矩形中所有像素点的灰度值之和，即 $8+6+0+0+9+4+1+6+9+3+1+2=49$，然后将这些值都存储到该坐标对应的位置。全图按此方式计算得到一张积分图。

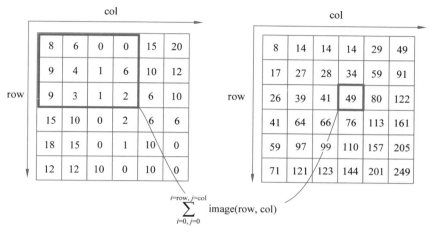

$$\sum_{i=0, j=0}^{i=row, j=col} image(row, col)$$

图 9-7 Haar 积分图运算示例

基于积分图即可计算 Haar 特征值。只需取出矩形特征的 4 个坐标点所对应的数值，即可计算出 Haar 矩形特征对应的特征值。此操作避免了重复计算像素点灰度值之和，使用积分图的方法，使得运算速率得到很大的提高。

若采用图 9-8 所示的双矩形特征计算水平的两个矩形块之间的强度差，则该矩形 Haar 特征的特征值为：区域 A 的积分值之和减去区域 B 的积分值之和。一个区域内的积分值之和只与该区域的 4 个顶点在积分图中的值有关，假设标号为 n 的点的积分值为 $i(n)$，则区域 A 的积分值等于 $i(5)+i(1)-i(2)-i(4)$，同理，区域 B 的积分值等于 $i(6)+i(2)-i(5)-i(3)$。因此，该 Haar 特征值等于 $i(5)+i(1)-i(2)-i(4)-[i(6)+i(2)-i(5)-i(3)]$。

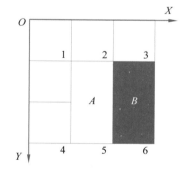

图 9-8 Haar 双矩形特征计算示例

Haar 特征值反映了图像的灰度变化情况，这种矩形特征常用于描述人脸部的一些特征，例如，眼睛的颜色比脸颊的颜色深，鼻梁两侧的颜色比鼻梁的颜色深，嘴唇比嘴巴周围颜色更深等。不过，矩形特征仅仅具备一些简单的图形结构，因此对边缘或者线段较敏感，只能描述特定方向(水平、垂直、对角)的结构。

◈ 9.3　LBP 特征检测

LBP(Local Binary Pattern,局部二进制模式)是一种提取灰度图像局部纹理特征的算子,该算子通过比较中心像素和邻域像素的大小,获得描述中心像素的二值码元。由于该方法对当前像素的特征描述都参考了周围像素灰度值,有利于克服局部噪声、光照、姿势等带来的负面影响,因此对光照不均、姿势变换等的人脸具有较好的鲁棒性,在模式识别领域得到广泛应用。

LBP 算子检测流程如图 9-9 所示。基本的 LBP 特征将整幅图划分为 3×3 的窗口,以中心像素的灰度值为参考,将四周相邻的 8 个像素点的灰度值与其比较:若周围像素的灰度值大于中心像素的灰度值,则该位置标记为 1;若周围像素的灰度值小于或等于中心像素的灰度值,则该位置标记为 0。然后,把邻域 8 个 0 或者 1 按照顺时针的顺序组成一个 8 位的二进制数,然后通过计算把它转换为十进制数(通常转换为十进制数即 LBP 码,共 256 种),得到的这个十进制数值就是该 3×3 窗口中心像素点的 LBP 值,用该值反映图像在当前区域的纹理信息。如图 9-10 所示,以中心像素值 100 为参考,由于 50、60、30 这几个像素值不大于 100,所以这些位置被标记为 0,其余的像素值 101、122、200、220、156 都大于 100,所以这些位置被标记为 1,按照其顺时针的顺序排列可以求得 LBP 码为00111110,转换为十进制数字后,即可获得中心像素点 LBP 值 62。

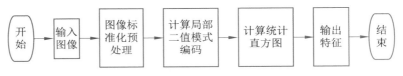

图 9-9　LBP 算子检测流程

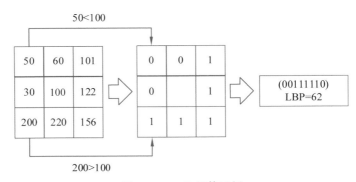

图 9-10　LBP 运算示例

上述步骤求出的 LBP 码就是该窗口中心像素点的 LBP 特征值,接下来需要统计每个窗口的直方图,统计不同 LBP 特征值出现的频率,并对该直方图进行归一化处理,最后将每个窗口的统计直方图连接起来,得到的就是整幅图的 LBP 纹理特征向量。

C++ 示例代码 9-2：LBP 纹理特征检测算法

```
/*
LBP 纹理特征检测算法的基本思想是,在 3×3 的窗口内以窗口中心像素为阈值,将相邻的 8 个
像素的灰度值与其进行比较,若灰度值大于阈值,则该像素点的位置被标记为 1,否则被标记为
0。因此,3×3 邻域内的 8 个点经过比较可产生 8 位二进制数,即该窗口中心像素点的 LBP 值,
该值反映了该区域的纹理信息。
*/

void CFgImage::LBP(CFgImage & cFgImage){
    Mat img = imread(" Release\\pic\\pic1.jpg",0);
    Mat result;
    result.create(img.rows - 2, img.cols - 2, img.type());
    result.setTo(0);
    for (int i = 1; i<img.rows - 1; i++){
        for (int j = 1; j<img.cols - 1; j++){
            uchar center = img.at<uchar>(i, j);
            uchar code = 0;
            code |= (img.at<uchar>(i - 1, j - 1) >= center) << 7;
            code |= (img.at<uchar>(i - 1, j) >= center) << 6;
            code |= (img.at<uchar>(i - 1, j + 1) >= center) << 5;
            code |= (img.at<uchar>(i, j + 1) >= center) << 4;
            code |= (img.at<uchar>(i + 1, j + 1) >= center) << 3;
            code |= (img.at<uchar>(i + 1, j) >= center) << 2;
            code |= (img.at<uchar>(i + 1, j - 1) >= center) << 1;
            code |= (img.at<uchar>(i, j - 1) >= center) << 0;
            result.at<uchar>(i - 1, j - 1) = code;
        }
    }
}
```

    LBP 特征能够高效地描述图像特征像素点与各个像素点之间的灰度关系,体现纹理这一物体表面的自然特性。但基本的 LBP 算子也存在缺陷,例如,当图像发生旋转时,会导致编码的二进制模式发生循环移位,LBP 编码值改变。旋转不变 LBP 算子是一种改进：首先将正方形邻域改成圆形邻域,并通过不断对编码的二进制模式编码进行循环位移,得到一系列编码值,再选择最小的编码值作为该像素点的 LBP 编码,这样就具备了旋转不变性。LBP 纹理特征检测示例如图 9-11 所示。

图 9-11   LBP 纹理特征检测示例

◆ 9.4   HOG 特征检测

梯度方向直方图(Histogram of Oriented Gradient，HOG)特征是一种用来检测目标的特征描述子,它通过计算和统计图像局部区域内的梯度方向直方图,构成一种局部特征。该特征最初常用于进行人脸识别,后来被发现在行人检测的应用中能够获得极好的结果。同时,在静态图像和动态视频处理中,HOG 特征是一种能对图像或视频中的局部目标用边缘梯度信息进行描述的特殊算子,常用于检测目标物体。

HOG 特征提取步骤如图 9-12 所示。

图 9-12   HOG 特征提取步骤

1. 样本准备

在 HOG 特征提取中,样本准备通常是目标截取并进行尺寸规格化,具体而言,是从整图中截取目标样本(这通常称为一个 Patch)。Patch 可以是任意尺寸,但是有一个固定的比例,比如,当 Patch 的宽、高比为 1∶2 时,那 Patch 的大小可以是 64×128、100×200、300×600 或者 1000×2000。图 9-13 给出了制作 Patch 的过程示例(图像的尺寸规格为 64×128),首先从原始图像中截取目标,然后缩放至统一的尺寸 64×128。

2. 灰度化处理

HOG 特征通常不考虑颜色,所以主要在灰度图上进行(某些情况下,可以分别针对彩色图的每个通道提取 HOG 特征,彩色图像的每个通道本身就是一幅灰度图)。彩色图

截取

原始图像：848×502

目标样本：100×96

缩放至：64×128

图 9-13　目标截取及尺寸规格化示例

像灰度化通常采用式(9-3)或式(9-4)进行计算,式(9-3)为 OpenCV 库采用的灰度化计算公式,式(9-4)为从人体生理学角度提出的计算式(人眼对绿色最敏感,对蓝色最不敏感)。

$$\text{Gray} = 0.072169 \times B + 0.71516 \times G + 0.212671 \times R \tag{9-3}$$

$$\text{Gray} = 0.587 \times B + 0.114 \times G + 0.299 \times R \tag{9-4}$$

其中,B、G 和 R 分别表示彩色图像中像素的蓝、绿、红 3 个颜色分量,Gray 表示像素的灰度值。

3. Gamma 校正

为了减少图像中光照不均匀及局部阴影等因素对检测结果的影响,有时候(并非必须,根据情况决定是否需要本步骤)需要对整个图像进行 Gamma 校正,具体步骤如下。

(1) 归一化。将像素的灰度值转化为 $[0, 1.0]$ 的初数,对于灰度级 $[0, L-1]$ 的图像而言,通常采用式(9-5)进行。例如,对于灰度级为 $[0, 255]$ 的图像,某像素值 Gray=150,则利用式(9-5)归一化后的像素值为 Gray=$(150+0.5)/256=0.58789$。

$$\text{Gray} = (\text{Gray} + 0.5)/L \tag{9-5}$$

(2) 预补偿。根据式(9-6)计算归一化后的像素的补偿值,其中 Gamma 为补偿系数,通常取 2.2。例如,对于归一化后的像素值 Gray＝0.58789,补偿后的灰度值为 Gray＝$0.58789^{1/2.2}$＝0.785479。

$$\text{Gray} = \text{Gray}^{1/\text{Gamma}} \tag{9-6}$$

(3) 反归一化。根据式(9-7)将经过预补偿后的像素值反归一化为$[0, L-1]$。例如,对于 Gray＝0.785479,其反归一化后的值为 Gray＝0.785479×256－0.5＝201(四舍五入后)。

$$\text{Gray} = \text{Gray} \times L - 0.5 \tag{9-7}$$

很显然,对每个像素执行上述步骤进行 Gamma 校正,效率会很低。考虑对于给定的 Gamma 值,其校正结果是确定的,为此,可事先计算好一个数组用于存储校正前后的映射,由此可加速 Gamma 校正的计算。具体而言,可事先用数组 $A[i]$ 记录像素值 $i(i=0, 1, 2, \cdots, L-1)$ 对应的校正值,然后通过快速查找 Gray＝$A[\text{Gray}]$ 实现 Gamma 校正。

4. 计算图像梯度

图像梯度分别在横向和纵向两个方向计算。采用$[-1, 0, 1]$的梯度模板计算图像 x 方向的梯度分量G_x,采用$[1, 0, -1]^{\mathrm{T}}$的梯度模板计算图像 y 方向的梯度分量G_y,见式(9-8)。

$$\begin{cases} G_x(x,y) = I(x+1,y) - I(x-1,y) \\ \theta_x(x,y) = I(x,y+1) - I(x,y-1) \end{cases} \tag{9-8}$$

$$\begin{cases} G_{xy} = \sqrt{G_x^2 + G_y^2} \\ \theta_{xy} = \arctan(G_y/G_x) \ \% \ 180° \end{cases} \tag{9-9}$$

其中,$I(x,y)$代表图像像素点(x,y)处的像素值。计算出 G_x 和 G_y 两个梯度分量之后,按照式(9-9)计算像素点(x,y)处的梯度幅值 G_{xy} 和梯度方向 θ_{xy},$\theta_{xy} \in [0°, 180°]$。

以图 9-14 为例,假设需要计算图中像素点 C 的梯度值,则 $G_x = 180 - 150 = 30$,$G_y = 190 - 150 = 40$,$G_{xy} = \sqrt{30^2 + 40^2} = 50$,$\theta_{xy} = \arctan(40/30) \% 180° = 167°$。

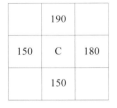

	190	
150	C	180
	150	

图 9-14　HOG 计算示例

5. 构建直方图

将输入图像以像素为单位划分为一个个大小为 $W_c \times W_c$ 像素的 Cell,则每个 Cell 包含 W_c^2 个梯度幅值和 W_c^2 个梯度方向,总计 $2W_c^2$ 个特征值。下面将这 $2W_c^2$ 个特征值转换为梯度方向直方图:将像素的梯度方向在 0～180°范围内平均划分为 n 个 bins,则第 i 个 bin 对应的角度为 $i \times 180°/n$,$i = 0, 1, \cdots, n-1$,并用数组 $G[i]$ 记录像素在第 i 个梯度方向的累加幅值;逐个扫描 Cell 中的每个像素,假设其梯度幅值为 G_{xy},梯度方向为 θ_{xy},并假设 $i \times 180°/n \leqslant \theta_{xy} \leqslant (i+1) \times 180°/n$,则根据式(9-10)计算该 Cell 的梯度直方图。

例如,假设 $n=9$,即分为 9 个 bins,则每个 bin 为 20°;初始时 $G[i]=0$,若扫描至第 1 个像素,其梯度幅值为 120,梯度方向为 13°,考虑 13°介于 0°～20°,其中 0°对应于直方图元素 $G[0]$,20°对应于直方图元素 $G[1]$,则有 $G[0] = G[0] + 120 \times (13° - 0°)/20° = 78$,

$G[1]=G[1]+120\times(20°-13°)/20°=42$；若扫描至第 2 个像素，其梯度幅值为 160，梯度方向为 165°，考虑 165°介于 160°～180°，其中 160°对应于直方图元素 $G[8]$，180°对应于直方图元素 $G[(8+1)\ \%\ 9]$ 即 $G[0]$，则有 $G[8]=G[8]+160\times(165°-160°)/20°=40$，$G[0]=G[0]+160\times(180°-165°)/20°=78+120=198$；以此类推，可计算得到每个 Cell 的 $G[i]$，其直方图示例如图 9-15 所示。

$$\begin{cases} G[i]=G[i]+G_{xy}\times\dfrac{\theta_{xy}-i\times180°/n}{180°/n} \\[3mm] G[(i+1)\ \%\ n]=G[(i+1)\ \%\ n]+G_{xy}\times\dfrac{(i+1)\times180°/n-\theta_{xy}}{180°/n} \end{cases} \tag{9-10}$$

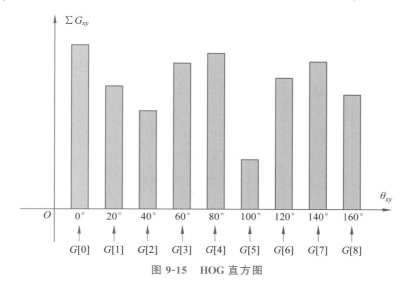

图 9-15　HOG 直方图

以上计算示例还可以图 9-16 的其中两个像素点为例说明：一个是梯度方向为 120°，梯度幅值为 6 的像素点，根据梯度方向的值将其投给梯度直方图中的 120°这个 bin，值为 6；另一个点是梯度方向为 10°，梯度幅值为 4 的像素点，因为其梯度方向与 bin 0°和 bin 20°之间的距离相同，因此将幅值等分为两份，即投 2 给 bin 0°，投 2 给 bin 20°。按照这种方式统计完 64 个像素点后，每个方向块就会得出最终数值，形成统计直方图，算法采用大小为 9 的数组存储。

令每 4 个相邻 Cell 组成一个 Block，如图 9-17 所示，从图像的原点开始，从左至右、从上至下，以步长 step 进行 Block 滑动，计算每个 Block 中的每个 Cell 的 HOG 直方图，其中 step 通常为 W_c，即 step$=W_c$。假设图像尺寸为 $W\times H$，每个 Cell 的向量特征数为 n 个，按照图 9-17 中的 Cell 1、Cell 2、Cell 3 和 Cell 4 的顺序将这 4 个 Cell 的向量拼接成这个 Block 的向量，则该 Block 向量的特征数为 $4n$，根据滑动原则，一共有 $(W/W_c-1)\times(H/W_c-1)$ 个 Block，这样组成的向量特征数为 $4n\times(W/W_c-1)\times(H/W_c-1)$，其中，通常要求满足 W 和 H 均是 W_c 的整数倍，且 $W>W_c$、$H>W_c$。

例如，$W_c=8$、$n=9$ 是常用的 HOG 参数，若图像尺寸为 64×128，则整幅图像的 HOG 特征维度为 $4\times9\times(64/8-1)\times(128/8-1)=3780$。

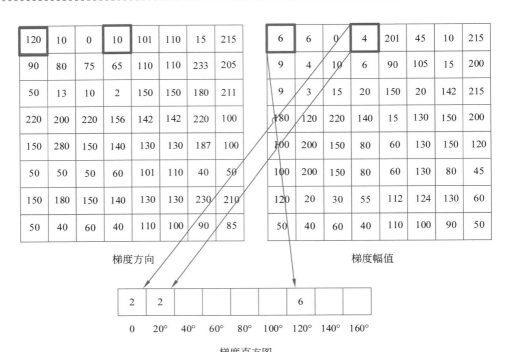

图 9-16   HOG 计算示例

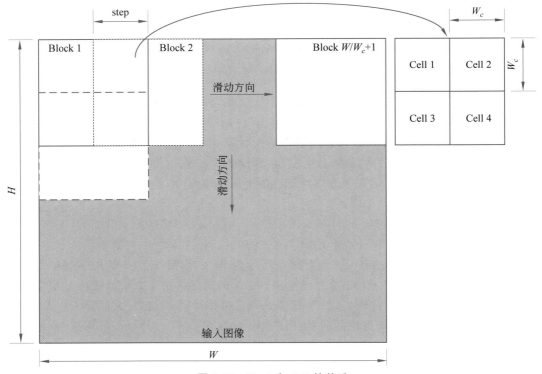

图 9-17   Block 和 Cell 的关系

6. Block 内归一化 Cell 直方图

受局部光照变化等因素的影响,梯度变化范围通常较大,所以图像的梯度强度需要归一化处理。由于相邻 Block 之间可能存在重叠 Cell,这些 Cell 对各个 Block 都有影响,因此需要对 Block 内的 Cell 直方图梯度强度进行归一化。仍采用 $G[i]$ 表示每个 Block 内的 HOG 直方图中的第 i 个特征值,$i=0,1,\cdots,4n-1$,通常采用 L2 范数进行,如式(9-11)所示。

$$G[i] = \frac{G[i]}{\sqrt{\|G\|_2^2 + \varepsilon^2}} = \frac{G[i]}{\sqrt{\sum_{i=0}^{4n-1} G[i]^2 + \varepsilon^2}} \qquad (9\text{-}11)$$

其中,ε 是一个极小的值,为了避免分母为 0。

7. 生成特征向量

将图像的每个 Block 特征组合在一起,得到图像的 HOG 特征向量。

C++ 示例代码 9-3：HOG 特征检测算法

```
/*
HOG特征检测算法的基本思想:通过计算和统计图像局部区域的梯度方向直方图生成特征描
述子。
*/
//计算梯度幅值和方向
void HOG::computeMagnitudeAngle(Mat& grad_x, Mat& grad_y, Mat& mag, Mat& ang){
    int nRows = grad_x.rows;
    int nCols = grad_x.cols;
    if (grad_x.isContinuous() && grad_y.isContinuous()){
        nCols = nRows * nCols;
        nRows = 1;
    }
    int i, j;
    for (i = 0; i < nRows; i++) {
        int * gx = grad_x.ptr<int>(i);
        int * gy = grad_y.ptr<int>(i);
        float * mg = mag.ptr<float>(i);
        int * theta = ang.ptr<int>(i);
        for (j = 0; j<nCols; j++){
            mg[j] = sqrt(pow(gx[j], 2) + pow(gy[j], 2));
            theta[j] = int(atan2(gy[j], gx[j]) * 180 / M_PI);
            if (theta[j]<0)
                //if negative then add 90...(tan inverse domain is from -90<
theta<90)
                theta[j] = theta[j] + 180;
```

```
                }
        }
}

//构建直方图
vector<vector<vector<float>>> HOG::getHistograms_Cell(Mat& magnitude_
cell, Mat& angle_cell, int cell_rows, int cell_cols, int orientations){
    int img_rows = magnitude_cell.rows;
    int img_cols = magnitude_cell.cols;
    int row_blocks = int(img_rows / cell_rows);
    int col_blocks = int(img_cols / cell_cols);
    Mat mag_cell_block;
    Mat orient_cell_block;
    int start_x;
    int start_y;
    int orient_per_180 = 180 / orientations;
    int orient_start, orient_end;
    vector<vector<vector<float>>>orient_bin_histogram(row_blocks,
    vector<vector<float>>(col_blocks, vector<float>(orientations, 0)));
    for (int i = 0; i < row_blocks; i++){
        for (int j = 0; j < col_blocks; j++){
            start_x = j * cell_cols;
            start_y = i * cell_rows;
            mag_cell_block = Mat(magnitude_cell, Rect(start_x, start_y, cell_
cols, cell_rows));
            orient_cell_block = Mat(angle_cell, Rect(start_x, start_y, cell_
cols, cell_rows));
            for (int k = 0; k < orientations; k++){
                orient_start = k * orient_per_180;
                orient_end = (k + 1)   * orient_per_180;
                orient_bin_histogram[i][j][k] = orient_hog(mag_cell_block,
                                        orient_cell_block, orient_start,
orient_end);
            }
        }
    }
    return orient_bin_histogram;
}

//直方图梯度强度归一化
float HOG::orient_hog(Mat& mag_cell_block, Mat& orient_cell_block, int orient
_start, int orient_end){
    int cell_rows = mag_cell_block.rows;
```

```
    int cell_cols = mag_cell_block.cols;
    float total = 0;
    float * mag;
    int * orient;
    for (int i = 0; i < cell_rows; i++){
        mag = mag_cell_block.ptr<float>(i);
        orient = orient_cell_block.ptr<int>(i);
        for (int j = 0; j < cell_cols; j++){
            if (orient[j]<orient_start || orient[j] >= orient_end)
                continue;
            else
                total = total + mag[j];
        }
    }
    total = total / (cell_rows * cell_cols);
    return total;
}
```

与其他的特征描述方法相比,HOG 有很多优点。首先,由于 HOG 是在图像的局部方格单元上操作,所以它对图像几何及光学的形变都能保持很好的不变性,这两种形变只会出现在更大的空间邻域上。其次,HOG 特征在大的空域抽样,执行精细的方向抽样,同时拥有较强的局部光学归一化,因此 HOG 特征特别适合图像中的人体检测任务。行人大体上能够保持直立的姿势即可,容许行人有一些细微的肢体动作,这些细微的动作可以被忽略,而不影响检测效果。HOG 特征检测示例如图 9-18 所示。

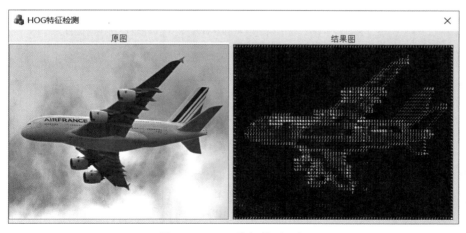

图 9-18　HOG 特征检测示例

◆ 9.5 SIFT 特征点检测与匹配

在数字图像处理、计算机视觉领域中,尺度不变特征变换(Scale-Invariant Feature Transform,SIFT)是一种优秀的局部特征点检测和匹配算法。该算法于 1999 年被 David Lowe 提出,并于 2004 年得到了补充和完善。SIFT 算法对于图像匹配有重要的意义,可用于提取图像局部特征以帮助检测目标,常应用于自动导航、图像拼接、三维建模、手势识别、视频跟踪等场景。

SIFT 特征主要指的是目标物体上的一些局部特征点,其特点可以总结如下。

(1) SIFT 特征具有旋转不变性、尺度不变性和亮度不变性,并且对于噪声、视角变化、仿射变换也保持一定程度的稳定性。

(2) SIFT 特征所含的信息量大,适合在大规模数据库中进行精确的图像特征匹配。

(3) 算法实现简单,易于理解,同时具有较强的可扩展性:在生成特征点时,可以使用其他特征描述子,以达到对算法性能进行改进的目的。

(4) 多量性,可以生成足够数量的特征点,以满足任务需求。

SIFT 算法的具体流程如图 9-19 所示,其主要步骤分别是构建尺度空间、极值点的检测、特征点定位、方向的确定以及特征点描述、特征点匹配。

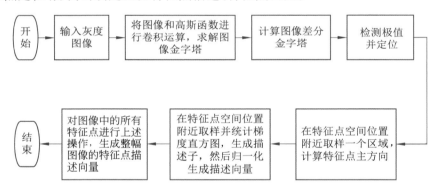

图 9-19 SIFT 算法的具体流程

9.5.1 构建尺度空间

特征点检测的第一步是检测目标的位置和尺度,针对同一目标来说,当图像的拍摄角度不同时,其位置与尺度也需要重新计算。此外,检测到的目标位置应该是固定的,它并不随着图像拍摄角度和尺度的变化而变化。为了达到这个目的,需要构建图像的尺度空间,以供算法搜索所有尺度上的稳定特征,从而得到正确的目标检测结果。

SIFT 算法正是利用如图 9-20 所示的高斯金字塔表示尺度空间。高斯金字塔是一种图像多分辨率表示方法,金字塔被分为多组,每个组中包含多层。图 9-20 中的箭头表示每一组是上一组的降采样结果,每一层是上一层的高斯模糊结果。受这些操作的影响,不同层或组拥有不同的分辨率。令每一组金字塔中的尺度变化范围为 σ,随着组数的增大,

σ 同步增大,对应的图像被逐步平滑,分辨率下降。

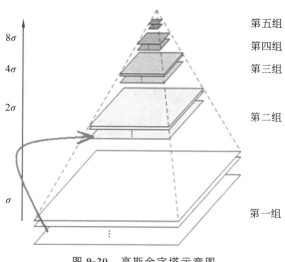

图 9-20　高斯金字塔示意图

实现构建尺度空间的核心代码如下。

C++ 示例代码 9-4：SIFT 特征检测算法之构建尺度空间

```cpp
/*
SIFT 算法的第一步:构建高斯金字塔,即尺度空间。
*/
void sift::buildPyramid(){
    vector<double> sigma_i(Layers + 1);
    sigma_i[0] = Sigma;
    for (int lyr_i = 1; lyr_i < Layers + 1; lyr_i++){
        double sigma_prev = pow(K, lyr_i - 1) * Sigma;
        double sigma_curr = K * sigma_prev;
        sigma_i[lyr_i] = sqrt(sigma_curr * sigma_curr - sigma_prev * sigma_
prev);
    }
    //初始化金字塔
    pyr_G.clear();
    pyr_DoG.clear();
    //生成金字塔
    Mat img_i, img_DoG;
    img.copyTo(img_i);
    pyr_G.build(Octaves);                   //确定金字塔层数
    pyr_DoG.build(Octaves);
    for (int oct_i = 0; oct_i < Octaves; oct_i++){
        pyr_G.appendTo(oct_i, img_i); //每个 Octave 的第一幅图像不需要高斯模糊
        for (int lyr_i = 1; lyr_i < Layers + 1; lyr_i++){
```

```
                    GaussianBlur(img_i,
                            img_i,
                            Size(2 * cvCeil(2 * sigma_i[lyr_i]) + 1,
                            2 * cvCeil(2 * sigma_i[lyr_i]) + 1),
                            sigma_i[lyr_i], sigma_i[lyr_i]);
                    pyr_G.appendTo(oct_i, img_i);
                    subtract(img_i, pyr_G[oct_i][lyr_i - 1], img_DoG, noArray(), CV_
    32FC1);

                    pyr_DoG.appendTo(oct_i, img_DoG);
                }
                //降采样生成下一个Octave的第一幅图像
                resize(pyr_G[oct_i][Layers - 2],
                    img_i,
                    Size(img_i.cols / 2, img_i.rows / 2), 0, 0, INTER_NEAREST);
        }
    }
```

为了保证图像金字塔的性能,并保证尺度在不同组之间连续变化,算法将下一组第一层的图像以上一组图像降采样,然后再经过不同层的高斯模糊得到。该操作使得组内的每层图像的分辨率都一样。

9.5.2 极值点的检测

在构建完由高斯金字塔表示的尺度空间之后,算法的下一步是在金字塔内检测极值点,即找到潜在的具有尺度不变性的特征点。检测极值点的方法是:对图像中的任意像素点,比较该点和它的图像域及尺度域的相邻点的灰度值大小。

极值点的搜索是在DOG(Difference of Gaussian,高斯差分)金字塔内进行的,这些极值点就是候选的特征点。DOG金字塔即高斯金字塔组内相邻两层图像相减所得。在搜索之前,需要在DOG金字塔内删除像素灰度值过小的点,以保证特征点的稳定性。此外,极值点搜索不仅需要在图像当前尺度空间的邻域内进行,还要在相邻尺度空间的图像内进行。如图9-21所示,中间标记为叉号的采样点要和它图像域的8个相邻点和上下尺度域的9×2个相邻点,共计26个像素点进行灰度值比较,搜索同时满足在图像空间和尺度空间中均为极值的点。通过该步骤检测到的极值点即被当作图像中的潜在特征点。

极值点搜索的核心代码如下。

C++示例代码9-5:SIFT特征检测算法之极值点检测

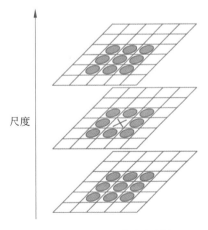

图9-21 DOG尺度空间局部极值点检测

```
/*
SIFT 算法的第二步:极值点的检测。
*/
for (oct_i = 0; oct_i < Octaves; oct_i++){
    for (lyr_i = 1; lyr_i < Layers - 1; lyr_i++){
        const Mat& img_curr = pyr_DoG[oct_i][lyr_i];
        //遍历像素,排除最外层像素
        for (r = 1; r < img_curr.rows - 1; r++){
            for (c = 1; c < img_curr.cols - 1; c++){
                //取出比较像素块
                const Mat& prev = pyr_DoG[oct_i][lyr_i - 1];
                const Mat& curr = pyr_DoG[oct_i][lyr_i];
                const Mat& next = pyr_DoG[oct_i][lyr_i + 1];
                float px = curr.at<float>(r, c);
                if (abs(px) >= threshold)    {
                    //取出比较像素
                    for (pr = -1, k = 0; pr < 2; pr++)
                        for (pc = -1; pc < 2; pc++){
                            pxs[k] = prev.at<float>(r + pr, c + pc);
                            pxs[k + 1] = curr.at<float>(r + pr, c + pc);
                            pxs[k + 2] = next.at<float>(r + pr, c + pc);
                            k += 3;
                        }
                    //和 26 个像素点进行灰度值比较
                    if ((px >= pxs[0] && px >= pxs[1] && px >= pxs[2] &&
                        px >= pxs[3] && px >= pxs[4] &&    px >= pxs[5] &&
                        px >= pxs[6] && px >= pxs[7] && px >= pxs[8] &&
                        px >= pxs[9] && px >= pxs[10] && px >= pxs[11] &&
                        px >= pxs[12] && px >= pxs[14] && px >= pxs[15] &&
                        px>= pxs[16] && px >= pxs[17] && px >= pxs[18] &&
                        px>= pxs[19] && px >= pxs[20] && px >= pxs[21] &&
                        px>= pxs[22] && px >= pxs[23] && px >= pxs[24] &&
                        px>= pxs[25] && px >= pxs[26]) ||
                        (px <= pxs[0] && px <= pxs[1] && px <= pxs[2] &&
                        px <= pxs[3] && px <= pxs[4] && px <= pxs[5] &&
                        px <= pxs[6] && px <= pxs[7] && px <= pxs[8] &&
                        px <= pxs[9] && px <= pxs[10] && px <= pxs[11] &&
                        px <= pxs[12] && px <= pxs[14] && px <= pxs[15] &&
                        px <= pxs[16] && px <= pxs[17] && px <= pxs[18] &&
                        px <= pxs[19] && px <= pxs[20] && px <= pxs[21] &&
                        px <= pxs[22] && px <= pxs[23] && px <= pxs[24] &&
                        px <= pxs[25] && px <= pxs[26])){
                            keypoint kpt(oct_i, lyr_i, Point(r, c));
```

```
                              kpts_temp.push_back(kpt);  //如果是极值点,就先保存
                }
            }
         }
      }
   }
}
```

9.5.3　特征点定位

到这一步,检测到的极值点仍是散乱的,并非最终图像匹配步骤所需的特征点。这些点是在离散空间内搜索得到的极值点,并且经过了不断的降采样,如果将这些点直接拟合成曲面,就会发现这些点并非真正的极值点,即离散空间的极值点不等于连续空间的极值点。因此,我们需要精确地确定极值点的位置,并对极值点进行处理,以过滤掉无用的点。

首先需要剔除易受噪声干扰的点。算法通过计算图像点在任意方向上的偏移量,与设定的阈值比较,若超出阈值,则证明该点已经偏移到临近点,因此这样的点应该剔除;同时,若远小于阈值,则表示该点处响应值太小,一旦受到噪声干扰,该点的稳定性就会变得很差,因此将其剔除。

为获取更稳定的特征点,还需要剔除受边缘响应影响较大的候选极值点。算法所构建的高斯金字塔尺度空间有一个特点,就是对于图像的边缘部分响应很强,如果极值点处于图像的边缘上,就会因为易受噪声的干扰,稳定性较差而难以定位。一般来说,通过计算图像点的主曲率可以判断该点是否为特征点。在 DOG 空间中,如果极值点位于边缘,则在它横跨边缘的方向上有较大的主曲率,而在垂直边缘的方向有较小的主曲率,因此,筛选位于边缘的特征点并剔除的方法为:获取特征点周围像素的 Hessian 矩阵,如式(9-12)所示。

$$\boldsymbol{H} = \begin{bmatrix} D_{xx} & D_{xy} \\ D_{xy} & D_{yy} \end{bmatrix} \tag{9-12}$$

其中,D_{xx}、D_{yy} 和 D_{xy} 分别表示对 DOG 图像中的像素在 x 轴方向和 y 轴方向上求二阶偏导和二阶混合偏导。矩阵 $\boldsymbol{H}$ 的两个特征值分别反映像素灰度值在 x 方向和 y 方向的变化量,即两个方向的主曲率。某个像素的 $\boldsymbol{H}$ 矩阵的两个特征值相差越大,该像素是边缘的可能性越大。因此,该算法通过检查特征值的比值与某个阈值之间的关系,大于该阈值的点被判定为不稳定边缘相应点,然后对其剔除。这一方法类似于 Harris 角点检测算法,实现方法的核心代码如下。

C++ 示例代码 9-6:SIFT 特征检测算法之特征点定位

```
/*
SIFT算法的第三步:特征点定位。
*/
for (int try_i = 0; try_i < 5; try_i++){
```

```
//取 DoG 图像
const Mat& DoG_prev = pyr_DoG[kpt.octave][kpt_lyr - 1];
const Mat& DoG_curr = pyr_DoG[kpt.octave][kpt_lyr];
const Mat& DoG_next = pyr_DoG[kpt.octave][kpt_lyr + 1];
//计算一阶偏导
dD = Vec3f((DoG_curr.at<float>(kpt_r, kpt_c + 1) -
           DoG_curr.at<float>(kpt_r, kpt_c - 1)) * normalscl * 0.5f,
          (DoG_curr.at<float>(kpt_r + 1, kpt_c) -
           DoG_curr.at<float>(kpt_r - 1, kpt_c)) * normalscl * 0.5f,
          (DoG_prev.at<float>(kpt_r, kpt_c) -
           DoG_next.at<float>(kpt_r, kpt_c)) * normalscl * 0.5f);
//计算二阶偏导(Hessian 矩阵)
dxx = (DoG_curr.at<float>(kpt_r, kpt_c + 1) +
      DoG_curr.at<float>(kpt_r, kpt_c - 1) -
      2 * DoG_curr.at<float>(kpt_r, kpt_c)) * normalscl;
dyy = (DoG_curr.at<float>(kpt_r + 1, kpt_c) +
      DoG_curr.at<float>(kpt_r - 1, kpt_c) -
      2 * DoG_curr.at<float>(kpt_r, kpt_c)) * normalscl;
dss = (DoG_next.at<float>(kpt_r, kpt_c) +
      DoG_prev.at<float>(kpt_r, kpt_c) -
      2 * DoG_curr.at<float>(kpt_r, kpt_c)) * normalscl;
//计算混合偏导
dxy = (DoG_curr.at<float>(kpt_r + 1, kpt_c + 1) -
      DoG_curr.at<float>(kpt_r + 1, kpt_c - 1) -
      DoG_curr.at<float>(kpt_r - 1, kpt_c + 1) +
      DoG_curr.at<float>(kpt_r - 1, kpt_c - 1)) * normalscl * 0.25f;
dxs = (DoG_next.at<float>(kpt_r, kpt_c + 1) -
      DoG_next.at<float>(kpt_r, kpt_c - 1) -
      DoG_prev.at<float>(kpt_r, kpt_c + 1) +
      DoG_prev.at<float>(kpt_r, kpt_c - 1)) * normalscl * 0.25f;
dys = (DoG_next.at<float>(kpt_r + 1, kpt_c) -
      DoG_next.at<float>(kpt_r - 1, kpt_c) -
      DoG_prev.at<float>(kpt_r + 1, kpt_c) +
      DoG_prev.at<float>(kpt_r - 1, kpt_c)) * normalscl * 0.25f;
//由二阶偏导合成 Hessian 矩阵
Matx33f  H(dxx, dxy, dxs,
           dxy, dyy, dys,
           dxs, dys, dss);
//求解偏差值
x_hat = Vec3f(H.solve(dD, DECOMP_LU));
for (int x = 0; x < 3; x++)
    x_hat[x] *= -1;
//调整极值点坐标,以便进行下一次插值计算
```

```
    kpt_c += round(x_hat[0]);
    kpt_r += round(x_hat[1]);
    kpt_lyr += round(x_hat[2]);
    //判断偏移程度,若满足条件,则直接通过筛选
    if (abs(x_hat[0]) < biasThreshold && abs(x_hat[1]) < biasThreshold &&
        abs(x_hat[2]) < biasThreshold){ //阈值为 0.5
        isdrop = false;
        break;
    }
    //判断下调整后的坐标是否超过边界(最外面一圈像素也不算),若超过边界,则跳出,否则
    //再次求调整后的偏差
    if (kpt_r < 1 || kpt_r > DoG_curr.rows - 2 ||
        kpt_c < 1 || kpt_c > DoG_curr.cols - 2 ||
        kpt_lyr < 1 || kpt_lyr > Layers - 2)
        break;
}
if (isdrop)
    return false;
//去除响应过小的极值点,阈值越大,放过的点越多
const Mat& DoG_curr = pyr_DoG[kpt.octave][kpt_lyr];
float D_hat = DoG_curr.at<float>(kpt_r, kpt_c) * normalscl + dD.dot(x_hat) *
0.5f;
if (abs(D_hat) * S < contrastThreshold)
    return false;
//去除边缘关键点
//计算 Hessian 矩阵的迹与行列式
float trH = dxx + dyy;
float detH = dxx * dyy - dxy * dxy;
if (detH <= 0 || trH * trH * edgeThreshold >= (edgeThreshold + 1) *
(edgeThreshold + 1) * detH)
    return false;
//到这里,剩下的极值点可以保留了,直接更新极值点信息
```

完成特征点的定位之后,接下来还需要考虑如何确定特征点的方向,并计算特征描述子。

9.5.4　方向确定以及特征点描述

在前述过程中检测到的都是图像中具有尺度不变性的特征点,为了满足旋转不变性,即保证特征点对于目标物体的旋转具有很好的稳定性,则需要为特征点分配一个方向角度,也就是需要根据特征点所在高斯尺度图像的局部结构求得一个方向基准。算法以特征点邻域像素梯度方向的分布特性为基础,在以关键点为中心的邻域窗口内采样,并用梯度方向直方图统计邻域内像素的梯度方向对应的幅值。如图 9-22 所示,梯度方向直方图

的范围是 0～360°,按照每份 45°分为 8 个方向统计,可以知道直方图的主峰值为 6,该峰值代表了关键点处邻域梯度的主方向。用这种方法为每个特征点指定方向参数,使特征点具备了旋转不变性。

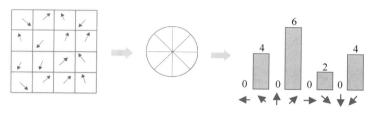

图 9-22　SIFT 特征主方向计算示例

到此为止,已检测出图像的全部特征点。针对每个特征点逐点分析计算,可以获取特征点的位置、尺度和方向。接下来就是对每个特征点进行描述。特征点描述利用一组向量实现,并达到使特征点不随光照、视角等外部因素的变化而改变的目的。需要建立的描述子不仅要包括该特征点信息,还应包含特征点周围对其有贡献的像素点信息。为提高正确匹配特征点的概率,特征点描述子还应该有较高的独特性。SIFT 描述子是对特征点邻域内高斯图像梯度的统计结果。对特征点周围区域分块,并计算每一块的方向,生成的向量是该区域图像信息具有唯一性的抽象表示。

在理解了以上内容之后,可以用以下方法计算特征点方向。

C++ 示例代码 9-7:SIFT 特征检测算法之特征点方向计算

```
/*
SIFT 算法的第四步:方向确定以及特征点描述。
*/
//遍历区域内所有像素点,计算直方图
    for (i = -radius; i <= radius; i++){        //从上到下,i是行数
      for (j = -radius; j <= radius; j++) {     //从左到右,j是列数
            //计算旋转后的相对坐标
            float c_rot = j * cos_t - i * sin_t;
            float r_rot = j * sin_t + i * cos_t;
            float rbin = r_rot + d / 2.f - 0.5f;  //计算子区域坐标尺度下的绝对坐标
            float cbin = c_rot + d / 2.f - 0.5f;
            //计算像素图像的绝对坐标(px_r, px_c)
            int px_r = kpt_r + i;
            int px_c = kpt_c + j;
            //如果旋转后坐标仍在图像内,则参与直方图计算
            if (-1 < rbin && rbin < d && -1 < cbin && cbin < d &&
              0 < px_r && px_r < pyr_G_i.rows - 1 &&
              0 < px_c && px_c < pyr_G_i.cols - 1) {
                //计算梯度
                float dx = pyr_G_i.at<float>(px_r, px_c + 1) -
                        pyr_G_i.at<float>(px_r, px_c - 1);
```

```
                float dy = pyr_G_i.at<float>(px_r - 1, px_c) -
                            pyr_G_i.at<float>(px_r + 1, px_c);
            //计算梯度幅值与幅角
            float mag = sqrt(dx * dx + dy * dy);
            float ang = fastAtan2(dy, dx);
            //判断幅角落在哪个直方图的柱内
            float obin = (ang - kpt_ang) * (n / 360.f); //取值 0 ~ 7... | 8
            //计算高斯加权后的梯度幅值
            float w_G = expf(-(r_rot * r_rot + c_rot * c_rot) / (0.5f * d * d));
            //三线性插值,填充 hist 的内容,
            //将像素点梯度幅值贡献到周围 4 个子区域的直方图中
            //计算 8 个贡献值
            float v_rco000 = rbin * cbin * obin;
            float v_rco001 = rbin * cbin * (1 - obin);
            float v_rco010 = rbin * (1 - cbin) * obin;
            float v_rco011 = rbin * (1 - cbin) * (1 - obin);
            float v_rco100 = (1 - rbin) * cbin * obin;
            float v_rco101 = (1 - rbin) * cbin * (1 - obin);
            float v_rco110 = (1 - rbin) * (1 - cbin) * obin;
            float v_rco111 = (1 - rbin) * (1 - cbin) * (1 - obin);
            hist[60 * (r0 + 1) + 10 * (c0 + 1) + o] += mag * v_rco000;
            hist[60 * (r0 + 1) + 10 * (c0 + 1) + (o0 + 1)] += mag * v_rco001;
            hist[60 * (r0 + 1) + 10 * (c0 + 2) + o] += mag * v_rco010;
            hist[60 * (r0 + 1) + 10 * (c0 + 2) + (o0 + 1)] += mag * v_rco011;
            hist[60 * (r0 + 2) + 10 * (c0 + 1) + o] += mag * v_rco100;
            hist[60 * (r0 + 2) + 10 * (c0 + 1) + (o0 + 1)] += mag * v_rco101;
            hist[60 * (r0 + 2) + 10 * (c0 + 2) + o] += mag * v_rco110;
            hist[60 * (r0 + 2) + 10 * (c0 + 2) + (o0 + 1)] += mag * v_rco111;
        }
    }
}
//遍历 4×4 子区域,从 hist 直方图中导出特征向量
float fvec_i[128] = { 0 };
for (ri = 1, k = 0; ri <= 4; ri++)
    for (ci = 1; ci <= 4; ci++){
        hist[60 * ri + 10 * ci + 0] += hist[60 * ri + 10 * ci + 8];
        hist[60 * ri + 10 * ci + 1] += hist[60 * ri + 10 * ci + 9];
        for (oi = 0; oi < 8; oi++)
            fvec_i[k++] = hist[60 * ri + 10 * ci + oi];
    }
```

　　本节采用两幅有相同部分的图像(原图及参考图)进行测试,图像场景中包含较明显的颜色变化、形状变化等信息,存在角点、拐点等。图 9-23(a)所示为原图,由于天空、飞机

的灰度存在明显的差异,机身上不同区域因为光照强度差异也存在明显的灰度变化,根据本章前述理论,不难理解在有明显灰度变化的地方能够检测到特征点。

用 SIFT 算法对原图进行特征点检测的结果如图 9-23(b)所示,可以看出该算法能够检测到数量较多的特征点。可见,在天空和飞机的交线处、光照明暗的交线处均能检测出大量特征点,这是因为这些地方存在剧烈的灰度变化。然而,在天空这样的弱灰度变化区域往往没有特征点。

(a) 原图　　　　　　　　　(b) 特征检测结果

图 9-23　原图 SIFT 特征检测结果

图 9-24(a)所示的是参考图,可以看出这是从原图中截取的一部分,它与原图像之间存在大量的重复信息,也存在较多的重复特征点。

利用 SIFT 算法对参考图进行特征点检测,可以得到如图 9-24(b)所示的结果。完成两幅图像的特征点检测和特征描述符计算之后,接下来就可以对两幅图像进行特征匹配了。

(a) 参考图　　　　　　　　　(b) SIFT特征检测结果

图 9-24　参考图 SIFT 特征检测结果

9.5.5　特征点匹配

在找出图像的特征点后,SIFT 算法使用 Kd-tree 算法找出待配准图像中与参考图像特征点距离最近的点和距离次近的点。当二者的比值小于某个阈值时,它们就被视作一对匹配点。

理想状态下两幅图像之间相同部分的特征点应该具有相同的特征描述向量,所以它们之间的距离应该最近。但是,由于图像之间可能存在不相同的部分,这些区域中的特征点在另一幅图像中并没有与之对应的特征点存在,但是最近邻算法仍然会给出一个相对的最近邻作为它的匹配点,这些匹配点对明显是错误的。为了排除这些错误的匹配点对,SIFT 算法采用 RANSAC 算法消除错误匹配点。这是一种随机参数方法,首先从初始匹配点对的集合中随机选取 8 个匹配点作为样本初始化模型,然后用此模型检测匹配点对集,找到满足阈值的数据,统计由该模型得到的匹配点数量,最后重复以上步骤,直到匹配点数量最多、误差最小时停止迭代,此时输出的即为经过 RANSAC 筛选后的匹配点对集。

基于置信度的匹配算法也是常用方法。由于置信度模型可以用来判断观测数据和标准模型的匹配程度,因此它可以用来对匹配结果进行验证,从而提高整个系统的识别率和稳健性。如果置信度小于某个阈值,极有可能是一个错误的匹配点对,则将错误的匹配点对消除,这样就有效去除了错误的匹配点对,可以得到全部正确的匹配关系。SIFT 特征点匹配如图 9-25 所示。

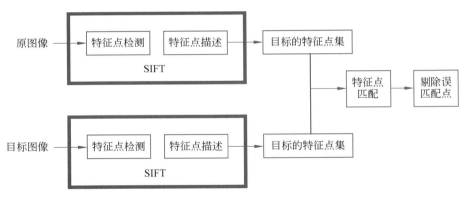

图 9-25　SIFT 特征点匹配

C++ 示例代码 9-8:SIFT 特征匹配算法

```
/*
SIFT 算法使用 Kd-tree 算法找出两幅待匹配的图像中距离最近和次近的特征点对,当二者距
离的比值小于某个阈值时,它们就被视作一对匹配点。
*/
for( i = 0; i < n1; i++ ){                        //逐点匹配
    feat = feat1 + i;                            //第 i 个特征点的指针
```

```
//在 kd_root 中搜索目标点 feat 的 2 个最近邻点,存放在 nbrs 中,
//返回实际找到的近邻点个数
k = kdtree_bbf_knn( kd_root, feat, 2, &nbrs, KDTREE_BBF_MAX_NN_CHKS );
                                                    //找 2 个最近点
if( k == 2 ){ //只有进行 2 次以上匹配过程,才算是正常匹配过程
    d0 = descr_dist_sq( feat, nbrs[0] );    //feat 与最近邻点的距离的平方
    d1 = descr_dist_sq( feat, nbrs[1] );    //feat 与次近邻点的距离的平方
    /*
    若 d0 和 d1 的比值小于阈值 NN_SQ_DIST_RATIO_THR,
    则接受此匹配,否则剔除最近点与次最近点距离之比要小才当作正确匹配,
    然后画一条线
    */
    if( d0 < d1 * NN_SQ_DIST_RATIO_THR ){
        //pt1,pt2 为连线的两个端点,将目标点 feat 和最近邻点作为匹配点对
        pt1 = cvPoint( cvRound( feat->x ), cvRound( feat->y ) );
        pt2 = cvPoint( cvRound( nbrs[0]->x ), cvRound( nbrs[0]->y ) );
        //由于两幅图是左右排列的,因此 pt2 的横坐标加上 img1 的宽度,
        //作为连线的终点
        pt2.x += img1->width;

        cvLine( stacked, pt1, pt2, CV_RGB(255,0,255), 1, 8, 0 );
                                        //画出连线
        m++;                            //统计匹配点对的个数
        //使点 feat 的 fwd_match 域指向其对应的匹配点
        feat1[i].fwd_match = nbrs[0];
    }
}
free( nbrs );                           //释放近邻数组
}
```

当两幅图像的 SIFT 特征向量生成之后,采用关键点特征向量的欧几里得距离作为两幅图像中关键点的相似性判定度量。匹配过程中,逐个选取原图像中的关键点,通过遍历找到参考图像中的距离最近的关键点。若满足两点间最近距离除以次近距离小于预设阈值,则判定它们为一对匹配点。SIFT 特征匹配示例如图 9-26 所示。

图 9-26　SIFT 特征匹配示例

SIFT 算法对图像的尺度变化、旋转以及亮度变化有很好的稳定性,而且对视角的变化、仿射变化、噪声也有很强的鲁棒性。但是,SIFT 算法为满足尺度不变性,构建尺度空间而在大量不同尺度上进行计算;并且在后期搜索定位、剔除边缘点中又有复杂的运算,使得 SIFT 算法有很高的复杂度,运算时间长。因此,在实际使用中借助硬件加速和专用图形处理器的配合,才能达到实时的程度。后来 Bay 等提出 SURF(Speed Up Robust Features)算法,该算法对 SIFT 算法进行了一些简化和近似,其整体性能优于 SIFT 算法。

◆ 9.6 SURF 特征点检测与匹配

SURF(Speeded-Up Robust Features,快速鲁棒特征)算法首先由 Herbert Bay 等于 2006 年提出,在计算机视觉、物体识别等领域有广泛的应用。它是基于 SIFT 特征描述符的一种简化和改进,既保留了 SIFT 算法的优点,同时又具有更快的运算速度和更好的鲁棒性。SURF 算法的运算速度大约是 SIFT 算法的 3 倍以上,在多幅图片下具有很好的鲁棒性。SURF 算法里引入了 Harr 特征和积分图像工具,使得该算法的速度得到明显的提高。SURF 算法的具体流程如图 9-27 所示。

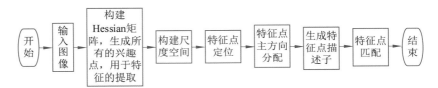

图 9-27 SURF 算法的具体流程

接下来分两部分对 SURF 算法进行描述:特征点的检测和 SURF 特征向量的生成。

9.6.1 特征点的检测

SURF 特征点的检测主要有 3 个步骤,分别为构建 Hessian 矩阵、生成尺度空间、精确定位特征点。

1. 构建 Hessian 矩阵

Hessian 矩阵又称为黑塞矩阵,是主要用于检测图像中的斑点特征的一种矩阵,它在检测速度和准确率方面有很多优势。该算法对每一个像素构建 Hessian 矩阵并计算行列式,极值点位置就是特征点所在的位置。由于 Hessian 矩阵检测的特征点不具备尺度不变性,因此 SURF 算法将 Hessian 矩阵与尺度空间结合起来,首先计算像素 $I(x,y)$ 在尺度 σ 上的 Hessian 矩阵:

$$H(I,\sigma)=\begin{bmatrix} L_{xx}(I,\sigma) & L_{xy}(I,\sigma) \\ L_{xy}(I,\sigma) & L_{yy}(I,\sigma) \end{bmatrix} \tag{9-13}$$

其中，$L_{xx}(I,\sigma)$、$L_{xy}(I,\sigma)$ 和 $L_{yy}(I,\sigma)$ 分别是标准高斯函数 $G(x,y,\sigma)$ 的二阶偏导数与图像在 $I(x,y)$ 处的卷积结果。具体对于给定的尺度 σ 图像，其计算如式(9-14)和式(9-15)所示。这一做法保证了用 Hessian 方法检测出的特征点具有尺度不变性。

$$\boldsymbol{H}(I(x,y))=\begin{bmatrix}L_{xx} & L_{xy}\\L_{xy} & L_{yy}\end{bmatrix}=\begin{bmatrix}\dfrac{\partial^2 I}{\partial x^2} & \dfrac{\partial^2 I}{\partial x\partial y}\\[2mm]\dfrac{\partial^2 I}{\partial x\partial y} & \dfrac{\partial^2 I}{\partial y^2}\end{bmatrix}\tag{9-14}$$

$$\begin{cases}L_{xx}=[I(x+1,y)-I(x,y)]-[I(x,y)-I(x-1,y)]\\L_{xy}=[I(x,y+1)-I(x,y)]-[I(x,y)-I(x,y-1)]\\L_{yy}=[I(x+1,y+1)-I(x+1,y)]-[I(x,y+1)-I(x,y)]\end{cases}\tag{9-15}$$

为减少高斯卷积的计算量，进一步提高计算效率，SURF 算法采用积分图像的方法。积分图像方法的原理在 9.2.2 节中已有较详细的介绍，借助积分图，图像与高斯二阶微分模板的滤波转换为对积分图像的加减运算，并且这种运算与滤波模板的尺寸无关，从而在特征点检测过程中大大缩短了搜索时间。

C++ 示例代码 9-9：SURF 特征检测算法之构建 Hessian 矩阵

```cpp
/*
#TODO
*/
//计算一阶导数
Mat FastHessian:: Deriv3D (int r, int c, int step, ResponseLayer * t,
ResponseLayer * m, ResponseLayer * b){
    double dx, dy, ds;
    dx = (m->GetResponse(r, c + 1, step) - m->GetResponse(r, c - 1, step)) /
2.0;
    dy = (m->GetResponse(r + 1, c, step) - m->GetResponse(r - 1, c, step)) /
2.0;
    ds = (t->GetResponse(r, c, step) - b->GetResponse(r, c, step)) / 2.0;
    //构造一阶导数
    Mat dI = (Mat_<double>(3, 1) << dx, dy, ds);
    return dI;
}


//计算二阶导数
Mat FastHessian:: Hessian3D (int r, int c, int step, ResponseLayer * t,
ResponseLayer * m, ResponseLayer * b){
    double v, dxx, dyy, dss, dxy, dxs, dys;
    v = m->GetResponse(r, c, step);
    dxx = m->GetResponse(r, c + 1, step) + m->GetResponse(r, c - 1, step) - 2 * v;
    dyy = m->GetResponse(r + 1, c, step) + m->GetResponse(r - 1, c, step) - 2 * v;
    dss = t->GetResponse(r, c, step) + b->GetResponse(r, c, step) - 2 * v;
```

```
      dxy = (m->GetResponse(r + 1, c + 1, step) - m->GetResponse(r + 1, c - 1,
step) -
          m->GetResponse(r - 1, c + 1, step) + m->GetResponse(r - 1, c - 1,
step)) / 4.0;
      dxs = (t->GetResponse(r, c + 1, step) - t->GetResponse(r, c - 1, step) -
          b->GetResponse(r, c + 1, step) + b->GetResponse(r, c - 1, step)) / 4.0;
      dys = (t->GetResponse(r + 1, c, step) - t->GetResponse(r - 1, c, step) -
          b->GetResponse(r + 1, c, step) + b->GetResponse(r - 1, c, step)) / 4.0;
      //构造 Hessian 矩阵
      Mat H = (Mat_<double>(3, 3) <<
          dxx, dxy, dxs,
          dxy, dyy, dys,
          dxs, dys, dss);
      return H;
}


//计算积分图像
float IntegralImg::AreaSum(int x, int y, int dx, int dy){
      int r1;
      int c1;
      int r2;
      int c2;
      r1 = std::min(x, Height);
      c1 = std::min(y, Width);
      r2 = std::min(x + dx, Height);
      c2 = std::min(y + dy, Width);
      r1 = std::max(r1, 0);
      c1 = std::max(c1, 0);
      r2 = std::max(r2, 0);
      c2 = std::max(c2, 0);
      double A = this->Integral.at<double>(r1, c1);
      double B = this->Integral.at<double>(r2, c1);
      double C = this->Integral.at<double>(r1, c2);
      double D = this->Integral.at<double>(r2, c2);
      return (float)std::max(0.0, A + D - B - C);
}
```

2. 生成尺度空间

SURF 算法的灵感是从 SIFT 算法中获取的。在 SIFT 算法中，尺度空间是通过对上一组图像反复重采样生成的，通过建立尺度金字塔，实现不变性特征检测。但是，这种方法需要不断设定图像尺寸，每一层图像都必须依赖上一层图像，使得计算变得复杂，降低了算法效率。SIFT 算法中图像金字塔的计算量会随着金字塔组数和层数的增加而变大。SURF 算法对这一点进行了改进,尺度图像的建立依靠方框滤波器模板,而不是高斯核,因此不用改变输入图像的大小,只改变方框滤波器模板大小即可完成计算。这一做法的好处是不需要对图像进行二次采样,而是通过不断扩大方框滤波模板尺寸实现计算。虽然滤波后的图像与图像卷积后的结果图大小不变,各层的图像尺寸保持一致,但因为滤波器的尺寸发生了改变,模拟了高斯滤波的尺度系数变化,该方法也能构造图像的多尺度空间。也就是说,SURF 算法可直接改变滤波器的大小,参考图像保持不变,允许多层图像同时进行处理,这些算法设计环节进一步加快了计算速度。

C++ 示例代码 9-10:SURF 特征检测算法之生成尺度空间

```cpp
/*
#TODO
*/
//生成高斯金字塔
void FastHessian::GeneratePyramid(){
    for (int o = 1; o <= Octaves; o++){
        for (int i = 1; i <= Intervals; i++){
            int size = 3 * ((int)pow(2.0, o) * i + 1);
            if (!this->Pyramid.count(size)){
                this->Pyramid[size] = new ResponseLayer(&Img, o, i);
            }
        }
    }
}

ResponseLayer::ResponseLayer(IntegralImg * img, int octave, int interval){
    this->Step = (int)pow(2.0, octave - 1);
    this->Width = img->Width / this->Step;
    this->Height = img->Height / this->Step;
    this->Lobe = (int)pow(2.0, octave) * interval + 1;
    this->Lobe2 = this->Lobe * 2 - 1;
    this->Size = 3 * this->Lobe;
    this->Border = this->Size / 2;
    this->Count = this->Size * this->Size;
    this->Octave = octave;
    this->Interval = interval;
    this->Data = new Mat(this->Height, this->Width, CV_32FC1);
    this->LapData = new Mat(this->Height, this->Width, CV_32FC1);
    this->BuildLayerData(img);
}
```

3. 精确定位特征点

从前面可知,通过尺度空间中的一系列方框滤波器对图像进行滤波,可以生成 Hessian 行列式图像金字塔,接下来可以基于这些行列式值找到极值点,从而确定特征点的坐标。

特征点的精确定位有两个步骤：非极大值抑制和阈值法过滤像素点。

SURF 算法的非极大值抑制过程在图像堆的组内进行，在每一组中选取相邻的三层 Hessian 行列式图像，对中间层的每一个 Hessian 行列式值都可以进行比较，对应的点都可以作为候选点。在空间中选取候选点周围的 26 个点比较大小，如果候选特征点的特征值大于全部 26 个邻域点，则选定该点为特征点，否则将其剔除。

初步定位出特征点后，采用三维线性插值计算亚像素级的特征点，再用阈值法去掉 Hessian 行列式值低的像素点，仅保留响应值较大的点。算法规定 Hessian 行列式值低于某个阈值的点不能作为最终的特征点。选择阈值时，可以根据实际应用中对特征点数量和精确度的要求调节阈值。阈值越大，得到的特征点的鲁棒性越好。

C++ 示例代码 9-11：SURF 特征检测算法之特征点定位

```cpp
/*
# TODO
 */
bool FastHessian:: IsExtremum (int r, int c, int step, ResponseLayer *  t,
ResponseLayer * m, ResponseLayer * b){
    //阈值法过滤像素点
    float candidate = m->GetResponse(r, c, step);
    if (candidate < this->Threshold)
        return 0;
    for (int rr = -1; rr <= 1; ++rr){
        for (int cc = -1; cc <= 1; ++cc){
            //在 3×3×3 范围内进行非极大值抑制
            if (t->GetResponse(r + rr, c + cc, step) >= candidate ‖
                //与顶层 9 个元素比较
                ((rr != 0 ‖ cc != 0) && m->GetResponse(r + rr, c + cc, step) >=
candidate) ‖
                //与中间层 8 个元素比较
                b->GetResponse(r + rr, c + cc, step) >= candidate
                //与底层 9 个元素比较
                )
                return 0;
        }
    }
    return 1;
}

//确定特征点位置
void FastHessian::InterpolateExtremum(int r, int c, int step, ResponseLayer *
t, ResponseLayer * m, ResponseLayer * b){
    int filterStep = (m->Size - b->Size);
```

```
assert(filterStep > 0 && t->Size - m->Size == m->Size - b->Size);
double xi = 0, xr = 0, xc = 0;
//用泰勒展开求解极值点
InterpolateStep(r, c, step, t, m, b, &xi, &xr, &xc);
if (fabs(xi) < 0.5f &&  fabs(xr) < 0.5f  &&  fabs(xc) < 0.5f){
    IPoint p;
    p.x = static_cast<float>((c + xc) * step);
    p.y = static_cast<float>((r + xr) * step);
    p.scale = static_cast<float>((0.1333f) * (m->Size + xi * filterStep));
    p.laplacian = static_cast<int>(m->GetLaplacian(r, c, step));
    this->IPoints.push_back(p);
    }
}
```

9.6.2 SURF 特征向量的生成

生成 SURF 特征向量描述特征点主要有两个步骤：分配方向角度、生成特征点描述符。

1. 分配方向角度

分配方向角度是为了保证特征点的旋转不变性。算法以 S 表示当前特征点的尺度值，以特征点为中心，计算半径为 $6S$ 的邻域内的点在 x 方向和 y 方向上边长尺寸为 $4S$ 的 Haar 小波响应值。Haar 小波是一种可以检测梯度值的滤波器，如图 9-28 所示，分别为 x 方向和 y 方向的 Haar 小波模板。

图 9-28 x 方向和 y 方向的
Haar 小波模板

计算出响应值之后，算法对两个值进行高斯加权处理，加权后的值分别表示在水平和垂直方向上的方向分量。Haar 特征值反映了图像的灰度变化情况，方向分量即描述灰度变化特别剧烈的区域方向。为求取特征点的方向，需要设计一个以特征点为中心，张角为 $\pi/3$ 的扇形滑动窗口，并以一定的步长旋转该窗口，累加扇形窗口内的 Haar 小波特征总和，然后利用式(9-16)和式(9-17)计算累计和的模 m_w 和幅角 θ_w。

$$m_w = \sum_k \mathrm{d}x + \sum_k \mathrm{d}y \tag{9-16}$$

$$\theta_w = \arctan\left(\sum_k \mathrm{d}x / \sum_k \mathrm{d}y\right) \tag{9-17}$$

通过旋转一周，比较所有窗口下的模值，可以得到模值最大的窗口对应的幅角就是该特征点的方向角度。

2. 生成特征点描述符

生成 SURF 描述符需要构造一个正方形区域，首先将特征点设为该区域的中心，边长设为 20S,区域方向设置为与特征点方向一致,然后再划分为 4×4 的小区域,每个小区域又分为 5×5 个采样点,最后用 Harr 小波计算每个小区域垂直方向和水平方向的响应,并统计 5×5 个采样点的总的响应,推导出如式(9-18)所示的向量,这样可以得到 4×4×4＝64 维的 SURF 特征描述符。综合以上步骤,即可完成 SURF 特征点的检测和 SURF 特征向量的生成。

$$U = \left(\sum \mathrm{d}x, \sum |\mathrm{d}x|, \sum \mathrm{d}y, \sum |\mathrm{d}y| \right) \tag{9-18}$$

C++ 示例代码 9-12:SURF 特征检测算法之生成特征向量

```cpp
//提取当前关键点在附近区域的主方向
void SurfDescriptor::GetOrientation(){
    for (int i = 0; i<this->IPoints.size(); i++){
        const int pCount = 109;
        IPoint &p = IPoints[i];
        float gauss = 0.f;
        int s = fRound(p.scale), r = fRound(p.y), c = fRound(p.x);
        float resX[pCount], resY[pCount], Ang[pCount];
        int id[] = { 6,5,4,3,2,1,0,1,2,3,4,5,6 };
        int idx = 0;
        //计算 6 倍 scale 的区域的 Haar 特征
        for (int i = -6; i <= 6; i++){
            for (int j = -6; j <= 6; j++){
                if (i * i + j * j<36){
                    //用 4 倍 scale 的 Haar 特征提取 x、y 方向上的梯度特征
                    gauss = gauss25[id[i + 6]][id[j + 6]];
                    resX[idx] = gauss * haarX(r + j * s, c + i * s, 4 * s);
                    resY[idx] = gauss * haarY(r + j * s, c + i * s, 4 * s);
                    //计算当前点的方向特征
                    Ang[idx] = getAngle(resX[idx], resY[idx]);
                    idx++;
                }
            }
        }
        //计算主方向
        float sumX = 0.f, sumY = 0.f;
        float maxX = 0.f, maxY = 0.f;
        float max = 0.f, orientation = 0.f;
        float ang1 = 0.f, ang2 = 0.f;
        //计算 pi/3 扇形的特征点
        //步长为 0.15
        float pi3 = pi / 3.0f;
        for (ang1 = 0; ang1<2 * pi; ang1 += 0.15f){
            ang2 = (ang1 + pi3>2 * pi ? ang1 - 5.0f * pi3 : ang1 + pi3);
```

```
sumX = sumY = 0.f;
for (int k = 0; k<pCount; k++){
    const float & ang = Ang[k];
    if (ang1<ang2 && ang1<ang && ang<ang2)      {
        sumX += resX[k];
        sumY += resY[k];
    }
    else if (ang1>ang2 &&
                ((0<ang && ang<ang2) ‖ (ang1<ang && ang<2 * pi))){
        sumX += resX[k];
        sumY += resY[k];
    }
}
//找到主方向,也就是模最大的方向
if (sumX * sumX + sumY * sumY > max){
    max = sumX * sumX + sumY * sumY;
    maxX = sumX;
    maxY = sumY;
}
}
p.orientation = getAngle(maxX, maxY);
}
}
```

　　对原图和参考图的 SURF 特征点检测结果分别如图 9-29 和图 9-30 所示,图中以圆心表示特征点位置,用圆圈表示特征点的特征尺度。可以看出,SURF 算法提取到的特征点数量比 SIFT 算法更多。

(a) 原图　　　　　　　　　　　　　　(b) 特征点检测结果

图 9-29　原图 SURF 特征点检测

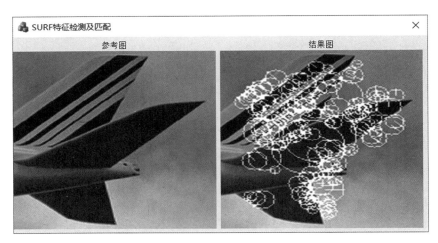

(a) 原图　　　　　　　　　　　(b) 特征点检测结果

图 9-30　参考图 SURF 特征点检测

完成特征检测和描述子计算之后,就可以进行特征匹配了。原图和参考图的 SURF 特征匹配结果如图 9-31 所示。提取特征之后,可以自行选择算法进行特征匹配,本章的 SURF 特征匹配实现采用的是类似特征匹配的方法,因此这里不再赘述。

图 9-31　SURF 特征匹配示例

总体来说,SIFT 和 SURF 两种算法均在尺度空间提取极值,SIFT 通过高斯金字塔近似提取图像的二阶梯度极值,而 SURF 以方框滤波器简化高斯二阶微分滤波,最终也是二阶的梯度极值。相比 Harris 角点等一阶微分算法,图像的二阶梯度更能反映局部的灰度剧烈变化,特征点更加稳定,但是也会放大噪声的影响。同时,这两种算法在局部特征描述方面也均是以特征点为中心的矩形邻域内,分为若干子区域并对各子区域单独描述,然后串联为一个总的特征向量。SIFT 和 SURF 算法思想具有很好的可拓展性,每个环节都能进行改进与结合,属于经典的局部特征算法。

◇ 9.7　ORB 特征提取与匹配

2011 年,Ethan 等在论文 *ORB：an efficient alternative to SIFT or SURF* 中提出 ORB(Oriented FAST and Rotated BRIEF,快速特征提取和旋转描述),它是一种基于视

觉信息的局部不变特征点检测与描述算法。从论文题目可以看出,ORB 算法的定位是 SIFT 和 SURF 算法的替代选择,其主要特点如下。

（1）计算速度快。ORB 算法采用了计算速度很快的 FAST 和 BRIEF 算法,所以 ORB 在计算速度上具有相当的优势。

（2）解决了对噪声敏感的问题。ORB 算法对 BRIEF 算法进行了改进,不再采用像素对的尺寸构造描述子的每一个像元,而是采用 9×9 的区域块 patch-pair,然后通过积分图像计算区域块的像素值之和,从而有效增强抗噪效果。

ORB 算法主要分为两部分:第一部分是搜索具有方向的 FAST 关键点;第二部分是生成具有旋转不变性的 BRIEF 关键点特征描述子。

9.7.1　检测 FAST 关键点

ORB 算法使用 FAST 算法作为其特征检测算法,FAST 的计算速度快,实时性能好,但是 FAST 不具备旋转不变性,且检测出来的关键点不具备多尺度特征。在 ORB 算法中,采用给角点加入一个主方向的方案解决了角点不具备旋转不变性的问题,这就引入了 OFAST（Oriented FAST）关键点,它是一种改进的 FAST 角点。

OFAST 相对于 FAST 最主要的改进就是描述的特征具有了方向性,从而使描述子具有了旋转不变性。其主方向的确定与 SIFT 和 SURF 都不同,OFAST 使用灰度质心的思想求取关键点的矩。

ORB 算法的 FAST 关键点检测算法的具体流程如图 9-32 所示。首先在图像中选取一点 P,如图 9-33 所示,然后以 P 为圆心画一个半径为 3 个单位像素的圆。如果圆周上有连续 n 个像素点的灰度值比 P 点的灰度值大或者小,则认为 P 为特征点。到这里,粗提取步骤便完成了,接下来可以用机器学习的方法筛选出最优特征点。简单来说就是训练一个决策树,将特征点 P 为圆心的圆周上的像素点都输入决策树中,以此选出最优特征点。然后使用非极大值抑制算法去除临近位置的多个特征点,为每一个特征点计算其响应值。响应值的计算方式是计算特征点 P 和其周围 16 个特征点偏差的绝对值之和。最后在这些临近的特征点中保留响应值较大的特征点,删除其余的特征点。

图 9-32　FAST 关键点检测算法的具体流程

为了实现特征点的多尺度不变性,需要建立金字塔并设置比例因子,将原图按比例因子进行缩放,构建金字塔,继而用一系列不同比例的图像提取特征点,以其总和作为原图的 OFAST 特征点。为了实现旋转不变性,ORB 算法通过矩计算特征点以 r 为半径范围内的灰度质心,然后将从特征点坐标到质心坐标形成的一个向量作为该特征点的方向。区域图像中一个关键点邻域的矩定义如式（9-19）所示。

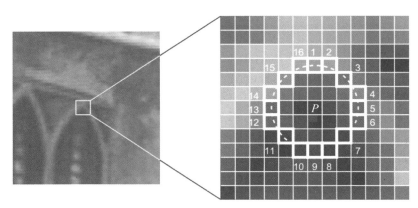

图 9-33　选取的特征点 P 和圆周上的 16 个像素

$$C_{mn} = \sum_{x,y} x^m y^n I(x,y) \tag{9-19}$$

根据矩定义可以计算出该区域的区域质心坐标，计算方法如式（9-20）所示。

$$P = \left(\frac{c_{10}}{c_{00}}, \frac{c_{01}}{c_{00}} \right) \tag{9-20}$$

连接图像块的几何中心 O 与质心 P，得到方向向量 $\boldsymbol{OP}$，把 $\boldsymbol{OP}$ 的方向 θ 定义为特征点的方向，如式（9-21）所示。

$$\theta = \arctan\left(\frac{c_{10}}{c_{01}} \right) \tag{9-21}$$

ORB 算法对每一个像素执行以上相同的操作，为每个特征点定义方向，核心代码包含以下内容。

C++ 示例代码 9-13：ORB 特征检测算法

```
/*
ORB 特征检测算法:第一部分是搜索具有方向的 FAST 关键点;第二部分是生成具有旋转不变的
BRIEF 关键点特征描述子。
*/
//计算 FAST 角点的主方向
static float IC_Angle(const Mat& image, const int half_k, Point2f pt, const
vector<int> & u_max){
    int m_01 = 0, m_10 = 0;
    const uchar* center = &image.at<uchar>(cvRound(pt.y), cvRound(pt.x));
    for (int u = -half_k; u <= half_k; ++u)
        m_10 += u * center[u];
    int step = (int)image.step1();
    for (int v = 1; v <= half_k; ++v){
        int v_sum = 0;
        int d = u_max[v];
        for (int u = -d; u <= d; ++u){
```

```
            int val_plus = center[u + v * step], val_minus = center[u - v * step];
            v_sum += (val_plus - val_minus);
            m_10 += u * (val_plus + val_minus);
        }
        m_01 += v * v_sum;
    }
    return fastAtan2((float)m_01, (float)m_10);
}
```

以上就是 ORB 算法的 FAST 关键点检测模块的核心内容和步骤。完成 FAST 关键点的检测之后，就可以依据式(9-21)计算得到的关键点主方向 θ，进一步生成 BRIEF 特征描述符，为后续的特征匹配做准备。

9.7.2　生成 BRIEF 特征描述

BRIEF 算法提供了一种计算二值串的捷径，与 SIFT 等算法不同，该算法不需要计算单个特征描述子。该算法首先对图像进行平滑，然后在特征点周围选择一个区域，在这个区域内通过一种选定的算法挑选出多个点对；然后对每一个点对都进行亮度值的比较，根据点对的大小比较情况分别在二值串中生成 1、−1 或 0，对比完所有的点对所生成的二值串就是 BRIEF 特征描述符。

可以看出，BRIEF 是一种高效的特征描述子提取方法，它有很好的识别率，同时，BRIEF 特征描述的显著优势就是特征描述算子结构简单，能快速完成匹配。但是，BRIEF 算法也有一个明显的劣势，就是不具备旋转不变性，这限制了其在旋转变化下的应用。ORB 特征描述子生成过程中使用的是 rBRIEF 算法，该算法是在 BRIEF 算法的基础上改进而来的，具有旋转不变性。

在 ORB 方案中，有两种方法可以克服不具备旋转不变性的问题。第一种方法是给 BRIEF 添加一个方向。第二种方法是首先通过贪婪穷举算法获得具有低相关性的随机点对，从采样集合中选出 256 个点，并使用 OFAST 算子对区域内的子窗口的数量进行检测；然后记录由 OFAST 算法得到的二进制串，将通过计算生成字符串的平均值与 0.5 比较，按照偏差值大小进行排序；最后依次判断二进制串之值与设定阈值的大小关系，若符合设定阈值的条件，就保留这个二进制串到结果容器中，否则舍弃该二进制串。生成 BRIEF 特征描述的过程如图 9-34 所示。

经筛选后的二进制描述子，其二进制串的平均值在一定范围，才能有比较大的方差出现，这个用于比较的二进制均值一般选择为 0.5，该操作的目的是让描述子之间具有更大的区分性。

上述过程完成了 ORB 的特征点的生成和描述，算法的特征点检测结果如图 9-35 和图 9-36 所示，用圆心表示特征点位置，用圆圈表示特征点的特征尺度。

完成 ORB 特征点检测后，即可进行特征匹配，得到的 ORB 特征匹配结果如图 9-37 所示。

可以看出，ORB 算法具有较好的鲁棒性和准确性，在特征点检测阶段能够获得较多数量的特征点，在原图和参考图之间存在较少重叠区域的情况下也能将二者正确匹配。

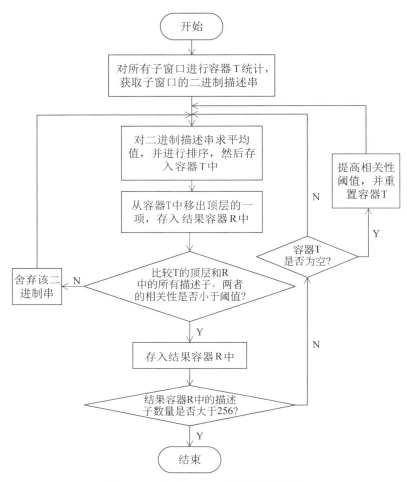

图 9-34　生成 BRIEF 特征描述的过程

(a) 原图　　　　　　　　　　　　　(b) 特征点检测结果

图 9-35　原图 ORB 特征点检测示例

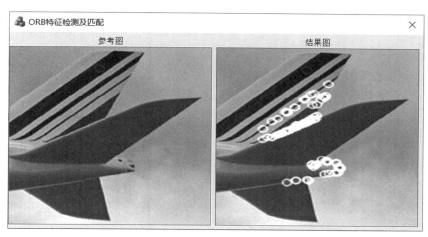

(a) 参考图   (b) 特征点检测结果

图 9-36 参考图 ORB 特征点检测示例

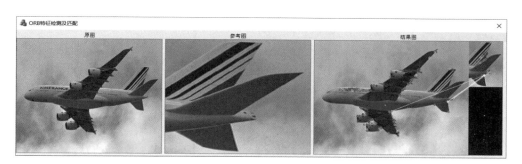

图 9-37 ORB 特征匹配示例

9.8 练 习 题

1. 图像特征检测与匹配过程对于完成图像处理及分析任务具有重要意义,请谈谈你对这句话的理解。

2. 常见的图像特征有哪些种类?请举例说明它们各自的特点。

3. 什么是角点?常见的角点检测方法有哪些?与特征点相比,角点有什么劣势?

4. 基于特征点的图像匹配策略分为哪几个步骤?

5. 本章一共介绍了多少种特征点?它们分别是哪些特征点?除本章介绍的特征点外,还能找到哪些其他的特征点?

6. 简述 SIFT、SURF、ORB 算法的原理,对比它们之间的性能并评价。

7. 设计程序,检测你感兴趣的不同种类的特征点,并统计在图像中提取到的特征点数量,观察这一过程在你机器上所用的时间。

8. 我们发现 ORB 特征点在图像中分布不够均匀,你是否能够找到或提出一种 ORB

特征均匀提取策略?

9. 除本章介绍的基于计算特征向量欧几里得距离的匹配算法,你还能找到哪些其他的匹配算法? 快速近似近邻算法(FLANN)是一种常用的匹配方法,研究 FLANN 为何能够快速处理匹配问题? 除 FLANN 外,还有哪些方法可以加速匹配的手段?

10. 在特征点匹配的过程中,难免存在误匹配的问题,如果保留了这些错误匹配,会对后续工作(如三维重建、目标识别、运动跟踪)产生什么影响? 你还能想到哪些避免误匹配的方法?

图像复原与重建

图像在形成、处理、记录及传输等过程中,由于某些原因导致图像质量下降的现象被称为图像退化。退化的原因有很多,包括成像系统的噪声、相机与景物间相对运动造成的模糊等。图像复原反其道行之,通过对退化过程的分析与建模,意图将退化图像中的失真与噪声剔除,尽可能还原出未被退化的原始景物的图像。

图像复原与图像增强看上去很相似:它们都期望通过某种方法提高图像的质量。其中,图像增强侧重于提高观察者对图像的主观感知,而不太在乎图像特征的客观性(例如,调整一张拍摄于夜晚的荒漠照片的图像对比度,新的图像呈现出了客观上不存在的环境明亮、细节丰富的效果,主观上提升了观察者的视觉感受)。相反,图像复原更注重还原出真实的、客观的原始景物的图像,因此其思路普遍在于利用退化过程的先验知识,意图采用与退化相反的过程,以剔除影响图像真实性的因素。

本章将首先介绍图像退化与复原的理论模型,然后讨论只有噪声存在的若干空域滤波、频域滤波去噪方法,最后针对两种已知的线性退化模型,讨论当退化与噪声同时存在时图像的复原方法。

◆ 10.1 图像退化与复原

图像复原必须以充分了解图像退化过程为基础。本节将介绍图像退化与复原的基本概念,并给出它们的数学理论模型及一般特性。

10.1.1 图像退化与复原的基本概念

图像在形成、处理、记录及传输等过程中,由于成像系统、处理方法、记录设备及传输介质的不完善等原因,不可避免地导致图像质量下降,这一现象被称为图像退化。具体地,图像退化的原因包括:

(1)镜头聚焦不准造成的散焦模糊。

(2)图像采集过程中电机干扰引起的周期噪声。

(3)相机与景物间的相对运动造成的模糊。

(4)光学透视镜头固有的图像几何畸变。

（5）大气湍流、射线辐射等原因造成的图像几何畸变。

（6）模拟信号转换为数字信号时的信息丢失。

（7）成像系统中存在的其他随机噪声。

图像复原以研究图像退化的成因为基础，利用退化先验知识建立退化模型，期望通过相反的过程剔除退化过程引入的失真与噪声，最终达到复原图像的目的。图像复原的效果通常由一些客观标准进行评价，如最小均方误差、加权均方误差等。这些标准定量地衡量复原后的图像与真实图像的差异。

图像复原与图像增强的目的相似，它们都旨在提高图像质量的处理技术，但二者仍有很大区别。图像增强的目的是主观的：它不注重分析导致图像质量下降的原因，只根据图像增强应用需求，通过各种方法增强图像的视觉效果，提升观察者获得的主观视觉感受，而不在意这些变化是否导致结果图像偏离了客观事实。

图像复原的目的是客观的：它旨在依据退化图像还原出景物真实的、客观的原貌。图像复原的客观目的要求研究者实事求是地分析图像退化的成因，提炼先验知识，并建立相应的退化模型，据此反向地剔除失真与噪声，以得到真实客观的复原图像。

图 10-1 展示了若干退化图像样例：左上角是一张被高斯噪声污染的图像，其表现出充满图片的随机噪点；右上角是一张被周期噪声污染的图像，表现出规律性的摩尔纹理；左下角的图片包含运动模糊与额外的加性高斯噪声；右下角的图片则是大气湍流引发的模糊退化与加性高斯噪声的叠加。

图 10-1　若干退化图像样例

本章将围绕上述几种典型的图像污染或退化情形，分析它们的成因，并分别讨论相应的处理方法。

10.1.2　图像退化与复原的理论模型

设 $f(x,y)$ 为输入图像,其经过一个退化系统 $H()$,并与加性噪声 $n(x,y)$ 叠加,最终形成退化后的图像 $g(x,y)$,上述通用图像退化模型如图 10-2 所示,其表达式如式(10-1)所示。

$$g(x,y) = H(f(x,y)) + n(x,y) \tag{10-1}$$

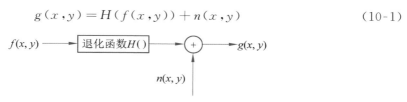

图 10-2　通用图像退化模型

引发图像退化的因素有很多,不便一一分解讨论,因此,在上述简单通用的图像退化模型中,退化系统或退化算子 $H()$ 概括了图像退化的全部物理过程,它涵盖除随机噪声以外所有引发退化现象的因素。此外,加性噪声 $n(x,y)$ 是一种统计性质的信息,它通常与图像无关。除 10.3 节涉及的周期噪声外,本章讨论的噪声都是内容无关、位置无关的随机噪声。

根据上述图像退化模型,图像复原的目标就是尽可能具体、准确地了解 $H()$ 与 $n(x,y)$ 的信息,据此构造一个逆向的还原系统,进而得到原始图像 $f(x,y)$ 的一个估计。本章将介绍的复原方法大多以复原滤波器为基础。图像退化、复原过程示意如图 10-3 所示。

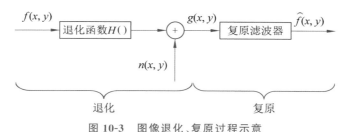

图 10-3　图像退化、复原过程示意

10.1.3　线性、空间不变的退化系统

在 10.1.2 节描述的退化模型中,$H()$ 描述了一个复杂的、涵盖全部图像退化因素的系统,理论上是非线性且空间变化的,这样复杂的系统可能无法或是很难高效地求出其逆过程。为了处理方便,图像复原往往采用线性的、空间不变的系统近似 $H()$。接下来将简单描述线性的、空间不变的 $H()$ 的性质。

1. 线性

假设 k_1、k_2 为常数,不考虑图像退化模型中的加性噪声项(令 $n(x,y)=0$),若有

$$H(k_1 f_1(x,y) + k_2 f_2(x,y)) = k_1 H(f_1(x,y)) + k_2 H(f_2(x,y))$$
$$= k_1 g_1(x,y) + k_2 g_2(x,y) \tag{10-2}$$

则称 $H()$ 是线性的。

2. 空间不变性

对于任意图像 $f(x,y)$ 与常数 α、β，若有

$$H(f(x+\alpha,y+\beta))=g(x+\alpha,y+\beta) \tag{10-3}$$

则称 $H()$ 是空间不变的。

当 $H()$ 是线性、空间不变的系统时，图像退化过程可以描述为空间域上退化函数 $h(x,y)$ 与图像 $f(x,y)$ 在空间域的卷积（$*$）：

$$g(x,y)=h(x,y)*f(x,y)+n(x,y) \tag{10-4}$$

或频率域上表示为乘积：

$$G(u,v)=H(u,v)F(u,v)+N(u,v) \tag{10-5}$$

上述公式是采用线性滤波器作为图像复原方法的基础。本章讨论的图像复原将建立在 $H()$ 是线性、空间不变的系统的假设之上，且主要以不同的线性滤波器为基础。

10.1.4 关于本章 C++ 代码实现的说明

为了方便进行图片相关的运算，本章涉及的 C++ 代码实现使用了开源的 CImg 图像处理库。同时，基于 CImg 提供的图片类，本章代码定义了两种图片类别。

```
typedef  CImg<double> Img;
typedef  CImgList<double> Comp;
```

它们分别为普通图片类与傅里叶变换相关的复数图片类，灰度值的类型都为 double。同时，本章涉及的所有图片都是通道数为 1 的灰度图。其他具体细节请读者参考 CImg 的官方文档与本书提供的源代码。

◇ 10.2　应对一般噪声的空间域滤波复原

当退化过程只存在噪声干扰，而不存在其他退化因素时，图像的退化过程可以表示为

$$g(x,y)=f(x,y)+n(x,y) \tag{10-6}$$
$$G(u,v)=F(u,v)+N(u,v) \tag{10-7}$$

本节将讨论非空间相关的一般噪声，并用若干空间域滤波的方式处理它们。

10.2.1 非空间相关的一般噪声

除 10.3 节将要讨论的周期噪声外，本章讨论的噪声都是非空间相关的，即图像某处是否存在噪声点、存在的噪声点的信号强度与此处的位置无关（当然也与图像内容无关）。噪声可由其独有的概率密度函数 $p(z)$ 表示。若在图像上的某处产生了某种噪声，此处噪声信号强度 z（即图像灰度值）处于 (z_1,z_2) 区间的概率为

$$P\{z\in(z_1,z_2)\}=\int_{z_1}^{z_2}p(z)\mathrm{d}z \tag{10-8}$$

下面将列举几种常见的噪声,并将以图 10-4 为例,对其叠加噪声,以展现各种噪声的直观效果。

图 10-4　未被噪声污染的原始样例图像

1. 高斯噪声

中心极限定理表明,自然界中的一些现象受到许多相互独立的随机因素影响,如果每个因素所产生的影响都很微小,总的影响可以看作服从正态分布。因此,高斯噪声被广泛用于模拟许多真实情况下的随机噪声,并取得了良好的效果。

高斯噪声的概率密度函数如下。

$$p(z) = \frac{1}{\sigma\sqrt{2\pi}} e^{-(z-\mu)^2/2\sigma^2} \tag{10-9}$$

其中,期望值为 μ,方差为 σ^2。

图 10-5 展示了均值为 0、方差为 100 的高斯噪声的模糊效果与其直方图。

图 10-5　高斯噪声的模糊效果与其直方图

2. 瑞丽噪声

瑞丽噪声的概率密度函数如下。

$$p(z) = \begin{cases} \dfrac{2}{b} e^{-(z-a)^2/b}, & z \geqslant a \\ 0, & \text{其他} \end{cases} \tag{10-10}$$

其中,期望值和方差分别如式(10-11)和式(10-12)所示。

$$\mu = a + \sqrt{b\pi/a} \tag{10-11}$$

$$\sigma^2 = b - b\pi/4 \tag{10-12}$$

图 10-6 展示了 $a=0$、$b=200$ 的瑞丽噪声的模糊效果与其直方图。

3. 伽马噪声

伽马噪声的概率密度函数如下。

$$p(z) = \begin{cases} \dfrac{a^b z^{b-1}}{(b-1)!} e^{-az}, & z \geqslant a \\ 0, & \text{其他} \end{cases} \tag{10-13}$$

图 10-6   瑞丽噪声的模糊效果与其直方图

其中,期望值和方差分别如式(10-14)和式(10-15)所示。

$$\mu = \frac{b}{a} \tag{10-14}$$

$$\sigma^2 = \frac{b}{a^2} \tag{10-15}$$

图 10-7 展示了 $a=0.2$、$b=2$ 的伽马噪声的模糊效果与其直方图。

图 10-7   伽马噪声的模糊效果与其直方图

4. 指数噪声

指数噪声的概率密度函数如下。

$$p(z) = \begin{cases} a\,\mathrm{e}^{-az}, & z \geqslant 0 \\ 0, & \text{其他} \end{cases} \tag{10-16}$$

其中,期望值和方差分别如式(10-17)和式(10-18)所示。

$$\mu = \frac{1}{a} \tag{10-17}$$

$$\sigma^2 = \frac{1}{a^2} \tag{10-18}$$

图 10-8 展示了 $a=10$ 的指数噪声的模糊效果与其直方图。

5. 均匀噪声

均匀噪声的概率密度函数如下。

图 10-8　指数噪声的模糊效果与其直方图

$$p(z) = \begin{cases} \dfrac{1}{b-a}, & a \leqslant z \leqslant b \\ 0, & \text{其他} \end{cases} \tag{10-19}$$

其中,期望值和方差分别如式(10-20)和式(10-21)所示。

$$\mu = \frac{a+b}{2} \tag{10-20}$$

$$\sigma^2 = \frac{(b-a)^2}{12} \tag{10-21}$$

图 10-9 展示了 $a = -20$、$b = 20$ 的均匀噪声的模糊效果与其直方图。

图 10-9　均匀噪声的模糊效果与其直方图

6. 脉冲(椒盐)噪声

脉冲噪声与上述其他噪声不同的是:它直接在原图上对图像信息进行修改,而不是叠加在原图之上。脉冲噪声只有 z_1、z_2 两种可能的信号强度取值,无法表示为概率密度函数。其概率分布如下。

$$p(Z = z_i) = \begin{cases} p_1, & i = 1 \\ 1 - p_1, & i = 2 \end{cases} \tag{10-22}$$

z_1 与 z_2 一般取一个较大的值(较亮)与一个较小的值(较暗),在 p_1 与 $1 - p_1$ 相等或相差不大的情况下,图像看上去像随机分布着浅色的"盐粒"与深色的"胡椒粒",因此脉冲噪声也叫椒盐噪声。此外,当 $p_1 = 0$ 时,脉冲噪声处的像素点只能取低灰度值,被称为负脉冲噪声;当 $p_1 = 1$ 时,脉冲噪声处的像素点被称为正脉冲噪声。

图 10-10 展示了加噪概率为 0.5、$p_1 = 0.5$ 的椒盐噪声与其直方图。从图 10-10 中可见,椒盐噪声直接导致图像中原始的灰度信息丢失。

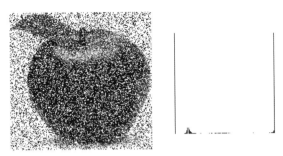

图 10-10　椒盐噪声的模糊效果与其直方图

现实中的许多图像噪声都遵循高斯分布,因此高斯噪声模型是应用最为广泛的噪声模型之一。接下来的空间滤波器的内容主要针对高斯噪声讨论。

10.2.2　均值滤波器

对于退化图像 $g(x,y)$ 而言,S_{xy} 表示中心在 (x,y) 处、大小为 $m \times n$ 的矩形子图像滑动窗口所包含像素的坐标集合。均值滤波器意图用此窗口中信号强度的均值作为真实图像在 (x,y) 处的估计。下面介绍几种不同的均值方法。

1. 算术均值滤波器

算术均值滤波器使用滑动窗口内信号强度的算术均值作为窗口中心位置灰度值的估计:

$$\hat{f}(x,y) = \frac{1}{mn} \sum_{(s,t) \in S_{xy}} g(s,t) \tag{10-23}$$

算术均值滤波简单、直接,平滑了图像局部变化,虽然模糊了图像本身的细节,但也降低了剧烈变化的噪声。

2. 几何均值滤波器

几何均值滤波器使用几何均值作为估计:

$$\hat{f}(x,y) = \left(\prod_{(s,t) \in S_{xy}} g(s,t) \right)^{\frac{1}{mn}} \tag{10-24}$$

相比算术均值滤波,几何均值滤波可以在有效降低噪声的前提下保留更多的图像细节。

3. 谐波均值滤波器

谐波均值滤波器使用调和均值作为估计:

$$\hat{f}(x,y) = \frac{mn}{\displaystyle\sum_{(s,t)\in S_{xy}} \frac{1}{g(s,t)}} \tag{10-25}$$

谐波均值滤波器善于处理高斯噪声、正脉冲噪声,而不善于处理负脉冲噪声。

4. 逆谐波均值滤波器

逆谐波均值滤波器产生如下估计:

$$\hat{f}(x,y) = \frac{\displaystyle\sum_{(s,t)\in S_{xy}} g(s,t)^{Q+1}}{\displaystyle\sum_{(s,t)\in S_{xy}} g(s,t)^{Q}} \tag{10-26}$$

其中,Q 是逆谐波均值滤波器的阶数。当 $Q>0$ 时,滤波器可用于处理负脉冲噪声;当 $Q<0$ 时,滤波器可用于处理正脉冲噪声。注意到 $Q=-1$ 时,逆谐波均值滤波器变为谐波均值滤波器;$Q=0$ 时,滤波器简化为算术均值滤波器。

下面使用图 10-11 的样例验证上述均值滤波器的滤波去噪效果,其中,从左到右依次采用算术均值滤波器、几何均值滤波器、谐波均值滤波器、逆谐波均值滤波器叠加高斯噪声的均值为 0、方差为 100,所有滤波器的核的大小都是 3×3,逆谐波滤波器的 Q 为 1。

图 10-11　均值滤波器的去噪效果

观察后发现,上述几种均值滤波器都同时模糊了噪声,但也丢失了一部分图片细节(如对象的纹理)。主观上看,几种方法的去噪效果接近。此外,几何均值滤波器与谐波滤波器的结果中存在许多方形的黑色斑点。由于乘性的计算过程,一旦图片出现 0 灰度值的像素,则计算几何均值时包含这个像素的所有邻域的结果都将是 0。类似地,对于谐波均值滤波器而言,0 灰度值会导致分母变为无限大,所有包含 0 灰度值的邻域都会得到 0 的计算结果。对于这两种滤波器,计算前可先将原图灰度统一加 1,以避免 0 灰度值造成的影响。

C++ 示例代码 10-1:几种均值滤波器

```
/*
 *   img:            待去噪的图片
 *   kernel_size:    滤波器核的大小
 *   type:           滤波器的类型
 *   q:              逆谐波均值滤波器的参数
 */
```

```cpp
Img mean_filter(Img &img, int kernel_size, string type, int q=1) {
    //为图像进行边缘填充的宽度
    int pad_num = int((kernel_size - 1) / 2);

    //图像的宽度与高度
    int width = img.width();
    int height = img.height();

    //构造一个填充过的待滤波图像
    Img img_pad(width + 2 * pad_num, height + 2 * pad_num, 1, 1, 0);
    for (int i = pad_num; i < width + pad_num; i++)
        for (int j = pad_num; j < height + pad_num; j++)
            img_pad(i, j, 0, 0) = img(i - pad_num, j - pad_num, 0, 0);

    //构造经过滤波的结果图像
    Img result(width, height, 1, 1, 0);
    for (int i = pad_num; i < width + pad_num; i++) {
        for (int j = pad_num; j < height + pad_num; j++) {
            if (type == "arithmetic") {
                //算术均值滤波
                Img area = img_pad.get_crop(i - pad_num, j - pad_num, 0, 0,
                                            i + pad_num, j + pad_num, 0, 0);
                double area_mean = area.mean();
                result(i - pad_num, j - pad_num, 0, 0) = area_mean;
            }
            else if (type == "geometric") {
                //几何均值滤波
                Img area = img_pad.get_crop(i - pad_num, j - pad_num, 0, 0,
                                            i + pad_num, j + pad_num, 0, 0);
                Img powered = area.get_pow(double(1) / (kernel_size * kernel_
size));
                double area_prod = powered.product();
                result(i - pad_num, j - pad_num, 0, 0) = area_prod;
            }
            else if (type == "harmonic") {
                //谐波均值滤波
                Img area = img_pad.get_crop(i - pad_num, j - pad_num, 0, 0,
                                            i + pad_num, j + pad_num, 0, 0);
                Img inv_area = area.get_pow(-1);
                double area_mean = kernel_size * kernel_size / inv_area.sum();
                result(i - pad_num, j - pad_num, 0, 0) = area_mean;
            }
            else if (type == "inv_harmonic") {
```

```
//逆谐波均值滤波
Img area = img_pad.get_crop(i - pad_num, j - pad_num, 0, 0,
                                i + pad_num, j + pad_num, 0, 0);
double denominator = area.get_pow(q).sum();
double numerator = area.get_pow(q + 1).sum();
result(i - pad_num, j - pad_num, 0, 0) = numerator / denominator;
        }
    }
}

    return result;
}
```

10.2.3　统计滤波器

统计滤波器使用局部窗口 S_{xy} 的统计特征作为对真实图片的估计。下面介绍几种不同的统计滤波方法。

1. 中值滤波器

中值滤波器使用局部窗口包含的灰度值的中值作为估计：

$$\hat{f}(x,y) = \operatorname*{median}_{(s,t)\in S_{xy}}\{g(s,t)\} \tag{10-27}$$

中值滤波器面对许多种随机噪声都展现出良好的效果,不仅能够充分去除噪声,在窗口大小相同的情况下相比其他滤波器能够保留更多的图像细节。

2. 最大值滤波器

最大值滤波器可以充分去除负脉冲噪声,它使用局部窗口包含的灰度值的最大值作为估计：

$$\hat{f}(x,y) = \max_{(s,t)\in S_{xy}}\{g(s,t)\} \tag{10-28}$$

3. 最小值滤波器

最小值滤波器可以充分去除正脉冲噪声,它使用局部窗口包含的灰度值的最小值作为估计：

$$\hat{f}(x,y) = \min_{(s,t)\in S_{xy}}\{g(s,t)\} \tag{10-29}$$

4. 中点滤波器

中点滤波器使用局部窗口包含的灰度值的最大值与最小值的平均作为估计：

$$\hat{f}(x,y) = \frac{1}{2}(\max_{(s,t)\in S_{xy}}\{g(s,t)\} + \min_{(s,t)\in S_{xy}}\{g(s,t)\}) \tag{10-30}$$

同样,如图 10-12 所示,使用添加了高斯噪声的图片验证上述统计滤波器的滤波去噪效果,其中,从左到右依次采用中值滤波器、最大值滤波器、最小值滤波器、中点滤波器叠加高斯噪声的均值为 0、方差为 100,所有滤波器的核的大小都是 3×3。

图 10-12　统计滤波器的去噪效果

经观察可以发现,中值滤波器的整体效果最好,既消除了噪声,又相对较好地保留了图像边缘与复杂纹理。最大值滤波器与最小值滤波器会放大邻域内的极端灰度值,使图片产生了不自然的亮斑或暗斑。结合了统计特征与求和平均的中点滤波器虽然去噪效果较好,但由于其平均了邻域内的最大灰度值与最小灰度值,在灰度差异明显的图像边缘处会产生明显的平均了边缘两边灰度值的影子。

C++ 示例代码 10-2:统计滤波器

```
/*
 *   img:                   待去噪的图片
 *   kernel_size:           滤波器核的大小
 *   type:                  滤波器的类型
*/
Img statistic_filter(Img &img, int kernel_size, string type) {
    //为图像进行边缘填充的宽度
    int pad_num = int((kernel_size - 1) / 2);

    //图像的宽度与高度
    int width = img.width();
    int height = img.height();

    //构造一个填充过的待滤波图像
    Img img_pad(width + 2 * pad_num, height + 2 * pad_num, 1, 1, 0);
    for (int i = pad_num; i < width + pad_num; i++)
        for (int j = pad_num; j < height + pad_num; j++)
            img_pad(i, j, 0, 0) = img(i - pad_num, j - pad_num, 0, 0);

    //构造经过滤波的结果图像
    Img result(width, height, 1, 1, 0);
    for (int i = pad_num; i < width + pad_num; i++) {
        for (int j = pad_num; j < height + pad_num; j++) {
```

```
            if (type == "median") {
                //中值滤波
                Img area = img_pad.get_crop(i - pad_num, j - pad_num, 0, 0,
                                            i + pad_num, j + pad_num, 0, 0);
                double area_median = area.median();
                result(i - pad_num, j - pad_num, 0, 0) = area_median;
            }
            else if (type == "max") {
                //最大值滤波
                Img area = img_pad.get_crop(i - pad_num, j - pad_num, 0, 0,
                                            i + pad_num, j + pad_num, 0, 0);
                double area_max = area.max();
                result(i - pad_num, j - pad_num, 0, 0) = area_max;
            }
            else if (type == "min") {
                //最小值滤波
                Img area = img_pad.get_crop(i - pad_num, j - pad_num, 0, 0,
                                            i + pad_num, j + pad_num, 0, 0);
                double area_min = area.min();
                result(i - pad_num, j - pad_num, 0, 0) = area_min;
            }
            else if (type == "mid") {
                //中点滤波
                Img area = img_pad.get_crop(i - pad_num, j - pad_num, 0, 0,
                                            i + pad_num, j + pad_num, 0, 0);
                double area_mid = (area.max() + area.min()) / 2;
                result(i - pad_num, j - pad_num, 0, 0) = area_mid;
            }
        }
    }

    return result;
}
```

10.2.4　自适应滤波器

　　自适应滤波器普遍结合了局部图像的多种统计特性,使用了更加复杂的计算过程以自适应地权衡多方面因素,能够产生比前述所有滤波器更优异的性能。本节将讨论自适应局部降噪滤波器。

　　对于一幅退化图像 g,S_{xy} 表示其以(x,y)为中心的邻域窗口,m_L 表示 S_{xy} 范围内 g 的灰度值的均值,σ_L^2 表示 S_{xy} 范围内 g 的灰度值的方差,σ_n^2 表示 S_{xy} 范围内噪声的方差,则自适应局部降噪滤波器在(x,y)处对原始图像的估计为

$$\hat{f}(x,y)=\begin{cases}g(x,y)-\dfrac{\sigma_n^2}{\sigma_L^2}\big[g(x,y)-m_L\big], & \sigma_n^2 \leqslant \sigma_L^2 \\ m_L, & \text{其他}\end{cases} \qquad (10\text{-}31)$$

上述公式中的 σ_n^2 与 m_L 需要依据 S_{xy} 通过计算得到，σ_n^2 则需要事先通过其他手段估计得到。根据公式，自适应局部降噪滤波器具有以下几个特性。

（1）$\sigma_n^2=0$ 时，图像不存在噪声，估计值取 $g(x,y)$。

（2）$\sigma_n^2<\sigma_L^2$ 时，图像在 S_{xy} 处的方差大于噪声的方差，局部对比度较高，可能存在较高梯度的边缘，此时估计值是 $g(x,y)$ 的近似值。

（3）$\sigma_n^2\geqslant\sigma_L^2$ 时，图像的局部方差与噪声相同，甚至小于噪声，表明噪声的变化在此区域相对较大，一个典型的例子是原始图像在此局部几乎没有灰度值变化，方差很小，退化图像的方差几乎全部由噪声引入，此时估计值取局部均值 m_L 以去除邻域内严重的噪声，而不再考虑通过 $g(x,y)$ 保留细节。

如图 10-13 所示，我们仍然使用添加了高斯噪声的图片测试自适应局部降噪滤波器的效果，并将其与算术均值滤波器、中值滤波器进行对比，其中，从左到右依次使用了算术均值滤波器、中值滤波器、自适应局部降噪滤波器。高斯噪声的均值为 0、方差为 100，所有滤波器的核的大小都是 3×3。

图 10-13　算术均值滤波器、中值滤波器与自适应局部降噪滤波器的去噪效果对比

通过观察可以发现：算术均值滤波器同时模糊了噪声与图像细节；中值滤波器在去噪的同时相对更好地保留了图像的锐利边缘，但仍然模糊了图像的复杂纹理；自适应局部降噪滤波器取得了所有滤波器中最好的效果，其在噪声相对强烈的区域模糊图像以去噪，而在噪声相对较小、图片本身高对比度的区域减弱模糊的程度，在保证去噪效果的前提下同时保留了图像的锐利边缘与复杂纹理。只要 σ_n^2 能够被预先估计，自适应局部降噪滤波器便能自适应地根据当前邻域局部方差 σ_L^2 与 σ_n^2 的大小关系，合理决定邻域局部均值 m_L 的影响，最终估计结果的比例，从而获得高质量的去噪效果。

通常，σ_n^2 的估计需要一定的经验基础，也需要对特定退化图像进行反复的尝试与调整。由于假设噪声是位置无关的，实际操作时可以有目的性地选择一小块原图信号强烈、变化不大的区域（如颜色不变的背景），进而判断这一块子图像中的噪声特性。可以观察图像的直方图，根据直方图的形状判断噪声类别，再筛选出噪声，计算其均值和方差。

C++ 示例代码 10-3：自适应局部降噪滤波器

```
/*
 *   img:                  待去噪的图片
 *   kernel_size:          滤波器核的大小
 *   noise_var:            噪声的方差
 */
Img adaptive_filter(Img &img, int kernel_size, double noise_var=100) {
    //为图像进行边缘填充的宽度
    int pad_num = int((kernel_size - 1) / 2);

    //图像的宽度与高度
    int width = img.width();
    int height = img.height();

    //构造一个填充过的待滤波图像
    Img img_pad(width + 2 * pad_num, height + 2 * pad_num, 1, 1, 0);
    for (int i = pad_num; i < width + pad_num; i++)
        for (int j = pad_num; j < height + pad_num; j++)
            img_pad(i, j, 0, 0) = img(i - pad_num, j - pad_num, 0, 0);

    //构造经过滤波的结果图像
    Img result(width, height, 1, 1, 0);
    for (int i = pad_num; i < width + pad_num; i++) {
        for (int j = pad_num; j < height + pad_num; j++) {
            //自适应局部降噪滤波
            Img area = img_pad.get_crop(i - pad_num, j - pad_num, 0, 0,
                                    i + pad_num, j + pad_num, 0, 0);
            //退化图像在当前邻域中心的灰度值
            double g = img_pad(i, j, 0, 0);
            //邻域均值
            double area_mean = area.mean();
            //邻域方差
            double area_var = area.variance();
            if (noise_var <= area_var)
                //噪声方差小于或等于邻域方差
                result(i - pad_num, j - pad_num, 0, 0) = g - (noise_var / area_
var) * (g - area_mean);
            else
                //噪声方差大于邻域方差
                result(i - pad_num, j - pad_num, 0, 0) = area_mean;
        }
    }

    return result;
}
```

◆ 10.3　应对周期噪声的频率域滤波复原

周期噪声一般产生于图像采集过程中的电气干扰。这种噪声一般具有一种或几种确定的频率大小,会相对集中地出现在傅里叶频谱中,因此在频域下处理周期噪声非常方便。第 6 章介绍的高通与低通频域滤波器无法灵活应对不同周期噪声频谱的差异,通常针对指定频段区域做处理的滤波器更适合处理周期噪声。

具体地,正如第 6 章已经介绍过的那样,频域滤波的过程可以描述如下。

$$F(u,v) = F(f(x,y)) \tag{10-32}$$

$$G(u,v) = H(u,v)F(u,v) \tag{10-33}$$

$$g(x,y) = F^{-1}G((u,v)) \tag{10-34}$$

其中,$F()$ 表示离散傅里叶变换,$F(u,v)$ 是原图 $f(x,y)$ 的傅里叶变换,$H(u,v)$ 是滤波器的传递函数,$g(x,y)$ 是经过滤波后的 $G(u,v)$ 经过傅里叶逆变换的最终结果。

本节将首先简单介绍周期噪声,然后介绍几种应对周期噪声的典型频域滤波器。

10.3.1　空间相关的周期噪声

周期噪声通常产生于图像采集过程的电气干扰,其在图片的空域上呈现出周期性的纹理,是本章讨论的噪声中唯一的空间相关的噪声。周期噪声通常会在频域上产生集中的频点或频线,因此通常在频域上选择性地将噪声部分剥离出来。

图 10-14～图 10-16 展示了若干张受到不同周期噪声影响的图像与其傅里叶频谱的样例,在图 10-14 中,空域上呈现出周期性的摩尔纹理,频域上呈现出关于变换原点对称的、到原点距离相等的 4 组(8 个)频点;在图 10-15 中,频域上呈现出关于原点对称的 4 组频点;在图 10-16 中,空域上呈现出大量水平传感器扫描线,频域上呈现出一条明显的垂直谱线。可见,相对于空域上的周期纹理,频域上出现的频点与频线更加集中,因此更容易被处理。下面将介绍几种应对周期噪声的频域滤波器,用于处理上述被周期噪声影响的图像。

图 10-14　被正弦噪声影响的图像样例(左图)与其傅里叶频谱(右图)

图 10-15　呈现出强烈摩尔纹理的报纸图像

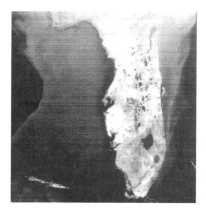

图 10-16　墨西哥湾和佛罗里达州的卫星遥感图像(左图)与其傅里叶频谱(右图)

10.3.2　带阻滤波器、带通滤波器

先考虑图 10-14 的情形,该图像被方向不同、频率大小相同的正弦噪声干扰,其傅里叶频谱呈现出多个到原点等距的共轭脉冲对。对于此类周期噪声,带阻滤波器将有效地去除噪声。理想的带阻滤波器示意如图 10-17 所示,其中,图像大小为 200×200,$D_0=50$,$W=8$。

理想的带阻滤波器的传递函数如下。

$$H(u,v)=\begin{cases}0, & D_0-\dfrac{W}{2}<D(u,v)<D_0+\dfrac{W}{2}\\ 1, & \text{其他}\end{cases} \qquad (10\text{-}35)$$

其中,$D(u,v)$ 表示当前位置到原点的距离,D_0 表示带宽的径向中心,W 表示带宽。可以看出,理想的带阻滤波器将阻止圆环带上对应频率的信号通过,而不影响其他频率的部分。

第 6 章中已经讨论过,如此陡峭的滤波器将会带来振铃现象。采用高斯带阻滤波器或巴特沃斯带阻滤波器可以缓解振铃现象,其示意分别如图 10-18 和图 10-19 所示,其中图像大小为 200×200,$D_0=50$,$W=8$,图 10-19 中的 $n=1$。

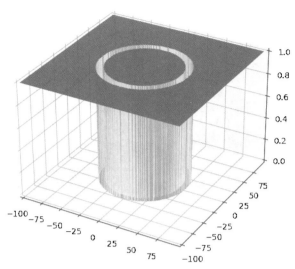

图 10-17　理想的带阻滤波器示意

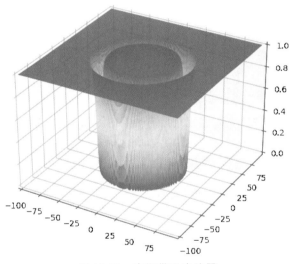

图 10-18　高斯带阻滤波器

它们的传递函数分别如下。

$$H(u,v) = 1 - e^{-\left(\frac{D^2 - D_0^2}{DW}\right)^2} \tag{10-36}$$

$$H(u,v) = \frac{1}{1 + \left(\frac{DW}{D^2 - D_0^2}\right)^{2n}} \tag{10-37}$$

使用巴特沃斯带阻滤波器尝试消除图 10-14 退化图像的周期噪声,频谱的变化过程与结果如图 10-20 所示,其中,图像大小为 459×641,巴特沃斯带阻滤波器的参数 $D_0 = 75$,$W = 8$,$n = 4$,最上面的 4 幅小图从左到右分别是退化图像、退化图像的频谱、滤波器、

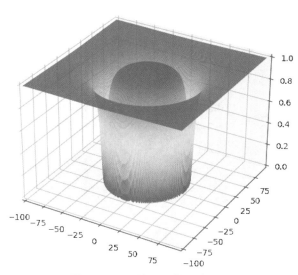

图 10-19　巴特沃斯带阻滤波器

滤波后的频谱,下方即最终的复原效果。可见,频谱中的 8 个周期频点被带阻滤波器过滤,而其余绝大部分信息得以保留,最终的复原图像不再呈现周期纹理。

图 10-20　4 阶巴特沃斯带阻滤波器的图像复原过程与效果

C++ 示例代码 10-4:巴特沃斯带阻滤波器

```
/*
 *   size:        返回的滤波器的大小
 *   D0:          巴特沃斯滤波器的参数
 *   W:           巴特沃斯滤波器的参数
 *   n:           巴特沃斯滤波器的参数
 */
```

```
Img bandreject_filters_butterworth(IMG_Size size, int D0, int W, int n) {
    //构建返回的滤波器,初始值设为 1
    Img H(size.width, size.height, 1, 1, 1);

    for (int i = 0; i < size.width; i++) {
        for (int j = 0; j < size.height; j++) {
            double x = double(i) - double(size.width) / 2;
            double y = double(j) - double(size.height) / 2;
            double D = std::sqrt(x * x + y * y);
            H(i, j, 0, 0) = 1.0 / (1 + std::pow(D * W / (D * D - D0 * D0), 2 * n));
        }
    }

    return H;
}
```

特别地,所有的带阻滤波器都可以通过式(10-38)方便地转换成对应的带通滤波器:

$$H_{带通}(u,v)=1-H_{带阻}(u,v) \tag{10-38}$$

带通滤波器仅能保留带通范围内的频率成分,通常不会直接用于退化图像的去噪,但可用于保留所关注的特定频域区域。

将图 10-20 所使用的带阻滤波器经过式(10-38)得到对应的带通滤波器,并用它过滤图 10-14(左图)的退化图像,经过傅里叶逆变换后可得到图 10-21 的结果。事实上,通过带通滤波器单独分离出了图 10-14(左图)的周期噪声,这将有助于进一步对此噪声进行分析。

图 10-21　通过带通滤波器获得的周期噪声

10.3.3　陷波滤波器

相对于带阻滤波器,陷波滤波器更加灵活,可以精准地控制滤波的位置,抑制频谱中的周期噪声。图 10-22 是将多个 1 阶巴特沃斯高通滤波器叠加生成的陷波滤波器,其中,

图像大小为 200×200，$D_0 = 8$，$n = 1$，两组陷波对的中心分别为 $(50, 50)$、$(50, -50)$。

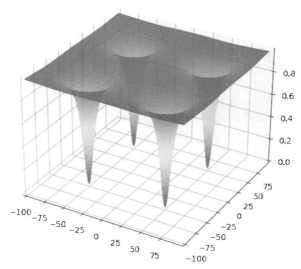

图 10-22　包含了两组陷波对的 1 阶巴特沃斯陷波滤波器示意图

　　陷波滤波器可以阻断任意位置频率信号。同时，由于只改变傅里叶频谱而不改变相位角，对于频谱的改变需要关于原点对称。如图 10-22 所示，以其中一对关于原点对称的陷波滤波器为例，相对频谱图的原点，它们的中心坐标分别为 (u_k, v_k) 和 $(-u_k, -v_k)$。频谱图中任意位置 (u, v) 到两个滤波器中心的距离公式如下。

$$D_{-k}(u, v) = ((u - M/2 - u_k)^2 + (v - N/2 - v_k)^2)^{1/2} \qquad (10\text{-}39)$$

$$D_k(u, v) = ((u - M/2 + u_k)^2 + (v - N/2 + v_k)^2)^{1/2} \qquad (10\text{-}40)$$

　　k 是陷波对的序号。以图 10-22 为例，一个包含了两组陷波对的 1 阶巴特沃斯陷波滤波器的传递函数如下。

$$H_{NR}(u, v) = \prod_{k=1}^{2} \left(\frac{1}{1 + (D_{0k}/D_k(u, v))^{2n}} \right) \left(\frac{1}{1 + (D_{0k}/D_{-k}(u, v))^{2n}} \right) \qquad (10\text{-}41)$$

　　图 10-22 和式(10-41)展示的陷波滤波器有两个陷波对，它们拥有除中心位置外完全相同的参数和类型。实际上，陷波滤波器完全可以将不同参数，甚至不同类型的滤波器进行叠加，具体的构建方法取决于滤波器的目的与最终效果。同时，和前面讨论的带阻与带通滤波器相同，陷波滤波器不仅可以拒绝特定频率，也可以取反加一形成通过特定频率的滤波器。

　　针对图 10-15 展现出的关于频谱图原点对称的频点，使用类似图 10-22 的滤波器对其进行处理。

　　图 10-23 显示了四组陷波对的 1 阶巴特沃斯陷波滤波器的图像复原过程与效果，图像大小为 246×168，巴特沃斯陷波滤波器的参数 $D_0 = 10$，$n = 1$，陷波对的中心分别为 $(-29.5, -38.5)$、$(27.5, -41.5)$、$(27.5, -82.5)$、$(-28.5, -78.5)$，五张图片从左到右分别是退化图像、退化图像的频谱、滤波器、滤波后的频谱图及最终的复原效果。四组陷波对覆盖了频谱上的四组周期频点，最终的结果不再带有摩尔模式。

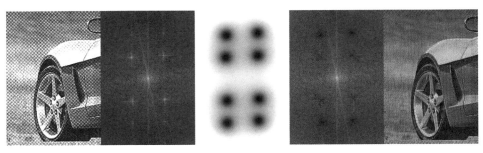

图 10-23　四组陷波对的 1 阶巴特沃斯陷波滤波器的图像复原过程与效果

C++ 示例代码 10-5：四组关于频谱原点中心对称的巴特沃斯陷波滤波器

```
/*
 *   size:        返回的滤波器的大小
 *   D0:          巴特沃斯滤波器的参数
 *   n:           巴特沃斯滤波器的参数
 *   center_x:    陷波对中任意一个 x 坐标
 *   center_y:    陷波对中任意一个 y 坐标
*/
Img notchreject_filters_butterworth(IMG_Size size, int D0, int n, double
center_x, double center_y) {
    //构建返回的滤波器,初始值设为 1
    Img H(size.width, size.height, 1, 1, 1);

    for (int i = 0; i < size.width; i++) {
        for (int j = 0; j < size.height; j++) {
            //每个坐标 (center_x, center_y) 对应了关于频谱原点中心对称的 2 个频点
                        //D_pos 与 D_neg 即将要过滤这 2 个频点的
            //巴特沃斯陷波滤波器的参数 D
            auto D_pos = std::sqrt(std::pow(double(i) - center_x, 2) +
                            std::pow(double(j) - center_y, 2));
            auto D_neg = std::sqrt(std::pow(double(i) - (size.width - center_
x), 2) +
                            std::pow(double(j) - (size.height - center_y), 2));
            //构造 2 个巴特沃斯陷波滤波器,并使它们相乘
            H(i, j, 0, 0) = std::pow(1 + std::pow(D0 / D_pos, 2 * n), -1) *
                            std::pow(1 + std::pow(D0 / D_neg, 2 * n), -1);
        }
    }

    return H;
}
```

使用时需要调用四次 notchreject_filters_butterworth() 函数,并使它们相乘,以得到

最终的滤波器。

```
filter = Img(size.width, size.height, 1, 1, 1);
filter.mul(notchreject_filters_butterworth(size, 10, 1, 83, 88));
filter.mul(notchreject_filters_butterworth(size, 10, 1, 83, 45));
filter.mul(notchreject_filters_butterworth(size, 10, 1, 169, 41));
filter.mul(notchreject_filters_butterworth(size, 10, 1, 169, 84));
```

图 10-16 的退化图像呈现出布满整张图片的水平扫描线，其频谱呈现一条垂直的频线。可以在傅里叶频谱上构造一个理想陷波滤波器，它包含一条居中垂直的线状阻带，以阻挡垂直的周期噪声频线，且阻带靠近中心的位置留有一个小缺口，这样可以在阻挡大部分垂直频线的前提下避免对频谱中心直流分量的影响。

图 10-24 展示了复原过程中的频谱变化与最终的复原效果，其中，左列从上到下分别为退化图像、退化图像频谱、自定义的陷波滤波器、滤波之后的频谱，右图为复原结果。对比复原结果与原图，滤波之后的水平扫描线几乎被完全清除，且图像几乎没有丢失细节。

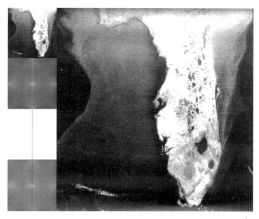

图 10-24　陷波滤波器对水平周期线噪声的复原效果

C++ 示例代码 10-6：自定义理想陷波滤波器

```
/*
 *   size:      返回的滤波器的大小
 *   width:     垂直黑线的宽度
 *   gap:       中心缺口的大小
 */
Img notchreject_filters_vertical(IMG_Size size, int width, int gap) {
    //构建返回的滤波器,初始值设为 1
    Img H(size.width, size.height, 1, 1, 1);

    //计算垂直黑线的各个临时参数
    double x_line = (double(size.width) - 1) / 2;
```

```
    double x_line_min = x_line - double(width) / 2;
    double x_line_max = x_line + double(width) / 2;
    double y_line_up_max = (double(size.height) - gap - 1) / 2;
    double y_line_down_min = y_line_up_max + gap;

    for (int i = 0; i < size.width; i++) {
        for (int j = 0; j < size.height; j++) {
            if (i >= x_line_min && i <= x_line_max &&
                    (j >= y_line_down_min || j <= y_line_up_max)) {
                //将处于中心垂直黑线上、且不在缺口内的部分置 0
                H(i, j, 0, 0) = 0;
            }
        }
    }

    return H;
}
```

◇ 10.4　图像退化的模拟

现实中,我们会碰到相比前两节所讨论内容更一般、更复杂的情形:退化过程中不仅包含噪声 $N(u,v)$,还包含退化函数 $H(u,v)$。一般而言,需要针对不同的退化类型进行建模,即尽量得到 $H(u,v)$ 的组成细节,然后再尝试通过其相反的过程完成对图像的复原。本节将介绍两种图像退化的模型,之后将针对这两种已知的退化模型进行讨论。

10.4.1　湍流模型

大气湍流是大气的一种不规则运动,对光线传播具有一定的干扰作用,可以引起遥感卫星图像退化。直观地看,这种图像退化表现为图像的模糊现象。

Hufnagel 和 Stanley 提出一种依据大气湍流的物理特性得到的退化模型,在傅里叶频域上有

$$H(u,v) = e^{-k(u^2+v^2)^{5/6}} \tag{10-42}$$

其中,k 为与湍流性质有关的常数,其值越大,湍流退化越强。我们无须了解湍流模型构建的具体细节,只根据式(10-42)就可以构造一个如图 10-25 所示的滤波器,其中,图像大小为 480×480,$k=0.0025$。

可见,大气湍流模型在表达式的形式上与滤波器的形状上都近似普通的低通滤波器。事实上,湍流模型对图片的影响也类似于低通滤波器对图片造成的模糊效果。图 10-26 展示了上述湍流模型作用于一张清晰图像上的模拟效果。图 10-26 的湍流模糊模拟结果即利用 C++ 示例代码 10-7 得到,其中,左图是 480×480 的原始图片,右图是对左图应用 $k=0.0025$ 的湍流模型得到的模拟结果。本章中构建的湍流模型在傅里叶频域上与原图

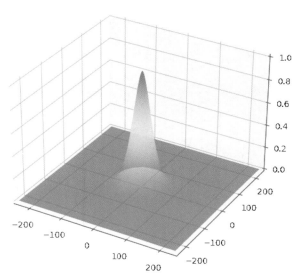

图 10-25 湍流模型滤波器

的傅里叶频谱相乘。后续将在图 10-26 的基础上额外增加加性高斯噪声,并讨论如何复原这种已知的退化与噪声的组合。

图 10-26 应用湍流模型对湍流退化的模拟

C++ 示例代码 10-7：湍流模型

```
/*
 *  size:    返回的傅里叶变换的大小
 *  k:       湍流相关的参数,k 越大,模糊程度越强
 */
Comp turbulence_model_freq(ImageSize size, double k = 0.0025) {
    //构建返回的傅里叶变换,初始值设为 0
    Comp turb_fft(2, size.width, size.height, 1, 1, 0);

    for (int i = 0; i < size.width; i++) {
```

```
      for (int j = 0; j < size.height; j++){
          double x = double(i) - double(size.width) / 2;
          double y = double(j) - double(size.height) / 2;
          //湍流模型
          turb_fft(0)(i, j, 0, 0) = std::exp(-k * std::pow(x * x + y * y, 5.0 / 6));
          turb_fft(1)(i, j, 0, 0) = std::exp(-k * std::pow(x * x + y * y, 5.0 / 6));
      }
  }

  //计算得到的频谱中心是频谱图原点,由于计算时不在中心计算,因此再移动一次
  Comp turb_fft_shift = fftshift(turb_fft);
  return turb_fft_shift;
}
```

10.4.2 运动模糊模型

运动模糊是一种很常见的图像退化现象,它产生于曝光过程中相机与景物之间的相对移动在底片上造成的拖影。相机与景物之间的运动可以不规则,而我们只讨论一种最简单的情形:相机在图像平面上关于景物做匀速直线运动。

现在假设在相机曝光过程中,相机姿态不变且做匀速直线运动,且运动方向平行于图像平面。这样的匀速直线运动模糊的点扩散函数(PSF)可表示为

$$h(x,y) = \begin{cases} 1/L, & x = aL\cos\theta \text{ 且 } y = aL\sin\theta \text{ 且 } 0 \leqslant a \leqslant 1 \\ 0, & \text{其他} \end{cases} \qquad (10\text{-}43)$$

其中,L 为运动的像素距离,θ 为运动的方向角。

图 10-27 为一个匀速直线运动模糊模型的实例,其中,图像大小为 688×688,运动模糊的角度为 $30°$、距离为 100 像素,图 10-27 左侧为 PSF 矩阵,包含黑色背景(灰度值为 0)上的一条白色线段(灰度值为 $1/L$),其长度等于运动距离 L,其与 x 轴的夹角等于运动方向角 θ。由此我们可以通过傅里叶变换,得到如图 10-27 右侧所示的傅里叶频谱。频谱呈现出周期性的频线,且方向与 PSF 中的浅色线段垂直。

图 10-27　匀速直线运动模糊模型的实例

将上述退化实例应用于图 10-28 左侧的样例,即可得到一张如图 10-28 右侧所示的模拟直线运动模糊的图像。在图 10-28 中,左侧是 688×688 的原始图片,右侧是经过角度为 30°、距离为 100 像素的运动模糊后得到的模拟结果。

图 10-28　应用运动模糊模型对匀速直线运动模糊的模拟

C++ 示例代码 10-8:图 10-27 左侧 PSF 的构建过程

```
/*
 *   size:               返回的 PSF 的大小
 *   motion_angle:       运动模糊夹角
 *   distance:           运动模糊距离
 */
Img motion _ model _ space ( ImageSize size, double motion _ angle, double
distance) {
    //构建返回的 PSF,初始值设为 0
    Img blur(size.width, size.height, 1, 1, 0);

    //频域中心的坐标
    double center_x = double(size.width) / 2;
    double center_y = double(size.height) / 2;

    //角度转换为弧度制
    motion_angle = motion_angle * PI / 180;

    //每个像素距离在 x 轴与 y 轴上的距离
    double x = cos(motion_angle);
    double y = sin(motion_angle);
    //迭代 distance 个像素
    for (int i = 0; i < distance; i++) {
        int curr_x = int(round(center_x + i * x));
        int curr_y = int(round(center_y - i * y));
        //绘制白色像素点
```

```
        blur(curr_x, curr_y, 0, 0) = 1 / distance;
    }


    return blur;
}
```

得到的 PSF 经过傅里叶变换即可得到类似图 10-27 右侧的频域表示。将其与输入图像的傅里叶变换相乘即可模拟运动模糊的频谱图。可以这样理解上述运动模糊模型：原始图片经过 PSF 的作用后，每个像素点都朝运动方向扩散为一条线段，它们叠加在一起形成了如图 10-28 右侧的模糊效果。

后续我们将以图 10-28 展示的运动模糊效果为样例，讨论运动模糊退化与加性噪声同时存在时的图像复原方法。

10.5 逆 滤 波

到目前为止，我们已经讨论了几种常见的退化模型，了解了 $H(u,v)$ 的具体构成。从本节开始，将要讨论消除退化的方法。具体地，我们会根据 10.4 节讨论的退化模型构建模拟的图像退化效果，并对其采用不同的方法复原图像。本节将先讨论最简单的逆滤波。

10.5.1 直接逆滤波

当退化系统的函数 $H(u,v)$ 已知时，最简单的图像复原方法是直接逆滤波。

$$\hat{F}(u,v) = \frac{G(u,v)}{H(u,v)}$$

(10-44)

其中，$G(u,v)$ 表示退化图像的傅里叶变换，$H(u,v)$ 表示线性、空间不变的退化系统的傅里叶变换。得到原图傅里叶变换的估计后，即可通过傅里叶逆变换求得原图的估计。

C++ 示例代码 10-9：直接逆滤波

```
/*
 *  img:         待进行逆滤波的退化图像
 *  blur_fft:    某种已知的退化过程的傅里叶变换
 *  eps:         一个接近 0 的正数,用于防止除 0
 */
Img inverse(const Img &img, const Comp &blur_fft, double eps=0.001) {
    IMG_Size size = IMG_Size(img);
    //构建复数
    Comp comp(img, Img(size.width, size.height, 1, 1, 0));


    //fft,傅里叶变换
    Comp comp_fft = fft2(comp);
```

```
//逆滤波
Comp inv_fft = comp_div(comp_fft, comp_plu(blur_fft, eps));
//ifft,傅里叶逆变换
Comp inv = ifft2(inv_fft);

return inv;
}
```

对图 10-28 的运动模糊实例直接逆滤波,得到如图 10-29 所示的效果,其中,左图与中图为图 10-28 描述的运动模糊实例,右图为直接逆滤波的结果。

观察后可以发现,图 10-29 中经过直接逆滤波处理的最终结果几乎和原图一致。不过这并不代表直接逆滤波是很好的方法。上述运动模糊实例只是一个最简单的情况,它不包含加性噪声。

图 10-29　用直接逆滤波复原运动模糊

联合式(10-44)与式(10-5),可得

$$\hat{F}(u,v) = F(u,v) + \frac{N(u,v)}{H(u,v)} \tag{10-45}$$

当存在未知的加性噪声 $N(u,v)$ 时,我们无法保证对原图的估计是准确的。

(1) 当 $N(u,v)$ 存在或较大时,$N(u,v)/H(u,v)$ 会影响估计的结果。

(2) $H(u,v)$ 很小时甚至为 0 时,$N(u,v)/H(u,v)$ 会对估计带来无法预估的巨大扰动。

考虑一个更复杂的情况:在图 10-28 的运动模糊实例中再加入加性噪声,尝试将其

图 10-30　用直接逆滤波复原带有加性噪声的运动模糊

用直接逆滤波处理,结果如图 10-30 所示,其中,加性噪声为均值为 0 的高斯噪声,方差从左到右为 10、1、0.1。

一旦引入加性噪声,直接逆滤波的效果就变得很不理想。噪声方差为 10 与 1 时,复原结果几乎不可见,直到噪声方差降低为 0.1 时,原图的大部分内容才变得可以识别。一旦噪声方差较大,式(10-45)中的 $N(u,v)$ 就可能主导估计结果。

如果尝试对图 10-26 的湍流模糊实例进行直接逆滤波,将得到如图 10-31 所示的结果。其中,左图与中图为图 10-26 描述的湍流模糊实例,右图为直接逆滤波的结果。

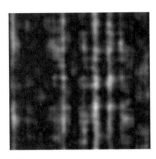

图 10-31　用直接逆滤波尝试复原湍流模糊

可见,即使没有引入额外的加性噪声,也完全无法辨识直接逆滤波的还原结果。这主要是由于除靠近直流分量的部分,湍流模型的 $H(u,v)$ 中包含大量极小的、接近 0 的值(参见图 10-25 描述的湍流模型滤波器),使得还原过程极度放大了因为计算过程的精度丢失等原因产生的细小噪声。

10.5.2　改进的逆滤波

分析式(10-45)可知:当存在较大噪声或频域退化滤波器的计算值偏小的时候,使用直接逆滤波会产生错误的结果,因此一般不会使用直接逆滤波进行图像复原。可以尝试对其进行一些改进(其中,$*$ 表示卷积运算):

$$\hat{F}(u,v) = \frac{G(u,v)}{H(u,v)} * H_{低通}(u,v) \tag{10-46}$$

考虑到许多情况下 $H(u,v)$ 远离直流分量的部分会非常小,为了消除其带来的负面影响,对直接逆滤波的结果进行低通滤波,以忽略远离直流分量的部分。

C++ 示例代码 10-10:改进的逆滤波

```
/*
 *   img:        待改进的逆滤波的退化图像
 *   blur_fft:   某种已知的退化过程的傅里叶变换
 *   eps:        一个接近 0 的正数,用于防止除 0
 */
Img inverse_imp(const Img &img, const Comp &blur_fft, double eps = 0.001) {
    IMG_Size size = IMG_Size(img);
    //构建复数
```

```
Comp comp(img, Img(size.width, size.height, 1, 1, 0));

//fft,傅里叶变换
Comp comp_fft = fft2(comp);
//逆滤波
Comp inv_fft = comp_div(comp_fft, comp_plu(blur_fft, eps));
//在逆滤波的基础上乘一个低通滤波器
Img lowpass = lowpass_butterworth(size, 200, 10);
lowpass = fftshift(lowpass);
inv_fft = comp_mul(inv_fft, lowpass);
//ifft,傅里叶逆变换
Comp inv = ifft2(inv_fft);

return inv;
}
```

对图 10-26 的湍流模糊实例进行上述改进后的逆滤波如图 10-32 所示。在图 10-32 中,改进的逆滤波使用了阶数为 10 的巴特沃斯低通滤波器,左图与中图为图 10-26 描述的湍流模糊实例,右图为改进的逆滤波的结果,其中巴特沃斯低通滤波器的参数 $D_0 = 200, n = 10$。可见,对于湍流模型,改进的滤波器消除了远离直流分量的很小的 $H(u,v)$ 的影响,可以较好地复原图像。

图 10-32　用改进的逆滤波尝试复原湍流模糊

尝试有加性噪声的运动模糊实例如图 10-33 所示,其中,加性噪声为均值为 0 的高斯

图 10-33　用改进的逆滤波复原带有加性噪声的运动模糊

噪声,方差从左到右为 10、1、0.1。相比图 10-30 展示的直接逆滤波的效果,改进的逆滤波效果更佳,但当噪声方差较大时,仍然不能较好地复原图像的内容。

◈ 10.6　维 纳 滤 波

逆滤波本质上是一种忽略噪声的复原方法,即使针对有噪声的情形进行改进,还原效果仍然不理想。本节将讨论一种同时考虑退化函数与噪声统计特征的图像复原方法:维纳滤波。

10.6.1　维纳滤波的实现

维纳滤波(最小均方误差滤波)最早由 N. Wiener 提出,其推导很复杂,这里直接给出结论:

$$F(u,v) = \frac{H^*(u,v)}{|H(u,v)|^2 + S_\eta(u,v)/S_f(u,v)} G(u,v) \tag{10-47}$$

其中,$H(u,v)$ 是已知或估计的退化函数,$H^*(u,v)$ 是 $H(u,v)$ 的复共轭,$|H(u,v)|^2$ 是退化系统的功率谱,$S_\eta(u,v)$ 是噪声的功率谱,$S_f(u,v)$ 是未退化的原始图像的功率谱。

分析式(10-47)可以发现,只要噪声存在,$S_\eta(u,v)$ 就不为 0,即使 $H(u,v)$ 为 0,分母均恒大于 0,因此不会出现逆滤波无限放大噪声的效果。

维纳滤波要求 $S_\eta(u,v)/S_f(u,v)$,而事实上 $S_\eta(u,v)$ 与 $S_f(u,v)$ 可能都是未知的。实际操作过程中,通常使用式(10-48)近似维纳滤波:

$$F(u,v) = \frac{H^*(u,v)}{|H(u,v)|^2 + K} G(u,v) \tag{10-48}$$

其中,K 是一个需要估计的常数。K 估计了 $S_\eta(u,v)/S_f(u,v)$,若假设噪声和原图都是随机的,我们可以认为 $S_\eta(u,v)/S_f(u,v)$ 衡量了信噪比 SNR 的倒数。

$$\frac{S_\eta(u,v)}{S_f(u,v)} = \frac{|N(u,v)|^2}{|F(u,v)|^2} = \frac{\sum_{u=0}^{M-1}\sum_{v=0}^{N-1}|N(u,v)|^2}{\sum_{u=0}^{M-1}\sum_{v=0}^{N-1}|F(u,v)|^2} = \frac{1}{\text{SNR}} \tag{10-49}$$

因此,可以通过估计退化图像的信噪比,进一步确定 K 值。后面将通过这个方式选择最合适的 K,尝试复原运动模糊及湍流模糊。

同时,我们需要了解到,K 的取值即使符合 $S_\eta(u,v)/S_f(u,v)$,也不一定取得视觉上最好的效果。具体实践时,往往需要多次地、可交互地确定 K。

C++ 示例代码 10-11:维纳滤波

```
/*
 *  img:        待改进的逆滤波的退化图像
 *  blur_fft:   某种已知的退化过程的傅里叶变换
 *  K:          维纳滤波的参数
 */
```

```
Img wiener(const Img &img, const Comp &blur_fft, double K=0.01) {
    IMG_Size size = IMG_Size(img);
    //构建复数
    Comp comp(img, Img(size.width, size.height, 1, 1, 0));

    //fft,傅里叶变换
    Comp comp_fft = fft2(comp);
    //wiener,维纳滤波
    Comp H_fft = comp_div(comp_conj(blur_fft), comp_abs(blur_fft).get_pow(2) + K);
    Comp wie_fft = comp_mul(comp_fft, H_fft);
    //ifft,傅里叶逆变换
    Comp wie = ifft2(wie_fft);

    return abs_c(wie);
}
```

注意：由于维纳滤波不会出现分母除 0 的情况，因此不再需要 eps。

10.6.2　维纳滤波与逆滤波的对比

对图 10-28 描述的运动模糊实例附加加性噪声后，分别使用直接逆滤波、改进的逆滤波以及维纳滤波进行图像复原，效果如图 10-34 所示。正如 10.6.1 节讨论的那样，由于图像退化的全过程是已知的，因此可以通过计算 SNR 的倒数来确定 K。图 10-34 中，尝试重建的 3 种加噪图像的信噪比分别为 34dB、44dB 与 54dB，其中，从上到下分别为直接逆滤波、改进的逆滤波、维纳滤波的复原效果。

图 10-34　直接逆滤波、改进的逆滤波、维纳滤波对带噪声运动模糊的复原效果对比

图 10-34   （续）

使用图 10-28 描述的运动模糊实例,加性噪声为均值为 0 的高斯噪声,方差从左到右为 10、1、0.1。可见,即使是信噪比只有 34dB 的噪声污染,维纳滤波也能较好地还原出原图的内容。

在湍流模糊实例上做同样的对比,结果如图 10-35 所示,其中,从上到下分别为直接逆滤波、改进的逆滤波、维纳滤波的复原效果。

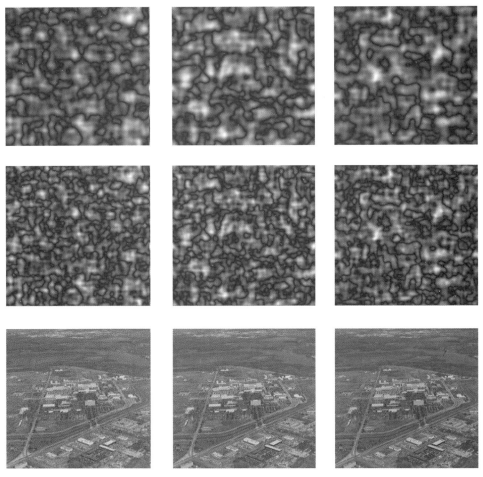

图 10-35   直接逆滤波、改进的逆滤波、维纳滤波对带噪声湍流模糊的复原效果对比

◆ 10.7　练　习　题

1. 简述图像增强与图像退化的异同。

2. 针对图 10-1 展示的若干退化图像实例，简述分别可以用什么方法复原它们。

3. 为什么讨论线性、空间不变的退化系统？

4. 编写程序，生成均匀噪声。

5. 图 10-11 中，几何均值滤波器与谐波滤波器的去噪结果中呈现了不合理的黑色斑点，尝试修改程序代码解决这个问题。

6. 如何确定图 10-5 中未知的高斯噪声的方差 σ_n^2，以对其使用自适应局部降噪滤波器去除噪声？

7. 尝试编程，使用不同于图 10-20 中所用的复原方法，对左上角的周期噪声污染原图进行复原。

8. 10.5.2 节描述的改进的逆滤波解决了逆滤波的什么问题？额外的低通滤波器起到了什么作用？

9. 尝试增加图 10-34 与图 10-35 两个退化情形中噪声的方差，利用几种不同的方法复原图片，对比其复原效果。

10. 回顾本章讨论的针对不同退化情形的复原方法，总结各种图像复原技术的特点。

图 像 压 缩

◆ 11.1 背 景

随着计算机技术的发展,每天都会产生大量的图像数据,通过增加存储介质和传输信道的带宽已经无法满足需求。为了减小数据存储和传输的压力,图像压缩便应运而生。图像压缩是数据压缩在数字图像上的应用,目的是减少图像数据中的冗余信息,从而以更加高效的格式存储和传输数据。图像压缩可以分为有损压缩和无损压缩。无损压缩通常用于医学图像、技术图纸、剪贴画或漫画等,常见的有 PNG、TIFF 等格式。有损压缩常用于自然图像,常见的有 JPEG、GIF 等格式。

数据压缩在 20 世纪 70 年代才开始在计算领域发挥重要作用,当时互联网越来越流行,然而其在计算领域之外的历史要长得多。莫尔斯电码发明于 1838 年,是最早的数据压缩例子。后来,当大型计算机在 1949 年开始流行时,克劳德·香农(Claude Shannon)和罗伯特·范诺(Robert Fano)发明了香农-范诺编码。这个算法根据字符出现的频率分配编码,通过为频率高的字符分配更短的编码实现数据压缩。到 1952 年,大卫·哈夫曼(David Huffman)提出一种与香农-范诺编码非常相似但更有效的编码方法,即哈夫曼编码。它与香农-范诺编码的主要区别在于,后者的概率树是自下而上建立的,产生一个次优的结果,而前者则是自上而下构建的。变换编码则是在 20 世纪 60 年代末建立,包括快速傅里叶变换(FFT)编码、哈达玛变换和离散余弦变换(DCT)等。

其中应用较广的是 DCT,由纳西尔·艾哈迈德(Nasir Ahmed)在 1972 年首次提出。它是联合图像专家小组(Joint Photographic Experts Group,JPEG)提出 JPEG 压缩的基础。JPEG 压缩可以在图像质量几乎没有可察觉损失的情况下,将压缩比提高到 10∶1,甚至更高。这个特性很大程度上促进了互联网数字图像的广泛传播。截至 2015 年,全世界每天产生数十亿幅 JPEG 图像。另外,DCT 编码的发展也带动了小波变换编码的发展。小波编码是利用小波变换进行图像压缩。

1977 年,亚伯拉罕·伦佩尔(Abraham Lempel)和雅各布·齐夫(Jacob Ziv)发明了 LZ77 算法,这是第一个使用字典压缩数据的算法。1978 年,这两人发明了 LZ78 算法,该算法也使用字典;与 LZ77 不同,该算法通过预先扫描输入数据并与字典中的数据进行匹配来实现。1984 年,LZ78 算法的一个变种——LZW(Lewpel-Ziv&Welch)算法出现了,该算法继承了 LZ77 和 LZ78 的优势,同时算法描述更加容易被人接受。GIF(Graphics Interchange Format)正是基于 LZW 算法在 1987 年开发的,其大幅度减小了图像。1996 年,菲尔·卡茨(Phil Katz)提出一种基于 LZ77 和哈夫曼编码的无损压缩算法 DEFLATE,用于 PNG(Portable Network Graphics)格式。

近年来,随着神经网络在计算机视觉上的突出表现,该方法也被应用到图像压缩技术中。2018 年开始,Google 联合 NETFLIX、NVIDIA 等公司举办了 CLIC(Challenge on Learned Image Compression)比赛,以促进机器学习在图像压缩领域的发展。

◈ 11.2　编码冗余—哈夫曼编码

编码是用于表示信息实体或者事件实体的符号系统。每个信息或者事件被赋予一个编码符号的序列,称为码字。通常,数据是信息或者图像传输的手段,不同的编码方式能产生不同数量的数据,相同的信息可以用不同的数据表示。不同的编码方式产生的编码长度之间的比值称为压缩率。用 b 和 b' 表示两种不同的编码结果,则 b 相对于 b' 的压缩率 C 为

$$C = b/b' \tag{11-1}$$

同样,b 相对于 b' 的数据冗余则为

$$R = 1 - 1/C \tag{11-2}$$

通常,压缩率越小越好。为了方便数据的存储和传输,往往需要找到一种产生数据量尽可能少的编码方式对图像编码。

11.2.1　编码冗余

假设用 r_k 和 $k \in [0, L-1]$ 表示 $M \times N$ 的图像灰度,灰度的级数为 L,则每个灰度 r_k 在图像中出现的概率为 $p_r(r_k)$ 的计算方式为

$$p_r(r_k) = \frac{n_k}{MN}, \quad k = 0, 1, 2, \cdots, L-1 \tag{11-3}$$

其中,n_k 是图像中灰度级为 k 的像素数量。如果每个灰度级编码的比特数为 $l(r_k)$,则该图像的每个灰度的平均编码长度 L_{avg} 为

$$L_{\text{avg}} = \sum_{k=0}^{L-1} l(r_k) p_r(r_k) \tag{11-4}$$

即分配给每个灰度码字的平均长度,单位为比特/像素。对于 $M \times N$ 的整幅图像,编码长度为 $M \times N \times L_{\text{avg}}$。

尝试对图像用不同的编码方式进行编码。假设有一幅 10×10 分辨率、共包含 8 种不同灰度的图像,如图 11-1 所示,每个数值代表一种灰度,其各个灰度级的出现概率及编码如表 11-1 所示。

0	0	0	0	0	0	0	0	0	0
0	0	0	0	0	0	0	0	0	0
1	1	1	1	1	1	1	1	1	1
1	1	1	1	1	1	1	1	1	1
1	1	1	1	1	1	1	1	1	1
2	2	2	2	2	2	2	2	2	2
3	3	3	3	3	3	3	3	3	3
4	4	4	4	4	3	3	3	3	3
4	4	4	4	4	5	5	6	6	6
7	7	7	7	7	7	7	7	6	6

图 11-1   10×10 的灰度图

表 11-1   各个灰度级的出现概率及编码

灰度级	概率	编码 1	编码长度	编码 2	编码长度
r_0	0.2	000	3	11	2
r_1	0.3	001	3	01	2
r_2	0.1	010	3	10	2
r_3	0.15	011	3	100	3
r_4	0.1	100	3	1000	4
r_5	0.02	101	3	10000	5
r_6	0.05	110	3	100000	6
r_7	0.08	111	3	000000	6

表 11-1 显示了两种不同的编码方式。对比表 11-1 中的编码 1 和编码 2,编码 1 对所有的灰度级均用长度为 3 的码字,编码 2 则对高频率出现的灰度采用较短的码字,对低频出现的灰度采用较长的码字。计算平均编码长度,得到编码 1 的平均码长 L_{avg} 为 3.0,编码 2 的平均码长 L_{avg} 为 2.93。如果采用编码 1 对整幅图的 100 个像素编码,总长为 300。而采用编码 2 对 100 个像素编码,总长为 293。编码 1 相对于编码 2 的压缩率和数据冗余分别为

$$C = \frac{3 \times 10 \times 10}{2.93 \times 10 \times 10} = 1.02 \quad R = 1 - 1/1.02 = 0.0196$$

这表明,相对于编码 2,编码 1 中有 1.96% 的数据是冗余的。事实上,因为图像中某些灰度级出现次数较多,所以如何对这些灰度进行编码很大程度上会影响这个图像编码后的整体编码长度。

11.2.2　信息熵

如何尽可能缩短整幅图像的码长,同时又保持图像的信息量不变是图像压缩的基本

问题。这里需要先引入信息论中的信息熵以度量图像信息量。

信息熵通常表现的是一个事件的信息量,又被称为信息熵、信源熵、平均自信息量。一个具有概率 $p(E)$ 的事件 E,包含的信息量为

$$I(E) = -\log p(E) \tag{11-5}$$

如果 $p(E)=1$(一定会发生),则其信息量为 $I(E)=0$,表示没有信息。类似太阳每天从东方升起,这句话是一个常识,没有任何有用的信息。通常,一个事件的可能性越小,它越不可能发生,一旦发生了,信息量就会很大;一个事件的可能性越大,信息量就越小。当信息的单位是比特/符号时,log 的底数取 2。

假设存在一个信息源 X,它可以生成 $\{x_1, x_2, x_3, \cdots, x_J\}$ 的消息符号集合,生成每个消息符号对应的概率为 $p(x_i)$,且 $\sum_{i=1}^{J} p(x_i)=1$,每个消息符号生成的概率各自独立。那么,X 生成的一连串消息符号序列 M 的概率为每次生成单个符号的概率之积,同时该序列的消息量也就是信息熵是每个生成的符号信息量之和。将消息符号序列 M 分配到总共 J 个符号,平均每个符号的信息量为

$$H(X) = -\sum_{i=1}^{J} p(x_i)\log_2(p(x_i)) \tag{11-6}$$

同样,$H(X)$ 也表现了对消息符号序列 M 所能采取的最短平均编码长度,即每个符号的平均消息量与最短平均编码长度是等价的。

对于图像的熵,通常并不把整幅图像作为一个消息符号来处理。比较直观的一种方法是把图像分割成多个小尺寸的图像块,并使每个图像块对应一个消息符号,或者把每个像素对应一个消息符号。这时式(11-6)中的 $p(x_i)$ 则对应图像中像素值出现的概率。比如灰度图,统计每个灰度级在图像中出现的概率,代入式(11-6)。计算图 11-1 对应的熵如下:

$$H(X) = -0.2\log_2 0.2 - 0.3\log_2 0.3 - 0.1\log_2 0.1 - 0.15\log_2 0.15$$
$$- 0.1\log_2 0.1 - 0.02\log_2 0.02 - 0.05\log_2 0.05 - 0.08\log_2 0.08 = 2.68$$

图 11-1 的灰度图对应的信息量为 2.68,其最短的平均编码长度也为 2.68。那么,是否存在比信息熵更短的平均编码长度?实际上,香农第一定理——无噪声编码定理表明:

(1) 信息熵是在不丢失信息情况下信源编码的极限值。

(2) 当编码的平均码长小于信息熵时,信息会丢失。

(3) 当平均码长等于信源的熵值时,编码达到最高效率,编码后信源冗余度为 0。

通常,最好的编码结果要求其平均码长 L_{avg} 能够接近或者等于信息熵 $H(X)$。这样的编码被称为最佳编码,它不丢失图像信息,同时又占用最少的比特数,哈夫曼编码就属于这一类。

11.2.3 哈夫曼编码

哈夫曼编码是一种无损压缩的编码方式。它通过缩短出现次数较多的信息符号对应的编码长度,同时增加出现次数较少的信息符号对应的编码长度来实现。

已知一组符号和其对应的权重,哈夫曼编码可以求得该组符号的最优二元前缀码。

在图像的编码中,不同的符号对应不同的颜色,不同的权重对应不同颜色出现的概率。最优前缀码就是平均码长最小的二元前缀码,并且不可能存在某一符号的编码为另一个符号编码的前缀。

哈夫曼编码的第一步是对所有候选符号按出现概率进行排序,并将概率最小的两个符号合并为一个符号。合并符号的概率为合并前两个符号的概率之和。之后从候选符号中删除合并前的两个概率最小的符号,加入合并后的符号及其对应概率。每次只能对概率最小的两个符号进行合并。重复上述操作,构建哈夫曼树。

首先对表 11-1 中的 8 个候选灰度级出现概率进行排序,然后取出底部最小的两个概率 0.02 和 0.05 合并,形成一个概率为 0.07 的"复合灰度级",然后从 8 个候选灰度级中去除概率最小的两个灰度级,加入新合并的复合灰度级。重复上述操作,直到新合并的复合灰度级概率为 1。其哈夫曼编码过程如图 11-2 所示。

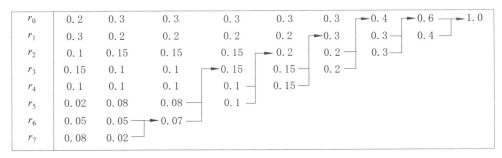

图 11-2　哈夫曼编码过程

将上一步的结果形象表示为哈夫曼树,然后对其进行编码。哈夫曼树的左分支标记为 0,右分支标记为 1,如图 11-3 所示。根据哈夫曼树可以得到哈夫曼编码结果,见表 11-2。

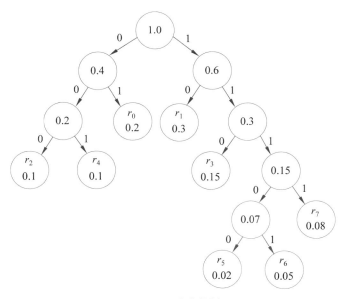

图 11-3　哈夫曼树

表 11-2　哈夫曼编码结果

灰　度　级	哈夫曼编码
r_0	01
r_1	10
r_2	000
r_3	110
r_4	001
r_5	11100
r_6	11101
r_7	1111

计算平均码长 L_{avg} 为 2.72。表 11-1 中的编码 1 相对于哈夫曼编码,其相对数据冗余 C 和压缩率 R 为

$$C = \frac{10 \times 10 \times 3}{10 \times 10 \times 2.72} = 1.13 \quad R = 1 - 1/1.13 = 0.115$$

可以发现,相比表 11-1 中的编码 1 和编码 2,哈夫曼编码的平均码长更短。对出现概率较大的符号使用更短的编码,对出现概率小的符号使用更长的编码能有效降低平均码长。在哈夫曼编码中,符号的编码长度都是按照该符号出现的概率逆序排列的。

通常,当进行编码的符号数量增加时,构造哈夫曼编码的计算量也相应增加。对于拥有 J 个不同灰度级的图像,需要 J 个概率,同时需要 $J-1$ 次最小概率的合并和编码赋值。因此,可以对图像中的像素值进行预先估计,利用预先估计的概率计算哈夫曼编码,使得其接近最佳的哈夫曼编码来减少计算量。JPEG 图像压缩和 MPEG 视频压缩均使用默认的哈夫曼编码表,而不是针对每幅图像建立一个哈夫曼编码表。默认的哈夫曼编码表基于大量图像数据统计得出。

C++ 示例代码 11-1:哈夫曼编码

```
class Huffman_Node{
public:
    double Prob;                                  //当前节点的概率
    Huffman_Node * Left;                          //当前节点的左子树
    Huffman_Node * Right;                         //当前节点的右子树
    int  Type;                                    //节点的类型
    string Huffman_Code = "";                     //当前节点的哈夫曼编码
    //定义优先队列的优先级,将概率最小的节点置于队头
    bool operator < (const Huffman_Node &a)const{
        return Prob > a.Prob;
    }
};
```

```
class Huffman_Encode{
public:
    vector<Huffman_Node> huffman_code;               //用于存放哈夫曼编码的容器
    void Huffman_Code(Huffman_Node * root){
        if (root->Left != NULL){
            Huffman_Node * left = root->Left;
            left->Huffman_Code = root->Huffman_Code + "0";   //对左节点的编码标 0
            Huffman_Code(left);
        }
        if (root->Right != NULL){
            Huffman_Node * right = root->Right;
            right->Huffman_Code = root->Huffman_Code + "1"; //对右节点的编码标 1
            Huffman_Code(right);
        }
        //当左、右子节点都为空时,该节点为叶子节点,输出其编码
        if (root->Left == NULL&&root->Right == NULL)
            huffman_code.push_back(* root);
    }
    Huffman_Node Huffman_Tree(priority_queue<Huffman_Node>queue){
        while (true){
            Huffman_Node * left = new Huffman_Node();
                                               //从优先队列取概率最小的节点
            * left = queue.top();
            queue.pop();
            //从优先队列取概率第二小的节点
            Huffman_Node * right = new Huffman_Node();
            * right = queue.top();
            queue.pop();

            Huffman_Node * current = new Huffman_Node();
            current->Prob = left->Prob + right->Prob;
                                               //将概率最小的两个节点相加
            current->Left = left;              //概率最小的节点作为左节点
            current->Right = right;            //概率第二小的节点作为右节点
            queue.push(* current);
            if (queue.size() == 1)             //当队列大小为 1 时,跳出循环
                break;
        }
        //将队列最后的节点作为哈夫曼树的根节点
        Huffman_Node root = queue.top();
        return root;
    }
    vector<Huffman_Node>  _init(int count[],int h,int w)     {
```

```
        int image_height = h;
        int image_width =w;
        priority_queue<Huffman_Node>queue;
        for (int i = 0; i < 256; i++){
            if (count[i] == 0)
                continue;
            Huffman_Node * tmp = new Huffman_Node();
            tmp->Type = i;
            tmp->Prob = count[i] * 1.0 / (image_height * image_width);
            tmp->Huffman_Code = "";
            queue.push( * tmp);
        }
        Huffman_Node root = Huffman_Tree(queue); //构造哈夫曼树
        Huffman_Code(&root);
        return huffman_code;                    //返回装有哈夫曼编码的节点
    }
};


void CGIPCoarseDlg::OnBnClickedHuffmanEncode(){//调用哈夫曼编码
    UpdateData(true);
    Huffman_Encode huffman;
    int count[256];
    memset(count, 0, sizeof(count));
    int height = m_bmp.m_infoHeader.biHeight;
    int width = m_bmp.m_infoHeader.biWidth;
    for (int i = 0; i < height; i++){
        for (int j = 0; j < width; j++){
            BGR bgr = m_bmp.GetPixel(i, j);//row col
            int gray = bgr.Red * 0.299 + bgr.Green * 0.587 + bgr.Blue * 0.114;
            count[gray]++;
        }
    }
    vector<Huffman_Node> huffman_code = huffman._init(count,height,width);
    CListCtrl * pCtrl = (CListCtrl * )GetDlgItem(IDC_LIST1);
                                        //将 ListBox 和 CListBox 类关联
    pCtrl->InsertColumn(0, _T("颜色"), LVCFMT_CENTER, 60);
    pCtrl->InsertColumn(1, _T("出现概率"), LVCFMT_CENTER, 60);
    pCtrl->InsertColumn(2, _T("编码"), LVCFMT_CENTER, 60);
    int a=pCtrl->GetItemCount();
    for (int i = 0; i < huffman_code.size(); i++){
        string color= to_string(huffman_code[i].Type);
        string prob=to_string(huffman_code[i].Prob);
        string code = huffman_code[i].Huffman_Code;
```

```
        pCtrl->InsertItem(i, CA2T(color.c_str()));
        pCtrl->SetItemText(i, 1, CA2T(prob.c_str()));
        pCtrl->SetItemText(i, 2, CA2T(code.c_str()));
    }
    UpdateData(false);
}
```

图 11-4 展示了哈夫曼编码 C++ 代码运行结果。

图 11-4　哈夫曼编码 C++ 代码运行结果

◈ 11.3　空 间 冗 余

对于一幅图像中的任意一个像素点,其颜色与它相邻像素点的颜色往往相近或相同,这些大量重复的颜色数据便是空间冗余。空间冗余是图像数据中非常常见的一种冗余现象。空间冗余对比示例如图 11-5 所示,与图 11-5(a)相比,图 11-5(b)的像素只有一种颜色,存在大量重复,这就造成了空间冗余。

(a) 多种颜色的图像

(b) 单一颜色的图像

图 11-5　空间冗余对比示例

在大多数的图像中,像素颜色的分布和空间是相关的。因为多数像素可以根据相邻的像素颜色值进行估计,而且单个像素所携带的信息很少。一般都是一片区域的像素才能表示一个物体。如果单个像素可以根据其相邻像素推断得出,那么它其实是冗余的。为了较少空间冗余,可以使用二维矩阵使之变为另一种更有效的表达。

11.3.1 离散余弦变换

通常,离散余弦变换(Discrete Cosine Transform)可以用来去除空间冗余。离散余弦变换最早由纳西尔·艾哈迈德(Nasir Ahmed)在 1972 年提出,是一种广泛应用于信号处理和数据压缩的变换编码技术,在 1992 年被联合图像专家小组(Joint Photographic Experts Group)引用为 JPEG 图像压缩算法的核心。离散余弦变换属于傅里叶变换的另一种形式。通过将空间域转换到频率域,从而实现数据压缩。当傅里叶级数展开式为实偶函数,并且只包含余弦项,将其离散化后,就可导出余弦变换,即离散余弦变换。

在图像中,图像强度变化剧烈的区域称为图像的高频分量。这里的图像强度变化是指亮度、灰度的变化。图像中强度变化缓慢的区域称为图像的低频分量。低频分量在图像中往往占据较大的面积,但是所持有的信息却比高频分量要少很多。离散余弦变换很重要的一个性质就是能把低频分量集中到左上角,相比离散傅里叶变换,它能更好地聚集低频分量,为后续的图像压缩奠定基础。

离散余弦变换是一个线性的可逆函数。一维离散余弦变换的形式为

$$F(u)=c(u)\sum_{i=0}^{N-1}f(i)\cos\left[\frac{(2i+1)\pi}{2N}u\right] \tag{11-7}$$

其中,N 为一维数组的元素个数,$0\leq u<N$。

在图像处理中最常用的一种离散余弦变换 DCT-Ⅱ 的形式为

$$F(u,v)=c(u)c(v)\sum_{i=0}^{N-1}\sum_{j=0}^{N-1}f(i,j)\cos\left[\frac{(2i+1)\pi}{2N}u\right]\cos\left[\frac{(2j+1)\pi}{2N}v\right] \tag{11-8}$$

其中,$0\leq u,v<N$,$c(u)$、$c(v)$ 分别为

$$c(u)=\begin{cases}\sqrt{1/N}, & u=0\\ \sqrt{2/N}, & u\neq 0\end{cases} \quad c(v)=\begin{cases}\sqrt{1/N}, & v=0\\ \sqrt{2/N}, & v\neq 0\end{cases} \tag{11-9}$$

在图像压缩中,可以直接对整个图像进行 DCT-Ⅱ 变换,也可以先将图像分为 8×8 或者 16×16 的小块,然后对这些小块进行 DCT-Ⅱ 变换。当对小块进行 DCT-Ⅱ 变换时,式(11-9)中的 N 为小块的边长,$f(i,j)$ 为图像在第 i 行、第 j 列的像素值。

经离散余弦变换后的结果称为 DCT 系数,通常把位于$(0,0)$位置的系数称为直流(DC)系数,把位于其他位置的系数称为交流(AC)系数。二维离散余弦变换具有可分离的特性,我们将公式变换一下,它其实是在一维离散余弦变换上再做一次一维离散余弦变换。

$$F(u,v)=c(u)\sum_{i=0}^{N-1}\left[\sum_{i=0}^{N-1}c(v)f(i,j)\cos\left[\frac{(2j+1)\pi}{2N}v\right]\right]\cos\left[\frac{(2i+1)\pi}{2N}u\right]$$

$$\tag{11-10}$$

图 11-6(a)将图像简化为一个 4×4 的矩阵,并对矩阵进行离散余弦变换。

计算它的离散余弦变换：

$$F(0,0) = \sqrt{1/4} \times \sqrt{1/4} \sum_{i=0}^{3} \sum_{j=0}^{3} f(i,j) \cos\left[\frac{(2i+1)\pi}{2\times4}\times0\right]\cos\left[\frac{(2j+1)\pi}{2\times4}\times0\right]$$
$$= 400$$

$$F(0,1) = \sqrt{1/4} \times \sqrt{1/2} \sum_{i=0}^{3} \sum_{j=0}^{3} f(i,j) \cos\left[\frac{(2i+1)\pi}{2\times4}\times0\right]\cos\left[\frac{(2j+1)\pi}{2\times4}\times1\right]$$
$$= 9.9 \times 10^{-6}$$

$$F(0,2) = \sqrt{1/4} \times \sqrt{1/2} \sum_{i=0}^{3} \sum_{j=0}^{3} f(i,j) \cos\left[\frac{(2i+1)\pi}{2\times4}\times0\right]\cos\left[\frac{(2j+1)\pi}{2\times4}\times2\right]$$
$$= -1.1 \times 10^{-5}$$
$$\cdots\cdots$$

$$F(3,3) = \sqrt{2/4} \times \sqrt{2/4} \sum_{i=0}^{3} \sum_{j=0}^{3} f(i,j) \cos\left[\frac{(2i+1)\pi}{2\times4}\times3\right]\cos\left[\frac{(2j+1)\pi}{2\times4}\times3\right]$$
$$= 3.8 \times 10^{-13}$$

图 11-6 给出了离散余弦变换示例，其中，图 11-6(b)展示了图 11-6(a)经过离散余弦变换后的 DCT 系数矩阵。图像中的值都聚集到了左上角的 DC 系数的位置，其余位置均约为 0。离散余弦变换所产生的效果就是把图像中的低频分量向 DC 系数聚集，高频分量向右下角聚集。由于一般图像的大部分分量都是低频分量，所以离散余弦变换能起到数据压缩的作用。

100	100	100	100
100	100	100	100
100	100	100	100
100	100	100	100

(a) 原图

400	0	0	0
0	0	0	0
0	0	0	0
0	0	0	0

(b) DCT系数矩阵

图 11-6　离散余弦变换示例

C++ 示例代码 11-2：离散余弦变换

```cpp
void CGIPCoarseDlg::OnBnClickedDct(){
    double pi = 3.1415926;
    int height = m_bmp.m_infoHeader.biHeight;
    int width = m_bmp.m_infoHeader.biWidth;
    const int N = 8;                    //设置 DCT 的子块大小
    vector<double>c_v;
    vector<double>c_u;
    c_v.push_back(sqrt(1.0 / N));
    c_u.push_back(sqrt(1.0 / N));
    for (int i = 0; i < N; i++){
        c_v.push_back(sqrt(2.0 / N));    //设置 c(v) 的初始值
```

```
            c_u.push_back(sqrt(2.0 / N));         //设置 c(u)的初始值
    }
    double max = -1e10 ;
    double min = 1e10;
    vector<vector<double>>dct_v (height+N-height%N, vector<double>());
    for (int x = 0; x < height; x=x+N){
        for (int y = 0; y < width; y=y+N){
            double mcu[N][N];
            memset(mcu, 0, sizeof(mcu));
            for (int u = 0; u < N; u++){
                for (int v = 0; v < N; v++){
                    if (x + u < height&&y + v < width){
                        BGR bgr = m_bmp.GetPixel(x + u, y + v);//row col
                            //获得灰度图
                        mcu[u][v] = bgr.Red * 0.299 + bgr.Green * 0.587 + bgr.
Blue * 0.114;
                    }
                }
            }
            for (int u = 0; u < N; u++){
                for (int v = 0; v < N; v++){
                    double sum = 0;
                    for (int i = 0; i < N; i++)    {
                        for (int j = 0; j < N; j++)    {
                            sum = sum + mcu[i][j] * cos((2 * i + 1) * pi /
                                (2 * N) * u) * cos((2 * j + 1) * pi / (2 * N) * v);
                        }
                    }
                    double tmp= c_u[u] * c_v[v] * sum;
                    if (tmp > max)
                        max = tmp;
                    if (tmp < min)
                        min = tmp;
                    dct_v[x+u].push_back(tmp);
                }
            }
        }
    }
    for (int i = 0; i < height + N - height % N; i++){
        dct.push_back(dct_v[i]);              //保留 DCT 的原始结果
        for (int j = 0; j < width; j++){
            if (i < height){
                //将 DCT 的变换结果缩放到[0,255]区间
```

```
                      int tmp = (dct_v[i][j] - min) / (max - min) * 255;
                      m_bmp.Set(i, j, tmp, tmp, tmp);
                  }
              }
          }

          Invalidate(FALSE);
      }
```

图 11-7 显示了离散余弦变换前后的图像,图 11-7(a)为原始图像,图 11-7(b)为图 11-7(a)转为灰度图后进行离散余弦变换后的图像。

(a) 原始图像　　　　　　　　　　　　　　　(b) 离散余弦变换后的图像

图 11-7　离散余弦变换前后的图像

11.3.2　逆离散余弦变换

虽然离散余弦变换能够去除空间冗余,但是在图像显示阶段并不能直接显示去除冗余后的图像,而应该解码成原始的图像,所以必须存在一种逆变换。与 DCT-Ⅱ 相对的一种变换是 DCT-Ⅲ,它是 DCT-Ⅱ 的逆变换,或者简单称为逆离散余弦变换。它的表达式为

$$f(i,j) = \sum_{u=0}^{N-1} \sum_{v=0}^{N-1} c(u)c(v)F(u,v)\cos\left[\frac{(2i+1)\pi}{2N}u\right]\cos\left[\frac{(2j+1)\pi}{2N}v\right] \quad (11\text{-}11)$$

其中,$0 \leqslant u, v < N$,$c(u)$、$c(v)$ 分别为

$$c(u) = \begin{cases} \sqrt{1/N}, & u=1 \\ \sqrt{2/N}, & u \neq 1 \end{cases}, \quad c(u) = \begin{cases} \sqrt{1/N}, & u=1 \\ \sqrt{2/N}, & u \neq 1 \end{cases} \quad (11\text{-}12)$$

对图 11-6(a)的矩阵进行逆离散余弦变换如下。

$$f(0,0) = \sum_{u=0}^{N-1} \sum_{v=0}^{N-1} c(u)c(v)F(u,v)\cos\left[\frac{\pi}{8}u\right]\cos\left[\frac{\pi}{8}v\right] = 100$$

$$f(0,1) = \sum_{u=0}^{N-1} \sum_{v=0}^{N-1} c(u)c(v)F(u,v)\cos\left[\frac{\pi}{8}u\right]\cos\left[\frac{3\pi}{8}v\right] = 100$$

$$f(0,2) = \sum_{u=0}^{N-1} \sum_{v=0}^{N-1} c(u)c(v)F(u,v)\cos\left[\frac{\pi}{8}u\right]\cos\left[\frac{5\pi}{8}v\right] = 100$$

……

$$f(3,3) = \sum_{u=0}^{N-1} \sum_{v=0}^{N-1} c(u)c(v)F(u,v)\cos\left[\frac{7\pi}{8}u\right]\cos\left[\frac{7\pi}{8}v\right] = 100$$

图 11-8 为图 11-6(a)经过离散余弦变换后再次经过逆离散余弦变换的结果,可以发现其与图 11-6(a)的内容一致。

100	100	100	100
100	100	100	100
100	100	100	100
100	100	100	100

图 11-8　逆离散余弦变换结果

C++ 示例代码 11-3:逆离散余弦变换

```cpp
void CGIPCoarseDlg::OnBnClickedInverseDct(){
    double pi = 3.1415926;
    int height = m_bmp.m_infoHeader.biHeight;
    int width = m_bmp.m_infoHeader.biWidth;
    const int N = 8;
    vector<double>c_v;
    vector<double>c_u;
    c_v.push_back(sqrt(1.0 / N));
    c_u.push_back(sqrt(1.0 / N));
    for (int i = 0; i < N; i++){
        c_v.push_back(sqrt(2.0 / N));
        c_u.push_back(sqrt(2.0 / N));
    }
    for (int x = 0; x< height; x = x + N){
        for (int y = 0; y < width; y = y + N){
            for (int i = 0; i < N; i++){
                for (int j = 0; j < N; j++){
                    double sum = 0;
                    for (int v= 0; v < N; v++){
                        for (int u = 0; u < N; u++){
                            sum=sum + c_u[u] * c_v[v] * dct[x+u][y+v] *
                                cos((2 * i + 1) * pi / (2 * N) * u) *
                                cos((2 * j + 1) * pi / (2 * N) * v);
                        }
                    }
                    if (x + i < height&&y + j < width)
                        m_bmp.Set(x+i,y+j,(int)sum, (int)sum, (int)sum);
```

```
                    }
                }
            }
        }
    Invalidate(FALSE);
}
```

图 11-9 为图 11-7(b)经过逆离散余弦变换后的图像。

图 11-9   逆离散余弦变换后的图像

图 11-10 显示了对整幅图像进行离散余弦变换的结果，即式(11-8)中的 N 为整幅图

(a) 原始图像

(b) DCT

(c) DFT

(c) 对(b)进行DCT逆变换

图 11-10   离散余弦变换和离散傅里叶变换

像的边长。图 11-10(a)为原始图像,图 11-10(b)为图 11-10(a)将整幅图像作为一个子块进行 DCT 后的图像。可以看到,图 11-10(b)越往左上角(即 DC 系数位置)越明亮,像素点的值越大;越往右下角,越暗。图 11-10(d)为图 11-10(b)进行逆离散余弦变换的结果,可以发现图 11-10(d)和图 11-10(a)是一致的。图 11-10(c)为图 11-10(a)的离散傅里叶变换结果。相比于离散傅里叶变换,离散余弦变换能更好地聚集图像的低频分量。其中图 11-10(b)与图 11-10(c)为变换结果转换至 0～255 后的图像。

◆ 11.4　不相关的信息

图像压缩的基本方法是去除图像中的多余数据。考虑到人类的视觉以及图像的应用,很显然,人类容易忽视的信息或者与图像应用的目的无关的信息应该删去。图 11-11 为不相关信息示例,其中,图 11-11(a)是一幅由计算机自动生成的 512×512 分辨率的图像,图 11-11(b)为图 11-11(a)的平均灰度所表示的图像,即原始图 11-11(a)中 512×512×8 比特数据可以减少到只用一个平均灰度和图像的长宽表示。而且可以观察到,通过 8 比特的平均灰度表示重建出来的图像 11-11(b)与原图 11-11(a)相比,图像质量并没有明显下降。

(a) 计算机生成的图像　　　　　(b) 对(a)进行灰度平均

图 11-11　不相关信息示例

图 11-12(a)显示了图像 11-11(a)的直方图。可以观察到整幅图像的灰度值并不是一个单一的值,而是分布在 119～121。但是,通常人类的视觉会自动忽略这一细小的差异。图 11-12(b)显示了图 11-11(a)经过直方图均衡处理后的结果,从中可以看到在原图中不明显的区域。如果直接使用平均灰度表示,就会失去这个隐藏的结构。而这些隐藏结构是否应该删除要视具体的应用决定。在不同的领域,如医学图像,则应该保留这些信息;如果是普通视频图像中的某一帧,则删除该信息可以减小数据的体积。通常把这种信息的去除称为量化。数字信号处理中,量化是指将信号的连续值变换为多个近似离散值的过程,因此量化会导致部分信息丢失。

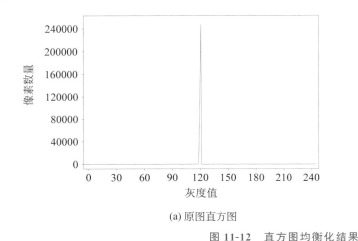

(a) 原图直方图　　　　　　　(b) 均衡化后

图 11-12　直方图均衡化结果

◆ 11.5　JPEG 压缩

11.5.1　JPEG 标准

JPEG 标准是一种用于连续色调图像数字压缩的编码标准,适用于静止图像和电视图像帧序列的压缩,是一种常用的压缩标准。通常,JPEG 的有损压缩能在减少很小一部分图像质量的情况下达到 10:1 的压缩率。因此,JPEG 自从 1992 年问世以来,一直是世界上应用较广泛的图像压缩标准。JPEG 标准规定了编码和解码器,定义了如何将图像压缩为字节流以及如何将其解压回图像。使用 JPEG 压缩标准的图像文件被称为 JPEG 文件。一般地,JPEG 文件的扩展名包括 JPEG,jpg,jpe,jgif,jfi,jif 等。

JPEG 是联合图像专家组(Joint Photographic Experts Group)的缩写,最初是由国际电报电话咨询委员会(CCITT,现在的国际电信联盟电信标准分局(ITU-T for ITU Telecommunication Standardization Sector))与国际标准化组织(ISO)在 1986 年成立的一个专家小组,并且是 ISO/IEC 下属一个制定信息技术标准的专业委员会。1992 年 9 月 18 日,联合图像专家组推出 JPEG 压缩标准,被 ISO 命名为 ISO/IEC 10918 标准。JPEG 标准是国际上第一个彩色、灰度、静止图像标准。

与其他相同图像质量的文件格式对比,JPEG 是压缩比相对较高的格式之一。目前,JPEG 共包含 2 种不同的编码系统,包括基于离散余弦变换的有损编码系统以及基于差值编码的无损编码系统。无损编码系统保证了图像在压缩和解压后与原始图像的一致性。目前最常用的则是基于离散余弦变换的有损编码系统。

JPEG 包含如下 4 种不同的工作方式。

(1) 顺序方式:对每幅图像,按从左到右、从上到下扫描图像分量完成编码。

(2) 累进方式:采用由粗到细的累进过程,对图像进行多次扫描以完成编码。

(3) 无失真压缩:无失真编码保证了解码后图像信息和原始图像完全一致,当然这也导致其压缩率小于有失真的压缩编码。

（4）分层方式：图像会在不同的分辨率下进行编码，从而加速图像的传输速度。在传输速度较慢的情况下，接收端可以选择对低分辨率的图像解码。

11.5.2 节将详细介绍 JPEG 编码中最常用的基于离散余弦变换的顺序型编码模式，又称为基线（Baseline）系统。

11.5.2　JPEG 压缩过程

JPEG 基线编码过程大致如下。

（1）将图像分割成 8×8 的小块。

（2）将每个小块从 RGB 颜色空间转换到 YCbCr 颜色空间。

（3）利用 DCT 去除数据的空间冗余。

（4）对 DCT 系数进行数据量化，简化数据。

（5）对量化后的结果进行 ZigZag 排序，使其符合 DCT 的特点。

（6）对 DCT 结果进行熵编码，进一步减小数据的长度并写入文件。

图 11-13 给出了 JPEG 图像压缩过程。

图 11-13　JPEG 图像压缩过程

1. 图像分割

JPEG 压缩的第一步是对图像进行分割，将图像分成多个 8×8 大小的图像块，通常称之为最小编码单元（Minimum Coded Unit，MCU）。图 11-14（a）为原始图像，图 11-14（b）显示了图 11-14（a）所示图像分割后的效果。如果图像的长、宽不能被 8 整除，则可以通过填充 0 值补全，直到能被 8 整除。

(a)原始图像

(b)图像分割后

图 11-14　图像分割示意

2. 颜色空间转换

在对图像进行分割后,需要把每个 8×8 的 MCU 都从 RGB 颜色空间映射到 YCbCr 颜色空间。颜色空间也称为色彩模型,是通过一组值表示颜色的方法。RGB 颜色空间就是我们常用的红绿蓝颜色空间。但是,RGB 颜色空间将色调、饱和度、亮度 3 个分量放在一起,不适合图像处理,所以需要对其进行颜色空间转换。YCbCr 颜色空间则来源于 YUV 色彩模型,是 YUV 色彩模型压缩和偏移的版本。

通常,人类对颜色高度敏感的视锥细胞数为 600 万～700 万,而对亮度敏感的视杆细胞数则为(7500～15000)万,这就造成人类视觉对亮度的敏感性远远大于对颜色的敏感性,因此需要将颜色空间中的亮度独立出来。YUV 中的 Y 代表亮度,即灰阶值,U 和 V 代表色度,是构成颜色的两个分量。在 YCbCr 中,Y 指代亮度,Cb 指代蓝色色差(蓝色色度),Cr 指代红色色差(红色色度)。

色差最早起源于电视行业,因为早期大部分电视为黑白电视,所以只需要处理亮度信息。后来出现了彩色电视,为了能让黑白电视和彩色电视处理同一组信号,就加入了两个色差信号。彩色电视比黑白电视多处理两组色差信号。JPEG 采用 ITU.R BT-601 规定的 RGB 转 YCbCr 方式,其计算公式为

$$\begin{cases} Y = 0.299R + 0.587G + 0.114B \\ Cb = -0.168736R - 0.331264G + 0.5B + 128 \\ Cr = 0.5R - 0.418688G - 0.081312B + 128 \end{cases} \tag{11-13}$$

YUV 色彩模型将亮度信息从图像中分离,同时对图像的亮度和色度采用不同的采样率。常见的有 4:4:4、4:2:2、4:1:1 和 4:2:0 共 4 种采样率。其中 4:4:4 是无信道压缩的全向传输,4:2:2 对后面两个通道只提取一半的信号,4:1:1 意味着每采样 4 个亮度值时采样 1 个色度值,4:2:0 则表示对色差信号 Cb 和 Cr 进行交替采样。在本节中对 YCbCr 采用 4:4:4 的采样率。图 11-15 显示了 4:2:2、4:1:1、4:2:0 共 3 种不同的采样方法。

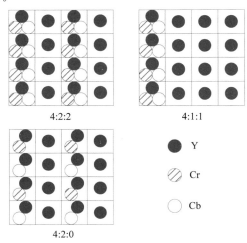

图 11-15　YCbCr 3 种不同的采样方法

式(11-14)表示了从 YCbCr 空间转 RGB 空间的计算方法。

$$\begin{cases} R = Y + 1.402(Cr - 128) \\ G = Y - 0.34414(Cb - 128) - 0.71414(Cr - 128) \\ B = Y + 1.772(Cb - 128) \end{cases} \tag{11-14}$$

通常,在 JPEG 的压缩实现过程中会把 YCbCr 的值域由[0,255]转换到[-128,128],即 YCbCr 的 3 个值都减去 128,可以表示为

$$\begin{cases} Y' = 0.299R + 0.587G + 0.114B - 128 \\ Cb' = -0.168736R - 0.331264G + 0.5B \\ Cr' = 0.5R - 0.418688G - 0.081312B \end{cases} \tag{11-15}$$

3. DCT

经过 YCbCr 转换后,需要对转换后的图像进行 DCT 来去除空间冗余。这里分别对每个 8×8 的 MCU 进行 DCT。因为对于一个 8×8 的 MCU,相邻像素的颜色不会有太大的差异,不会存在太多的高频分量。图 11-16 显示了图 11-14(b)左上角的 MCU 采用式(11-13)计算 Y 分量进行 DCT 后的结果。图 11-17(a)、(b)、(c)分别显示了图 11-14(b)中 Y、Cb、Cr 3 个分量经过 DCT 后再转换至[0,255]区间的结果。

-48.25	19.92	7.62	0.15	-0.25	-0.27	0.09	-0.32
-170.06	14.65	-6.32	-0.23	-0.03	-0.02	-0.19	0.05
-41.71	-25.12	-0.13	0.12	0.69	0.67	0.00	-0.08
107.73	-13.88	9.28	-0.30	-0.18	-0.13	0.39	0.02
133.00	0.16	-14.90	-0.31	0.00	-0.3	-0.05	-0.40
19.98	27.59	-0.31	1.04	-0.27	-0.05	-0.44	-0.24
-119.65	26.18	30.75	0.12	-0.29	-0.05	-0.13	-0.24
-114.97	36.97	37.81	-0.13	-0.13	0.17	-0.37	0.20

图 11-16　Y 分量 DCT 结果

4. 数据量化

完成 DCT 后图像数据仍然处于可逆的、无损的状态。接下来需要做的是减少这些浮点数的存储空间,同时又要尽可能地保留图像的完整信息。JPEG 标准采用数据量化来减少数据存储空间。数据量化通过降低数值的精度减少存储数值所需的比特数。JPEG 标准提供了标准亮度量化表和标准色差量化表来实现数据量化。标准亮度量化表 Q_Y 用于处理亮度分量 Y,标准色差量化表 Q_C 用于处理色差分量 Cr 和 Cb。

(a) Y分量DCT结果   (b) Cb分量DCT结果

(c) Cr分量DCT结果

图 11-17　YCbCr 经 DCT 后的结果

$$Q_Y = \begin{bmatrix} 16 & 11 & 10 & 16 & 24 & 40 & 51 & 61 \\ 12 & 12 & 14 & 19 & 26 & 58 & 60 & 55 \\ 14 & 13 & 16 & 24 & 40 & 57 & 69 & 56 \\ 14 & 17 & 22 & 29 & 51 & 87 & 80 & 62 \\ 18 & 22 & 37 & 56 & 68 & 109 & 103 & 77 \\ 24 & 35 & 55 & 64 & 81 & 104 & 113 & 92 \\ 49 & 64 & 78 & 87 & 103 & 121 & 120 & 101 \\ 72 & 92 & 95 & 98 & 112 & 100 & 103 & 99 \end{bmatrix}$$ (11-16)

$$Q_C = \begin{bmatrix} 17 & 18 & 24 & 47 & 99 & 99 & 99 & 99 \\ 18 & 21 & 26 & 66 & 99 & 99 & 99 & 99 \\ 24 & 26 & 56 & 99 & 99 & 99 & 99 & 99 \\ 47 & 66 & 99 & 99 & 99 & 99 & 99 & 99 \\ 99 & 99 & 99 & 99 & 99 & 99 & 99 & 99 \\ 99 & 99 & 99 & 99 & 99 & 99 & 99 & 99 \\ 99 & 99 & 99 & 99 & 99 & 99 & 99 & 99 \\ 99 & 99 & 99 & 99 & 99 & 99 & 99 & 99 \end{bmatrix}$$ (11-17)

量化的计算方式为

$$B_{i,j} = \text{round}\left(\frac{G_{i,j}}{Q_{i,j}}\right)$$ (11-18)

其中，$G_{i,j}$ 为 8×8 的 MCU 经过 DCT 后矩阵中的第 i 行第 j 列的值，$Q_{i,j}$ 为式(11-16)所示的量化表中第 i 行第 j 列的值，round 函数对结果进行四舍五入，去除小数部分。可以观察到在量化表 Q_Y 和 Q_C 中，左上角的数值都比较小，相对地，越靠近右下角，数值越大。因为经过 DCT 后，MCU 中的低频分量聚集到了左上角 DC 系数的位置。距离 DC 系数越近，对图像的贡献越大，就需要更小的量化系数，从而得到更高的量化精度。比如在 Q_Y 的(0,0)位置值为 16，那么去除小数点后的最大误差则为 $0.5 \times 16 = 8$。距离 DC 系数越远，其值对图像的贡献越小，所以相对的量化的精度要求较低，可以使用较大的量化值。在 Q_Y 的(7,7)位置值为 99，那么理论最大误差为 $0.5 \times 99 = 49.5$。但是，经过 DCT 后，在(7,7)位置的值非常接近 0，因此不会出现较大误差。

图 11-18 给出了图 11-14(b)左上角 MCU 的 Y 分量的量化结果。图 11-19 给出了图 11-18 的去量化结果(相当于还原)。去量化结果由量化结果乘以对应的标准量化表得到。对比图 11-19 的去量化结果和图 11-16 的原始结果，可以发现两者并不相等，说明量化已经对图像信息造成了一定的损失。

-3	2	1	0	0	0	0	0
-14	1	0	0	0	0	0	0
-3	2	0	0	0	0	0	0
8	-1	0	0	0	0	0	0
7	0	0	0	0	0	0	0
1	1	0	0	0	0	0	0
-2	0	0	0	0	0	0	0
-2	0	0	0	0	0	0	0

图 11-18　量化结果

-48	22	10	0	0	0	0	0
-168	12	0	0	0	0	0	0
-42	-26	0	0	0	0	0	0
112	-17	0	0	0	0	0	0
126	0	0	0	0	0	0	0
24	35	0	0	0	0	0	0
-98	0	0	0	0	0	0	0
-144	0	0	0	0	0	0	0

图 11-19　去量化结果

经过量化之后，可以看到 MCU 中的值不仅舍去了小数部分，并且大部分值都变为了 0。图 11-20 显示了图 11-14(a)经过 YCrCb 变换、DCT、量化后再做逆变换所得结果。可以看到，虽然量化使得图像损失了很小的一部分信息，然而去量化后的图像与原始图像相比，在人的视觉感官上并没有一个很明显的差异。另外，因为量化使得图像损失了部分精度，所以图像从无损状态进入了有损状态。

图 11-20　量化后再去量化(还原)的图像

5. ZigZag 排序

对于 8×8 的 MCU,其值都是按从左到右、从上到下的顺序存放的。显然,这并不符合 DCT 能把低频分量聚集到左上角这个特点。所以,接下来需要对图像数据重新排序。在 JPEG 压缩中采用 ZigZag 扫描排序,使其变为一维的序列。图 11-21 显示将 YCbCr 中亮度分量左上角 8×8 的 MCU 进行 ZigZag 排序,得到序列 $-3,2,-14,-3,1,1,\cdots,0$。可以观察到,经过 ZigZag 排序后序列中的非零字符聚集到了一起。

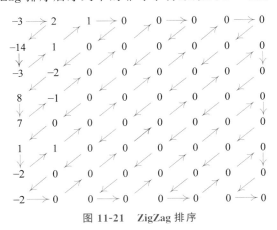

图 11-21 ZigZag 排序

6. 熵编码

JPEG 标准中给定了两种熵编码方式,包括哈夫曼编码和算术编码。这里主要采用哈夫曼编码。在进行哈夫曼编码前,首先需要将 ZigZag 排序后的序列进行差分脉冲编码调制和 RLE 编码转换成较短的中间编码。

7. 差分脉冲编码调制

将 ZigZag 排序后的序列中的 DC 分量进行差分脉冲编码调制(Differential Pulse Code Modulation,DPCM)。MCU 经 DCT 后 DC 分量和 AC 分量之间的差异较大,但是在相邻的 MCU 中 DC 分量之间的差距较小。因为大部分的图像颜色在 8×8 的 MCU 之间并不会有太大的波动,所以可以只保留第一个 MCU 的 DC 分量,对后续 MCU 的 DC 分量只保留与前者的差值,从而减小序列的数值。假设存在序列:

$$-3,-5,-10,-10,-9,-15,-30,-21,-20,-14,-13$$

将上面的序列经过差分脉冲编码调制如下:

$$-3,-2,-5,0,1,-6,-15,9,1,6,1$$

8. RLE 编码

RLE(Run Length Encoding)编码的全称为行程编码、运行长度编码或者游程编码。

它是一种非常简单的非破坏资料压缩法,并且压缩和解压缩都很方便。假设存在序列:

$$1,1,1,0,0,2,2,2,0,0,0,0,$$

它的具体编码过程如下:第一个字符为1,并且重复了3次,记为(1,3),接下来计算下一个与前一个字符不同的字符,即第四个字符0,它重复了2次,记为(0,2)。以此类推,可以获得该序列的 RLE 编码为(1,3),(0,2),(2,3),(0,3)。这种编码对于拥有大量连续重复字符的序列有较高的压缩率。对于像 1,2,3,4,5,6,7 这类不出现连续重复字符的序列,可能会造成编码后的长度超过原始序列的长度。在 JPEG 中针对经过 ZigZag 排序后的序列,主要对交流变量(AC)中的字符 0 进行 RLE 编码。如果某个非零字符后面全为0,则将其表示为 EOB。

假设存在 ZigZag 排序序列:

$$16,1,-1,0,0,2,0,0,0,\cdots,0,$$

它可以表示为 16,(0,1,1),(0,1,-1),(2,2,2),EOB。

(0,1,1)中的0表示在字符16之后到当前字符1之间0的出现次数为0,第一个1表示当前字符1的二进制编码长度为1,第二个1表示当前字符为1。

(0,1,-1)中的0表示在字符1之后到当前字符-1之间0的出现次数为0,第一个1表示当前字符-1的二进制编码长度为1,-1表示当前字符为-1。

(2,2,2)对应序列中的第6个字符2(当前字符),(2,2,2)中的第一个2表示第6个字符(当前字符)前面有2个零,第二个2表示当前字符2的二进制编码长度有两位(2的二进制编码为10),最后一个2表示第6个字符(当前字符)为2。如果两个非零数中间出现连续16个0,则表示为(15,0,0)。

9. 哈夫曼编码

经过 DPCM 和 RLE 编码后,就可以采用哈夫曼编码进一步压缩。JPEG 提供了 4 张默认的哈夫曼编码表,包括亮度 DC 哈夫曼编码表(表 11-3)、色度 DC 哈夫曼编码表(表 11-4)、亮度 AC 哈夫曼编码表(表 11-5)和色度 AC 哈夫曼编码表(表 11-6)。这 4 张编码表是根据大量图像统计得出的。

表 11-3 JPEG 推荐的亮度直流(DC)哈夫曼编码表

类别(原码二进制位数)	码长	码字	类别(原码二进制位数)	码长	码字
0	2	00	6	4	1110
1	3	010	7	5	11110
2	3	011	8	6	111110
3	3	100	9	7	1111110
4	3	101	10	8	11111110
5	3	110	11	9	111111110

表 11-4   JPEG 推荐的色度直流（DC）哈夫曼编码表

类　别	码　长	码　字	类　别	码　长	码　字
0	2	00	6	6	111110
1	2	01	7	7	1111110
2	2	10	8	8	11111110
3	3	110	9	9	111111110
4	4	1110	10	10	1111111110
5	5	11110	11	11	11111111110

表 11-5   JPEG 推荐的亮度交流（AC）哈夫曼编码表

行程/类别	码长	码　字	行程/类别	码长	码　字
0/0（EOB）	4	1010	8/1	9	111111000
0/1	2	00	8/2	15	111111111000000
0/2	2	01	8/3	16	1111111110110110
0/3	3	100	8/4	16	1111111110110111
0/4	4	1011	8/5	16	1111111110111000
0/5	5	11010	8/6	16	1111111110111001
0/6	7	1111000	8/7	16	1111111110111010
0/7	8	11111000	8/8	16	1111111110111011
0/8	10	1111110110	8/9	16	1111111110111100
0/9	16	1111111110000010	8/A	16	1111111110111101
0/A	16	1111111110000011	9/1	9	111111001
1/1	4	1100	9/2	16	1111111110111110
1/2	5	11011	9/3	16	1111111110111111
1/3	7	1111001	9/4	16	1111111111000000
1/4	9	111110110	9/5	16	1111111111000001
1/5	11	11111110110	9/6	16	1111111111000010
1/6	16	1111111110000100	9/7	16	1111111111000011
1/7	16	1111111110000101	9/8	16	1111111111000100
1/8	16	1111111110000110	9/9	16	1111111111000101
1/9	16	1111111110000111	9/A	16	1111111111000110
1/A	16	1111111110001000	A/1	9	111111010
2/1	5	11100	A/2	16	1111111111000111

续表

行程/类别	码长	码 字	行程/类别	码长	码 字
2/2	8	11111001	A/3	16	1111111111001000
2/3	10	1111110111	A/4	16	1111111111001001
2/4	12	111111110100	A/5	16	1111111111001010
2/5	16	1111111110001001	A/6	16	1111111111001011
2/6	16	1111111110001010	A/7	16	1111111111001100
2/7	16	1111111110001011	A/8	16	1111111111001101
2/8	16	1111111110001100	A/9	16	1111111111001110
2/9	16	1111111110001101	A/A	16	1111111111001111
2/A	16	1111111110001110	B/1	10	1111111001
3/1	6	111010	B/2	16	1111111111010000
3/2	9	111110111	B/3	16	1111111111010001
3/3	12	111111110101	B/4	16	1111111111010010
3/4	16	1111111110001111	B/5	16	1111111111010011
3/5	16	1111111110010000	B/6	16	1111111111010100
3/6	16	1111111110010001	B/7	16	1111111111010101
3/7	16	1111111110010010	B/8	16	1111111111010110
3/8	16	1111111110010011	B/9	16	1111111111010111
3/9	16	1111111110010100	B/A	16	1111111111011000
3/A	16	1111111110010101	C/1	10	1111111010
4/1	6	111011	C/2	16	1111111111011001
4/2	10	1111111000	C/3	16	1111111111011010
4/3	16	1111111110010110	C/4	16	1111111111011011
4/4	16	1111111110010111	C/5	16	1111111111011100
4/5	16	1111111110011000	C/6	16	1111111111011101
4/6	16	1111111110011001	C/7	16	1111111111011110
4/7	16	1111111110011010	C/8	16	1111111111011111
4/8	16	1111111110011011	C/9	16	1111111111100000
4/9	16	1111111110011100	C/A	16	1111111111100001
4/A	16	1111111110011101	D/1	11	11111111000
5/1	7	1111010	D/2	16	1111111111100010
5/2	11	11111110111	D/3	16	1111111111100011

行程/类别	码长	码　字	行程/类别	码长	码　字
5/3	16	1111111110011110	D/4	16	1111111111100100
5/4	16	1111111110011111	D/5	16	1111111111100101
5/5	16	1111111110100000	D/6	16	1111111111100110
5/6	16	1111111110100001	D/7	16	1111111111100111
5/7	16	1111111110100010	D/8	16	1111111111101000
5/8	16	1111111110100011	D/9	16	1111111111101001
5/9	16	1111111110100100	D/A	16	1111111111101010
5/A	16	1111111110100101	E/1	16	1111111111101011
6/1	7	1111011	E/2	16	1111111111101100
6/2	12	111111110110	E/3	16	1111111111101101
6/3	16	1111111110100110	E/4	16	1111111111101110
6/4	16	1111111110100111	E/5	16	1111111111101111
6/5	16	1111111110101000	E/6	16	1111111111110000
6/6	16	1111111110101001	E/7	16	1111111111110001
6/7	16	1111111110101010	E/8	16	1111111111110010
6/8	16	1111111110101011	E/9	16	1111111111110011
6/9	16	1111111110101100	E/A	16	1111111111110100
6/A	16	1111111110101101	F/0 (ZRL)	11	11111111001
7/1	8	11111010	F/1	16	1111111111110101
7/2	12	111111110111	F/2	16	1111111111110110
7/3	16	1111111110101110	F/3	16	1111111111110111
7/4	16	1111111110101111	F/4	16	1111111111111000
7/5	16	1111111110110000	F/5	16	1111111111111001
7/6	16	1111111110110001	F/6	16	1111111111111010
7/7	16	1111111110110010	F/7	16	1111111111111011
7/8	16	1111111110110011	F/8	16	1111111111111100
7/9	16	1111111110110100	F/9	16	1111111111111101
7/A	16	1111111110110101	F/A	16	1111111111111110

表 11-6　JPEG 推荐的色度交流（AC）哈夫曼编码表

行程/类别	码长	码　字	行程/类别	码长	码　字
0/0（EOB）	2	00	8/1	8	11111001
0/1	2	01	8/2	16	1111111110110111
0/2	3	100	8/3	16	1111111110111000
0/3	4	1010	8/4	16	1111111110111001
0/4	5	11000	8/5	16	1111111110111010
0/5	5	11001	8/6	16	1111111110111011
0/6	6	111000	8/7	16	1111111110111100
0/7	7	1111000	8/8	16	1111111110111101
0/8	9	111110100	8/9	16	1111111110111110
0/9	10	1111110110	8/A	16	1111111110111111
0/A	12	111111110100	9/1	9	111110111
1/1	4	1011	9/2	16	1111111111000000
1/2	6	111001	9/3	16	1111111111000001
1/3	8	11110110	9/4	16	1111111111000010
1/4	9	111110101	9/5	16	1111111111000011
1/5	11	11111110110	9/6	16	1111111111000100
1/6	12	111111110101	9/7	16	1111111111000101
1/7	16	1111111110001000	9/8	16	1111111111000110
1/8	16	1111111110001001	9/9	16	1111111111000111
1/9	16	1111111110001010	9/A	16	1111111111001000
1/A	16	1111111110001011	A/1	9	111111000
2/1	5	11010	A/2	16	1111111111001001
2/2	8	11110111	A/3	16	1111111111001010
2/3	10	1111110111	A/4	16	1111111111001011
2/4	12	111111110110	A/5	16	1111111111001100
2/5	15	111111111000010	A/6	16	1111111111001101
2/6	16	1111111110001100	A/7	16	1111111111001110
2/7	16	1111111110001101	A/8	16	1111111111001111
2/8	16	1111111110001110	A/9	16	1111111111010000
2/9	16	1111111110001111	A/A	16	1111111111010001
2/A	16	1111111110010000	B/1	9	111111001

行程/类别	码长	码 字	行程/类别	码长	码 字
3/1	5	11011	B/2	16	1111111111010010
3/2	8	11111000	B/3	16	1111111111010011
3/3	10	1111111000	B/4	16	1111111111010100
3/4	12	111111110111	B/5	16	1111111111010101
3/5	16	1111111110010001	B/6	16	1111111111010110
3/6	16	1111111110010010	B/7	16	1111111111010111
3/7	16	1111111110010011	B/8	16	1111111111011000
3/8	16	1111111110010100	B/9	16	1111111111011001
3/9	16	1111111110010101	B/A	16	1111111111011010
3/A	16	1111111110010110	C/1	9	111111010
4/1	6	111010	C/2	16	1111111111011011
4/2	9	111110110	C/3	16	1111111111011100
4/3	16	1111111110010111	C/4	16	1111111111011101
4/4	16	1111111110011000	C/5	16	1111111111011110
4/5	16	1111111110011001	C/6	16	1111111111011111
4/6	16	1111111110011010	C/7	16	1111111111100000
4/7	16	1111111110011011	C/8	16	1111111111100001
4/8	16	1111111110011100	C/9	16	1111111111100010
4/9	16	1111111110011101	C/A	16	1111111111100011
4/A	16	1111111110011110	D/1	11	11111111001
5/1	6	111011	D/2	16	1111111111100100
5/2	10	1111111001	D/3	16	1111111111100101
5/3	16	1111111110011111	D/4	16	1111111111100110
5/4	16	1111111110100000	D/5	16	1111111111100111
5/5	16	1111111110100001	D/6	16	1111111111101000
5/6	16	1111111110100010	D/7	16	1111111111101001
5/7	16	1111111110100011	D/8	16	1111111111101010
5/8	16	1111111110100100	D/9	16	1111111111101011
5/9	16	1111111110100101	D/A	16	1111111111101100
5/A	16	1111111110100110	E/1	14	11111111100000

行程/类别	码长	码　字	行程/类别	码长	码　字
6/1	7	1111001	E/2	16	1111111111101101
6/2	11	11111110111	E/3	16	1111111111101110
6/3	16	1111111110100111	E/4	16	1111111111101111
6/4	16	1111111110101000	E/5	16	1111111111110000
6/5	16	1111111110101001	E/6	16	1111111111110001
6/6	16	1111111110101010	E/7	16	1111111111110010
6/7	16	1111111110101011	E/8	16	1111111111110011
6/8	16	1111111110101100	E/9	16	1111111111110100
6/9	16	1111111110101101	E/A	16	1111111111110101
6/A	16	1111111110101110	F/0 (ZRL)	10	1111111010
7/1	7	1111010	F/1	15	111111111000011
7/2	11	11111111000	F/2	16	1111111111110110
7/3	16	1111111110101111	F/3	16	1111111111110111
7/4	16	1111111110110000	F/4	16	1111111111111000
7/5	16	1111111110110001	F/5	16	1111111111111001
7/6	16	1111111110110010	F/6	16	1111111111111010
7/7	16	1111111110110011	F/7	16	1111111111111011
7/8	16	1111111110110100	F/8	16	1111111111111100
7/9	16	1111111110110101	F/9	16	1111111111111101
7/A	16	1111111110110110	F/A	16	1111111111111110

将图 11-18 中的量化结果进行 ZigZag 排序,得到序列:

$-3,2,-14,-3,1,1,0,0,-2,8,7,-1,0,0,0,0,0,0,0,0,0,1,-2,1,0,0,0,0,0,0,0,0,0,0,0,0,0,-2,0,\cdots,0$

第一个字符-3代表亮度 DC 分量,-3的二进制原码去除符号位后的表示为 11,共有 2 位,因此查询亮度直流(DC)哈夫曼编码表(表 11-3)的类别 2 得到码字为 011。将码字 011 与-3的二进制反码去除符号位后的码字 00 组合生成 01100。当 DC 分量为正时,直接根据其二进制原码长度查询亮度直流哈夫曼编码表;当 DC 分量为负值时,则根据其二进制原码去除符号位后的长度查表。同时,当 DC 分量为正时,直接将查询得到的码字与 DC 分量的二进制进行组合;当 DC 分量为负时,将查询得到的码字与 DC 分量二进制反码去除符号位后的码字进行组合。

接着对第二个字符 2 进行 RLE 编码得到(0,2,2)。查询亮度交流(AC)哈夫曼编码表(表 11-5),对应类别 0/2,获得码字 01,将其与 2 的二进制 10 组合形成 0110。这里 0/2

中 0 表示当前字符(2)与前一个非零字符−3 之间存在 0 个 0,2 表示当前字符 2 的二进制长度为 2。

对第三个字符−14 进行 RLE 编码得到(0,4,−14)。查询亮度交流(AC)哈夫曼编码表(表 11-5),对应类别 0/4,获得码字 1011,将其与−14 的二进制反码去除符号位后的码字 0001 组合形成 10110001。当 AC 分量为正时,根据分量的二进制长度查询亮度交流哈夫曼编码表;当 AC 分量为负时,则根据其二进制反码去除符号位后的码字长度查表,并且当 AC 分量为正时,将查询得到的码字与当前 AC 分量的二进制进行码字组合;当 AC 分量为负时,将查询得到的码字与当前 AC 分量的二进制反码去除符号位后的码字进行组合。

对第四个字符−3 进行 RLE 编码得到(0,2,−3)。查询亮度交流哈夫曼编码表,对应类别 0/2,获得码字 01,将其与 3 的二进制反码去除符号位后的码字 00 组合形成 0100。

第三十六个字符−2 后面的字符全为 0,可表示为 EOB,对应亮度交流哈夫曼编码表的 0/0(EOB)类别,因此只用码字 1010 表示。

另外,当出现连续 16 个字符 0 时,其 RLE 编码为(15,0,0),对应亮度交流哈夫曼编码表的 F/0(ZRL)类别,其码字为 11111111001。

最后可以获得二进制编码 0110,0011,0101,1000,1101,…,1010,其十六进制为 63,58,…,A,即图 11-22 中 offset 00000240 行最后一个字节开始的编码。

Offset	0	1	2	3	4	5	6	7	8	9	A	B	C	D	E	F	10	11	12	13	14	15	16	17	18	19	1A	1B	1C	1D	1E	1F
00000000	FF	D8	FF	E0	00	10	4A	46	49	46	00	01	01	00	00	01	00	01	00	00	FF	DB	00	84	00	10	0B	0C	0E	0C	0A	10
00000020	0E	0D	0E	12	11	10	13	18	28	1A	18	16	16	18	31	23	25	1D	28	3A	33	3D	3C	39	33	38	37	40	48	5C	4E	40
00000040	44	57	45	37	38	50	6D	51	57	5F	62	67	68	67	3E	4D	71	79	70	64	78	5C	65	67	63	01	11	12	12	18	15	18
00000060	2F	1A	1A	2F	63	42	38	42	63	63	63	63	63	63	63	63	63	63	63	63	63	63	63	63	63	63	63	63	63	63	63	63
00000080	63	63	63	63	63	63	63	63	63	63	63	63	63	63	63	63	63	63	63	63	63	63	63	63	63	63	FF	C0	00	11	08	08
000000A0	FC	0F	00	03	01	11	00	02	11	01	03	11	01	FF	C4	01	A2	00	00	01	05	01	01	01	01	01	01	00	00	00	00	00
000000C0	00	00	00	01	02	03	04	05	06	07	08	09	0A	0B	01	00	03	01	01	01	01	01	01	01	01	01	00	00	00	00	00	00
000000E0	01	02	03	04	05	06	07	08	09	0A	0B	10	00	02	01	03	03	02	04	03	05	05	04	04	00	00	01	7D	01	02	03	00
00000100	04	11	05	12	21	31	41	06	13	51	61	07	22	71	14	32	81	91	A1	08	23	42	B1	C1	15	52	D1	F0	24	33	62	72
00000120	82	09	0A	16	17	18	19	1A	25	26	27	28	29	2A	34	35	36	37	38	39	3A	43	44	45	46	47	48	49	4A	53	54	55
00000140	56	57	58	59	5A	63	64	65	66	67	68	69	6A	73	74	75	76	77	78	79	7A	83	84	85	86	87	88	89	8A	92	93	94
00000160	95	96	97	98	99	9A	A2	A3	A4	A5	A6	A7	A8	A9	AA	B2	B3	B4	B5	B6	B7	B8	B9	BA	C2	C3	C4	C5	C6	C7	C8	C9
00000180	CA	D2	D3	D4	D5	D6	D7	D8	D9	DA	E1	E2	E3	E4	E5	E6	E7	E8	E9	EA	F1	F2	F3	F4	F5	F6	F7	F8	F9	FA	11	00
000001A0	02	01	02	04	04	03	04	07	05	04	04	00	01	02	77	00	01	02	03	11	04	05	21	31	06	12	41	51	07	61	71	13
000001C0	22	32	81	08	14	42	91	A1	B1	C1	09	23	33	52	F0	15	62	72	D1	0A	16	24	34	E1	25	F1	17	18	19	1A	26	27
000001E0	28	29	2A	35	36	37	38	39	3A	43	44	45	46	47	48	49	4A	53	54	55	56	57	58	59	5A	63	64	65	66	67	68	69
00000200	6A	73	74	75	76	77	78	79	7A	82	83	84	85	86	87	88	89	8A	92	93	94	95	96	97	98	99	9A	A2	A3	A4	A5	A6
00000220	A7	A8	A9	AA	B2	B3	B4	B5	B6	B7	B8	B9	BA	C2	C3	C4	C5	C6	C7	C8	C9	CA	D2	D3	D4	D5	D6	D7	D8	D9	DA	E2
00000240	E3	E4	E5	E6	E7	E8	E9	EA	F2	F3	F4	F5	F6	F7	F8	F9	FA	FF	DA	00	0C	03	01	00	02	11	03	11	00	3F	00	63
00000260	58	A1	3F	2D	C4	E3	F1	53	FF	00	B2	D0	03	5A	C5	87	DD	B9	61	FE	FC	61	BF	96	28	02	23	63	73	FC	17	90
00000280	FE	30	11	FF	00	B3	50	01	B6	E4	36	C6	10	EF	ED	F3	E3	23	D7	A5	00	28	17	61	43	2D	A8	6F	FB	6C	A3	F9
000002A0	9A	00	86	E9	A5	32	6F	96	DE	48	97	18	C9	DA	C3	F4	26	80	28	5F	33	2A	23	A6	41	CE	39	14	98	22	CD	B5
000002C0	C2	18	41	E9	FE	35	9B	45	A6	38	4D	86	E0	F5	A9	B0	5C	95	67	5E	E6	A4	2E	2C	9B	64	5C	1F	5C	8A	68	A6
000002E0	F4	23	03	06	B5	4C	E6	7B	89	37	40	DD	AA	85	62	40	41	4E	28	0B	15	67	3D	6A	86	8A	4D	3B	C4	15	B3	9D
00000300	BE	BC	50	5A	2D	FD	AA	09	63	0C	B2	0F	A1	EB	40	CA	B3	80	E4	34	7B	CB	2F	4C	21	E0	D0	05	8D	36	4B	89
00000320	DC	5B	98	99	EE	4F	DD	53	C6	E1	ED	40	17	67	D2	F5	55	8D	E5	92	C5	95	10	64	9D	D9	FD	28	03	3E	F6	03
00000340	0C	16	F3	C9	75	14	91	4C	D8	06	25	F9	96	81	9A	D6	56	1A	15	D9	45	B8	D5	4C	C5	CE	D0	36	6D	A0	0D	F8
00000360	BC	35	A2	DA	36	E1	14	93	7B	33	F1	40	8B	50	DA	69	B6	E4	B4	36	71	86	3D	DB	E6	A0	08	F5	4F	25	B4	F9
00000380	BF	76	83	0B	B8	2A	8C	12	45	00	72	F2	5A	4E	F6	C9	AD	69	A4	79	AE	0A	CB	0E	32	1B	D6	80	29	41	69	61
000003A0	AA	45	BE	CE	51	6B	73	D5	ED	E4	6C	A9	F7	53	52	01	0C	57	DA	3C	BF	6B	86	68	B0	A3	12	6C	21	9B	6F	AE
000003C0	08	A0	0D	7F	ED	E5	9E	14	5B	FB	6F	36	26	20	89	AD	CE	E5	1F	87	51	4C	56	30	ED	EE	E3	9C	4D	62	C9	1D
000003E0	C2	34	87	66	77	2B	E0	74	39	EF	F4	A4	16	20	93	4E	58	BF	D5	4D	22	FA	6E	C3	0A	9E	61	90	24	53	3B	85
00000400	4C	4A	7D	88	15	20	2C	AD	2C	39	17	11	49	1E	3F	BC	BC	53	B1	44	C2	E1	66	50	C3	EF	63	04	D2	02	CD	99
00000420	B5	93	E5	BC	79	16	55	FF	00	55	32	67	2B	F5	C0	34	EC	04	BF	61	17	30	BD	CE	E5	8A	7E	7E	F7	DD	7F	5C
00000440	FA	50	04	16	CB	17	9D	B2	ED	17	18	CF	A8	61	EA	0D	00	57	D4	6D	3E	CC	C2	48	A5	F3	6D	5F	84	70	73	B7
00000460	D8	D0	03	37	2B	5A	C6	55	36	C8	83	05	B3	90	C2	AA	E0	46	4F	C8	58	D2	02	61	68	CE	AA	54	E4	91	9C	52
00000480	01	10	6D	1C	D2	02	48	56	36	5C	95	23	9C	64	F4	34	CA	25	41	75	12	49	E5	47	E7	C5	9E	50	75	14	01	5A

图 11-22 JPEG 图像的部分十六进制编码

完成 MCU 的亮度编码后,对 MCU 的色度分量 Cb 和 Cr 进行编码,编码方式和 MCU 的亮度编码相同,使用的哈夫曼编码表为色度直流哈夫曼编码表和色度交流哈夫曼编码表。当完成第一个 MCU 的三个通道的编码后,对第二个 MCU 编码时,需要对它的 DC 分量进行差分编码,即对第二个 MCU 的 DC 分量与第一个 DC 分量的差值编码。完成一幅图像中所有的 MCU 编码后,用标记符 0xFFD9 表示图像编码完成。

　　在解码过程中,因为采用的是哈夫曼编码,所以不存在某个编码是另一个编码的前缀,可以根据编码表和编码的内容进行解码。具体来说,对于二进制编码:

$$0110,0011,0101,1000,1101,110,$$

对比前两个字符,可以发现 0 和 01 都不在亮度直流哈夫曼编码表中。接着对比前 3 个字符 011,发现亮度直流哈夫曼编码表中存在 011,即可获得 DC 分量的数据长度为 2。接着往后读取 2 位得到 00,由于最高位为 0,因此可知其为负数,取其反码转 11,转成十进制然后取负值为 -3。继续往下读,发现亮度交流哈夫曼编码表中存在 01,其对应的类别为 0/2,表示间隔零的个数为 0,数据长度为 2,往后读取两位,获得二进制数据 10,转十进制为 2。以此类推,获得 ZigZag 编码 $-3,2,-14,-3$。

11.5.3　JPEG 文件格式

　　JPEG 文件使用的存储方式有多种,最常用的为 JPEG 文件交换格式(JPEG File Interchange Format,JFIF)。而 JPEG 文件中通常使用标记码区分图像的不同数据,标记码包含两个字节,第一个字节都是 0xFF,第二个字节则根据不同的意义标记不同的数值。另外,在压缩数据中如果出现 0xFF,则需要做特殊处理,方法为:在 0xFF 后面加一个 0x00。

　　JPEG 格式的一般标记顺序为

SOI(0xFFD8)	图像开始
APP0(0xFFE0)	Application,应用程序保留标记
APPn(0xFFE1～0xFFEF)	可选其他的应用数据块
DQT(0xFFDB)	量化表
SOF0(0xFFC0)	帧开始
DHT(0xFFC4)	哈夫曼表
SOS(0xFFDA)	图像扫描开始
压缩图像数据	
EOI(0xFFD9)	图像数据结束

下面详细介绍每个字段的意义。

1. SOI(Start of Image)

标记代码,2B,固定值为 0xFFD8。

APP0(Application,应用程序保留标记)

标记代码,2B,为固定值 0xFFE0。

2. APP0 数据长度,2B

标识符,5B,为固定值 0x4A46494600。

版本号,2B,可为 0x0101 或 0x0102,0x0102 表示 JFIF 的版本号为 1.2。

X 和 Y 的密度单位,1B,可选 0-无单位,1-点数/英寸,2-点数/厘米。

X 方向像素密度,2B,表示水平分辨率。

Y 方向像素密度,2B,表示垂直分辨率。

缩略图水平像素数,1B。

缩略图垂直像素数,1B。

缩略图 RGB 位图,$3NB$,N 为缩略图水平像素数与缩略图垂直像素数的乘积,由 24 位图表示(可选)。

3. APPn(Application 可选,其他的应用数据块)

标记代码,2B,范围为 0xFFE1~0xFFEF。

数据长度,2B。

详细信息,数据长度的值减去 2B。

Adobe Photoshop 生成的 JPEG 图像则使用 APP1 和 APP13 分别存储一幅图像的副本。

4. DQT(Define Quantization Table,定义量化表)

标记代码,2B,固定为 0xFFDB。

数据长度,2B。

量化表数目,1B。高 4 位为量化表精度,包括 8 位和 16 位两种精度;低 4 位为量化表 ID。

量化表本体,按 ZigZag 的方式排序,共 64 个值。

5. SOF0(Start of Frame,图像开始)

标记代码,2B,为固定值 0xFFC0。

数据长度,2B。

精度,1B,数据样本位数,一般为 8 位。

图像高度,2B。

图像宽度,2B。

颜色分量数,1B,可选 1-灰度图、3-YCbCr 或 YIQ、4-CMYK,JFIF 中为 YCbCr。

颜色分量信息,总共颜色分量数×3B。每个颜色分量包括 1B 颜色分量 ID,1B 水平和垂直采样因子,1B 量化表 ID。

6. DHT(Difine Huffman Table,哈夫曼表)

标记代码,2B,固定为 0xFFC4。

数据长度,2B。

哈夫曼表,数据长度减去 2B。哈夫曼表的第一字节的高四位有两个值可选,0-DC(直流),1-AC(交流),低四位用于选择哈夫曼表编号。之后是 16 字节的不同位数的码字数量及编码内容。

7. SOS（Start of Scan，图像扫描开始）

标记代码，2B，固定为 0xFFDA。

数据长度，2B。

颜色分量数，1B，可选 1-灰度图，3-YCbCr 或 YIQ，4-CMYK，JFIF 中为 YCbCr。

颜色分量信息，包括 1B 颜色分量 ID，1B DC/AC 哈夫曼树编号。

8. 压缩图像数据

谱选开始，1B，固定为 0x00。

谱选结束，1B，固定为 0x3F。

谱选择，1B，固定为 0x00。

压缩数据。

9. EOI（End of Image，图像结束）

标记代码，2B，固定为 0xFFD9。

图 11-22 为图 11-10(a)原始图像转换为 JPEG 图像的部分十六进制编码。图像编码数据从 offset 的 00000240 行的最后一个字节开始，即从 63 开始。

◆ 11.6　视频压缩编码

视频图像实际上是由一系列静止图像组成的，因此视频中的每一帧图像也存在大量的空间冗余。另外，因为活动图像在时间上的连续性，所以同一个物体可能会连续出现在一系列视频帧的同一个位置，从而造成大量时间上的冗余。从这点出发，视频图像的压缩引入了帧间预测。同时，由于人类视觉对于静止图像具有较高的敏感度，所以图像中静止部分的编码需要保证较高的图像质量。相反，人类视觉对运动的物体并不敏感，所以可以适当地降低运动物体的图像质量，以对视频进行压缩。

11.6.1　分辨率

通常，根据不同的场景和需求，对于数字图像往往需要不同的压缩编码方式。例如，对于一般的网络直播来说，因为需要实时传输，同时对图像质量的要求并不是特别高，所以可以适当降低对图像质量的要求，利用一种压缩率较高的视频编码方式来传输。对于电影这一类视频，则需要保留较高的图像质量，同时尽可能减小编码后的体积。对于手机等移动设备，则可以采取分辨率较低的编码方式。

根据不同的分辨率，可以把视频编码分为以下 3 种。

（1）高清（High Definition，HD）视频编码，分辨率在 1080×768 以上，可以采用码率在 2～8Mb/s 的 H.264/AVC 压缩标准。

（2）标清（Standard Definition，SD）视频编码，分辨率为 720×576，即普通广播电视

图像分辨率,可以采用码率在 1Mb/s 左右的 H.264/AVC 压缩标准。

(3) 公共中间格式(Common Intermediate Format,CIF)视频编码,分辨率为 352×288 和更小的 176×144 的 QCIF 格式等。

11.6.2 编码方式

总体上,依据是否将视频帧进行分解,有两种不同的编码机制:一种是复合编码,即直接对视频信号进行编码;一种是分量编码,把视频信号分为一个亮度分量 Y 和两个色差分量 U、V,并对这三者编码。目前,基于分量的编码方式已经成为主流。分量编码依据人类视觉对于亮度敏感度大于色度敏感度的特性,提高亮度分量的采样频率,同时降低对色度的采样频率。

视频编码可以分为帧内编码和帧间编码。所谓的帧内编码指的是对于单张图像的编码。类似于静态图像压缩,帧内编码也是利用空间冗余的特点进行压缩。所以,一些用于静态图像压缩的编码方式也可用于帧内编码。帧间编码则利用了视频帧的时间特性,即相邻帧的像素有很强的前后相关性,例如,视频帧中的静态背景。根据这个特性,采用帧间预测的方法可以消除它的时间冗余。通常,视频编码会同时采用帧内编码和帧间编码以达到较高的压缩率。

11.6.3 帧间预测

自然界中大多数的物体处于静止或者缓慢运动的状态,而且视频中的前后帧之间的时间差较短,这就导致前后帧中绝大多数的物体是存在相关性的。因此,可以根据前后帧中物体的相关性进行帧间预测。并且由于人类视觉对静态物体较为敏感,因此可以适当地加强前后帧中相关性强的物体即静态物体的分辨率,并适当地减小相关性弱的动态物体的分辨率以实现视频的压缩。

1. 跳帧

对于静止或者变化缓慢的图像编码,若视频中的前一帧和后一帧图像几乎完全一致,则可以减少对帧的采样。比如可以从 30 帧/秒减少到 15 帧/秒,10 帧/秒,在解码时对于缺少的帧可以重复读取之前的帧进行填充。这类方法称为跳帧,通常在编码复杂度受限制的条件下使用。

2. 条件修补法

当视频帧中物体的缓慢变化引起图像实质性的变化,即当前帧的内容与缓慢运动开始那一帧的差异较大时,可以采用条件修补法。条件修补法针对两个不同的帧设置了一个阈值 T,当当前帧 F_k 与缓慢运动开始帧 F_0 或者上一帧 F_{k-1} 之间的差异小于或等于 T 时,可以采用跳帧的方法,当大于 T 时则需要对当前帧 F_k 重新编码。

3. 基于图像块的预测

通常在视频帧中会将图像分为若干不同的图像小块,也称之为宏块(Macro Block,

MB），并且帧间差异是以宏块为单位进行计算的。这样就无须单独对每个像素进行传输了，以节省标志地址的码率。

11.6.4　运动补偿和运动估计

1. 运动补偿

虽然简单帧间预测对于静止的或者变化缓慢的图像拥有较好的效果，但是对视频帧中的运动物体并不能很好地处理，这就需要用到运动补偿技术。运动补偿通过先前帧中物体的运动预测其在当前帧中的位置，是一种减少帧序列冗余信息，提高运动物体编码效率的有效方法。简单来说，运动补偿包括对运动物体的划分、运动估计、运动补偿、帧间预测编码四部分。

首先，在图像中直接对运动物体进行划分比较困难，所以往往采用块匹配（Block Matching，BM）的方式划分运动物体。假设已知前一帧中图像块 I_{k-1} 的位置 (x,y) 和该图像块的位移 $v=(v_x,v_y)$，那么可以得到

$$\hat{I}_k(x,y)=I_{k-1}(x+v_x,y+v_y) \tag{11-19}$$

即将前一帧图像块 I_{k-1} 从 (x,y) 位置平移 (v_x,v_y) 表示当前帧中的同一图像块 $\hat{I}_k$。图 11-23 显示了某一物体的子块 A 在前一帧 F_{k-1} 和当前帧 F_k 的图像块位置。帧间预测误差则可以表示为预测的当前帧的子块 $\hat{I}_k$ 与实际子块 I_k 间的差距，即

$$e(x,y)=I_k(x,y)-\hat{I}_k(x,y)=I_k(x,y)-I_{k-1}(x+v_x,y+v_y) \tag{11-20}$$

表现在图 11-23 中就是子块 A 和 A' 的位置差异。值得注意的是，通过块匹配进行运动补偿时需要满足 3 个基本条件，即运动物体为刚体，运动方式为平移，图像块的亮度不能因为运动而发生较大的改变。因此，对非刚体、亮度差异较大或运动方式为旋转的情况并不能很好地处理。

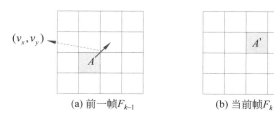

(a) 前一帧 F_{k-1}　　　　　(b) 当前帧 F_k

图 11-23　运动补偿

通常造成预测不准的原因主要是物体的运动，这可以通过运动补偿预测来解决，那么存在的难点就是运动估计，即如何精确地预测出物体的运动矢量。目前用于预测运动的方法有像素递归运动估计和块匹配运动估计，应用比较广泛的是块匹配运动估计。这里将重点介绍块匹配运动估计，包括全局搜索、三步搜索算法、分层运动估计算法。

2. 全局搜索

已知当前帧中的宏块的位置，由于无法预知下一帧中的对应宏块会运动至图像中的

哪个位置,所以可以采用全局搜索算法。假如当前帧的宏块位置为(x,y),在下一帧中以 (x,y)为中心确立一个范围,在该范围内将所有的宏块与当前帧的宏块进行逐个匹配,类似于滑动窗口。例如,对于图 11-24 中的宏块 A 来说,假设建立的搜索范围为以 A 为中心的一个 3×3 的网格,从上到下,从左到右,匹配当前帧的宏块需要进行 $3\times3=9$ 次差异的比较,从中选取差异度最小的块,根据差异最小块的位置和当前帧的宏块位置进行运动估计。

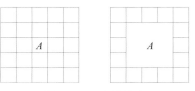

图 11-24　全局搜索

比较差异可以通过计算均方误差(MSE)与绝对和误差(Sum of Absolute Differences, SAD)来实现。

均方误差的计算方式为

$$\text{MSE}(i,j)=\frac{1}{N^2}\sum_{x,y=1}^{N}(I_k(x,y)-I_{k-1}(x+i,y+j))^2 \tag{11-21}$$

其中,N 表示一个图像宏块的边长,一个图像块包含 $N\times N$ 个像素,$I_k(x,y)$为当前帧宏块 I_k 中坐标为(x,y)的像素,$I_{k-1}(x+i,y+j)$表示上一帧宏块 I_{k-1} 坐标为$(x+i,y+j)$的像素,(i,j)为两帧中宏块的偏移。

类似地,绝对和误差的计算方式为

$$\text{SAD}(i,j)=\sum_{x,y=1}^{N}|I_k(x,y)-I_{k-1}(x+i,y+j)| \tag{11-22}$$

在实际应用中,全局搜索完成后还需判断搜索结果是否合理。通常会设置一个阈值 T,判断下一帧中的搜索结果与当前帧宏块的差异是否大于 T。若大于 T,则表明没有在下一帧中找到与当前宏块对应的宏块,需要对下一帧进行帧内编码。若小于或等于 T,则可以直接计算运动矢量。另外,因为 SAD 的计算量小,而且效果并不比 MSE 差,所以其应用较广泛。

3. 三步搜索算法

由于全局搜索的计算量较大,因此在实际应用中往往会采用快速运动估计算法,包括经典三步搜索算法(Three Steps Search)。三步搜索算法就是通过三种不同的步长由粗到细地确定下一帧中图像块的位置。我们知道,在全局搜索中采用的是类似步长为 1 的滑动窗口策略,那么在三步搜索法中就是先采用较大的步长,然后逐渐减小步长以实现宏块的精确定位。

如图 11-25 所示,假设当前帧宏块的中心位置为 $A(0,0)$,对应的下一帧宏块的中心位置为 $D(7,-3)$,三种不同的步长分别为 4、2、1。先以宏块 A 为中心、步长为 4 进行匹配,共有 9 个位置可以匹配。获得的最佳匹配宏块的中心为 $B(4,0)$。接着减小步长为 2,以 B 为中心匹配 9 个位置,得到最佳的匹配位置为 $C(6,-2)$。继续减小步长,同时以 C 为中心匹配 9 个位置,得到的最佳位置为 $D(7,-3)$。则下一帧中相应宏块对于当前帧中的宏块位移为$(7,-3)$,即由 A 到 D 的位移。

对比全局搜索,当搜索的范围为以 A 为中心的 15×15 的矩形时,全局搜索共需要对

比 225 次,而三步搜索法只需要进行 25 次对比,大大减小了计算量。

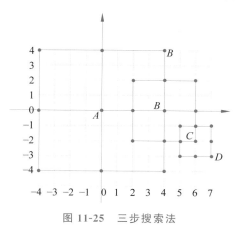

图 11-25　三步搜索法

4. 分层运动估计算法

　　虽然三步搜索法这类快速算法比全局搜索计算量小,但随之而来的一个问题是使用
SAD 计算差异时容易陷入局部最小值。因此,可以引入分层的运动估计方法。分层的运
动估计采用类似于图像金字塔的方法实现。具体来说,如
图 11-26 所示,对于一帧图像中 16×16 的大块,先进行低通
滤波,然后对其进行上采样,形成 8×8 的中块,最后进行低
通滤波和上采样得到 4×4 的小块。此时共存在当前帧大
小、1/4 当前帧大小、1/16 当前帧大小三种不同分辨率的图
像,分别记为 I_{k1}、I_{k2}、I_{k3}。对前一帧图像也进行同样的操
作,记前一帧中三种不同分辨率图像为 $I_{k1'}$、$I_{k2'}$、$I_{k3'}$。

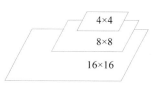

图 11-26　分层运动估计

　　进行运动估计时,先在 I_{k3} 和 $I_{k3'}$ 中采用 4×4 的小型宏块进行匹配搜索。当匹配到
最佳位置后,记录其运动向量 v_3,并分别将该位置的 4×4 的小型宏块映射到 I_{k2} 和 $I_{k2'}$ 中
成为 8×8 的中块。将 8×8 的中块转换为 4 个 4×4 的小型宏块,每个宏块对应一个位移
向量,获得 4 个不同的位移向量,记该阶段的位移向量为 v_2。再将 4 个 4×4 的小型宏块
映射到 I_{k1} 和 $I_{k1'}$ 中成为 16 个 4×4 的小型宏块,获得 16 个位移向量,记该阶段的位移向
量为 v_1。最后,宏块总的位移向量为 v_1、v_2 和 v_3 的和。由于 I_{k3} 和 $I_{k3'}$ 的分辨率较小,因
此先在这两幅图像中进行匹配搜索,以减少计算量。分层运动估计算法先在小分辨率的
图像中确定粗略的位移向量,然后逐步放大细化,确定精确位移向量。

11.6.5　混合编码

　　混合编码通常是指将变换编码和预测编码混合,即使用 DCT 进行空间冗余压缩的
同时使用帧间预测或者运动补偿预测进行时间冗余压缩,以达到更好的压缩效果。

　　混合编码包括两种不同的压缩结构,即空-时压缩和时-空压缩。图 11-27(a)为空-时
编码,图 11-27(b)为时-空编码。这里的 T、IT 分别表示正、反变换,Q、IQ 分别表示正、反

量化。空-时编码中,变换 T 在预测环内,预测环在图像域内工作,便于带有运动补偿的帧间预测被广泛使用,空-时压缩是活动图像压缩的主流方案。时-空编码中,变换 T 在预测环外,在频率域上预测,处理较为不便。目前,在视频压缩编码的国际标准和建议中均采用 DCT 与运动补偿的帧间预测相结合的空-时编码技术,如 H.261、H.263、MPEG-1、MPEG-2、MPEG-4 等。

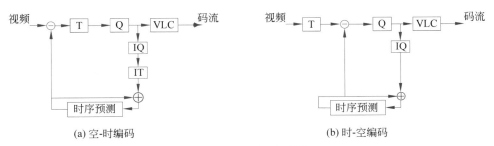

(a) 空-时编码　　　　　　　　　　(b) 时-空编码

图 11-27　两种压缩结构

11.6.6　视频编码的国际标准

从 20 世纪末开始,国际电信联盟(International Telecommunication Union,ITU)和国际标准化组织/国际电工委员会(International Standardization Organization/International Electrotechnical Commission,ISO/IEC)颁布了一系列关于视频编码的国际标准。其中最先颁布的是 H.261 建议。它采用 DCT 和带有运动补偿帧间预测的混合编码模式,并规范了图像格式、编码器模块结构、输出码流的层次结构、开放的编码控制等技术和策略,为不同厂商的设备互通打下了基础。

1992 年年底,ISO/IEC 颁布了 MPEG-1 标准用于数字存储回放系统的音视频编码,主要应用于家庭数字视频设备。1994 年颁布了 MPEG-2,用于通用的音视频编码,主要用于数字电视广播。2000 年颁布了 MPEG-4 标准,引入了音视频对象的概念,可以处理各种不同的音视频对象。到 21 世纪,为了适应网络视频的需要,ITU 和 ISO 的视频编码专家成立了联合视频工作组(Joint Video Team,JVT),并于 2003 年颁布了 H.264/AVC 编码,即先进的视频编码(Advanced Video Coding,AVC)。该标准经过多个环节的改进优化,使得压缩率比 H.263 整整高了一倍。

目前最新的视频编码国际标准 HEVC(High Efficiency Video Coding)已经于 2013 年 1 月 26 日发布。HEVC 的编码分层沿用了 H.261 以来的混合模式(帧间预测、帧内预测、2D 转换)。与之前的编码标准相比,HEVC 采用了很多创新的技术,如将图像划分为编码树单元(Coding Tree Units,CTU)、自适应运动参数编码、自适应内嵌式滤波器等。这些技术使得 HEVC 标准的编码效率在 H.264 的基础上提升了一倍。本节将介绍一些已经发布的主要视频编码国际标准及其特点和层次结构。

1. H.261 标准

H.261 是 1990 年国际电信联盟电信标准部(ITU-T)制定的一个视频编码标准,它的工作比特率为 64kb/s。该标准的目的是适用于会议电话和视频电话。其主要内容如下。

图像格式：视频数据采用 4∶2∶0 的 Y∶Cb∶Cr 格式进行处理。基本单元是宏块，包含四个亮度块和两个色度块(每个均为 8×8 像素)。它支持 352×288 的 CIF 和 176×144 的 QCIF 两种图像格式。CIF 格式中亮度分量的分辨率为 352×288，色度分量的分辨率为 176×144。QCIF 格式中亮度分量的分辨率为 176×144，色度分量的分辨率为 88×72。

帧间预测与运动补偿：编码器对帧间预测误差进行离散余弦变化、量化、VLC 编码。运动补偿对编码器是可选的。通过运动估计和运动补偿，解码器获得的运动矢量在水平和垂直方向上的值均不超过 15 像素。

DCT 量化：针对帧内模式下的直流分量提供了一个步长为 8 的专门量化器。对于非帧内直流分量，则由 31 个线性量化器量化，其量化步长为 2～62。除直流系数外，一个宏块内的所有系数使用同一个量化器，由编码控制部分确定量化器。

VLC 编码：H.261 对宏块地址、运动矢量的预测误差等使用 VLC 编码，从而提高了编码效率。对 DCT 采用类似 JPEG 中的方法，先采用 ZigZag 扫描，再利用 VLC 编码对由零游程长度和非零量化系数组成的"符号"进行编码。

图像结构和码流分层：H.261 把视频数据分为图像层(P)、宏块组层(GOB)、宏块层(MB)和子块层(B)共 4 层。

信道编码：H.261 的传输比特流中包含一个前向纠错码 BCH，接收端用它纠错。

H.261 的编码控制并没有规定具体的实现方式，只是建议输出码率需要符合解码器的要求，不能引起编码缓存的溢出。

2. H.263 标准

ITU 在 1996 年公布了用于视频会议的低码率影像编码标准 H.263。它将一些 MPEG 的特性吸收到 H.261 中，并对低码率应用进行了改进，但是仍然用了 H.261 建议的混合编码。主要应用场景包括桌面环境下的会议系统、基于计算机的培训与教育、医疗远程操作等，其主要内容如下。

图像格式：除支持 H.261 中所支持的 QCIF 和 CIF 外，还支持 SQCIF、4CIF 和 16CIF，SQCIF 分辨率为 QCIF 的 3/4，而 4CIF 和 16CIF 分别为 CIF 的 4 倍和 16 倍。

运动向量精度：H.263 标准支持 16×16 像素的宏块进行运动估计，同时可以根据需要对 8×8 像素的宏块单独进行运动估计。运动估计可以通过双线性内插得到半精度像素预测值，并且对运动向量可以采用二维预测和 VLC 相结合的编码方式，提升编码效果。

3D VLC 编码：为进一步提高编码效率，H.263 标准经过 ZigZag 扫描后采用(last, run, level)符号组进行 3D 变换字长编码，并且省去了 EOB 结束符号。

高级选项：基于语法的算法编码，高级预测模式，无限制的运动向量模式，PB 帧模。

基于语法的算法编码：所有变长编码都用算术编码替代。

高级预测模式：包括两种方法，对 P 帧的亮度分量采用交叠块运动补偿(OBMC)方法；对一些宏块用 4 个运动向量代替原来一个宏块一个运动向量的方法。交叠块运动补偿指一个子块的运动补偿由该子块及其周围子块共同决定。

无限制的运动向量模式：允许出现某一运动向量所指向的参考像素超出编码图像区域。当超出编码图像区域时，用边缘的图像代替。

PB帧模式：由P帧和B帧共同组成一个编码单元。P帧为前向预测帧，由上一帧预测得到。B帧是双向差别帧，预测值为前向预测和后向预测的均值。

3. H.264 标准

H.264 是由 ITU-T 视频编码专家组（VCEG）和 ISO/IEC 动态图像专家组（MPEG）联合组成的联合视频组（Joint Video Team，JVT）提出的高度压缩数字视频编解码器标准。它的编码效率是 H.263 的 2 倍，大大增加了计算复杂度。H.264 主要包括 3 个档次，即基本档次、主要档次、扩展档次，以满足不同的任务需求。基本档次主要用于实时视频通信；主要档次用于数字电视；扩展档次则用于网络和移动设备的视频传输。此外，H.264 共提供了 11 个等级，7 个不同类别的子协议。

编码结构：在编码结构上，H.264 分为视频编码层（Video Coding Layer，VCL）和网络提取层（Network Abstraction Layer，NAL）两层。视频编码层对视频数据进行压缩，网络提取层对不同网络上的视频数据进行打包，以提高编码效率和网络传输性能。针对不稳定的网络环境，H.264 还提供了解决丢包等问题的必要工具。

帧内预测：H.264 引入了空间域帧内预测技术，充分利用相邻块之间的相关性进行压缩。预测基于 4×4 的小块进行，对于变化缓慢的大面积区域，则可以基于 16×16 的宏块，并且可以根据需要选择多个预测模式，以获得更接近预测对象的预测值。

运动估计：在帧间预测编码时，亮度宏块可以划分成不同形状的运动估计区域，使其更接近预测对象的形状，从而提高运动估计的精度。此外，H.264 还利用整像素点亮度值进行 $1/2$ 和 $1/4$ 的内插值，使运动估计精度达 $1/4$ 像素。由于 H.264 使用 $4：2：0$ 的采样模式，因此色度的实际运动精度可以 $1/8$ 像素。

多参考帧预测：H.264 最多可以采用前向和后向各 16 帧参考进行运动预测，使得其对周期运动、平移封闭运动等具有较好的运动预测效果。

4. HEVC 即 H.265 标准

HEVC 是 High Efficiency Video Coding 的缩写，即 H.265，是一种用来替代 H.264/AVC 编码标准的新型视频压缩标准。2013 年 1 月 26 日，HEVC 正式成为国际标准。HEVC 的视频编码层结构依然是基于运动块补偿的混合视频编码模式，但是编码效率比 H.264 提高了 1 倍，同时支持从 QVGA（320×240）至超高清视频 4320P（7980×4320）等不同分辨率的视频规格，在计算复杂度、压缩率、鲁棒性和处理延时之间进行了较好的折中处理。

编码结构：HEVC 设置了帧内编码、低延时编码和随机访问编码三种编码结构。帧内编码按帧内方式进行空间域预测编码。低延时编码的第一帧按帧内方式进行编码，后续帧都作为一般的 P 帧和 B 帧进行编码，用于交互式实时通信。随机访问编码由 B 帧组成，周期性地插入随机访问帧，使其成为视频流中的随机访问点，主要用于动态流媒体服务。

四叉树单元划分：HEVC 将编码帧分为若干编码树块(Coding Tree Blocks,CTB)，作为预测、量化、编码的基本单元。编码树单元(Coding Tree Units,CTU)则由同一位置的亮度 CTB 和两块色度 CTB,以及相应的语法元素组成。CTU 可以按照四叉树结构划分成若干方形编码单元(Coding Units,CU)，同一层 CU 是同样大小的 4 个方块，最多可有四层分解。与 CTU 相同,CU 也由一个亮度编码块(Coding Blocks,CB)和两个色度 CB 以及相应的语法元素组成。另外,CU 还可以按照四叉树分解为更小的预测单元(Prediction Units,PU)和变换单元(Transform Units,TU)，以提高编码效率。

条和片的划分：HEVC 将图像帧分为若干条，使其成为独立的编码区域。HEVC 还引入了片划分,通过水平和垂直的若干条边界将图像帧划分成多个矩形区域,每个矩形区域为一个片,每个片包含整数个 CTU,片与片之间可以相互独立,实现并行操作。

帧内预测：HEVC 采用基于块的多方向帧内预测消除图像空间相关性,共定义了 33 种帧内预测模式。

帧间预测：HEVC 允许非对称划分,将 CU 划分为更小的 PU,从而获得更精确的运动补偿。针对运动参数编码,HEVC 采用了三种不同的模式：Inter 模式、Skip 模式和 Merge 模式。其中 Merge 模式为 HEVC 新引入的运动合并技术,通过将相邻的 PU 合并,使得只需对合并区域传递一次运动参数,而不是给每个 PU 分别传递参数。

正弦变换和熵编码：除了 DCT,HEVC 还采用离散正弦变换(Discrete Sine Transform)对帧内预测残差编码。对于条和片独立预测时,每个条和片的熵编码必须从头开始的问题,HEVC 提出了波前并行处理的熵编码,以利用更多的上下文信息避免该问题。

环路滤波：HEVC 采用去方块滤波和样值自适应偏移滤波去除图像分块压缩所产生的方块效应。

5. MPEG-1/MPEG-2 标准

MPEG-1 和 MPEG-2 都是 ISO/IEC 动态图像专家组(Moving Picture Expert Group,MPEG)指定的音视频编码标准。

MPEG-1 于 1992 年成为国际标准,其传输速率为 1.5Mb/s,标准号为 ISO/IEC 11172,它支持 4:2:0 的 YCbCr 格式,可用于 CD-ROM 存储视频。国内比较常见的 VCD(Video CD),其视频编码采用的就是 MPEG-1。MPEG-1 定义了分辨率为 240×352 的 SIF(Source Input Format)格式。240×352 为美国国家电视标准委员会(National Television Standards Committee,NTSC)指定的分辨率。MPEG-1 每行最大支持像素数为 768,每帧最大支持 576 行像素,每秒最多支持 30 帧,最大比特率为 1856000b/s。MPEG-1 中提供了如下 4 种不同的帧类型。

帧内编码 I：无前后参考帧,编码方式类似于 JPEG,为序列编码和解码的起点。

预测编码帧 P：利用先前的帧进行运动补偿,以提高压缩效率。

双向预测编码 B：参考先前的帧和后续的帧进行运动补偿,以提供更高的压缩率。

直流分量帧 D：只对离散余弦变换的直流分量编码,可以在比特率较低时用作浏览。

MPEG-1 支持随机访问、可变的图像尺寸、不同的帧率,其运动补偿可跨越多个帧,同时具有 GOP(Group of Picture)结构。GOP 是一组连续的 IPB 帧,由一张 I 帧和多张 PB 帧组成。此外,MPEG-1 的音频分为三层:第一层协议 MPEG-1 Layer1 主要用于数字盒式磁带;第二层协议 MPEG-1 Layer2 主要用于数字电视;第三层协议 MPEG-1 Layer3 就是我们常说的 MP3。

虽然 MPEG 有众多优点,但也存在着不足,包括压缩比还不够大,只支持 4:2:0 的 YCrCb 采样等问题。为此,动态图像专家组在 1994 年 11 月提出了 MPEG-2 标准,标准号为 ISO/IEC 13818。它可以用于在非可靠介质上传输数字视频信号和音频信号,因此主要用在广播电视领域。MPEG-2 的编码流层次包括图像序列层、GOP、图像、宏块条、宏块和块共 6 部分。MPEG-2 增加了如下几个功能。

(1) 基于帧或场的离散余弦变换:通过将宏块按场分割和按帧分割,并进行离散余弦变换,以达到更高的压缩效率。逐行扫描时,编码的基本单元是帧,即按帧分割。隔行扫描时,基本编码可以按帧分割或按场分割。不同的分割方式可以根据帧的行间相关性和场的行间相关性的大小确定。对于静止和运动缓慢的帧按帧编码,对于剧烈运动的帧按场编码。

(2) 4 种图像预测和运动补偿方式:包括基于帧的预测模式、基于场的预测模式、16×8 的运动补偿和双基预测模式。

(3) 编码的可分级性:引入了空间可分级性、时间可分级性和信噪比可分级性。可分级性将整个码流分为基本码流和增强码流,基本码流可以重建质量一般的图像,增强码流则是在基本码流的基础上提供质量更好的图像。其优点为可以同时提供不同的编码服务水平。当然,引入可分级性会增加额外的码字。

此外,MPEG-2 对比 MPEG-1 增加了低采样频率,有 16kHz、22.05kHz,以及 24kHz。并且对 MPEG-1 实施了向后兼容的多声道扩展。其传输速率在 3~10Mb/s,其在 NTSC 制式下的分辨率可达 720×486。MPEG-2 可适用于 HDTV(高清晰度电视)的高性能,导致 MPEG-3 并未被推出。

6. MPEG-4 标准

MPEG-4 是一套适用于各种多媒体应用的压缩编码标准,国际标号为 ISO/IEC 14496,其第一版于 1998 年 10 月通过,第二版于 1999 年 12 月通过。MPEG-4 包括系统、视频、音频、一致性、参考软件等 27 部分。通常说的 MP4 则是 MPEG-4 第 14 部分。MPEG-4 只处理图像帧与帧之间有差异的元素,而舍弃相同的元素,因此大大减少了压缩后的多媒体文件的体积,其压缩比最大可以达到 4000:1。MPEG-4 是一个公开的标准,因此存在许多以 MPEG-4 为基础的格式,如 WMV 9、Quick Time、DivX、Xvid 等。通常,一小时左右的视频可以被压缩到 350MB 左右,并且 MPEG-4 的解压对机器硬件的配置要求非常低。

视频信息表示:MPEG-4 引入了基于对象(Object Based)的编码方式,针对不同对象使用不同的编码工具。MPEG-4 中的每个场景都可被理解为由若干视频对象(Video Object,VO)组成。视频对象可以理解为场景中的某个物体,由时间上连续的帧构成。利用 VOP(Video Object Plane)表示一个 VO 在特定时刻的采样。VOP 反映了该时刻 VO 的形状、纹理和运动参数。

视频对象编码:MPEG-4 为每个 VOP 定义了一个 α 平面,用它表示每个对象在场景中占的位置和相互间的关系。MPEG-4 视频对象编码模块主要对亮度、色度以及 α 信息进行编码。由于需要处理具有任意形状的视频对象,因此 MPEG-4 引入对象的形状参数,并对该参数进行处理。在 MPEG-4 的验证模型(VM)中,α 平面一般采用基于上下文的算术编码或者 DCT 编码处理,对运动图像采用 H.263 混合编码,对静止图像则采用小波变换。

目前,MPEG-4 技术已经广泛应用在视频电话、视频电子邮件、移动通信等多媒体通信领域。由于这些应用对传输速率要求较低,MPEG 4 技术完全可以充分利用网络带宽,通过帧重建技术压缩和传输数据,以最少的数据量获得最佳的图像质量。

◆ 11.7 练 习 题

1. 设一幅图像共有 8 个灰度级,各灰度级出现的概率分别为 $P_1=0.50$,$P_2=0.01$,$P_3=0.03$,$P_4=0.05$,$P_5=0.05$,$P_6=0.07$,$P_7=0.19$,$P_8=0.10$。对应的编码为 $C_1=000$,$C_2=001$,$C_3=010$,$C_4=001$,$C_5=100$,$C_6=101$,$C_7=110$,$C_8=111$。计算其图像熵和平均编码长度。

2. 根据 1 题中给出的 8 个灰度级和对应概率,试对此图像进行哈夫曼编码,并计算 1 题中编码的压缩率。

3. 利用 2 题的编码,对编码串 100111110011010110010100101010011 解码。

4. 设有一幅 4×4 像素的图像,其灰度分布如图 11-28 所示,计算其离散余弦变换后的图像。

5. 对 4 题中离散余弦变换后的图像,求其逆离散余弦变换后的结果,并比较逆离散余弦变换后的结果与原始图像的差异。

6. 简述 JPEG 压缩的基本过程。

7. 为什么在 JPEG 压缩中,对 DCT 后的结果需进行数据量化,并且在标准亮度量化表和标准色差量化表中左上角的量化系数较小,右下角的量化系数较大?

110	150	150	160
150	150	160	170
150	160	170	180
160	170	180	190

图 11-28 4 题图

8. 存在序列 100,99,89,88,88,90,95,95,95,96,97,98,对其进行差分脉冲编码调制(DCPM)并进行行程编码。

9. 在低码率视频传输中,对于运动量大的物体,采用较大的量化步长,获得较高的传输帧率;对于小运动、缓慢变换的物体,采用较小的量化提高图像质量。简述其原因。

10. 用全局搜索算法对一个分辨率为 30×30 的图像进行搜索,假设搜索的子块大小为 16×16。

(1)求需要的搜索次数。

(2)如何优化全局搜索算法?

第
12
章

表示与描述

12.1　相关背景

使用图像分割方法将一幅图像分割成多个区域后,图像分割结果是位于区域内部的像素集合或是区域边界上的像素集合。这两个集合之间的关系是互补的,经过分割的像素集合会进一步以适用于计算机处理的形式表示和描述。通常,表示一个图像区域有两种选择:①可以根据区域内部的特征(如组成区域的像素集合)表示;②可以根据区域外部的特征(如组成区域边界的像素集合)表示。但是,选择表示方案仅仅是使得图像区域适用于计算机的一个方面,更重要的是根据选择的表示方案对图像区域进行描述,用一组符号(描述子)表征图像中被描述物体的某些特征,可以是对图像中各组成部分性质的描述,也可以是各组成部分彼此之间关系的描述。例如,区域可以用它的边界轮廓来表示,边界可用特征对其进行描述,如长度、两个端点间的直线方向,以及边界上凹陷的数量等。

一般来说,如果关心的是区域的反射性质,如灰度、颜色、纹理等,常用内部表示法;如果关心的是区域的形状,则选用外部表示法。有时需要同时使用这两种表示。无论哪种情况,选择用来作为描述子的特征都应尽可能在区别不同目标的基础上对目标的尺度、平移、旋转等不敏感,具有通用性。在本章中讨论的多数描述方法都满足一种或多种这样的特性。

12.2　表示的方法

图像分割技术以像素的形式沿着边界或者包含在区域的像素产生原始数据。标准的做法是使用某种表示方案将分割后的数据进行精简,以便于描述子进行计算。本节主要讨论各种表示方法。

12.2.1　链码

链码是一种用来表示由顺次连接的具有指定长度和方向的直线段组成的曲线或边界的方法。它用边界方向作为编码依据,为简化边界的描述,一般描述的是边界点集。用线段的起始点和图中方向符所构成的一组数字序列表示的编码,通常称为佛雷曼链码(Freeman 链码)。

如图 12-1 所示,常用的链码按照中心像素点邻接方向个数的不同,分为 4 连接链码和 8 连接链码,每一个线段的方向使用一个数字编号表示。4 连接链码按照水平、垂直方向划分,可以为相邻的两个像素点定义 4 个方向符:0、1、2、3,分别表示中心点的右(0°/360°)、上(90°)、左(180°)和下(270°)4 个方向。

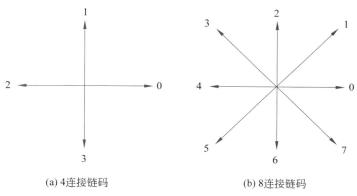

(a) 4连接链码　　　　　　　　　(b) 8连接链码

图 12-1　链码方向编号

同理,也可以定义 8 连接链码。8 连接链码比 4 连接链码增加了 4 个斜方向:右上(45°)、左上(135°)、左下(225°)和右下(315°)。任意一个像素周围均有 8 个邻接点,而 8 连接链码正好与像素点的实际情况相符,能够更加准确地描述中心像素点与其邻接点的信息。因此,8 连接链码的使用相对较多。

通常用网格形式获取并处理数字图像,在此类方法中,我们使得 x 和 y 方向的间距相等,所以链码可以通过在网格中追踪一个边界而产生。换言之,这个方法是按照顺时针方向,对连接每一对像素点的线段都赋予一个方向来产生链码。但是,以下两个缺陷,使得这种方法通常无法取得较好的结果:①在像素点密集的情况下,用这种方法得到的链码过于冗长;②噪声或者不完美的分割往往会产生一些较小的干扰,这些干扰会导致编码变化,而这种变化与边界的形状特征可能是互不相关的。

通常用来解决这些问题的一种方法是:选择一个大的网格间距,对边界进行重取样,如图 12-2 所示。当边界经过网格时,将一个边界点赋给大网格的一个节点,具体选择哪个节点,取决于原始边界点和该网格节点的接近程度。图 12-2(a)、(b)表示了原始边界和加大网格间距重取样的边界。按照这种方法所得到的重取样边界可以由一个 4 连接链码或者 8 连接链码表示。图 12-2(c)显示了由 8 连接链码表示的粗略边界点。在 8 连接链码中,起始点位于边界的右上角处,8 方向给出的链码是 6766…110。在这种重取样的方法中,编码表示的精度取决于重新选择的网格间距。

从边界(曲线)起始点 S 开始,按顺时针方向观察每一条线段的走向,并用相应的指向符表示,就形成了表示该边界(曲线)的数码序列,称为原链码。原链码具有平移不变性,即平移时不改变指向符。但是,边界的链码表示取决于选定的起始点位置,当起始点 S 发生改变时,会得到不同的链码表示,即原链码不具备唯一性。

为此,链码可以通过一个简单的操作实现起始点的归一化,具体操作如下:对于任何

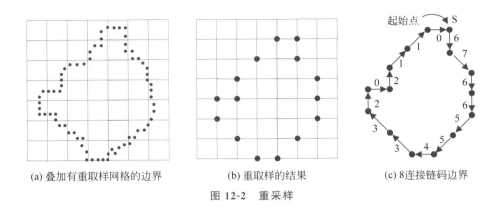

(a) 叠加有重取样网格的边界　　　　(b) 重取样的结果　　　　(c) 8连接链码边界

图 12-2　重采样

闭合的边界,我们可以简单地将链码看作一串由各个方向数组成的 n 位自然数循环序列,然后重新定义起始点,以便得到号码序列的最小整数值,此时就形成起始点唯一的链码,称为归一化链码,也称为规格化链码。

当用链码表示给定的目标边界时,如果目标平移,链码不会发生改变,但是,如果目标发生旋转,则链码会发生改变。因此,也可以针对旋转进行归一化(使用图 12-1 中方向的数倍的角度)。为了得到具有旋转不变性的链码,使用链码的一次差分代替链码本身。这个差分是通过计算链码中两个相邻像素的方向数的差而得到的(在图 12-1(a)中,按照逆时针方向)。如图 12-3 所示,4 连接链码 20213031 的一次差分为 2232132。通俗地说,在计算链码的一次差分时,差分的每一个元素都是通过使用链码的后一个元素和前一个元素间的方向转变来计算得到的,如 $0-2=-2(2)$;$2-0=2$;$\cdots$;$3-0=3$;$1-3=-2(2)$。如果把链码作为一个循环序列对起始点实现归一化,则链码的第一个元素"2"需要和最后一个元素"1"相减以得到差分。所以,4 连接链码 20213031 的循环差分的结果是 12232132。

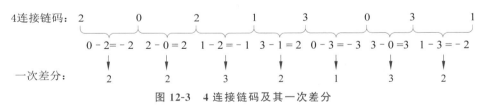

图 12-3　4 连接链码及其一次差分

在计算一次差分的过程中,元素的方向是按图 12-1(a)的逆时针方向为正,顺时针方向为负,如方向数差为 -2,可以视为从 0 开始顺时针走两步,得到元素值为 2。

应用示例:佛雷曼链码及一次差分

在这个例子中,我们尝试从不同的起点描述同一边界,如图 12-4 所示,图 12-4(a)表示的是一个封闭的边界,图 12-4(b)中显示的是边界对应的 8 连接链码,S_1 和 S_2 表示起始点。不同的起始点决定了边界的不同链码表示。

以 S_1 为起始点的边界的 8 方向佛雷曼链码为

$$1100700002006607766556645454432233333223$$

该边界的起始点 S_1 位于取样网格中的坐标(3,1)处,这是图 12-4(b)中最左边的一个点。

　　起始点 S_1 的归一化链码:00002006607766556645454432233332311007

　　起始点 S_1 的一次差分链码:60707100026060270707010617170770100070 1

　　起始点 S_1 的归一化的一次差分链码:0002606027070701061717077 701000701607071

　　以 S_2 为起始点的边界的 8 方向佛雷曼链码为

$$4545443223333223110070000020066077665566$$

该边界的起始点 S_2 位于取样网格中的坐标(12,14)处,这是图 12-4(b)中右下角的一个点。

　　起始点 S_2 的归一化链码:00002006607766556645454432233332311007

　　起始点 S_2 的一次差分链码:61717077010007016070710002606027070 7010

　　起始点 S_2 的归一化的一次差分链码:0002606027070701061717077 701000701607071

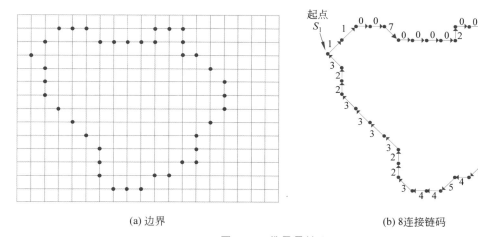

(a) 边界　　　　　　　　　　　　　　(b) 8连接链码

图 12-4　佛雷曼链码

C++ 示例代码 12-1:8 连接链码和一次差分

```cpp
#include<iostream>
#include<fstream>
#include<string>
#include<regex>
#include<vector>
using namespace std;
string FILENAME = "img.txt";
//获取输入文件的字段数量
vector<vector<int>> img_loder(string filename){
    cout << "loding img..."<<endl;
    vector<int> temp_line;
    vector<vector<int>> img;
```

```
        string line;
        ifstream filestream(filename);
        regex pat_regex("[[:digit:]]+");

        while (getline(filestream, line, '\n')) {          //每行已经准备好
            for (sregex_iterator it(line.begin(), line.end(), pat_regex), end_it;
it != end_it; ++it) {
                cout << it->str() << " ";
                temp_line.push_back(stoi(it->str()));
            }
            cout << endl;
            img.push_back(temp_line);
            temp_line.clear();
        }
        return img;
    }
    //查找图像 img 中的起点
    vector<int> find_a_start(vector<vector<int>> img){
        int row = img.size();
        int column = img[0].size();
        vector<int> start;
        for (int i = 0; i < row; i++){
            for (int j = 0; j < column; j++){
                if (img[i][j]){
                    start.push_back(i);
                    start.push_back(j);
                    return start;                          //找到了起点
                }
            }
        }

        //未找到
        start.push_back(-1);
        return start;
    }
    //将两个弗里曼链码作为两个数字以判断其大小
    int bigger(vector<int> v1, vector<int> v2){
        if (v1.size() != v2.size())
            return -1;
        for (int i = 0; i < v1.size(); i++){
            if (v1[i] == v2[i])
                continue;
            if (v1[i] < v2[i])
                return 0;
```

```
            else
                return 1;
        }
    }
    //正则化两个佛里曼链码
    vector<int> normalization(vector<int> ori_chain_code){
        vector<int> chain_code = ori_chain_code;
        vector<int> new_chain_code = ori_chain_code;
        vector<int>::iterator head = chain_code.begin();
        int j = 0;
        int k = 0;
        for (int i = 0; i < chain_code.size(); i++){
            chain_code.push_back(chain_code[0]);
            chain_code.erase(chain_code.begin());
            if (bigger(new_chain_code, chain_code))
                new_chain_code = chain_code;
        }
        return new_chain_code;
    }
    //判断边界是否为顺时针
    bool is_clockwise(vector<vector<int>> ori_boundary){
        int max_x = 0;
        int max_y = 0;
        int max_index = 0;
        //查找最右边的点
        for (int i = 0; i < ori_boundary.size(); i++){
            if (ori_boundary[i][1] > max_y){
                max_x = ori_boundary[i][0];
                max_y= ori_boundary[i][1];
                max_index = i;
            }
            else if (ori_boundary[i][1] == max_y){      //查找最下边的点
                if (ori_boundary[i][0] > max_x){
                    max_x = ori_boundary[i][0];
                    max_y = ori_boundary[i][1];
                    max_index = i;
                }
            }
        }
        //计算最右边点的两个向量
        vector<int> v1;
        vector<int> v2;
        if (max_index == 0){
```

```
            v1.push_back(ori_boundary[0][0] - ori_boundary[ori_boundary.size()
- 1][0]);
            v1.push_back(ori_boundary[0][1] - ori_boundary[ori_boundary.size()
- 1][1]);
        }
        else{
            v1.push_back(ori_boundary[max_index][0] - ori_boundary[max_index - 1][0]);
            v1.push_back(ori_boundary[max_index][1] - ori_boundary[max_index - 1][1]);
        }
        if (max_index == ori_boundary.size() - 1){
            v2.push_back(ori_boundary[0][0] - ori_boundary[max_index][0]);
            v2.push_back(ori_boundary[0][1] - ori_boundary[max_index][1]);
        }
        else{
            v2.push_back(ori_boundary[max_index + 1][0] - ori_boundary[max_index][0]);
            v2.push_back(ori_boundary[max_index + 1][1] - ori_boundary[max_index][1]);
        }
        //flag 的值大于 0 或小于 0
        float flag = float(v1[0]) * v2[1] - float(v2[0]) * v1[1];
        if (flag < 0){
            return true;
        }
        else{
            return false;
        }
}
vector<int> enclockwise(vector<int> ori_chain_code){
    vector<int> new_chain_code;
    for (int i = ori_chain_code.size()-1; i >=0; i--){
        int code = ori_chain_code[i] - 4;
        if (code < 0)
            code += 8;
        new_chain_code.push_back(code);
    }
    return new_chain_code;
}
vector<int> get_freeman_chain_code(bool is_normalized, vector<vector<int>
> ori_img, vector<int> start_point){
    vector<vector<int>> img = ori_img;
    vector<int> freeman_chain_code;
    vector<int> start;
    if (is_normalized)
        start = find_a_start(img);
```

```
else
    start = start_point;
if (start[0] == -1)
    return freeman_chain_code;
int i = start[0];
int j = start[1];
int row = img.size();
int column = img[0].size();
int pre_i = -1;
int pre_j = -1;
bool flag = false;
vector<vector<int>> boundary;
boundary.push_back(start);
do{
    pre_i = i;
    pre_j = j;
    //检查第 0 个点
    if (j + 1 < column && !(i == pre_i && j + 1 == pre_j) && img[i][j + 1] != 0){
        j += 1;
        freeman_chain_code.push_back(0);
    }
    //检查第 2 个点
    else if (i - 1 > -1 && !(i - 1 == pre_i && j == pre_j) && img[i - 1][j] != 0){
        i -= 1;
        freeman_chain_code.push_back(2);
    }
    //检查第 4 个点
    else if (j - 1 > -1 && !(i == pre_i && j - 1 == pre_j) && img[i][j - 1] != 0){
        j -= 1;
        freeman_chain_code.push_back(4);
    }
    //check p6
    else if (i + 1 < row && !(i + 1 == pre_i && j == pre_j) && img[i + 1][j] != 0){
        i += 1;
        freeman_chain_code.push_back(6);
    }
    //检查第 0 个点
    else if (i - 1 > -1 && j + 1 < column && !(i - 1 == pre_i && j + 1 == pre_j) &&
                                        img[i - 1][j + 1] != 0){
        i -= 1;
        j += 1;
        freeman_chain_code.push_back(1);
    }
```

```
    //check p3
    else if (i - 1 > -1 && j - 1 > -1 && !(i - 1 == pre_i && j - 1 == pre_j) &&
        img[i - 1][j - 1] != 0){
        i -= 1;
        j -= 1;
        freeman_chain_code.push_back(3);
    }
    //检查第 5 个点
    else if (i + 1 < row && j - 1 > -1 && !(i + 1 == pre_i && j - 1 == pre_j) &&
        img[i + 1][j - 1] != 0){
        i += 1;
        j -= 1;
        freeman_chain_code.push_back(5);
    }
    //检查第 7 个点
    else if (i + 1 < row && j + 1 < column && !(i + 1 == pre_i && j + 1 == pre_j)
                                        && img[i + 1][j + 1] != 0){
        i += 1;
        j += 1;
        freeman_chain_code.push_back(7);
    }
    else{break;}

    vector<int> new_point;
    new_point.push_back(i);
    new_point.push_back(j);
    boundary.push_back(new_point);

    if (flag)
        img[pre_i][pre_j] = 0;
    else
        flag = true;
} while (!(i == start[0] && j == start[1]));

//确定链码是顺时针的
if (!is_clockwise(boundary)){
    freeman_chain_code = enclockwise(freeman_chain_code);
}
if (is_normalized){
    return normalization(freeman_chain_code);
}
else
    return freeman_chain_code;
```

```
    }

vector<int> get_first_difference(vector<int> ori_freeman_chain_code){
    vector<int> freeman_chain_code = ori_freeman_chain_code;
    vector<int> first_difference;
    int difference = 0;
    difference = freeman_chain_code[0] - freeman_chain_code[freeman_chain_
code.size() - 1];
    if (difference < 0)
        difference += 8;
    first_difference.push_back(difference);

    for (int i = 0; i < freeman_chain_code.size() - 1; i++){
        difference = freeman_chain_code[i + 1] - freeman_chain_code[i];
        if (difference < 0)
            difference += 8;
        first_difference.push_back(difference);
    }
    return first_difference;
}


void show(string str, vector<int> vec){
    cout << str << " is" << endl;
    for (int i = 0; i < vec.size(); i++)
        cout << vec[i];
    cout << endl;
}
int main(){
    bool is_normalized = false;
    vector<int> start_point;
    start_point.push_back(11);
    start_point.push_back(13);

    vector<vector<int>> img = img_loder(FILENAME);
    vector<int> freeman_chain_code = get_freeman_chain_code(is_normalized,
img, start_point);
    show("freeman chain code", freeman_chain_code);
    vector<int> first_difference = get_first_difference(freeman_chain_
code);
    show("first difference", first_difference);
    getchar();
    return 0;
}
```

12.2.2　标记图

标记图是边界的一维泛函表示,基本思想是把二维的边界用一维函数表达。标记图的生成方法主要有 3 种:距离-角度法、切线-基准线法和斜率密度函数。

最简单的距离-角度法就是先对给定的物体求出质心,然后把边界点到质心的距离作为角度的函数来标记。如图 12-5 所示,在圆中,边界上的点到质心的距离等于半径长度;在正方形中,距离的区间为 $[A, \sqrt{2}A]$;$r(\theta)$ 表示边界点到质点的距离,在图 12-5(a)中,$r(\theta)$ 为常量,即圆的半径,在图 12-5(b)中,$r(\theta)$ 的区间为 $[A, \sqrt{2}A]$,A 为正方形边长的二分之一,点在正方形的 4 个角上达到最大值。不管如何生成标记图,基本概念都是将边界表示简化为描述起来比原始的二维边界更简单的一维函数,以降低表达难度。

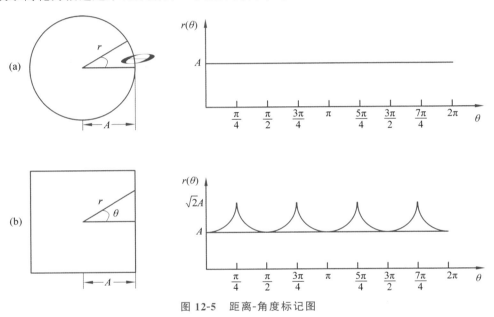

图 12-5　距离-角度标记图

由上述方法所产生的标记图不受边界平移的影响,但会受边界发生旋转或者比例变换的影响。

对于旋转问题,通过选取相同起始点可实现旋转归一化。一种方法是,选择离重心最远的边界点作为起始点,或者选择从质心到本征轴最远的点作为起始点。虽然后者的计算量远远大于前者,但是它比前者更加稳定、可靠,因为它使用所有的边界点参与计算。当然,还有一种方法是使用差分链码,首先获得该边界的链码,然后使用前一节中讨论的方法,获得相应的差分链码。如果得到的编码足够粗糙,旋转不会影响到它的曲率。

对于比例变换问题,假设两个轴的缩放比例一致,且以等间隔角度 θ 取样,则形态大小的变化会导致相应标记图的幅值变化,对此进行归一化的一种方法是:对所有函数进行正则化,使函数值总是分布在相同的值域里,如[0, 1]。这种方法的主要优点是简单,可以利用长短轴或所有边界样本进行正则化,但这也使得整个函数的缩放严重依赖于最小值和最大值。如果在归一化的过程中存在噪声，那么这种依赖会成为各个物体的误差来源。另一种更为稳定但计算量更大的方法是：将每个样本除以标记图的方差。这种方法的前提条件是标记图的方差不为零，或者是标记图的方差不会小到造成计算困难。本质上，无论采用什么方法，都是为了消除对尺寸的依赖性，同时保持波形的基本形状不变。

切线-基准线法是沿着边界线行进，在边界线上的每个点处，计算此点的切线和基准参考线之间的角度。切线-基准线法得到的标记图尽管不同于前面的"距离-角度法" $r(\theta)$ 标记，但也携带边界的基本形状特征的信息。例如，曲线中的水平线对应于沿该边界的直线，因为此处的正切角为常数。

斜率密度函数是"切线-基准线法"的一种变形，该函数是正切角值的直方图。由于直方图是"正切角值"密集程度的度量，所以斜率密度函数可以很好地反映具有恒定正切角的边界部分（直线或近似直线部分），而且在角度快速变化的拐角或者其他急剧弯曲位置存在较深的波谷。

12.2.3　边界线段

边界分段是将边界分成若干段，分别对每一段进行表示。分段可以降低边界的复杂程度，从而简化描述过程，特别适用于边界线具有一个或多个携带形状信息的明显凹点的情况。此时，由边界所围成区域的凸壳就成为边界鲁棒分解的有力工具。

如果在点集 A 内任意两个点的连线段都在该点集 A 的内部，则称此点集 A 是凸集。一个任意集合 S 的凸壳 H（凸壳可以看作点集合的边界）是包含 S 的最小凸集。差集 H-S 称为集合 S 的凸缺（凸形缺陷），对象上的任何凹陷都被称为凸缺。如图 12-6 所示，图中显示了一个物体（集合 S）及其凸缺（阴影区域）。区域边界可以按如下方式分割：构建包含边界最小凸集的凸壳 H，跟踪 S 的边界，记录每一个进入或离开凸缺的转变点，从而实现对边界的分割。图 12-6(b) 显示了 S 的边界分割结果（图中的毛刺线表示转变点）。这个方法的好处在于，它不依赖于方向和比例的变化。

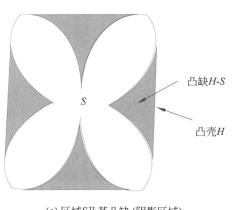
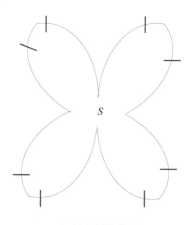

(a) 区域S及其凸缺 (阴影区域)　　　　　(b) 被分割的边界

图 12-6　区域边界分割

实际上,由于存在噪声、数字化和分割变形的影响,边界往往是不规则的,需要进行后处理。这些影响通常导致出现零碎的划分,在整个边界上有随机散布的、无意识的、小的凸缺。与其试图通过在后处理的时候分出这些不规则边界,不如在边界分割前用通用的方法平滑边界。目前有很多种方法可以使用,以下是其中两种。

方法 1:用一个像素沿该边界周围的 m 个相邻像素的平均坐标代替这个像素的坐标,并循环整个边界。这种方法适合处理较小的不规则边界,但它耗费时间,并且难于控制。m 过大,会使得处理后的边界过度平滑;m 过小,在边界的某些部分会出现不够平滑的现象。

方法 2:在找到一个区域的凸缺前,先使用多边形近似拟合。多数边界都是简单的、无交叉的多边形。Graham 给出了一个寻找此类多边形的凸壳的算法。Graham 算法是依据凸多边形的各个顶点必在多边形的任意一条边的同一侧,并利用平面上任意 3 点所构成的回路是左转还是右转的判断法求平面点集的凸包。

12.2.4 骨架

表示一个平面区域结构形状的一种重要方法是把它削减成图形。这种削减可以通过细化(也称为抽骨架)算法,获取区域的骨架来实现。细化算法在大范围图像处理中起着核心作用,并且有着广泛的应用,从印制电路板的自动检测到空气过滤器中石棉纤维的技术。

一个区域的骨架可以用中轴变换(Medial Axis Transformation,MAT)来定义,边界为 S 的区域 R 的 MAT 如图 12-7 所示。R 是一个区域,S 为 R 的边界点,对于 R 中的点 p,寻找 p 在 S 上离得"最近"的邻居,如果 p 有多于一个且与 p 的距离同时最近的邻居,则称它属于 R 的中轴或骨架,或者说 p 是一个骨架点。

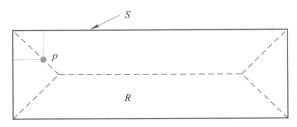

图 12-7　简单区域的中轴(虚线)

理论上讲,每个骨架点都保持了它和边界点距离最小的性质,因此用以每个骨架点为中心的圆的集合(利用合适的量度),就可以恢复出原始的区域。具体情况就是以每个骨架点为圆心,以每个骨架点的最小距离为半径做圆周,它们的包络就构成了区域的边界,它们的并集就覆盖了整个区域。中轴变换还原如图 12-8 所示。

由上述讨论可知,骨架使用区域内部点 p 与边界点集 B 的最小距离来定义,可写成

$$d_s(p,B) = \inf\{d(p,z) \mid z \in B\} \tag{12-1}$$

其中,距离度量可以是欧几里得、马氏或其他距离。因为最小距离取决于所用的距离度量,所以 MAT 的结果也和所用的距离度量有关。

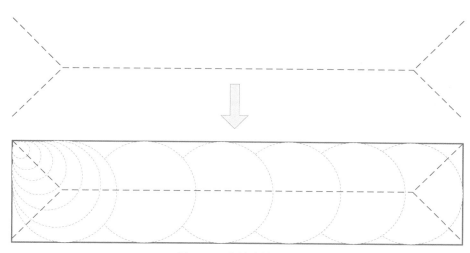

图 12-8　中轴变换还原

　　图 12-9 是一些使用欧几里得距离的区域和骨架，这是一些简单的平面区域和它们相对应的用欧几里得距离算出的骨架。由图 12-9 可知，对于比较细长的物体，其骨架常常能提供较多的形状信息；对于比较粗短的物体，骨架只能提供较少的形状信息。注意，用骨架表示区域容易受噪声的影响而发生较大的改变。例如，图 12-9（d）中的区域与图 12-9（c）中的区域略有差别（可认为是由噪声产生的），但两者的骨架相差很大。

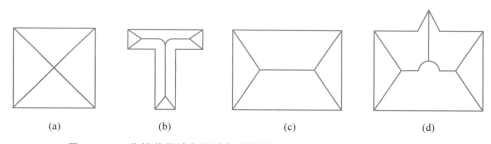

| (a) | (b) | (c) | (d) |

图 12-9　一些简单区域和区域相对应的通过欧几里得距离算出的骨架

　　区域的 MAT 有一个基于"草原之火"概念的定义，把一个图像区域想象成由干草组成的平坦大草原，如果在外围沿着边界点火，火线会以同样的速度向区域中心前进。该区域的 MAT 就是同一时刻多个火线到达点的集合。

　　尽管平面区域的 MAT 会生成一个令人满意的骨架，但是根据式（12-1）生成区域骨架，需要计算所有边界点到所有区域内部点的距离，消耗大量的计算。为了减小消耗，提升计算效率，研究者提出了许多改进算法。这些算法采用的是逐次消去一个区域的边界点的细化算法。在这个过程中有 3 个限制条件需要注意：①不能消去线段端点；②不能中断原来连通的点，破坏连接性；③不能过多地侵蚀区域。

　　下面介绍一种实用的求二值目标区域骨架的算法。设已知目标点标记为 1，背景点标记为 0，边界点定义为一个值为 1，且在其 8 连通邻域中至少有一个相邻像素的值为 0 的点。对于给定区域的边界点，完成以下两个基本步骤。

步骤 1：如图 12-10 中像素排列所示，考虑以边界点为中心的 8 邻域，记中心点为 p_1，其邻域的 8 个点，从中心点上方开始按顺时针绕中心点分别记为 $p_2, p_3, \cdots, p_9$。如果满足下列全部条件，则将这个边界点 p_1 标为要删除的点。

(a) $2 \leqslant N(p_1) \leqslant 6$；

(b) $S(p_1) = 1$；

(c) $p_2 \times p_4 \times p_6 = 0$；

(d) $p_4 \times p_6 \times p_8 = 0$。

式中，$N(p_1)$ 是计算 p_1 相邻的非零像素数量，即

$$N(p_1) = p_2 + p_3 + p_4 + p_5 + p_6 + p_7 + p_8 + p_9 \qquad (12\text{-}2)$$

其中，p_i 要么为 0，要么为 1，而 $S(p_1)$ 是以 $p_2, p_3, \cdots, p_9, p_2$ 为序时这些点的值从 0 到 1 变化的次数。例如，在图 12-11 中，有 $N(p_1) = 4$ 且 $S(p_1) = 3$（$p_4 \rightarrow p_5, p_6 \rightarrow p_7, p_9 \rightarrow p_2$）。

p_9	p_2	p_3
p_8	p_1	p_4
p_7	p_6	p_5

图 12-10   用于细化算法的相邻像素排列

0	1	1
0	p_1	0
1	0	1

图 12-11   像素排列示例

在步骤 1 中，我们将 4 个条件用于目标区域的每个边界像素。如果违反一个或多个条件，则边界点的值不变。如果同时满足所有条件，则将这个边界点标记为要删除的点，但是需要等到遍历完所有的边界点后才能删除。当点 p_1 仅有 1 个或 7 个值为 1 的相邻像素点时，说明该点不满足条件(a)，仅有 1 个值为 1 的邻域点意味着点 p_1 是骨架的端点，所以不能删除；当点 p_1 有 7 个值为 1 的邻域点时，如果删除点 p_1，则会对该区域产生腐蚀，所以也不能删除。当对宽度为 1 像素的点应用这种方法时，就违反了条件(b)，条件(b)是为了防止出现骨架线段断裂的现象。如果能同时满足条件(c)和(d)，则邻域点值的最小集合为（$p_4 = 0$）或（$p_6 = 0$）或（$p_2 = 0$ 且 $p_8 = 0$）。理由如上，满足这些更新后条件的点 p_1 也应该被标记为删除。

步骤 2：条件(a)和(b)保持不变，但条件(c)和(d)发生改变。

(a) $2 \leqslant N(p_1) \leqslant 6$；

(b) $S(p_1) = 1$；

(c') $p_2 \times p_4 \times p_8 = 0$；

(d') $p_2 \times p_6 \times p_8 = 0$。

与步骤 1 类似，如果要同时满足条件(c')和(d')，邻域点值的最小集合是（$p_2 = 0$）或（$p_8 = 0$）或（$p_4 = 0$ 且 $p_6 = 0$），它们使得点 p_1 成为北边界点或南边界点，或者是边界中的一个东南角点，理由如上，满足这些更新后条件的点也应该被标记为删除。

细化算法的一次迭代步骤如下。

(1) 执行步骤 1，标记满足所有条件的边界点。

（2）删除做了标记的点。

（3）执行步骤 2,标记满足所有条件的边界点。

（4）删除做了标记的点。

反复迭代,直至没有点再满足标记条件,这时算法终止,剩下的点便组成区域的骨架。

图 12-12 为骨架提取示例。

图像处理

(a) 原图

图像处理　　图像处理

(b) 二值图 　　　　　　(c) 骨架图

图 12-12　骨架提取示例

C++ 示例代码 12-2：骨架细化算法

```cpp
#include "opencv2/highgui/highgui.hpp"
#include "opencv2/imgproc/imgproc.hpp"
#include<time.h>
#include<iostream>
using namespace cv;
using namespace std;

void thinImage(Mat & src, Mat & dst){
    int width = src.cols;
    int height = src.rows;
    src.copyTo(dst);
    vector<uchar * > mFlag;                 //用于标记需要删除的点
    while (true){
        //步骤一
        for (int i = 0; i < height; ++i){
            uchar * p = dst.ptr<uchar>(i);
            for (int j = 0; j < width; ++j){
                //获得 9 个点对象,注意边界问题
                uchar p1 = p[j];
                if (p1 != 1) continue;
                uchar p2 = (i == 0) ? 0 : * (p - dst.step + j);
                uchar p3 = (i == 0 || j == width - 1) ? 0 : * (p - dst.step + j + 1);
                uchar p4 = (j == width - 1) ? 0 : * (p + j + 1);
                uchar p5 = (i == height - 1 || j == width - 1) ? 0 : * (p + dst.step + j + 1);
                uchar p6 = (i == height - 1) ? 0 : * (p + dst.step + j);
                uchar p7 = (i == height - 1 || j == 0) ? 0 : * (p + dst.step + j - 1);
```

```
                    uchar p8 = (j == 0) ? 0 : * (p + j - 1);
                    uchar p9 = (i == 0 ‖ j == 0) ? 0 : * (p - dst.step + j - 1);
                    //条件 1 判断:2≤N(p1)≤6,条件 2 计算
                    if ((p2 + p3 + p4 + p5 + p6 + p7 + p8 + p9) >= 2 &&
                                (p2 + p3 + p4 + p5 + p6 + p7 + p8 + p9) <= 6) {
                        int count = 0;
                        if (p2 == 0 && p3 == 1)
                            count++;
                        if (p3 == 0 && p4 == 1)
                            count++;
                        if (p4 == 0 && p5 == 1)
                            count++;
                        if (p5 == 0 && p6 == 1)
                            count++;
                        if (p6 == 0 && p7 == 1)
                            count++;
                        if (p7 == 0 && p8 == 1)
                            count++;
                        if (p8 == 0 && p9 == 1)
                            count++;
                        if (p9 == 0 && p2 == 1)
                            count++;
                        //条件 2、3、4 判断
                        if (count == 1 && p2 * p4 * p6 == 0 && p4 * p6 * p8 == 0)
                            //标记
                            mFlag.push_back(p + j);
                    }
                }
            }
            //将标记的点删除
            for (vector<uchar * >::iterator i = mFlag.begin(); i != mFlag.end(); ++i)
                **i = 0;
            //直到没有点满足,算法结束
            if (mFlag.empty())
                break;
            else
                mFlag.clear();                    //将 mFlag 清空

            //步骤二
            for (int i = 0; i < height; ++i){
                uchar * p = dst.ptr<uchar>(i);
                for (int j = 0; j < width; ++j){
                    //如果满足 4 个条件,则进行标记
```

```
            uchar p1 = p[j];
            if (p1 != 1) continue;
            uchar p2 = (i == 0) ? 0 : * (p - dst.step + j);
            uchar p3 = (i == 0 || j == width - 1) ? 0 : * (p - dst.step + j + 1);
            uchar p4 = (j == width - 1) ? 0 : * (p + j + 1);
            uchar p5 = (i == height - 1 || j == width - 1) ? 0 : * (p + dst.
step + j + 1);
            uchar p6 = (i == height - 1) ? 0 : * (p + dst.step + j);
            uchar p7 = (i == height - 1 || j == 0) ? 0 : * (p + dst.step + j - 1);
            uchar p8 = (j == 0) ? 0 : * (p + j - 1);
            uchar p9 = (i == 0 || j == 0) ? 0 : * (p - dst.step + j - 1);
            if ((p2 + p3 + p4 + p5 + p6 + p7 + p8 + p9) >= 2 &&
                    (p2 + p3 + p4 + p5 + p6 + p7 + p8 + p9) <= 6) { //条件 1, 2 不变
                int count = 0;
                if (p2 == 0 && p3 == 1)
                    count++;
                if (p3 == 0 && p4 == 1)
                    count++;
                if (p4 == 0 && p5 == 1)
                    count++;
                if (p5 == 0 && p6 == 1)
                    count++;
                if (p6 == 0 && p7 == 1)
                    count++;
                if (p7 == 0 && p8 == 1)
                    count++;
                if (p8 == 0 && p9 == 1)
                    count++;
                if (p9 == 0 && p2 == 1)
                    count++;
                //条件 3, 4 发生改变
                if (count == 1 && p2 * p4 * p8 == 0 && p2 * p6 * p8 == 0)
                    //标记
                    mFlag.push_back(p + j);
            }
        }
    }
    //将标记的点删除
    for (vector<uchar * >::iterator i = mFlag.begin(); i != mFlag.end(); ++i)
        **i = 0;
    //直到没有点满足,算法结束
    if (mFlag.empty())
        break;
```

```
        else
            mFlag.clear();                      //将 mFlag 清空
    }
}

void main(){
    Mat src = imread("C:\\7.png", IMREAD_GRAYSCALE);
    imshow("原始图像", src);
    threshold(src, src, 140, 1, cv::THRESH_BINARY_INV);
                                        //二值化,前景为 1,背景为 0
    Mat dst;
    thinImage(src, dst);                //图像细化(骨骼化)
    src = src * 255;
    imshow("二值图像", src);
    dst = dst * 255;
    imshow("细化图像", dst);
    waitKey(0);
}
```

◈ 12.3   边界描述子

本节将介绍几种描绘区域边界的方法。

12.3.1   一些简单的描述子

边界的长度是最简单的描述子之一,一个形状简单的物体用相对较短的周长包围它所占有面积内的像素,周长就是围绕所有像素的外边界的长度。对于在两个方向上以单位间距定义的链码曲线,水平、垂直分量的个数加上$\sqrt{2}$倍的对角线分量的个数,可以给出曲线的准确长度。

边界 S 的直径定义为

$$\text{Diam}(S) = \max_{i,j}\{D(p_i, p_j)\} \tag{12-3}$$

其中,D 是一种距离测量函数或度量,p_i 和 p_j 是边界上的点。连接两个端点组成直径的直线段的长度和方向是表示边界的有用描述子,该直线段称为边界的长轴。与长轴垂直的直线段定义为边界的短轴,其与长轴的端点完全包围边界。长短轴的比值称为边界的偏心率,它也是一个有用的描述子。长轴、短轴与边界相交的 4 个边界点所构成的方框,可以完全包围边界,称为基本矩形。

物体边界上某个点的斜率的变化率称为曲率,用来描述边界上各点沿边界方向的变化量。在离散的情况下,不可能得到曲线的精确曲率,可以用相邻边界线段(描述为直线)的斜率差作为在边界线交点处的曲率描述子。如图 12-13 所示,边界点 a 的两个相邻线段的斜率分别是 k_1 和 k_2,因此,在边界点 a 上的曲率 $\Delta k = k_1 - k_2$。

曲率的正负描述了边界在该点的凹凸性。当沿顺时针方向跟踪边界时，如果边界上的点的曲率为正，则该点属于凸段部分；如果边界上的点的曲率为负，则称其为凹线段上的点。使用斜率变化范围，可以进一步精确某个点的曲率。例如，如果斜率变化小于 10°，则认为点处在一条近似直线的线段上；如果斜率变化超过 90°，则认为该点是一个转角点。

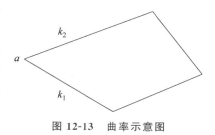

图 12-13　曲率示意图

12.3.2　形状数

形状数是在基于 4 方向链码的一次差分的基础上定义的，链码的一次差分随着起始点的不同而发生变化，一个用链码表达的边界可以有多个一阶差分，将方向编码组成的差分链码看作一个自然数，一个边界的形状数是这些差分中值最小的一个序列，也就是说，形状数定义为最小自然数的差分链码。

每一个形状数都有一个对应的阶，这里的阶数 n 定义为形状数序列的长度，对于闭合边界来说，4 方向链码的形状数阶数一定是偶数，其值限制了不同形状的数量。图 12-14 显示了阶为 4、6 和 8 的所有形状，以及它们的链码表示、一次差分和相应的形状数。其中，4 连接编码的方向来自图 12-1(a)，黑点表示起始点，一次差分是将链码作为循环序列计算相邻两个像素的方向数的差得到的，而形状数是通过求取链码最小量级的一次差分得到的。

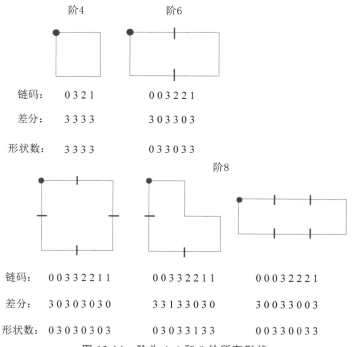

图 12-14　阶为 4、6 和 8 的所有形状

虽然链码的一次差分是不依赖于旋转的,但一般情况下边界的编码依赖于网格的方向。大多数情况下,将链码网格与基本矩形对齐,即可得到一个唯一的形状数。规整化网格方向的一种算法是:首先确定形状数的阶数 n,在阶数为 n 的矩形形状数中,找出一个与给定形状的基本矩形的偏心率最接近的形状数,然后再用这个矩形与基本矩形对齐,构造网格。用前面提到的获得链码的方法得到该矩形的链码,再得到该链码的一次差分,一次差分中的最小值即形状数。例如,若 $n=12$,则阶数为 12 的所有矩形(周长为 12)有 2×4、3×3 和 1×5,如果 2×4 矩形的偏心率和给定边界的基本矩形的偏心率之间最匹配,那么就以这个基本矩形为中心建立 2×4 网格并得到链码,再根据该链码的一次差分得到形状数。

12.3.3　傅里叶描述子

傅里叶描述子也是描述闭合边界的一种方法,它通过一系列傅里叶系数表示闭合曲线的形状特征,这种方法仅仅适用于单一闭合曲线,而不能用来描述复合闭合曲线。傅里叶描述子的优点是将一个二维的问题简化为一维的问题。将直角坐标系中的 x 轴作为复平面上的实轴,y 轴作为复平面上的虚轴,则 xOy 平面上的点 (x,y) 可以表示成复数的形式,即 $x+\mathrm{j}y$。对于 xOy 平面内的 N 点组成的边界,在边界上任意选取一个起始点 (x_0,y_0),按照逆时针方向在该边界上行进时,会遇到坐标对 (x_0,y_0)、(x_1,y_1)、(x_2,y_2)、…、(x_{N-1},y_{N-1})。这些坐标可以表示为 $x(i)=x_i$,$y(i)=y_i$ 的形式。使用这种表示法,边界本身可以表示为一个复数坐标序列 $s(i)=[x(i),y(i),i\in[0,N-1]$。此外,每一个坐标对可以用复数形式表示,即

$$S(i)=x(i)+\mathrm{j}y(i), i\in[0,N-1] \tag{12-4}$$

图 12-15 显示了边界点的坐标和复数表示之间的对应关系。虽然使用复数形式将边界的表示从二维的坐标表示简化为一维的复数表示,对坐标序列进行了重新定义,但是边界本身的性质并未发生任何改变。

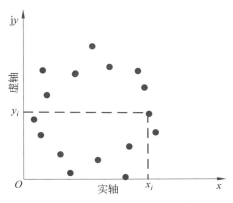

图 12-15　复数平面上的边界表示

复数序列 $s(i)$ 的离散傅里叶变换(DFT)为

$$S(u) = \sum_{i=0}^{N-1} s(i) e^{-j2\pi ui/N}, u \in [0, N-1] \tag{12-5}$$

式中,傅里叶系数 $S(u)$ 称为边界的傅里叶描述子。对 $S(u)$ 进行傅里叶逆变换,可以重构边界上的各点 $s(i)$,即

$$s(i) = \frac{1}{N} \sum_{u=0}^{N-1} S(u) e^{-j2\pi ui/N}, i \in [0, N-1] \tag{12-6}$$

根据之前的知识可知,傅里叶变换的高频成分对应于边界的细节,而低频部分对应于边界的总体形状,因此,使用少量的低阶系数就可以近似描述边界的形状,从而减少边界描述的数据量。

在重构边界上各点时,傅里叶逆变换中一般仅使用前 P 个傅里叶系数,并不包含傅里叶系数的全部项。这等于在式(12-6)中令 $S(u) = 0, u > P-1$。其近似边界 $\hat{s}(i)$ 可表示为

$$\hat{s}(i) = \frac{1}{N} \sum_{u=0}^{P-1} S(u) e^{j2\pi ui/P}, i \in [0, N-1] \tag{12-7}$$

式中,尽管求 $\hat{s}(i)$ 的每个成分时仅使用了 P 项,但 i 的取值范围不变,即近似边界中点的数量不变;u 的取值范围缩小了,即重构边界点所用的傅里叶系数减小了,使用的傅里叶系数 P 越小,边界丢失的细节越多。少数的傅里叶描述子具有边界信息的特征,因此,这些描述子可以当作区分不同的边界形状的基础。

傅里叶描述子应尽可能对平移、旋转、尺度缩放等操作和起始点的选取不敏感。但是,这些参数的变化可能与描述子的简单变换是相关的。例如,考虑旋转变换,在复数域中,将一个点旋转 θ 角通过乘以因子 $e^{j\theta}$ 实现,其中,θ 是旋转角度。对边界序列 $S(i)$ 中的每个点都这样做,就把整个序列关于原点旋转了。旋转后的序列可表示为 $s_r(i) = s(i) e^{j\theta}$,相应的傅里叶描述子为

$$s_r(u) = \sum_{i=0}^{N-1} s(i) e^{-j2\pi ui/N} = S(u) e^{j\theta}, u \in [0, N-1] \tag{12-8}$$

其中,旋转变换仅乘以一个常数项 $e^{j\theta}$,就等同于影响了所有的傅里叶系数。

表 12-1 总结了经历旋转、平移、尺度缩放和起始点变化的边界序列的傅里叶描述子。在复数域中,边界的平移变换相当于将边界上的各点 $s(i)$ 加上一个平移量 $\Delta_{xy} = \Delta x + \Delta y$,所以将该序列 $s(i)$ 重定义(平移)为

$$s_t(i) = s(i) + \Delta_{xy} = [x(i) + \Delta x] + j[y(i) + \Delta y] \tag{12-9}$$

式中,Δx 和 Δy 分别表示为水平和垂直的平移量,相应的傅里叶描述子表示为

$$s_t(u) = \sum_{i=0}^{N-1} [s(i) + \Delta_{xy}] e^{-j2\pi ui/N} = S(u) + \Delta_{xy} \sum_{i=0}^{N-1} e^{-j2\pi ui/N}$$
$$= S(u) + \Delta_{xy} \delta(u), u \in [0, N-1] \tag{12-10}$$

在复数域中,边界的尺度缩放变换相当于将边界上各点 $s(i)$ 乘以一个比例因子 α,可表示为 $s_s(i) = \alpha s(i)$,其中,α 为缩放的尺度,相应的傅里叶描述子为

$$S_s(u) = \sum_{i=0}^{N-1} s(i) \alpha e^{-j2\pi ui/N} = \alpha S(u), u \in [0, N-1] \tag{12-11}$$

这表明对边界进行尺度为 α 的缩放变换,傅里叶系数也会发生相同比例的缩放。

傅里叶描述子对起始点的位置不敏感。当起始点的位置发生改变时,相当于对边界序列 $s(i)$ 进行循环移位,可表示为 $s_p(i)=s(i-i_0)=x(i-i_0)+\mathrm{j}y(i-i_0)$,这表示起始点从 $i=0$ 移位到 $i=i_0$。相应的傅里叶描述子表示为

$$S_p(u)=S(u)\mathrm{e}^{-\mathrm{j}2\pi ui_0/N} \tag{12-12}$$

式(12-12)表明边界序列循环右移 i_0 位,傅里叶系数仅发生相移 $\mathrm{e}^{-\mathrm{j}2\pi ui_0/N}$。

表 12-1　旋转、平移、尺度缩放和起始点变化的傅里叶描述子

几何变换或起始点变化	边　　界	傅里叶描述子
恒等	$s(i)$	$S(u)$
旋转变换	$s_r(i)=s(i)\mathrm{e}^{\mathrm{j}\theta}$	$S_r(u)=S(u)\mathrm{e}^{\mathrm{j}\theta}$
平移变换	$s_t(i)=s(i)+\Delta_{xy}$	$S_t(u)=S(u)+\Delta_{xy}\delta(u)$
尺度缩放	$s_s(i)=\alpha s(i)$	$S_s(u)=\alpha S(u)$
起始点变化	$s_p(i)=s(i-i_0)$	$S_p(u)=S(u)\mathrm{e}^{-\mathrm{j}2\pi ui_0/N}$

12.3.4　统计矩

一条边界的形状也可以使用均值、方差和高阶矩等统计矩来定量描述。统计矩描述方法可用于边界分段、曲线标记等边界表示方法。当采用边界分段方法表示边界时,可以将任一边界段表示为一个一维函数。如图 12-16(b)所示,将图 12-16(a)所示的边界段表示为关于变量 r 的一维函数 $g(r)$,$g(r)$ 表示边界上的点到 r 轴的距离。该函数是通过先将该线段的两个端点连接起来,然后旋转该直线线段至水平方向得到的。此时,边界上的所有点的坐标也旋转了相同的角度。

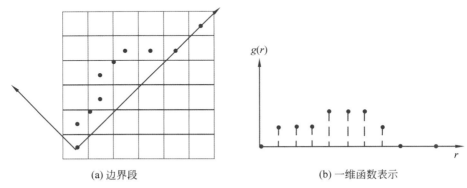

(a)边界段　　　　　　　　　(b)一维函数表示

图 12-16　边界段的一维函数表示

我们将幅度 g 看作一个离散的随机变量 v,并形成一个幅度直方图 $p(v_i)$,$i\in[0,A-1]$,这里的 A 是分割幅度尺度的离散幅度增量数。$p(v_i)$ 是 v_i 出现的概率估计,则随机变量 v 的第 n 阶矩为

$$u_n(v) = \sum_{i=0}^{A-1} (v_i - m)^n p(v_i) \tag{12-13}$$

式中，m 的表示如下：

$$m = \sum_{i=0}^{A-1} v_i p(v_i) \tag{12-14}$$

这里的 m 是 v 的均值，u_2 是 v 的方差。通常不需要用一阶矩区分形状明显不同的信号。

另一种替代方法是利用统计矩描述边界，将一维函数 $g(r)$ 曲线下的面积归一化为单位面积，并把它当作直方图处理，换句话说，将 $g(r_i)$ 作为 r_i 的概率密度函数。此时，将 r 作为随机变量，则 n 阶矩为

$$u_n(r) = \sum_{i=0}^{K-1} (r_i - m)^n g(r_i) \tag{12-15}$$

式中，m 的表示如下：

$$m = \sum_{i=0}^{K-1} r_i p(r_i) \tag{12-16}$$

式中，K 是边界点的数目，n 阶中心矩 u_n 与 $g(r)$ 的形状有关。例如，二阶中心矩 u_2，即方差 δ^2，用来衡量关于 r 的均值的扩展程度；三阶中心矩 $u_3(r)$，用来衡量曲线关于均值的对称性。显然，由于矩与曲线的空间位置无关，因此，矩与曲线的旋转变换无关。利用一维函数的统计矩描述边界的优点是统计矩简单，易实现，且对边界形状有物理解释。

事实上，我们需要达成的目标是将边界的描述简化为一维函数。"矩"法显然是使用最为普遍的方法，但它们并不是实现这一目的的唯一描述子。

12.4 区域描述子

当对目标区域的形状特征感兴趣时，通常选择边界描述；当对目标区域的属性感兴趣时，通常选择区域描述。区域描述借助区域的内部特征利用组成区域的像素集合描述目标区域，可以分为简单描述和复杂描述。简单描述主要包括区域的面积、矩形度、复杂度和灰度描述等，而复杂描述主要包括拓扑描述、纹理描述、不变矩等。

12.4.1 一些简单的描述子

简单区域描述通过最简单的形状或者灰度特征对区域进行描述。

1. 面积

面积定义为组成区域的像素的数目，是区域的基本特征，它描述了区域的大小。二值图像 $f(x,y)$ 中，目标区域 R 的像素值为 1，背景区域的像素值为 0。统计区域的像素数目如式(12-17)所示。

$$A = \sum_{(x,y) \in R} f(x,y) \tag{12-17}$$

式中，A 为目标区域 R 的面积。

2. 包围盒

包围盒定义为区域的最小外接矩形。矩形度定义为区域面积和包围盒(外接矩形)面积的比值,它描述了目标区域在其包围盒中占有的比重。矩形度 R 的计算公式为

$$R = \frac{A_0}{A_{\text{mer}}} \tag{12-18}$$

式中,A_0 为目标区域的面积,A_{mer} 为区域包围盒的面积。R 的区间为 $[0,1]$,当区域的矩形度达到最大时,R 为 1。圆形区域的矩形度为 $\pi/4$,细长区域和弯曲区域的矩形度较小。

宽高比定义为区域包围盒的宽度和高度的比值。宽高比 γ_a 的计算式为

$$\gamma_a = \frac{W}{H} \tag{12-19}$$

式中,W 和 H 分别为包围盒的宽度和高度。通过宽高比 γ_a 可以将细长的区域和圆形或方形的区域分开。

3. 复杂度

复杂度定义为区域的周长平方和面积的比值,它描述了区域边界的复杂程度。复杂度 C 的计算式为

$$C = \frac{P^2}{A} \tag{12-20}$$

式中,P 为区域的周长,A 为区域的面积。圆形区域的复杂度最小,C 为 4π。随着边界凹凸程度的增加,复杂度 C 也增大。区域的复杂度对方向性和尺度的变化不敏感。

4. 区域灰度

在灰度图像中,区域灰度描述是指利用灰度图的统计特征描述目标区域,反映目标区域的灰度、颜色等属性。通常借助灰度直方图计算灰度图的最大值、最小值、中值、平均值、方差和高阶矩等统计特征。

12.4.2 拓扑描述子

拓扑学是研究图形性质的理论,只要该图形未被撕裂或粘连,拓扑特性就不受图形变形的影响。拓扑特性对图像平面区域的全局描述起了重要作用,这种特性不依赖于距离,不同于基于距离度量建立的任何特性。显然,拓扑描述是一种对描述图形总体特征很有用的描述子。

若闭合区域中包含非感兴趣的像素,则这些像素构成的区域称为图像中的孔洞。图 12-17 为拓扑描述子,图 12-17(a)显示了有 2 个孔洞的区域。如果一个拓扑描述子由该区域内的孔洞数量定义,那么这种性质明显不受缩放、平移和旋转变换的影响。然而,一般来说,如果该区域被撕裂或折叠,那么孔洞数就会发生变化。另一个对区域描述有用的拓扑特性是连通分量的数量。图 12-17(b)显示了由 3 个连通分量组成的区域。

(a) 有2个孔洞的区域　　　　　(b) 由3个连通分量组成的区域

图 12-17　拓扑描述子

　　孔洞数和连通分量数都可以作为区域拓扑特性的描述子,欧拉数 E 定义为图像中连通分量数和孔洞数之差,可表示为

$$E = C - H \tag{12-21}$$

　　式中,H 表示区域内的孔洞数,C 表示区域的连通分量数。显然,欧拉数 E 也是一种区域拓扑特性的描述子。例如,图 12-18 为欧拉数的区域示例,其中,从左至右分别是欧拉数为 0 和 -1 的区域,因为 α 有一个连通分量(α 的深色躯干)和一个孔洞(α 中的孔洞),而 Φ 有一个连通分量(Φ 的深色躯干)和两个孔洞(Φ 中的左、右两个孔洞)。

(a) 欧拉数为0的区域　　　(b) 欧拉数为-1的区域

图 12-18　欧拉数的区域示例

　　使用欧拉数,可以非常简单地解释由直线段表示的区域。图 12-19 显示了一个多边形网络,将这样一个网络的内部区域分类为面、边、顶点和孔洞。用 V 表示顶点数,用 Q 表示边数,用 F 表示面数,C 为连通分量数,H 为孔洞数,可得出称为欧拉公式的如下关系:

$$V - Q + F = C - H \tag{12-22}$$

　　如图 12-19 所示,区域内共有 7 个顶点、12 条边、2 个面、1 个连通区域和 4 个孔,因此该区域的欧拉数为 -3:

$$7 - 12 + 2 = 1 - 4 = -3$$

12.4.3　纹理描述

　　描述图像中像素灰度级空间分布模式的一种重要手段就是纹理描述。当图像中大量出现相同或相似的基本图像元素时,纹理分析是研究这类图像的重要手段之一。

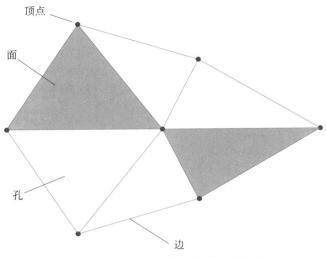

图 12-19 包含一个多边形网络的区域

1. 纹理特征

纹理是图像分析中常用的概念,当前对纹理的精确定义还未形成统一认识,大多是根据应用做出不同定义,习惯上将图像表面的局部不规则而整体上有规律的特征称为纹理。另一种常用的定义是按一定规则对元素(elements)或基元(primitives)进行排列所形成的重复模式。纹理是区域的属性,并且与图像的分辨率或尺度密切相关。

通过观察不同的纹理图像,可以知道构成纹理特征的两个要素:纹理基元和纹理基元排列。图像中最基本的单元是像素,由像素可以组成一些具有一定形状和大小的集合,如圆斑、块斑、花布的花纹等,这些有一定形状和大小的多种图像基元的组合叫作纹理基元。纹理是由纹理基元排列组合而成的。基元排列的疏密、周期性、方向性等的不同,能使图像的外观产生极大的改变。

纹理是重复模式,它能描述物体的表面。如果能够识别图像的纹理,那么模式分类将变得很容易。纹理特征可以用定性的术语描述,例如,规则性、粗糙度、均匀性、光滑性、图像结构方向性和空间关系。

纹理特征的提取是指通过图像处理技术抽取纹理特征,包括纹理基元和纹理基元排列分布模式的信息。图像处理中用于描述区域纹理的 3 种主要方法是统计分析法、结构分析法和频谱分析法。统计分析法生成诸如平滑、粗糙、粒状等纹理特征。结构分析法处理图像基元的排列,如基于规则间距平行线的纹理描述。频谱分析法基于傅里叶频谱的特性,主要用于检测图像中的全局周期性,方法是识别频谱中的高能量的窄波峰。

2. 统计分析法

1)灰度级直方图的统计矩

描述纹理的最简单方法之一是使用一幅图像或一个区域的灰度级直方图的统计矩。

令 z 表示灰度的一个随机变量,并令 $p(z)$ 为对应的直方图。z 关于其均值的 n 阶矩定义为

$$u_n(z) = \sum_{i=0}^{L-1} (z_i - m)^n p(z_i) \qquad (12\text{-}23)$$

式中,L 是不同灰度级的数目,m 是 z 的均值(平均灰度)。

$$m = \sum_{i=0}^{L-1} z_i p(z_i) \qquad (12\text{-}24)$$

注意,由式(12-23)可知,零阶矩 $u_0 = 1$,一阶矩 $u_1 = 0$。二阶矩(方差 $\sigma^2(z) = u_2(z)$)在纹理描述中特别重要,它是灰度对比度的量度,可用来建立相对平滑度的描述子。

$$R(z) = 1 - \frac{1}{1 + \sigma^2(z)} \qquad (12\text{-}25)$$

对于恒定灰度区域,方差为 0,则 $R(z)$ 为 0;而对于较大的方差值 $\sigma^2(z)$,$R(z)$ 接近 1。对于灰度图像,方差随着灰度值增大而增大,因此最好将其方差归一化到区间 $[0,1]$,即将方差 $\sigma^2(z)$ 除以 $(L-1)^2$,以便在式(12-25)中使用。标准差 $\sigma(z)$ 也常用于纹理的度量。

三阶矩是对偏斜度的度量,偏斜度表明了直方图像的对称程度,是向左偏斜(负值)还是向右偏斜(正值)。

$$u_3(z) = \sum_{i=0}^{L-1} (z_i - m)^3 p(z_i) \qquad (12\text{-}26)$$

四阶矩是直方图相对平坦度的度量。五阶矩及五阶矩以上不容易与直方图形状联系起来,但它们提供了纹理内容的进一步量化、辨别。另外还有一些基于直方图的纹理测度,如"一致性"测度:

$$U(z) = \sum_{i=0}^{L-1} p^2(z_i) \qquad (12\text{-}27)$$

和平均熵度量:

$$e(z) = -\sum_{i=0}^{L-1} p(z_i) \log_2 p(z_i) \qquad (12\text{-}28)$$

2)共生矩阵

仅使用直方图计算的纹理度量没有携带图像像素彼此之间的位置信息,但是,在描述纹理时,图像像素的位置信息很重要。因此,这种方法的应用受到限制。我们需要一种纹理分析方法,它不仅要考虑灰度的分布,还要考虑图像中像素的相对位置信息。

考虑一幅具有 L 个可能灰度级的图像 f,并定义 Q 是两个像素相对位置的一个算子,而 G 为一个矩阵,其元素 g_{ij} 是灰度为 z_i 和 z_j 的像素对出现在 f 中由 Q 指定位置处的次数,其中 $1 \leqslant i, j \leqslant L$。按这种方法形成的矩阵 G 称为灰度(或灰度级)共生矩阵,当含义明确时,G 简单地称为一个共生矩阵。

图 12-20 显示了构造共生矩阵的例子,我们使用灰度范围 $[1, L]$ 替代常用范围 $[0, L-1]$。这样做的目的是让灰度值对应"传统的"矩阵索引(即灰度值 1 对应 G 的第一个行列索引)。其中 $L=8$,位置算子 Q 定义为"直接面对右边的一个像素"(即一个像素的相邻像素定义为这个像素紧靠右边的像素)。左侧阵列是图像 f,右侧阵列是共生矩阵 G。

G 的元素 $(1,1)$ 是 1,因为在 f 中,值为 1 的像素,并且它的右侧像素的值也为 1 的情况只出现过 1 次;类似地,G 的元素 $(6,4)$ 是 3,因为在 f 中,值为 6 的像素,并且它的右侧像素的值为 4 的情况出现过 3 次。按照这种方式,可计算出共生矩阵 G 的其他元素。

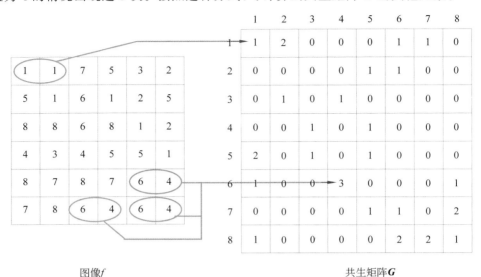

图像f 共生矩阵G

图 12-20 构造共生矩阵的例子

共生矩阵 G 的大小由图像中可能的灰度级数决定。对于一幅 8bit 图像,G 的大小为 256×256。当使用一个矩阵时,这不是问题,但是有时使用共生矩阵序列,就不方便了。为了减少计算负担,经常将灰度级量化为几段,以便于管理。例如,在 256 级灰度时,令前 32 个灰度级等于 1,接下来的 32 个灰度级等于 2,以此类推,这将量化得到一个 8×8 大小的矩阵。

定义 n 为满足 Q 的像素对的总数,它等于 G 中的元素之和(在上例中 $n = 30$)。因此, $p_{i,j} = g_{i,j}/n$ 是满足 Q 的一个值为 (z_i, z_j) 的点对的概率估计,其值域范围为 $[0,1]$,且它们的和为 1。

因为 G 取决于位置算子 Q,因此选择一个合适的位置算子 Q 并分析 G 的元素,可以检测灰度纹理模式的存在情况。下面给出一些表征共生矩阵 G 的有用描述子。

相关描述子是表示一个像素在整体图像上和它的邻居相关程度的测度。

$$R = \sum_{i=1}^{L} \sum_{j=1}^{L} \frac{(i-m_r)(j-m_c)p_{i,j}}{\sigma_r \sigma_c} \qquad (12\text{-}29)$$

式中,m_r 是沿归一化后的 G 的行计算的均值,m_c 是沿 G 的列计算的均值。类似地, σ_r 和 σ_c 是分别沿归一化 G 的行和列计算的标准差,若任意一个标准差为 0,则该测度无效。这些项都是标量,与 G 的大小无关。R 的值域为 $[-1,1]$,对应完美的负相关和正相关。

对比度描述子是一个计算像素在整个图像上和它的邻居之间的灰度对比的测度,值域为 $[0, L-1]$。

$$C = \sum_{i=1}^{L} \sum_{j=1}^{L} (i-j)^2 p_{i,j} \qquad\qquad (12\text{-}30)$$

3. 结构分析法

假设有一个"$S \to aS$"的规则,该规则表明字符 S 可以被重写为 aS,例如,应用该规则 3 次就可以产生字符串 $aaaS$。如图 12-21 所示,如果 a 表示一个正方形,并且"向右侧添加正方形"的含义是分配形如 $aaa\cdots$ 的一个字符串,那么规则 $S \to aS$ 将生成如图 12-21(b) 所示的纹理模式。

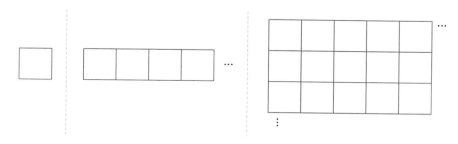

(a) 纹理基元　　　(b) 由规则$S \to aS$生成的模式　　　(c) 由该规则和其他规则生成的二维纹理模式

图 12-21　结构分析法示例

假设给这个方案增加一些新的规则:$S \to bA$、$A \to cA$、$A \to bS$、$S \to a$,这里的 b 表示"向下添加一个正方形",c 表示"向左侧添加一个正方形"。现在生成一个形如 $aaabccbaa$ 的字符串,它对应一个正方形的 3×3 矩阵。使用相同的方法可以生成更大的纹理模式,如图 12-21(c) 所示。这些规则也可以生成非矩形结构。

上述基本思想是一个简单的"纹理基元",可以借助一些规则用于形成更复杂的纹理模式,这些规则限制基元的可能排列的数量。

4. 频谱分析法

傅里叶频谱是一种理想的适用于描述图像中的二维周期或近似二维周期模式的方向性的方法。全局纹理模式在空域中难以检测,但是转换到频谱中,全局纹理模式对应频谱中高能脉冲集中区域,即峰值突起处,很容易被区分。因此,纹理的频谱对于区分周期和非周期纹理模式非常有用,对于量化两个纹理周期的差也有效果。对纹理描述很有用的傅里叶频谱的 3 个特征如下。

(1) 频谱中突起的尖峰给出了纹理模式的主要方向。

(2) 频谱中突出的尖峰的位置给出了模式的基本空间周期。

(3) 通过滤波方法,消去任何周期分量,而留下非周期性的图像元素,然后用统计技术进行描述。

频谱是关于原点对称,所以只需要考虑半个频率平面。对于分析的目的,每个周期模式只需要考虑频谱中的一个尖峰。

之前提到的频谱特征的检测和描述通常可以采用"极坐标"函数 $S(r, \theta)$ 简化表示,其

中 S 是频谱函数,r 和 θ 是坐标系变量。对于每个方向 θ,$S(r,\theta)$ 可看作一维函数 $S_\theta(r)$,对定值 θ 分析 $S_\theta(r)$,可得到沿半径方向上的频谱特性(如出现尖峰);类似地,对于每个幅度 r,$S(r,\theta)$ 可看作一维函数 $S_r(\theta)$,对定值 r 分析 $S_r(\theta)$,可得到以原点为圆心的一个圆上的频谱特性。

对这些函数进行积分(对离散变量求和),可得到一个更为整体的描述:

$$S(r) = \sum_{\theta=0}^{n} S_\theta(r) \tag{12-31}$$

和

$$S(\theta) = \sum_{r=0}^{R_0} S_r(\theta) \tag{12-32}$$

式中,R_0 是以原点为圆心的圆的半径。

式(12-31)和式(12-32)的结果为每对坐标 (r,θ) 构成了一对值 $[S(r),S(\theta)]$。通过改变这些坐标,可以生成两个一维函数 $S(r)$ 和 $S(\theta)$ 来为整幅图像或所考虑区域的纹理构成一种频谱-能量描述。

12.4.4 不变矩

数学中矩的概念来自物理学,在物理学中,矩表示物体形状的物理量,是用于物体形状识别的重要参数指标。图像中利用了矩描述区域形状的全局特征。不变矩是图像的统计特征,是常用的区域特征描述子。对于尺寸为 $M \times N$ 的数字图像 $f(x,y)$,二维 $(p+q)$ 阶矩定义为

$$m_{pq} = \sum_{x=0}^{M-1} \sum_{y=0}^{N-1} x^p y^q f(x,y) \tag{12-33}$$

式中,p 和 q 是自然数。相应的 $(p+q)$ 阶中心矩定义为

$$u_{pq} = \sum_{x=0}^{M-1} \sum_{y=0}^{N-1} (x-\bar{x})^p (y-\bar{y})^q f(x,y) \tag{12-34}$$

其中,$f(x,y)$ 的质心 $(\bar{x},\bar{y})$ 定义为

$$\bar{x} = \frac{\sum_{x=0}^{M-1} \sum_{y=0}^{N-1} x f(x,y)}{\sum_{x=0}^{M-1} \sum_{y=0}^{N-1} f(x,y)} = \frac{m_{10}}{m_{00}} \tag{12-35}$$

和

$$\bar{y} = \frac{\sum_{x=0}^{M-1} \sum_{y=0}^{N-1} y f(x,y)}{\sum_{x=0}^{M-1} \sum_{y=0}^{N-1} f(x,y)} = \frac{m_{01}}{m_{00}} \tag{12-36}$$

离散函数的各阶矩均存在。一阶原点矩称为均值,表示随机变量分布的中心,任何随机变量的一阶中心矩都为 0;二阶中心矩称为方差,表示随机变量分布的离散程度;三阶中心矩称为偏态,表示随机变量分布的偏离对称的程度;4 阶中心矩称为峰态,描述随机变量分布的尖峰程度,正态分布的峰态系数为 0。

$f(x,y)$ 的归一化 $(p+q)$ 阶中心矩 η_{pq} 定义为

$$\eta_{pq} = \frac{u_{pq}}{\mu_{00}^{\gamma}} \tag{12-37}$$

式中，

$$\gamma = \frac{p+q}{2} + 1 \tag{12-38}$$

其中，$p+q \in [2, +\infty]$。

由归一化的二阶和三阶中心矩可推出如下 7 个不变矩 Φ_1、Φ_2、Φ_3、Φ_4、Φ_5、Φ_6、Φ_7：

$$\Phi_1 = \eta_{20} + \eta_{02} \tag{12-39}$$

$$\Phi_2 = (\eta_{20} - \eta_{02})^2 + 4\eta_{11}^2 \tag{12-40}$$

$$\Phi_3 = (\eta_{30} - 3\eta_{12})^2 + (3\eta_{21} - \eta_{03})^2 \tag{12-41}$$

$$\Phi_4 = (\eta_{30} + \eta_{12})^2 + (\eta_{21} + \eta_{03})^2 \tag{12-42}$$

$$\begin{aligned}\Phi_5 = &(\eta_{30} - 3\eta_{12})(\eta_{30} + \eta_{12})[(\eta_{30} + \eta_{12})^2 - (3\eta_{12} + \eta_{03})^2] + \\ &(3\eta_{21} - \eta_{03})(\eta_{21} + \eta_{03})[3(\eta_{30} + \eta_{12})^2 - (\eta_{12} + \eta_{03})^2]\end{aligned} \tag{12-43}$$

$$\begin{aligned}\Phi_6 = &(\eta_{20} - \eta_{02})[(\eta_{30} + \eta_{12})^2 - (\eta_{21} + \eta_{03})^2] + \\ &4\eta_{11}(\eta_{30} + \eta_{12})(\eta_{21} + \eta_{03})\end{aligned} \tag{12-44}$$

$$\begin{aligned}\Phi_7 = &(3\eta_{21} - \eta_{03})(\eta_{30} + \eta_{12})[(\eta_{30} + \eta_{12})^2 - 3(\eta_{21} + \eta_{03})^2] + \\ &(3\eta_{12} - \eta_{30})(\eta_{21} + \eta_{03})[3(\eta_{30} + \eta_{12})^2 - (\eta_{21} + \eta_{03})^2]\end{aligned} \tag{12-45}$$

这些矩对于平移、尺度变化、镜像（内部为负号）和旋转是不变的。

大于 4 阶的矩称为高阶矩。高阶矩统计量用于描述或估计进一步的形状参数。矩的阶数越高，估计越困难，某种意义上讲，需要大量的数据才能保证估计的准确性和稳定性。此外，高阶矩对微小的变化非常敏感，因此，基于高阶矩的方法基本上不能有效地用于区域形状识别。

12.4.5　使用主成分进行描绘

本节中讨论的内容适用于边界和区域，也是描述一组空间上已配准图像的基础，但这些已配准图像的对应像素值是不同的（比如 RGB 图像的 3 个分量图像）。假设已有一幅彩色图像的 3 个分量图像，通过将每组 3 个对应像素表示成一个向量，可将这 3 幅图像作为一个单元处理。例如，令 x_1、x_2 和 x_3 分别是这 3 幅 RGB 分量图像中的一个像素的值，则这 3 个元素可以表示为一个三维列向量 $\boldsymbol{x}$，即 $\boldsymbol{x} = [x_1 \ x_2 \ x_3]^{\mathrm{T}}$。

这个向量表示所有 3 幅图像中的一个共同像素。如果图像的大小为 $M \times N$，则将所有像素都用这种方式表示后，共有 $K = MN$ 个三维向量。如果有 n 幅已配准的图像，那么向量将是 n 维的：

$$\boldsymbol{x} = [x_1 \ x_2 \ x_3 \cdots x_n]^{\mathrm{T}} \tag{12-46}$$

在本节中，假设所有向量都是列向量（即 $n \times 1$ 矩阵），可以将它们表示为 $\boldsymbol{x} = [x_1 \ x_2 \cdots x_n]^{\mathrm{T}}$ 的形式，其中 T 表示转置。

可以将向量当作随机向量来处理，计算随机向量的均值方向和方差矩阵。向量总体均值定义为

$$m_x = E\{x\} \tag{12-47}$$

其中，$E\{\}$ 是变量的期望值。向量或矩阵的期望值可通过取每个元素的期望值得到。对来自随机总体中的 K 个向量取样，均值向量可以通过使用常见的求平均值的表达式由样本近似获得：

$$m_x = \frac{1}{K}\sum_{k=1}^{K} x_k \tag{12-48}$$

总体向量的协方差矩阵定义为

$$C_x = E\{(x - m_x)(x - m_x)^{\mathrm{T}}\} \tag{12-49}$$

因为 x 是 n 维的，故 C_x 和 $(x - m_x)(x - m_x)^{\mathrm{T}}$ 是 $n \times n$ 的矩阵。C_x 中的元素 C_{ii} 是 x_i 的方差，C_x 中的元素 c_{ij} 是这些向量元素 x_i 和 x_j 之间的协方差，均值为 m 的随机变量 x 的方差定义为 $E\{(x-m)^2\}$，两个随机变量 x_i 和 x_j 的协方差定义为 $E\{(x_i - m_i)(x_j - m_j)\}$。如果元素 x_i 和 x_j 是不相关的，则它们的协方差为 0，从而有 $c_{ij} = c_{ji} = 0$。当 $n = 1$ 时，所有这些定义都是我们熟知的一维对应量。

展开乘积 $(x - m_x)(x - m_x)^{\mathrm{T}}$，并使用上述的均值向量近似，得到协方差矩阵 C_x 的近似样本：

$$C_x = \frac{1}{k}\sum_{k=1}^{K} x_k x_k^{\mathrm{T}} - m_x m_x^{\mathrm{T}} \tag{12-50}$$

应用示例：均值向量和协方差矩阵的计算

为了说明式(12-48)和式(12-50)的机理，考虑 4 个向量 $x_1 = (1,0,0)^{\mathrm{T}}$，$x_2 = (1,1,1)^{\mathrm{T}}$，$x_3 = (1,1,0)^{\mathrm{T}}$ 和 $x_4 = (1,0,1)^{\mathrm{T}}$。应用式(12-48)得到如下的均值向量。

$$m_x = \frac{1}{k}(x_1 + x_2 + x_3 + x_4) = \frac{1}{4}\begin{bmatrix} 4 \\ 2 \\ 2 \end{bmatrix} = \frac{1}{2}\begin{bmatrix} 2 \\ 1 \\ 1 \end{bmatrix}$$

同样，使用式(12-48)得到下列的协方差矩阵：

$$x_1 x_1^{\mathrm{T}} = \begin{bmatrix} 1 & 0 & 0 \\ 0 & 0 & 0 \\ 0 & 0 & 0 \end{bmatrix}, x_2 x_2^{\mathrm{T}} = \begin{bmatrix} 1 & 1 & 1 \\ 1 & 1 & 1 \\ 1 & 1 & 1 \end{bmatrix}, x_3 x_3^{\mathrm{T}} = \begin{bmatrix} 1 & 1 & 0 \\ 1 & 1 & 0 \\ 0 & 0 & 0 \end{bmatrix}, x_4 x_4^{\mathrm{T}} = \begin{bmatrix} 1 & 0 & 1 \\ 0 & 0 & 0 \\ 1 & 0 & 1 \end{bmatrix}$$

$$m_x m_x^{\mathrm{T}} = \begin{bmatrix} 1 & 1/2 & 1/2 \\ 1/2 & 1/4 & 1/4 \\ 1/2 & 1/4 & 1/4 \end{bmatrix}$$

$$x_1 x_1^{\mathrm{T}} - m_x m_x^{\mathrm{T}} = \begin{bmatrix} 0 & -1/2 & -1/2 \\ -1/2 & -1/4 & -1/4 \\ -1/2 & -1/4 & -1/4 \end{bmatrix}, x_2 x_2^{\mathrm{T}} - m_x m_x^{\mathrm{T}} = \begin{bmatrix} 0 & 1/2 & 1/2 \\ 1/2 & 3/4 & 3/4 \\ 1/2 & 3/4 & 3/4 \end{bmatrix},$$

$$x_3 x_3^{\mathrm{T}} - m_x m_x^{\mathrm{T}} = \begin{bmatrix} 0 & 1/2 & -1/2 \\ 1/2 & 3/4 & -1/4 \\ -1/2 & -1/4 & -1/4 \end{bmatrix}, x_4 x_4^{\mathrm{T}} - m_x m_x^{\mathrm{T}} = \begin{bmatrix} 0 & -1/2 & 1/2 \\ -1/2 & -1/4 & -1/4 \\ 1/2 & -1/4 & 3/4 \end{bmatrix},$$

$$C_x = \frac{1}{4}[(x_1 x_1^T - m_x m_x^T) + (x_2 x_2^T - m_x m_x^T) + (x_3 x_3^T - m_x m_x^T) + (x_4 x_4^T - m_x m_x^T)]$$

$$= \frac{1}{4}\begin{bmatrix} 0 & 0 & 0 \\ 0 & 1 & 0 \\ 0 & 0 & 1 \end{bmatrix}$$

因为 C_x 是实对称的，所以总可以找到一组 n 个正交的特征向量。令 e_i 和 λ_i，$i \in [1, n]$ 为 C_x 的特征向量和对应的特征值，为方便起见，以降序排列 $\lambda_j \geqslant \lambda_{j+1}$，$j \in [1, n-1]$。令 A 为一个矩阵，它每一行的元素由 C_x 的特征向量组成，特征向量的排序方式是 A 的第一行对应最大特征值的特征向量，而最后一行对应最小特征值的特征向量。假设 A 是向量 x 映射到向量 y 的变换矩阵，则该表达式称为霍特林变换（Hotelling Transform），具体操作如下所示：

$$y = A(x - m_x) \tag{12-51}$$

由霍特林变换得到的 y 向量的均值是零，即

$$m_y = E\{y\} = 0 \tag{12-52}$$

根据矩阵理论，y 的协方差矩阵 C_y 是由 A 和 C_x 用下列表达式得到的：

$$C_y = A C_x A^T \tag{12-53}$$

C_y 是一个对角矩阵，其主对角线上的元素是 C_x 的特征值。矩阵 C_y 中非对角线上的元素为 0，所以，向量 y 的元素是不相关的，完全去除了 x 元素之间的相关性。因为 λ_j 是 C_x 的特征值，并且对角矩阵中主对角线上的元素是 C_x 的特征值。因此，C_x 和 C_y 具有相同的特征值和特征向量。

霍特林变换的另一个重要性质是由 y 重构 x 的问题。A 的各行向量是正交的，因此，$A^{-1} = A^T$，且任何向量 x 都可以通过 y 重建，具体操作如下所示：

$$x = A^T y + m_x \tag{12-54}$$

然而，假设不使用 C_x 的所有特征向量，而由对应 k 个最大特征值的 k 个特征向量形成一个 $k \times n$ 阶的变换矩阵 A_k，向量 y 成为 k 维向量，由此重建的 x 不再是精确的。使用 A_k 重构的向量为

$$\hat{x} = A_k^T y + m_x \tag{12-55}$$

可以证明，x 和 $\hat{x}$ 之间的均方误差由式 (12-56) 给出：

$$e_{ms} = \sum_{j=1}^{n} \lambda_j - \sum_{j=1}^{k} \lambda_j = \sum_{j=k+1}^{n} \lambda_j \tag{12-56}$$

式 (12-56) 表明，如果在变换中使用全部的特征向量，则误差为 0。因为 λ_j 单调递减，误差可以通过选取 k 个与最大特征值对应的特征向量而达到最小。霍特林变换在降低向量 x 和其近似值 $\hat{x}$ 之间的均方误差上的效果是最佳的。由于使用对应最大特征值的特征向量这一思想，霍林特变换也称为主成分变换。

12.4.6　关系描述子

前面为了描述纹理，介绍了重写规则的概念。本节将从关系描述子出发扩展这一概念。这些概念对边界或区域也一样适用，并且它们的主要目的是以重写规则的形式获取

在边界和区域的基本重复模式。

图 12-22 为简单阶梯结构编码,其中,图 12-22(a)为待编码的简单阶梯结构,假设已从一幅图像中分割出该结构,并且希望以某种形式方法描述它。通过定义如图 12-22(a)所示的两个基元 a 和 b,可以按照图 12-22(b)所示的形式对图 12-22(a)进行编码。编码后的结果明显是基元 a 和 b 的重复。因此,一种简单的描述方式就是用公式表示它们之间的递推关系。可使用如下的重写规则:

(1) $S \rightarrow aA$

(2) $A \rightarrow bS$

(3) $A \rightarrow b$

其中,S 和 A 是变量,元素 a 和 b 是对应于刚才定义的基元的常量。规则(1)表明,符号 S 可以用基元 a 和变量 A 代替。在规则(2)和(3)中显示,变量 A 可用 b 和 S 代替,或是只用 b 代替。若用 bS 代替 A,则回到规则(1),继续重复这一过程;若用 b 代替 A,则结束整个过程,因为表达式中不存在其他变量了。图 12-23 简单列举了一些由重写规则导出的例子,其中结构上面的数字表示规则(1)、(2)和(3)被应用的顺序。在图 12-23(a)中,基元组"ab"首先应用了规则(1),因为组中首个基元为 a。根据规则(1),需要在(2)和(3)中进行选择,由于该基元组到 b 结束,后面没有其余基元,所以选择规则(3),因此最终的结构表示为(1,3)。在图 12-23(b)中,由于第一个 b 后有其余基元,因此选择规则(2),最终的结构表示为(1,2,1,3)。在图 12-23(c)中,结合图 12-23(a)、(b),得到的结构表示为(1,2,1,2,1,3)。在规则中,一个 a 后面总是跟着一个 b,因此,a 和 b 之间的关系得到保留。

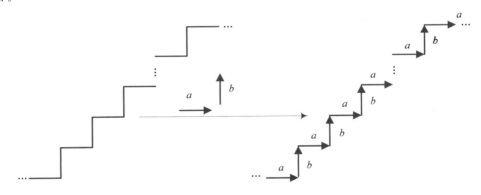

(a) 简单的阶梯结构　　　　　　　　　　(b) 编码后的结构

图 12-22　简单阶梯结构编码

因为字符串是一维结构,所以如果要将字符串用到图像描述上,需要将二维位置关系简化为一维形式。从目标物体中提取连接线段是大多数用字符串描述图像的应用的基本思想。具体实现方法是追踪一个物体的轮廓,并使用指定方向和/或长度的线段对结果进行编码,具体过程如图 12-24 所示。

另一种更普遍的方法是使用有向线段描述图像的各个部分(如较小的单色区域),如

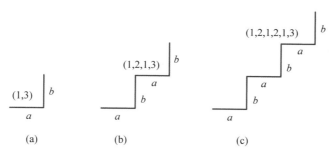

图 12-23　由规则 $S \to aA$,$A \to bS$,$A \to b$ 导出的例子

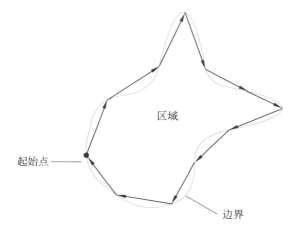

图 12-24　使用有向线段对一个区域边界进行编码

图 12-25 所示,其中,图 12-25(a)表示抽象的基元,图 12-25(b)表示基元间的操作,图 12-25(c)表示一组特定的基元,图 12-25(d)表示构建一个特定结构的步骤。图 12-25(a)表明了使用抽象的基元表示图像的某部分,图 12-25(b)显示了根据提取的基元定义的典型操作,图 12-25(c)显示了 4 个有向线段组成的特定基元,图 12-25(d)显示了一个特定结构的生成步骤,其中"～"表示对某基元的方向取反。每个合成的结构中只有一个头和一个尾。最后一个字符串描述了一个完整的结构。

字符串描述最适合用从首到尾或其他连续方式描述应用中的基元连接性。但是,有时有些纹理或区域是不连续的,处理这种情况最有效的方法之一是使用树描述子。

一棵树 T 是一个或多个节点的有限集合:

(a) 仅有一个根节点 $\$$;

(b) 余下的节点被分成彼此不相连的集合 T_1,T_2,$\cdots$,T_m,每个集合都是一棵树,称为 T 的子树。

树的末梢节点是树底端从左到右依次排列的节点的集合。例如,图 12-26 所示的树根 $\$$ 和末梢 m、n。

一般来说,树中有两类重要的信息:①关于节点自身的信息,这种信息是一组字,主要用于存储节点信息;②一个节点和相邻节点之间关系的信息,这种信息以指向相邻节

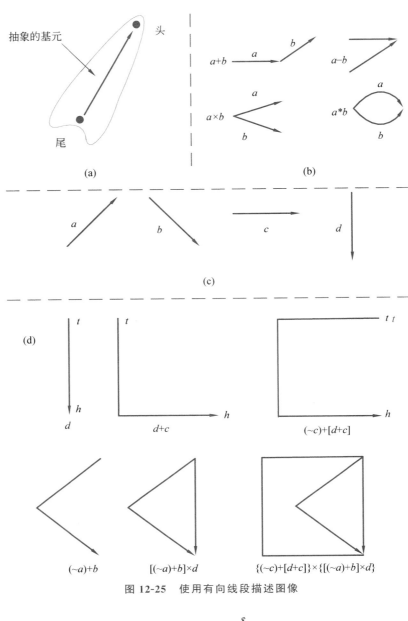

图 12-25　使用有向线段描述图像

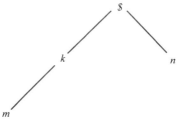

图 12-26　一棵简单的树

点的一组指针来存储。

　　描述图像时,第一类信息识别一幅图像的子结构,例如,区域或边界线段。第二类信息定义每个子结构之间的物理关系。例如,图 12-27(a)可以表示为一棵树,方法是使用"在……之内"的关系。如果树根用 $\$$ 表示,那么图 12-27(a)显示了第一级关系,即 a 和 c 包含于 $\$$,这将产生由根节点发出的两个分支;如图 12-27(b)所示,从 a 和 c 节点出发,得到包含于 a 内的 b ,以及 c 内的 d 和 e ,这是第二级关系。最后,由 e 内的 f 结束,完成整棵树。

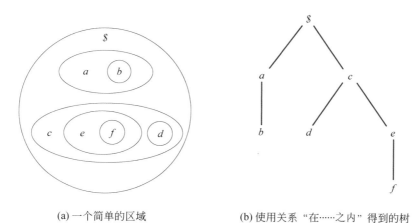

(a) 一个简单的区域　　　　　　(b) 使用关系"在……之内"得到的树

图 12-27　使用树结构描述图像

12.5　练　习　题

1. 什么是表示和描述?它们的区别和联系是什么?

2. 画出图 12-28 的 8 方向边界,并以点 S 为起始点输出相应的佛雷曼链码。

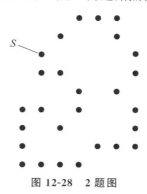

图 12-28　2 题图

3. 求编码 010103030332323232212111 的一次差分。

4. 距离-角度法受哪两个问题的影响?简述相应的改进措施。

5. 画出下列图形的中轴:

（a）一个圆。

（b）一个五角星形。

（c）一个等边五边形。

（d）一个等边三角形。

6. 求图 12-29 的链码、差分和形状数。

7. 什么是傅里叶描绘子？它有何特点？

8. 纹理分析中的主要方法是什么？它有何特点？

9. 对骨架的基本要求是什么？

10. 使用霍林特变换计算 3 个向量 $x_1 = (1,0,1)^T$，$x_2 = (0,1,1)^T$，$x_3 = (1,1,0)^T$ 的均值向量 m^x 和协方差矩阵 C_x。

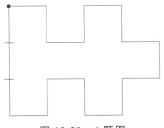

图 12-29　6 题图

◆ 参 考 文 献

[1] 冈萨雷斯. 数字图像处理[M]. 北京：电子工业出版社，2009.

[2] SONKA M，艾海舟. 图像处理、分析与机器视觉[M]. 北京：清华大学出版社，2016.

[3] 马桃林. 图像的层次和细微层次调节[J]. 今日印刷，1999(1)：77-79.

[4] 工业相机与镜头选型方法(含实例)[EB/OL]. (2020-03-12)[2021-11-28]. https://blog.csdn.net/
     qq_40770527/article/details/104827855.

[5] BMP 图像数据格式详解[EB/OL]. (2018-06-18)[2021-11-28]. https://blog.csdn.net/taodavid/
     article/details/80724344.

[6] 图 像 传 感 器 [EB/OL]. (2015-12-17)[2021-11-28]. https://wenku.baidu.com/view/
     276748b81711cc7930b71637.html.

[7] 图像 bayer 格式介绍以及 bayer 插值原理[EB/OL]. (2020-03-30)[2021-11-28]. https://zhuanlan.
     zhihu.com/p/72581663.

[8] 双线性插值[EB/OL]. (2013-03-15)[2021-11-28]. https://www.cnblogs.com/xpvincent/archive/
     2013/03/15/2961448.html.

[9] 图像超分(插值方法)最近邻、双线性、双三次插值算法[EB/OL]. (2019-03-20)[2021-11-28].
     https://www.cnblogs.com/amarr/p/10565188.html.

[10] 图像扭曲[EB/OL]. (2019-11-19)[2021-11-28]. https://zhuanlan.zhihu.com/p/92473178.

[11] OpenCV：图像变形(Image Morphing)[EB/OL]. (2019-04-04)[2021-11-28]. https://blog.csdn.
     net/MrSong007/article/details/88995510.

[12] 彩色图像去马赛克与图像超分辨问题的关系[EB/OL]. (2019-05-22)[2021-11-28]. https://
     blog.csdn.net/weixin_38148834/article/details/90437263.

[13] 直方图均衡化原理与实现[EB/OL]. (2016-03-05)[2021-11-28]. https://www.cnblogs.com/
     hustlx/p/5245461.html.

[14] 图像的灰度直方图、直方图均衡化、直方图规定化(匹配)[EB/OL]. (2017-06-30)[2021-11-28].
     https://www.cnblogs.com/wangguchangqing/p/7098213.html.

[15] 矩阵求逆的几种方法总结[EB/OL]. (2017-02-20)[2021-11-28]. https://www.cnblogs.com/
     xiaoxi666/p/6421228.html.

[16] 张楠. 图像去马赛克算法研究[D]. 西安：西安电子科技大学，2009.

[17] 陈天华. 数字图像处理及应用：使用 MATLAB 分析与实现[M]. 北京：清华大学出版社，2018.

[18] 杨杰. 数字图像处理及 MATLAB 实现[M]. 3 版. 北京：电子工业出版社，2019.

[19] 杨淑莹，张桦，陈胜勇. 数字图像处理：Visual Studio C++ 技术实现[M]. 北京：科学出版
     社，2017.

[20] 直方图计算[EB/OL]. (2012-03-30)[2021-11-28]. http://www.opencv.org.cn/opencvdoc/2.3.2/
     html/doc/tutorials/imgproc/histograms/histogram_calculation/histogram_calculation.html.

[21] 模板匹配[EB/OL]. (2012-03-30)[2021-11-28]. http://www.opencv.org.cn/opencvdoc/2.3.2/
     html/doc/tutorials/imgproc/histograms/template_matching/template_matching.html.

[22] OpenCV 学习笔记之图像平滑[EB/OL]. (2018-08-11)[2021-11-28]. https://blog.csdn.net/zhu_
     hongji/article/details/81479571.

[23] 均值滤波器及其变种[EB/OL]. (2017-02-14)[2021-11-28]. https://www.cnblogs.com/

444

wangguchangqing/p/6399293.html.

[24] 高斯滤波原理及实现[EB/OL].（2017-11-26）[2021-11-28]. https://blog.csdn.net/linqianbi/article/details/78635941.

[25] 锐化空间滤波器[EB/OL].（2017-12-18）[2021-11-28]. https://blog.csdn.net/brookicv/article/details/78829290.

[26] 从傅里叶提出的历史背景理解傅里叶变换[EB/OL].（2018-06-04）[2021-11-28]. https://zhuanlan.zhihu.com/p/37673700.

[27] DFT 离散傅里叶变换 C++ 实现[EB/OL].（2015-07-08）[2021-11-28]. https://blog.csdn.net/Calcular/article/details/46804779.

[28] 二维傅里叶变换是怎么进行的[EB/OL].（2020-03-03）[2021-11-28]. https://www.zhihu.com/question/22611929.

[29] 图像频率的理解[EB/OL].（2012-08-29）[2021-11-28]. http://blog.sina.com.cn/s/blog_a98e39a201012hpp.html.

[30] OpenCV C++ 实现频域理想低通滤波器[EB/OL].（2019-02-26）[2021-11-28]. https://blog.csdn.net/cyf15238622067/article/details/87919906.

[31] 高斯低通滤波器[EB/OL].（2019-03-28）[2021-11-28]. https://blog.csdn.net/weixin_42542283/article/details/88876006.

[32] 高通滤波[EB/OL].（2018-11-08）[2021-11-28]. https://blog.csdn.net/kateyabc/article/details/83867449.

[33] OpenCV 频率域的拉普拉斯算子 C++[EB/OL].（2019-03-12）[2021-11-28]. https://blog.csdn.net/cyf15238622067/article/details/88424427.

[34] OpenCV 频率域实现钝化模板、高提升滤波和高频强调滤波 C++[EB/OL].（2019-03-13）[2021-11-28]. https://blog.csdn.net/cyf15238622067/article/details/88526721.

[35] 数字图像处理之高频强调滤波[EB/OL].（2018-04-21）[2021-11-28]. https://blog.csdn.net/learning_tortosie/article/details/80030528.

[36] 李新胜. 数字图像处理与分析[M]. 北京：清华大学出版社，2018.

[37] 冈萨雷斯. 数字图像处理[M]. 3 版. 北京：电子工业出版社，2017.

[38] 杨帆. 数字图像处理与分析[M]. 4 版. 北京：北京航空航天大学出版社，2019.

[39] 胡学龙. 数字图像处理[M]. 4 版. 北京：电子工业出版社，2020.

[40] 陈天华. 数字图像处理及应用(使用 MATLAB 分析与实现)[M]. 北京：清华大学出版社，2019.

[41] 局部阈值分割算法总结[EB/OL].（2020-07-14）[2021-11-28]. https://www.cnblogs.com/zhaopengpeng/p/13300795.html.

[42] 张铮. 数字图像处理与机器视觉 Visual C++ 与 Matlab 实现[M]. 2 版. 北京：人民邮电出版社，2014.

[43] 姚敏. 数字图像处理[M]. 3 版. 北京：机械工业出版社，2017.

[44] 张弘. 数字图像处理与分析[M]. 3 版. 北京：机械工业出版社，2020.

[45] 陈湘. 基于 LBP 特征的人脸识别算法研究与应用[D]. 长沙：湖南师范大学，2017.

[46] 金铸浩. 基于 LBP 特征提取的人脸识别算法研究[D]. 武汉：武汉理工大学，2017.

[47] 李卫东. 基于 HOG 和 LBP 特征融合的行人检测方法研究[D]. 北京：华北电力大学，2019.

[48] 唐世轩. 基于 HOG 与 LBP 联合特征的行人检测算法研究[D]. 徐州：中国矿业大学，2019.

[49] 刘文振. 基于 HOG 特征的行人检测系统的研究[D]. 南京：南京邮电大学，2016.

[50] 伍叙励. 基于 HOG 和 Haar 联合特征的行人检测及跟踪算法研究[D]. 成都：电子科技大

学，2017.

[51] 王昌盛. 基于 ORB 算法的双目视觉测量研究[D]. 哈尔滨：哈尔滨工业大学，2015.

[52] 李东辉. 鱼眼镜头下基于 ORB 算法的图像拼接技术研究[D]. 桂林：桂林理工大学，2017.

[53] 钟维. 基于改进 ORB 算法对烟草虫害图像配准技术的研究[D]. 长沙：湖南师范大学，2015.

[54] 李艳山，刘智，李攀，等. 视觉 SLAM 中 ORB 配准算法的研究[J]. 长春理工大学学报（自然科学版），2019，42(04)：108-113，119.

[55] 殷新凯，茅健，周玉凤，等. 基于改进 ORB 算法的视觉里程计特征匹配方法[J]. 软件，2020，41(4)：57-62.

[56] 甘玲，朱江，苗东. 扩展 Haar 特征检测人眼的方法[J]. 电子科技大学学报，2010，39(2)：247-250.

[57] 王琪. 基于 Haar 特征及 Adaboost 的焊点检测算法研究[D]. 西安：西安电子科技大学，2015.

[58] 于珂珂. 基于 HOG 特征和梯度提升决策树算法的人脸关键点检测技术研究[D]. 郑州：河南大学，2017.

[59] 朱少何. 数字图像特征点检测算法的研究[D]. 合肥：合肥工业大学，2014.

[60] 孔祥楠. 基于边缘轮廓角点检测算法的研究[D]. 西安：西安工程大学，2016.

[61] 朱思聪，周德龙. 角点检测技术综述[J]. 计算机系统应用，2020，29(1)：22-28.

[62] 刘涛. 图像角点检测方法的研究[D]. 西安：西安建筑科技大学，2017.

[63] 陈天华. 基于特征提取和描述的图像匹配算法研究[D]. 广州：广东工业大学，2016.

[64] 丁树浩. 图像局部特征描述和匹配方法研究[D]. 广州：华南理工大学，2019.

[65] 赵宁. 基于图像增强技术的 SIFT 特征提取与匹配算法研究[D]. 北京：华北电力大学，2019.

[66] 陈磊. 图像局部特征的提取与匹配研究[D]. 广州：广东工业大学，2019.

[67] 图像处理库 CImg[EB/OL].（2014-10-13）[2021-11-28]. https://www.cnblogs.com/qxzy/p/4021591.html.

[68] 何红英. 运动模糊图像恢复算法的研究与实现[D]. 西安：西安科技大学，2011.

[69] 哈夫曼编码[EB/OL].（2018-06-17）[2021-11-28]. https://blog.csdn.net/revitalise/article/details/80611887/.

[70] 离散余弦变换_原理及应用[EB/OL].（2016-10-29）[2021-11-28]. https://blog.csdn.net/shenziheng1/article/details/52965104/.

[71] 离散傅里叶变换-DFT[EB/OL].（2018-08-13）[2021-11-28]. https://blog.csdn.net/zhangxz259/article/details/81627341/.

[72] 图像的 DCT 算法[EB/OL].（2018-06-27）[2021-11-28]. https://blog.csdn.net/jizhidexiaoming/article/details/80826915/.

[73] JPEG 算法解密[EB/OL].（2018-06-04）[2021-11-28]. https://www.cnblogs.com/Arvin-JIN/p/9133745.html.

[74] VC++ 实现视频压缩编码标准 MPEG-4[EB/OL].（2012-06-05）[2021-11-28]. https://blog.csdn.net/chenyujing1234/article/details/7606332/.

[75] JPEG文件编/解码详解[EB/OL].（2011-09-29）[2021-11-28]. https://www.cnblogs.com/carekee/articles/2195726.html.

[76] 关于离散余弦变换（DCT）[EB/OL].（2016-06-30）[2021-11-28]. https://www.jianshu.com/p/b923cd47ac4a/.

[77] DCT 变换与图像压缩、去燥[EB/OL].（2018-05-26）[2021-11-28]. http://zhaoxuhui.top/blog/2018/05/26/DCTforImageDenoising.html.

［78］ DCT 算法的原理和优化［EB/OL］.（2017-12-07）［2021-11-28］. https://blog.csdn.net/qq_20613513/article/details/78744101/.

［79］ JPEG图像压缩算法流程详解［EB/OL］.（2012-07-16）［2021-11-28］. https://blog.csdn.net/carson2005/article/details/7753499/.

［80］ RGB、YUV 和 YCbCr 三种颜色空间［EB/OL］.（2016-10-12）［2021-11-28］. https://blog.csdn.net/u010186001/article/details/52800250/.

［81］ YCbCr 与 YUV 的区别［EB/OL］.（2017-08-05）［2021-11-28］. https://blog.csdn.net/liu1314you/article/details/77176946.

［82］ RGB、YUV、YCbCr 几种颜色空间的区别［EB/OL］.（2018-11-19）［2021-11-28］. https://blog.csdn.net/leansmall/article/details/84262091/.

［83］ YCbCr 与 RGB 的转换［EB/OL］.（2018-07-02）［2021-11-28］. https://blog.csdn.net/weixin_38203533/article/details/80881793/.

［84］ 视觉感知要素［EB/OL］.（2019-08-11）［2021-11-28］. https://zhuanlan.zhihu.com/p/70392831/.

［85］ 对图像高频信号和低频信号的理解［EB/OL］.（2016-04-08）［2021-11-28］. https://blog.csdn.net/jialeheyeshu/article/details/51097860/.

［86］ 详解离散余弦变换（DCT）［EB/OL］.（2019-10-06）［2021-11-28］. https://zhuanlan.zhihu.com/p/85299446/.

［87］ 图像中的 DC 和 AC 系数［EB/OL］.（2008-08-01）［2021-11-28］. https://blog.csdn.net/zhoujunming/article/details/2751881/.

［88］ JPEG哈夫曼编码教程［EB/OL］.（2019-05-02）［2021-11-28］. https://blog.csdn.net/menglongbor/article/details/89742771/.

［89］ JPEG格式压缩算法［EB/OL］.（2018-07-22）［2021-11-28］. https://www.cnblogs.com/Torrance/p/9349610.html.

［90］ MPEG-4压缩编码标准［EB/OL］.（2018-02-27）［2021-11-28］. https://www.cnblogs.com/CoderTian/p/8477021.html.

［91］ 张益贞，刘滔. Visual C++ 6.0 实现 MPEG/JPEG 编解码技术［M］. 北京：人民邮电出版社，2002.

［92］ 朱秀昌，刘峰，胡栋. 数字图像处理与图像通信［M］. 北京：北京邮电大学出版社，2018.

［93］ BRIBIESCA E. A new chain code［J］. Pattern Recognition，1999，32(2)：235-251.

［94］ SHEN D，IP H H S，Cheung K K T，et al. Symmetry detection by generalized complex（GC）moments：a close-form solution［J］. IEEE Transactions on Pattern Analysis and Machine Intelligence，1999，21(5)：466-476.

［95］ MAMISTVALOV A G. N-dimensional moment invariants and conceptual mathematical theory of recognition n-dimensional solids［J］. IEEE Transactions on pattern analysis and machine intelligence，1998，20(8)：819-831.

［96］ FLUSSER J. On the independence of rotation moment invariants［J］. Pattern recognition，2000，33(9)：1405-1410.

图书资源支持

感谢您一直以来对清华版图书的支持和爱护。为了配合本书的使用,本书提供配套的资源,有需求的读者请扫描下方的"书圈"微信公众号二维码,在图书专区下载,也可以拨打电话或发送电子邮件咨询。

如果您在使用本书的过程中遇到了什么问题,或者有相关图书出版计划,也请您发邮件告诉我们,以便我们更好地为您服务。

我们的联系方式:

地　　址:北京市海淀区双清路学研大厦 A 座 714

邮　　编:100084

电　　话:010-83470236　　010-83470237

客服邮箱:2301891038@qq.com

QQ:2301891038(请写明您的单位和姓名)

资源下载:关注公众号"书圈"下载配套资源。

资源下载、样书申请

书 圈

图书案例

清华计算机学堂

观看课程直播